普通高等教育计算机类系列教材

计算机应用基础

主　编　钱宗峰　莫　骅
参　编　刘建新　李　俊
主　审　都基焱

机 械 工 业 出 版 社

本书按照高等院校计算机课程基本要求，以案例驱动的形式来组织内容，突出计算机课程的实践性特点。本书共7章，分别介绍了计算机基础知识、Windows 7操作系统、Office 2010办公软件、计算机网络基础及简单应用和汉字输入法，内容安排合理、层次清楚、通俗易懂、实例丰富、生动有趣，突出理论与实践相结合。

本书可作为各类高等院校及培训机构的教材，也可作为全国计算机等级考试的参考书。为方便教师教学，本书配有免费电子教案、电子课件和习题题干，欢迎选用本书作为教材的教师登录 www. cmpedu. com 注册后下载，或发邮件到 qzfxxj@163. com 电子邮箱索取。

图书在版编目（CIP）数据

计算机应用基础/钱宗峰，莫骅主编．—北京：机械工业出版社，2020. 5

普通高等教育计算机类系列教材

ISBN 978-7-111-66034-7

Ⅰ. ①计… Ⅱ. ①钱…②莫… Ⅲ. ①电子计算机-高等学校-教材 Ⅳ. ①TP3

中国版本图书馆 CIP 数据核字（2020）第119694号

机械工业出版社（北京市百万庄大街22号 邮政编码100037）

策划编辑：刘丽敏 责任编辑：刘丽敏 侯 颖

责任校对：郑 婕 封面设计：张 静

责任印制：常天培

北京捷迅佳彩印刷有限公司印刷

2020年7月第1版第1次印刷

184mm×260mm · 21印张 · 516千字

标准书号：ISBN 978-7-111-66034-7

定价：55.00元

电话服务	网络服务
客服电话：010-88361066	机 工 官 网：www. cmpbook. com
010-88379833	机 工 官 博：weibo. com/cmp1952
010-68326294	金 书 网：www. golden-book. com
封底无防伪标均为盗版	机工教育服务网：www. cmpedu. com

前　言

随着计算机科学的迅猛发展，计算机的应用已经渗透到社会的各个领域，改变着人们的工作、学习和生活。掌握计算机知识及操作技能，已经成为现代人所应具备的基本技能之一。

本书是编写人员在总结了多年计算机教学经验的基础上，结合职业技能鉴定和全国计算机等级考试的实际需求，针对学生在学习计算机基础知识时应该掌握和了解的内容而编写的。同时，本书也可作为高等院校的专业教材和计算机初学人员的参考书。

本书共7章。第1章为计算机基础知识，介绍了计算机的发展、组成及信息表示；第2章为Windows 7操作系统，介绍了操作系统的特点、文件和程序的管理及系统的维护；第3章为文字处理软件Word 2010，重点介绍了在Word 2010中文档的编辑和排版、图形与表格的处理等；第4章为电子表格软件Excel 2010，主要介绍了如何利用公式和函数进行运算，分析汇总各种数据并建立统计图表；第5章为演示文稿制作软件PowerPoint 2010，介绍了幻灯片的建立、编辑和修饰的基本方法；第6章为计算机网络基础及简单应用，介绍了网络的构建、应用和防护的内容；第7章为汉字输入法，介绍了汉字录入的相关知识。

本书精心安排了与教学内容同步的习题和实验内容，力求使各章所设计的习题和上机实验题目涵盖重点、难点和知识点，用于日常练习，以加深对教材内容的理解，提高学生自学能力。本次再版主要更新了部分相对陈旧的内容，增加了课后习题及详解，补充了Word文档的审阅、通过邮件合并批处理文档等内容。

本书以实训案例的形式进行编写，内容安排合理、层次清楚、通俗易懂、实例丰富、生动有趣，突出学习内容的实践性、可操作性。

本书由都基焱主审，钱宗峰、莫骅负责全书的统编、定稿。各章编写分工如下：第1、2、6、7章由钱宗峰、刘建新编写，第3、4、5章由莫骅、钱宗峰、李俊编写。

由于信息技术发展日新月异，软件版本更新频繁，加之编者水平有限，编写时间仓促，书中的错误和不妥之处在所难免，敬请专家、读者不吝批评指正。

编　者

目　　录

第 1 章　计算机基础知识

1.1　概述

计算机是 20 世纪重大科技发明之一。在人类科学发展的历史上，还没有哪门学科像计算机科学这样发展得如此迅速，对人们的生活、学习和工作产生如此巨大的影响。人们把 21 世纪称为信息时代，其标志就是计算机的广泛应用。计算机既是一门科学，也是信息社会中必不可少的工具。因此，必要的计算机基础知识以及一定的计算机操作技能，是现代人能力素质的重要组成部分。

1.1.1　计算机的发展

1. 计算机的发展过程

第一台计算机——电子数字积分计算机（Electronic Numerical Integrator And Computer，ENIAC）于 1946 年 2 月诞生于美国宾夕法尼亚大学，是莫克利（Mauchley）教授和他的学生埃克特（Eckert）为帮助军方计算弹道轨迹而研制的。

ENIAC 以电子管为主要元件，每秒钟完成 5000 多次加法运算，300 多次乘法运算，比当时最快的计算工具快 300 倍，主要应用领域为数值计算。该机器共使用 18000 多个电子管、1500 多个继电器，占地 $170m^2$，耗电 150kW，重大约 30t。使用 ENIAC 计算时，先要按照计算步骤编好指令，再按照指令连接好外部线路，最后启动机器运行并输出结果。每一个计算题目都要重复上述过程，十分繁琐且不易掌握，所以只有少数专家才能使用。

ENIAC 虽是一台计算机，但它还不具备现代计算机“在机内存储程序”的主要特征。1946 年 6 月，曾担任 ENIAC 小组顾问的美籍匈牙利科学家冯·诺依曼（Von Neumann）教授发表了《电子计算机逻辑结构初探》论文，并为美国军方设计了第一台存储程序式计算机（Electronic Discrete Variable Automatic Computer，EDVAC），即电子离散变量计算机。与 ENIAC 相比，EDVAC 有两点重要的改进：①采用二进制，提高了运行效率；②指令存入计算机内部。

1959 年，第二代计算机出现，其特征是：以晶体管为主要元件，内存为磁心存储器，外存为磁盘或磁带；运算速度为每秒几万到几十万次；使用高级语言（如 FORTRAN、COBOL 等）编程。其主要应用领域为数值计算、数据处理及工业过程控制。

1965 年，第三代计算机出现，其特征是：以集成电路为主（集成电路就是由晶体管、电阻、电容等电子元器件集成的一个小硅片），内存为半导体存储器，外存为磁盘；运算速度为每秒几十万次到几百万次；用高级语言编程；以操作系统来管理硬件资源。其主要应用领域为信息处理（处理数据、文字、图像等）。

1970 年左右，第四代计算机出现，其特征是：以大规模及超大规模集成电路为主（一个芯片上可集成数十个到上百万个晶体管），内存为半导体存储器，外存为磁盘；运算速度为每秒几百万次到上亿次。其应用领域扩展到各个方面。此时，微型计算机也开始出现，并在20世纪80年代得到了迅速推广。

20世纪80年代，日本首先提出了第五代计算机的研制计划，其主要目标是使计算机具有人类的某些智能，如听、说、识别对象，并且具有一定的学习和推理能力。

目前，科学家正在研究的新一代计算机有神经网络计算机和生物计算机等。

2. 计算机的发展趋势

由于技术的更新和应用的推动，计算机一直处在飞速发展之中。无论是基于何种机理的计算机，都朝着多极化、网络化、智能化、多媒体化方向发展。

（1）多极化　自20世纪90年代开始，计算机在提高性能、降低成本、普及和深化应用等方面的发展趋势仍在继续推进，巨型机、大型机、小型机、微型机有着各自的应用领域，形成一种多极化的形式。

（2）网络化　计算机网络是信息社会的重要技术基础。网络化可以充分利用计算机的宝贵资源并扩大其使用范围，为用户提供方便、及时、可靠和灵活的信息服务。

（3）智能化　智能化是指使计算机可模拟或部分代替人的感觉，并具有类似人类的思维能力，如推理、判断、感觉等，从而使计算机成为智能计算机。对智能化的研究包括模式识别、自然语言的生成与理解、定理自动证明、自动程序设计、学习系统和智能机器人等内容，这是一个需要长期努力才可以实现的目标。

（4）多媒体化　计算机数字化技术的发展进一步改善了计算机的表现能力，使得计算机可处理数字、文字、图像、图形、视频及音频等多种信息。多媒体计算机将真正改善人机界面，使计算机向人类接收和处理信息的最自然方式发展。

1.1.2　计算机的特点与分类

1. 计算机的特点

曾有人说，机械可以使人类的体力得以放大，那么可以说，计算机可以使人类的智慧得以放大。作为人类智力劳动的工具，计算机具有以下主要特征。

（1）高速、精确的运算能力　现代巨型计算机系统的运算速度已达到每秒数万万亿次。过去人工需要几年、几十年才能完成的大量、复杂的科学计算工作，现在使用计算机完成同样的工作则只需短短几天、几小时甚至几分钟。同时，由于计算机采用二进制运算，其运算精度与计算机的字长密切相关，目前主流微型计算机的字长为64位。

（2）强大的存储能力　计算机的存储器类似于人的大脑，可以“记忆”（存储）大量的数据和程序，并将处理或计算结果保存起来。存储器不但能存储大量的信息，而且可以快速、准确地存入和取出这些信息。

（3）准确的逻辑判断能力　计算机可以对字母、符号、汉字和数字的大小和异同进行判断、比较，从而确定如何处理这些信息。另外，计算机还可以根据已知的条件进行判断和分析，确定要进行的工作。因此，计算机可以广泛应用于非数值数据处理领域，如信息检索、图形识别及各种多媒体应用领域。

（4）运行过程自动化　计算机的内部操作是根据人们事先编制好的程序自动执行的，不需人工干涉。只要将程序设计好，并输入到计算机中，计算机就会依次取出指令、执行指令规定的动作，直到得出需要的结果为止。

（5）具有网络与通信功能　通过计算机网络技术可以将不同城市、不同国家的计算机连接在一起形成一个计算机网，在网上的所有计算机用户可以共享资料和交流信息，从而改变人类的交流方式和信息获取方式。

2. 计算机的分类

计算机发展到今天，已是种类繁多。虽然分类方法各不相同，分类标准也并非固定不变，但却只能针对某一个特征。

（1）按照处理数据的类型分类　计算机可以分为数字计算机、模拟计算机。

数字计算机中的数据都是用0和1构成的二进制数表示的，其基本运算部件是数字逻辑电路。模拟计算机是以连续变化的电压/电流（模拟量）标志运算量，它可以模拟对象变化过程中的物理量。相比而言，模拟计算机比数字计算机的计算精度低、通用性差，主要用于模拟计算、过程控制和一些科学研究领域。

（2）按照使用范围分类　计算机可以分为通用计算机和专用计算机。

通用计算机的功能多、通用性强、用途广泛，可用于解决各类问题。与通用计算机相比，专用计算机的功能单一，具有某个方面的特殊性能，通常用于完成某种特定工作，如军事上的计算机火炮控制系统，飞机自动驾驶、导弹自动导航等计算机控制系统。

（3）按照性能分类　计算机可以分为超级计算机、大型计算机、小型计算机、微型计算机、工作站和服务器。

超级计算机是计算机中价格最贵、功能最强的计算机，主要用于尖端科学领域，如战略武器的设计、空间技术、石油勘探、中长期天气预报等，美国CDC公司的Cray系列机、我国研制的银河和曙光系列机等均属此类。

大型计算机通常具有大容量的内存和外存，可进行并行处理，具有速度高、容量大、处理和管理能力强的特点。一般用于为企业或政府的数据提供集中的存储、管理和处理，承担主服务器的功能，在信息系统中起着核心作用。

小型计算机是一种供中小企业（或某一部门）完成信息处理任务的计算机，具有结构简单、成本低廉、不需要长期培训就可以维护和使用的特点，但其可以支持的并发用户数目比较少。

微型计算机具有轻、小、（价）廉、易（用）等特点，由用户直接使用，一般只处理一个用户的任务，分为台式机和便携机两大类。

工作站是介于小型机和微型机之间的一种高档计算机，具有较强的数据处理能力、高性能的图形功能和内置的网络功能，如HP、SUN公司生产的工作站。这里所说的工作站与网络中所说的工作站含义有所不同，后者大多数情况下是指一台普通的个人计算机。

服务器具有功能强大的处理能力、容量很大的存储器，以及快速的输入、输出通道和联网能力。通常它的处理器采用高端微处理芯片组成。

1.1.3 计算机的应用

计算机问世之初，主要用于数值计算，“计算机”也因此得名。而今的计算机几乎和所有学科相结合，在经济社会各方面起着重要的作用，在各行各业中得到了广泛应用。

1. 科学计算

科学计算主要是使用计算机进行数学方法的实现和应用，是计算机最早且最重要的应用领域，这从它的名称 Calculator 就可以看出。该领域对计算机的要求是速度快、精度高、存储容量大。在科学研究和工程设计中，对于复杂的数学计算问题，如核反应方程式、卫星轨道、材料的受力分析、天气预报等的计算，航天飞机、汽车、桥梁等的设计，使用计算机可以快速、及时、准确地获得计算结果。

2. 实时控制

实时控制系统是指能够及时收集、检测数据，进行快速处理并自动控制被处理对象操作的计算机系统。这个系统的核心是计算机控制整个处理过程，实时控制不但是控制手段的改变，更重要的是它适应性的大大提高，它可以通过参数设定、改变处理流程实现不同过程的控制，有助于提高生产质量和生产效率。

3. 数据处理与信息加工

数据处理是指非科技工程方面的所有计算、管理和任何形式数据资料的处理，包括办公自动化（Office Automation，OA）和管理信息系统（Management Information System，MIS），如企业管理、进销存管理、情报检索、公文函件处理、报表统计、飞机票订票系统等。数据处理与信息加工已深入到社会的各个方面，它是计算机特别是微型计算机的主要应用领域。

4. 计算机辅助

计算机辅助是计算机应用的一个非常广泛的领域，计算机辅助系统包括计算机辅助设计（Computer-Aided Design，CAD）、计算机辅助制造（Computer-Aided Manufacturing，CAM）、计算机辅助教育（Computer-Aided Instruction，CAI）、计算机辅助测试（Computer-Aided Test，CAT）、计算机仿真模拟（Computer Simulation）等。

计算机辅助设计是指利用计算机来辅助设计人员进行设计工作。例如，机械设计、工程设计、电路设计等，利用 CAD 技术可以提高设计质量、缩短设计周期、提高设计自动化水平。计算机辅助制造是指利用计算机进行生产设备的管理、控制和操作，从而提高产品质量、降低成本、缩短生产周期，并且能够大大改善制造人员的工作条件。计算机辅助教育是指利用计算机帮助学习的自学系统，即将教学内容、教学方法和学生的学习情况等存储在计算机中，使学生在轻松自如的环境中完成课程的学习。计算机辅助测试是指利用计算机进行大量的复杂测试工作。计算机仿真模拟是计算机辅助的重要方面，如核爆炸和地震灾害的模拟，可以帮助人们进一步认识被模拟对象的特征。

5. 人工智能

人工智能的主要目的是用计算机来模拟人的智能，其主要任务是建立智能信息处理理论，进而设计出可以展现某些近似人类智能行为的计算机系统。目前的主要应用方向有：机器人、专家系统、模式识别、智能检索和逻辑推理等。

6. 网络与通信

将一个建筑物内的计算机和世界各地的计算机通过各种传输介质和通信设备连接起来，就可以构成一个巨大的计算机网络系统，实现资源共享。计算机网络应用所涉及的主要技术是网络互联技术、路由技术、数据通信技术，以及信息浏览技术和网络安全等。

计算机通信几乎就是现代通信的代名词，如众所周知的移动通信就是基于计算机技术的通信方式。

7. 数字娱乐

运用计算机网络可进行娱乐活动，这对许多计算机用户来说是非常熟悉的。网络上有各种丰富的电影、电视资源，有通过网络和计算机进行的游戏，甚至还有国际性的网络游戏组织和赛事。数字娱乐的另一个重要发展方向是 VR 游戏（Virtual Reality Game）——只要戴上虚拟头盔，就可以进入一个可交互的虚拟场景中，看到的就是虚拟的游戏世界。

1.1.4 新一代计算机

计算机的核心部件是芯片，随着科技水平的发展，芯片的制造技术也在不断的进步，芯片的革新是推动计算机发展最为根本的动力。

目前，以硅为基础的芯片在制造技术方面是有限的。随着晶体管的尺寸越来越小，芯片的发热带来的问题也越来越明显，电子的运行也很难控制，这时晶体管就不再可靠了。因此，下一代计算机无论从结构体系、工作原理还是从制造技术上都将发生革命性的改变。目前，可以通过纳米技术、光技术、生物技术、量子技术等来实现下一代计算机的研发制造。利用这些技术研究新一代计算机就成为研究的焦点。

1. 模糊计算机

1956 年，英国人查德创立了模糊信息理论。依照模糊信息理论，对问题的判断不是以是、非两种绝对值或 0 与 1 两种数码来表示，而是取许多模糊值，如接近、几乎、差不多等来表示。用这种模糊的、不确切的判断进行工程处理的计算机就是模糊计算机。模糊计算机是建立在模糊数学基础上的计算机。除具有一般计算机的功能外，模糊计算机还具有学习、思考、判断和对话能力，可以立即辨识外界物体的形状和特征，甚至可以帮助人类从事复杂的脑力劳动。

1985 年，第一个模糊逻辑芯片设计制造成功。它 1s 能进行 8 万次模糊逻辑推理。目前，正在制造能进行 64.5 万次/s 模糊推理的逻辑芯片。将模糊逻辑芯片和电路组合在一起，就能制成模糊计算机。

日本科学家把模糊计算机应用在地铁管理上。距离东京以北 320km 的仙台市地铁列车，在模糊计算机控制下自 1986 年以来一直安全、平稳地行驶着。车上的乘客可以不必攀扶拉手吊带。因为在列车行进中，模糊逻辑“司机”判断行车情况的错误要比人类司机少 70%。1990 年，松下公司把模糊计算机装在洗衣机里，它能根据衣服的肮脏程度和衣服的质料来调节洗衣程序。我国有些品牌的洗衣机也装上了模糊逻辑片。人们还把模糊计算机装在吸尘器里，可以根据灰尘量及地毯的厚实程度自动调整吸尘器功率。模糊计算机还能用于地震灾情判断、疾病诊断、发酵工程控制和海空导航巡航等方面。

2. 生物计算机

生物计算机（Biological Computer）又称仿生计算机，以生物芯片取代在半导体硅片上集成数以万计的晶体管制成计算机，涉及计算机科学、大脑科学、神经生物学、分子生物学、生物物理、生物工程、电子工程、物理学和化学等有关学科。

1986 年，日本开始研究生物芯片，研究有关大脑和神经元网络结构的信息处理、加工原理，建立全新的生物计算机原理，探讨适于制作芯片的生物大分子的结构和功能以及如何通过生物工程（用脱氧核糖核酸重组技术和蛋白质工程）来组装这些生物分子功能元件。

3. 光子计算机

光子计算机是一种由光信号进行数字运算、逻辑操作、信息存储和处理的新型计算机。它由激光器、光学反射镜、透镜、滤波器等光学元件和设备构成，通过激光束进入反射镜和透镜组成的阵列进行信息处理，以光子代替电子，光运算代替电运算。光的并行高速，天然地决定了光子计算机的并行处理能力很强，具有超高运算速度。光子计算机还具有与人脑相似的容错性，系统中某一元件损坏或出错时，并不影响最终的计算结果。光子在光介质中传输所造成的信息畸变和失真极小，光传输、转换时能量消耗和散发热量极低，对环境条件的要求比电子计算机低很多。

1990 年年初，美国贝尔实验室研制成功世界上第一台光子计算机。由于光子比电子速度快，光子计算机的运行速度可达 1 万亿次每秒。它的存储量是现代电子计算机的几万倍，还可以对语言、图形和手势进行识别与合成。目前，许多国家都投入巨资进行光子计算机的研究。随着现代光学与计算机技术、微电子技术相结合，在不久的将来，光子计算机将成为人类普遍使用的工具。

4. 量子计算机

20 世纪 60 年代，人们发现能耗导致计算机中的芯片发热，极大地影响了芯片的集成度，从而限制了计算机的运行速度。量子计算机的出现就是为了解决计算机中的能耗问题，其概念源于对可逆计算机的研究。

5. 超导计算机

1911 年，荷兰物理学家昂尼斯发现有一些材料，当它们冷却到 -268.98℃时，会失去电阻，流入它们中的电流会畅通无阻，没有任何损耗，即超导现象。

超导计算机及其部件是利用超导技术生产的，其性能是一般电子计算机无法相比的。超导计算机运算速度比电子计算机快 100 倍，而电能消耗仅是电子计算机的千分之一。如一台大中型计算机，每小时耗电 10kW，那么同样一台超导计算机只需几节干电池就可以了。

1.1.5 习题

一、选择题

1. 世界上第一台计算机的诞生是在（　　）。

A. 1945 年　　B. 1946 年　　C. 1947 年　　D. 1948 年

2. 计算机与计算器的本质区别是（　　）。

A. 运算速度不一样　　B. 体积不一样

C. 是否具有存储能力　　D. 自动化程度的高低

3. 第一代计算机采用的电子逻辑元件是（　　）。

A. 晶体管　　B. 电子管　　C. 集成电路　　D. 超大规模集成电路

4. 计算机根据运算速度、存储能力、功能强弱、配套设备等因素可划分为（　　）。

A. 台式计算机、便携式计算机、膝上型计算机

B. 电子管计算机、晶体管计算机、集成电路计算机

C. 超级计算机、大型计算机、小型计算机、微型计算机、工作站和服务器

D. 8 位机、16 位机、32 位机、64 位机

5. 计算机与其他工具和人类自身相比，具有的主要特点是（　　）。

A. 速度快、精度高、通用性　　B. 速度快、自动化、专门化

C. 精度高、小型化、网络化　　D. 以上全是

二、填空题

1. 世界上第一台计算机于＿＿＿＿＿＿年 2 月诞生于美国宾夕法尼亚大学，它的名字是＿＿＿＿＿＿。

2. 计算机的分类：按处理数据的类型可以分为＿＿＿＿＿＿和＿＿＿＿＿＿。

3. 计算机的分类：按使用范围可以分为＿＿＿＿＿＿和＿＿＿＿＿＿。

4. 计算机的分类：按性能可以分为超级计算机、大型计算机、＿＿＿＿＿＿、微型计算机、＿＿＿＿＿＿和服务器。

5. CAI 表示＿＿＿＿＿＿。

6. 未来新一代计算机包括：＿＿＿＿＿＿、＿＿＿＿＿＿、＿＿＿＿＿＿、＿＿＿＿＿＿和量子计算机。

7. 当前的计算机一般称为第四代计算机，它所采用的逻辑元件是＿＿＿＿＿＿。

8. 计算机的发展趋势可以概括为巨型化、微型化、＿＿＿＿＿＿、＿＿＿＿＿＿和多媒体化。

9. 计算机的特点主要包括高速、精确的运算能力、＿＿＿＿＿＿＿＿＿＿＿＿、＿＿＿＿＿＿＿＿＿＿＿＿、＿＿＿＿＿＿＿＿＿＿＿＿、具有网络与通信功能。

三、判断题

1. 我国的第一台电子计算机于 1964 年试制成功。（　　）

2. 第一代计算机的电子元器件采用的是晶体管。（　　）

3. 计算机主要是以电子元器件为标志来划分发展阶段的。（　　）

4. 世界上首先实现存储程序的计算机是 EDVAC。（　　）

5. 服务器是提供计算服务的设备，它可以是大型机、小型机或高档微机，在网络环境下，根据服务器提供的服务类型不同，可分为文件服务器、数据库服务器、应用程序服务器和 Web 服务器等。（　　）

6. 第二代电子计算机用的是晶体管电路。（　　）

7. 数字计算机又可分为通用计算机和专用计算机两类。（　　）

8. 所谓微型计算机，是指用于原子探测的计算机。（　　）

1.1.6　习题答案

一、选择题

1. B　2. C　3. B　4. C　5. D

二、填空题

1. 1946，ENIAC（或“埃尼阿克”）　2. 数字计算机，模拟计算机

3. 专用计算机，通用计算机　4. 小型计算机，工作站　5. 计算机辅助教学

6. 模糊计算机，生物计算机，光子计算机，超导计算机

7. 大规模及超大规模集成电路　8. 网络化，智能化

9. 强大的存储能力，准确的逻辑判断能力，运行过程自动化

三、判断题

1. 错，1958年。 2. 错，电子管。 3. 对。 4. 对。
5. 对。 6. 对。 7. 对。 8. 错，是指计算机的体积很小。

1.2 计算机中的数制和存储单位

1.2.1 进位计数制

1. 数制的概念

什么是数制？按进位的原则进行计数称为进位计数制，简称“数制”。

数学运算中一般采用十进制，而在日常生活中，除了采用十进制计数外，有时也采用其他进制来计数。例如，时间的计算采用六十进制，60min为1h，60s为1min，其计数特点为“逢六十进一”；年份的计算采用十二进制，12个月为1年，其计数特点为“逢十二进一”。

在进位计数制中，数字的个数叫作“基数”。十进制是现实生活中最常用的一种进位计数制，有0、1、2、3、4、…、9这10个数字组成，所以说十进制的基数是10。除此之外，还有二进制、八进制和十六进制。

2. 数制的表示形式

各种进位计数制都可统一表示为$\sum_{i=n}^{m} a^i R^i$。

说明：

1）R表示进位计数制的基数，在十进制、二进制、八进制和十六进制中R的值分别为10、2、8和16。

2）i表示位序号，个位为0，向高位（左边）依次加1，向低位（右边）依次减1。

3）a^i表示第i位上的一个数符，其取值范围为$0 \sim R-1$。

4）R^i表示第i位上的权。

5）n和m表示最低位和最高位的位序号。

一切进位计数制都有以下两个基本特点：

1）按基数进、借位。

2）用位权值来计数。

所谓按基数进位、借位，就是在执行加法或减法时，要遵循“逢R进一，借一当R”的规则。因此，R进制的最大数符为$R-1$，而不是R，每个数符只能用一个字符表示。

3. 常用的计数制

（1）十进制　十进制的基数为10，它有10个数符：0、1、2、3、4、5、6、7、8、9。十进制数逢十进一，各位的权是以10为底的幂。书写时数字用括号括起来，再加上下标10（通常省略不写），也可以在数字后加字母D表示（通常省略不写）。例如，$345.56=(345.56)_{10}=3\times10^2+4\times10^1+5\times10^0+5\times10^{-1}+6\times10^{-2}$。

（2）二进制　二进制的基数为2，只有两个数符：0和1。二进制数逢二进一，各位的权是以2为底的幂。书写时数字用括号括起来，再加上下标2，也可以在数字后加字母B表示。例如，$(11101.101)_2=1\times2^4+1\times2^3+1\times2^2+0\times2^1+1\times2^0+1\times2^{-1}+0\times2^{-2}+1\times2^{-3}$。

在计算机内数据一律采用二进制。这是由于二进制具有容易表示、运算简单方便和运行可靠的特点。

（3）八进制　八进制的基数为 8，它有 8 个数符：0、1、2、…、6、7。八进制数逢八进一，各位的权是以 8 为底的幂。书写时数字用括号括起来，再加上下标 8，也可以在数字后加字母 O 表示。例如，$(753.65)_8=7\times8^2+5\times8^1+3\times8^0+6\times8^{-1}+5\times8^{-2}$。

（4）十六进制　十六进制的基数为 16，它有 16 个数符：0、1、2、3、…、8、9、A、B、C、D、E、F。十六进制数逢十六进一，各位的权是以 16 为底的幂。书写时数字用括号括起来，再加上下标 16，也可以在数字后加字母 H 表示。

遵循每个数符只能用一个字符表示的原则，在十六进制中对值大于 9 的 6 个数（即 10～15）分别借用 A～F 这 6 个字母来表示。例如，$(A85.76)_{16}=10\times16^2+8\times16^1+5\times16^0+7\times16^{-1}+6\times16^{-2}$。

八进制和十六进制经常用在汇编语言程序或显示存储单元的内容显示中。

1.2.2　不同数制之间的转换

1. 二进制、八进制、十六进制转换为十进制

若要将二进制、八进制、十六进制数转换为十进制数，可以按照数制的表示形式按权展开，很容易计算出相应的十进制数，例如，

$(11101.101)_2=1\times2^4+1\times2^3+1\times2^2+0\times2^1+1\times2^0+1\times2^{-1}+0\times2^{-2}+1\times2^{-3}=29.625$

$(753.65)_8=7\times8^2+5\times8^1+3\times8^0+6\times8^{-1}+5\times8^{-2}=491.828125$

$(A85.76)_{16}=10\times16^2+8\times16^1+5\times16^0+7\times16^{-1}+6\times16^{-2}=2693.4609375$

2. 十进制转换为二进制、八进制、十六进制

将十进制数转换为二进制、八进制、十六进制数，其整数部分和小数部分的转换规则如下。

1）整数部分：用除 R（基数）取余法则（规则：先余为低，后余为高）。

2）小数部分：用乘 R（基数）取整法则（规则：先整为高，后整为低）。

例如，将（29.625）10 转换为二进制表示。

1）用“除 2 取余”法先求出整数 29 对应的二进制数。

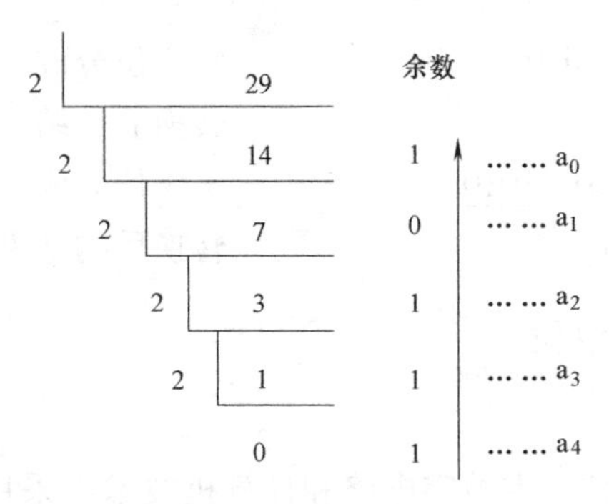

2）用“乘 2 取整”法求出小数 0.625 对应的二进制数。

```
0.625
  ×2
─────────
1.250     0.25                  1   │ …… a1
            ×2                      │
          ─────────                 │
          0.50     0.5          0   │ …… a2
                    ×2              │
                 ─────────          │
                    1           1   ↓ …… a3
```

由此可得 $(29.625)_{10}=(11101.101)_2$

3. 二进制与八进制、十六进制之间的转换

从 $2^3=8$、$2^4=16$ 可以看出，每位八进制数可用3位二进制数表示，每位十六进制数可用4位二进制数表示，见表1-1和表1-2。

表1-1　二进制与八进制之间的转换

八进制数	0	1	2	3	4	5	6	7
二进制数	000	001	010	011	100	101	110	111

表1-2　二进制与十六进制之间的转换

十六进制	0	1	2	3	4	5	6	7
二进制	0000	0001	0010	0011	0100	0101	0110	0111
十六进制	8	9	A	B	C	D	E	F
二进制	1000	1001	1010	1011	1100	1101	1110	1111

（1）八进制、十六进制转换为二进制　只要把八进制数或十六进制数每位的数展开为3位或4位二进制数，最后去掉整数首部的0或小数尾部的0即可。例如，

$(753.65)_8=\underline{111}\ \underline{101}\ \underline{011}.\ \underline{110}\ \underline{101}$　　将每位展开为3位二进制数

$=(111101011.110101)_2$　　转换后的二进制数

$(A85.76)_{16}=\underline{1010}\ \underline{1000}\ \underline{0101}.\ \underline{0111}\ \underline{0110}$　　将每位展开为4位二进制数

$=(101010000101.0111011)_2$　　去掉尾部的"0"

（2）二进制转换为八进制、十六进制　以小数点为中心，分别向左、右每3位或4位分成一组，不足三位或四位的则以"0"补足，然后将每个分组用1位对应的八进制数或十六进制数代替即可。例如，

$(11101.101)_2=\underline{011}\ \underline{101}.\ \underline{101}$　　每3位分成一组

$=(35.5)_8$　　转换后的结果

$(11101.101)_2=\underline{0001}\ \underline{1101}.\ \underline{1010}$　　每4位分成一组

$=(1D.A)_{16}$　　转换后的结果

1.2.3　计算机中的信息单位

1. 位（bit）

位是度量数据的最小单位，在数字电路和计算机技术中采用二进制，代码只有0和1，其中无论0还是1在CPU中都是1位。

2. 字节（Byte）

一个字节由8位二进制数字组成（1Byte = 8bit）。字节是信息组织和存储的基本单位，也是计算机体系结构的基本单位。

早期的计算机并无字节的概念。20世纪50年代中期，随着计算机逐渐从单纯用于科学计算扩展到数据处理领域，为了在体系结构上兼顾“数”和“字符”，就出现了“字节”。IBM公司在设计其第一台超级计算机时，根据数值运算的需要，定义机器字长为64bit，并决定用8bit表示一个字符。这样，64位字长可容纳8个字符，设计人员把它叫作8B，这就是字节的由来。

为了便于衡量存储器的大小，统一以字节（Byte，B）为单位。常用的是

KB　　1KB = 1024B

MB　　1MB = 1024KB

GB　　1GB = 1024MB

TB　　1TB = 1024GB

1.2.4 习题

一、选择题

1. 十进制数100转换成无符号二进制数是（　　）。

A. 01100100　　B. 01100101　　C. 01100110　　D. 01101000

2. 十进制数55转换成无符号二进制数是（　　）。

A. 0111101　　B. 0110111　　C. 0111001　　D. 011111

3. 十进制数257转换成十六进制数是（　　）。

A. 11　　B. 101　　C. F1　　D. FF

4. 十进制数87转换成无符号二进制数是（　　）。

A. 01011110　　B. 01010100　　C. 010100101　　D. 01010111

5. 二进制数110000转换成十六进制数是（　　）。

A. 77　　B. D7　　C. 70　　D. 30

6. 二进制数11111111转换成八进制数是（　　）。

A. 367　　B. 268　　C. 377　　D. 346

7. 二进制数01001101转换成十进制数为（　　）。

A. 77　　B. 70　　C. 75　　D. 67

8. 下列4种不同数制表示的数中，数值最小的一个是（　　）。

A. 八进制52　　B. 十进制44　　C. 十六进制2B　　D. 二进制101001

9. 在计算机内部用来传输、存储、加工处理的数据或者指令所采用的形式是（　　）。

A. 十进制码　　B. 二进制码　　C. 八进制码　　D. 十六进制码

10. 计算机中的“字节”是常用单位，它的英文名字是（　　）。

A. bit　　B. Byte　　C. net　　D. com

11. 计算机中，用（　　）位二进制码组成一个字节。

A. 8　　B. 16　　C. 32　　D. 根据机器不同而异

12. 8位字长的计算机可以表示的无符号整数的最大值是（　　）。

A. 8　　B. 16　　C. 255　　D. 256

13. 将十进制数 35 转换成二进制数是（　　）。

A. 100011　　B. 100111　　C. 111001　　D. 110001

二、填空题

1. 电子计算机内部采用的数制是__________，而人们日常生活中用得最多的数制则是__________。

2. 二进制数 101000 转换成十进制后的数值为__________，转换成十六进制数后记为__________。

3. 在计算机技术中，信息的最小单位是__________，信息的基本单位是__________。

4. 字节是信息的存储单位，一个字节包括__________个二进制位。

5. 在计算机内部，1KB 等于__________B。

三、判断题

1. 进位计数制就是按进位的原则进行计数。（　　）

2. 二进制的基数是 1 和 2。（　　）

3. 将十进制数转换为二进制数只要按除 R（基数）取余法则转换即可。（　　）

4. 位和字节都是信息组织和存储的基本单位。（　　）

5. 在计算机中，无论 0 还是 1 在 CPU 中都是 1 位。（　　）

1.2.5　习题答案

一、选择题

1. A　2. B　3. B　4. D

1～4 解析：十进制转换为其他进制时，整数部分要采用“除基取余法”，小数部分采取“乘基取整法”。所以，100 转换为二进制数为 01100100，同理可以算出 55 转换为二进制数为 0110111，257 转换为十六进制数为 101，87 转换为二进制数为 01010111。

5. D　　6. C

5、6 解析：二进制转换成八进制或十六进制是以小数点为中心，分别向左、右每 3 位或 4 位分成一组，不足 3 位或 4 位的则以“0”补足，然后将每个分组用 1 位对应的八进制数或十六进制数代替即可。110000 转换成十六进制可划分为“0011”“0000”，即十六进制的“3”“0”；而 11111111 转换成八进制可划分为“011”“111”“111”，即八进制的“3”“7”“7”。

7. A

解析：二进制转换成十进制，是将二进制数按权展开求和。所以，$01001101 = 1\times2^6 + 0\times2^5 + 0\times2^4 + 1\times2^3 + 1\times2^2 + 0\times2^1 + 1\times2^0 = 77$。

8. D

解析：本题的 4 个数转化为十进制数依次为 42、44、43、41，因此答案为 D。

9. B

解析：二进制只有 0 和 1 两个基本数码，在计算机中可以通过电子器件的“开”和“关”两个物理状态来表示，降低了成本；对于系统来说，只有两个状态稳定性较高，容易控制；而且二进制码运行规则简单，适合逻辑运算。所以在计算机内部用来传输、存储、加工处理的数据或者指令所采用的形式是二进制码。

10. B

11. A

解析：在计算机中位（bit）是度量数据的最小单位，1个字节由8位二进制数组成即1Byte = 8bit。

12. C

解析：8位二进制数的最大值为11111111，转换为十进制数为255。

13. A

二、填空题

1. 二进制，十进制 2. 40，28 3. 位，字节 4. 8 5. 1024

三、判断题

1. 对。 2. 错，二进制的基数是0和1。 3. 错，小数部分用乘R（基数）取整法则。
4. 错，位是度量数据的最小单位，字节是信息组织和存储的基本单位。 5. 对。

1.3 计算机系统

计算机系统包括硬件系统和软件系统。计算机硬件系统是指构成计算机的所有实体部件的集合，通常这些部件由电子器件、机械装置等物理部件组成。计算机软件系统是指在硬件设备上运行的各种程序以及相关数据。

1.3.1 计算机硬件系统

尽管各种计算机在性能、用途和规模上有所不同，但都基于同样的基本原理：以二进制数和程序存储控制为基础。基本结构都遵循冯·诺依曼体系结构，这种结构的计算机主要由运算器、控制器、存储器、输入/输出（I/O）设备5个部分组成，如图1-1所示。

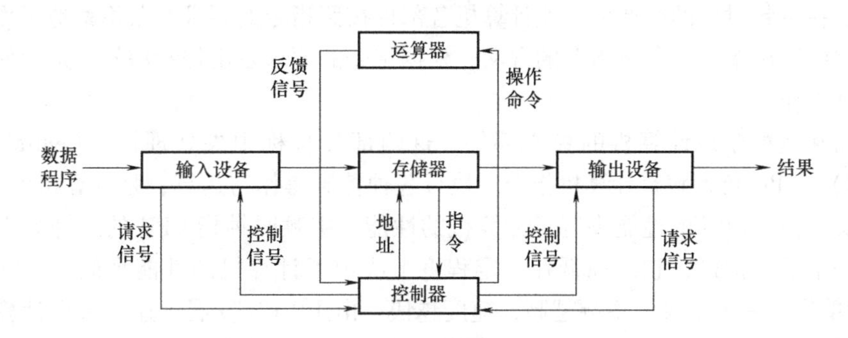

图1-1 计算机系统的硬件组成

在讲解计算机的这5个组成部分之前，首先了解一下总线的概念。

为了节省计算机硬件连接的信号线，简化电路结构，计算机各部件之间采用公共通道进行信息传送和控制。计算机部件之间分时地占用着公共通道进行数据的控制和传输，这样的通道称为总线，它包含了运算器、控制器、存储器、I/O设备之间进行信息交换和控制传递所需要的全部信号。按照信号的性质划分，总线一般分为以下3个部分：

(1) 数据总线（Data Bus，DB） 数据总线用来传输数据信息，它是双向传输的总线，CPU 既可以通过数据总线从内存或输入设备读入数据，又可以通过数据总线将内部数据送至内存或输出设备。数据总线的位数是计算机的一个重要指标，它体现了传输数据的能力，通常与 CPU 的位数相对应。

(2) 地址总线（Address Bus，AB） 地址总线用来传输 CPU 发出的地址信号，是一条单向传输线，目的是指明与 CPU 交换信息的内存单元或 I/O 设备的地址。由于地址总线传输地址信息，所以地址总线的位数决定了 CPU 可以直接寻址的范围。

(3) 控制总线（Control Bus，CB） 控制总线用来传输控制信号、时序信号和状态信息等。其中，有的是 CPU 向内存和外部设备发出的控制信号，有的则是内存或外部设备向 CPU 发送的状态信息。

1. 运算器

运算器是执行算术运算和逻辑运算的部件，其任务是对信息进行加工处理。运算器由算术逻辑单元（Arithmetic Logical Unit，ALU）、累加器、状态寄存器和通用寄存器等组成。

ALU 是对数据进行加、减、乘、除算术运算，与、或、非逻辑运算及移位、求补等操作的部件。累加器用来暂存操作数和运算结果。状态寄存器（或称标志寄存器）用来存放算术逻辑单元在工作中产生的状态信息。通用寄存器用来暂存操作数或数据地址。

运算器的性能指标是衡量整个计算机性能的重要因素之一。与运算器相关的性能指标包括计算机的字长和速度。ALU、累加器和通用寄存器的位数决定了 CPU 的字长，如在 64 位字长的 CPU 中，ALU、累加器和通用寄存器都是 32 位的。运算器的性能主要由每秒执行百万条指令（Million Instructions Per Second，MIPS）来衡量。

2. 控制器

根据程序的指令，控制器向各个部件发出控制信息，以达到控制整个计算机运行的目的，因此控制器是计算机的“神经中枢”。

控制器在主频时钟的协调下，使计算机各部件按照指令的要求有条不紊地工作。它不断地从存储器中取出指令，分析指令的含义，根据指令的要求发出控制信号，进而使计算机各部件协调地工作。

控制器和运算器是计算机的核心部件，这两部分合称中央处理器（Central Processing Unit，CPU）。CPU 负责解释计算机指令，执行各种控制操作与运算，是计算机的核心部件。从某种意义上说，CPU 的性能决定了计算机的性能。主频时钟指 CPU 的时钟频率，是计算机性能的一个重要指标，它的高低在一定程度上决定了计算机的性能高低。主频以吉赫兹（GHz）为单位，一般来说，主频越高，速度越快。由于 CPU 发展迅速，微型计算机的主频也在不断提高。“奔腾”（Pentium）处理器目前的主频已经达到 3 ~ 6GHz。除此之外，衡量 CPU 性能的另一指标为数据宽度，数据宽度有 8 位、16 位、32 位及 64 位等，目前市场上计算机的主流数据宽度为 64 位。

3. 存储器

存储器（Memory）是计算机的记忆装置，用来存储当前要执行的程序、数据以及结果。所以，存储器应该具备存数和取数功能。存数是指往存储器“写入”数据，取数是指从存储器“读取”数据。读、写操作统称对存储器的访问。

存储器分为内存储器（简称内存）和外存储器（简称外存）两类。CPU 只能直接访问存储在内存中的数据；外存中的数据只能先调入内存后，才能被 CPU 访问和处理。

4. 输入/输出设备

输入/输出设备简称 I/O 设备，有时也称为外部设备或外围设备，是计算机系统不可缺少的组成部分，是计算机与外部世界进行信息交换的中介，是人与计算机联系的桥梁。

输入设备是用来向计算机输入命令、程序、数据、文本、图形、图像、音频和视频等信息的。其主要作用是把人们可读的信息转换为计算机能识别的二进制代码输入计算机，供计算机处理。例如，用键盘输入信息时，敲击它的每个键位都能产生相应的电信号，再由电路板转换成相应的二进制代码送入计算机。目前常用的输入设备有键盘、鼠标、扫描仪等。

输出设备是将计算机处理后的各种内部格式的信息转换为人们能识别的形式（如文字、图形、图像和声音等）表达出来。例如，在纸上打印出符号或在屏幕上显示字符、图形等。常见的输出设备有显示器、打印机、绘图仪和音箱等，它们分别能把信息直观地显示在屏幕上或打印出来。

1.3.2 计算机软件系统

计算机软件系统分为系统软件和应用软件两大类。系统软件是面向计算机硬件系统本身的软件，可解决普遍性问题，是人们学习使用计算机的首要软件；而应用软件是指面向特定问题处理的软件，可解决特殊性问题，应用软件是在系统软件的支持下运行的。

1. 系统软件

系统软件是计算机系统必备的软件，它的主要功能是管理、监控和维护计算机资源（包括硬件资源和软件资源）以及开发应用软件。系统软件可以看作用户与硬件系统的接口，为用户和应用软件提供了控制和访问硬件的手段。系统软件包括操作系统、语言处理程序、支撑服务程序和数据库管理系统。

（1）操作系统（Operating System，OS） 操作系统是用户使用计算机的界面，是位于底层的系统软件，其他系统软件和应用软件都是在操作系统上运行的。操作系统主要用来对计算机系统中的各种软/硬件资源进行统一的管理和调度。因此，可以说操作系统是计算机软件系统中最重要、最基本的系统软件。计算机的操作系统在 20 世纪 80 年代是字符界面的 MS DOS，在 20 世纪 90 年代起逐渐成为图形界面的 Windows。

1）操作系统的组成。计算机的系统资源包括 CPU、内存、输入/输出设备及存储在外存中的信息。因此，操作系统由以下 4 个部分组成。

- 对 CPU 的使用进行管理的进程调度程序。
- 对内存分配进行管理的内存管理程序。
- 对输入/输出设备进行管理的设备驱动程序。
- 对外存中的信息进行管理的文件系统。

2）操作系统的功能。

- 处理器管理。处理器管理就是对处理器的“时间”进行动态管理，以便能将 CPU 真正合理地分配给每个需要占用 CPU 的任务。

- 存储管理。存储管理就是根据用户程序的要求为其分配主存储区域。当多个程序共享有限的内存资源时，操作系统就按某种分配原则，为每个程序分配内存空间，使各用户的程序和数据彼此隔离，互不干扰及破坏；当某个用户程序工作结束时，及时收回它所占的主存储区域，以便再装入其他程序。

• 设备管理。操作系统对设备的管理主要体现在两个方面：第一方面，提供用户和外设的接口，用户只需通过键盘命令或程序向操作系统提出使用设备的申请，操作系统中的设备管理程序就能实现外部设备的分配、启动、回收和故障处理；第二方面，为了提高设备的效率和利用率，操作系统还采取了缓冲技术和虚拟设备技术，尽可能使外设与处理器并行工作，以解决快速 CPU 与慢速外设之间的矛盾。

• 文件管理。文件管理的任务是有效地支持文件的存储、检索和修改等操作，解决文件的共享、保密和保护问题，以便用户安全、方便地访问文件。通常由操作系统中的文件系统来完成这一功能。

• 作业管理。作业管理包括任务管理、界面管理、人机交互、图形界面、语音控制和虚拟现实等。作业管理的任务是为用户提供一个使用系统的良好环境，使用户能有效地组织自己的工作流程。

（2）语言处理程序　使用各种高级语言（如汇编语言、FORTRAN、PASCAL、C、C++、C#、Java、Python 等）开发的程序，计算机是不能直接执行的，必须经过翻译，将它们翻译成机器可执行的二进制语言程序（也就是机器语言程序）。完成这些翻译工作的翻译程序就是语言处理程序，包括编译程序和解释程序。

（3）支撑服务程序　支撑服务程序又称为实用程序，如系统诊断程序、调试程序、排错程序、编辑程序及查杀病毒程序等。这些程序都是用来维护计算机系统的正常运行或进行系统开发的。

（4）数据库管理系统　数据库管理系统用来建立存储各种数据资料的数据库，并对其进行操作和维护。在微型计算机上使用的关系型数据库管理系统有 Access、SQL Server 和 Oracle 等。

2. 应用软件

为解决各种计算机应用问题而编制的应用程序称为应用软件，它具有很强的实用性，如工资管理程序、图书资料检索程序、办公自动化软件等。应用软件又分为用户程序和应用软件包两种。

（1）用户程序　用户为解决自己的问题而开发的软件称为用户程序，如各种计算程序、数据处理程序、工程设计程序、自动控制程序、企业管理程序和情报检索程序等。

（2）应用软件包　应用软件包是为实现某种特殊功能或特殊计算而设计的软件系统，可以满足同类应用的许多用户。一般来讲，各种行业都有适合自己使用的应用软件包，如用于办公自动化的 Office，它包括字处理软件 Word、电子表格软件 Excel、文稿演示软件 PowerPoint 和电子邮件管理程序 Outlook 等。

3. 计算机语言知识

（1）程序设计语言　使用计算机解决问题就需要编写程序，编写计算机程序就必须掌握计算机的程序设计语言。程序设计语言分为 3 类：机器语言、汇编语言和高级语言。

1）机器语言。一台计算机中所有指令的集合称为该计算机的指令系统，这些指令就是机器语言，它是一种二进制语言。

由于计算机的机器指令和计算机的硬件密切相关，因此用机器语言编写的程序不仅能直接在计算机上运行，而且具有能充分发挥硬件功能的特点，程序简洁，运行速度快。但用机器语言编写的程序不直观、难懂、难记、难写、难以修改和维护。另外，机器语言是每一种计算机所固有的，不同类型的计算机其指令系统和指令格式不同，因此机器语言程序没有通用性，是“面向机器”的语言。

2）汇编语言。鉴于机器语言难记的缺点，人们用符号（称为助记符）来代替机器语言中的二进制代码，设计了“汇编语言”。汇编语言与机器语言基本上是一一对应的，由于它采用助记符来代替操作码，用符号来表示操作数地址（地址码），因此便于记忆，如用 ADD 表示加法、MOV 表示传送等。

用汇编语言编写的程序具有质量高、执行速度快、占用内存少等特点，因此目前常用来编写系统软件、实时控制程序等。汇编语言同样是“面向机器”的语言，机器语言所具有的缺点，汇编语言也都有，只不过程度不同而已。

3）高级语言。高级语言与汇编语言相比，具有的优点有：①接近自然语言（一般采用英语单词表达语句），便于理解、记忆和掌握；②语句与机器指令不存在一一对应的关系，一条语句通常对应多个机器指令；③通用性强，基本上与具体的计算机无关，编程者无须了解具体的机器指令。

高级语言的种类非常多，如结构化程序设计语言 FORTRAN、ALGOL、COBOL、C、Pascal、Basic、LISP、LOGO、PROLOG、FoxBASE 等，面向对象的程序设计语言 Visual Basic、Visual C ++、Visual FoxPro、Delphi、PowerBuilder、C#、Java 等。

（2）语言处理程序　计算机只能执行机器语言程序，因此用汇编或高级语言编写的程序（称为源程序）必须使用语言处理程序将其翻译成计算机可以执行的机器语言后，程序才能得以执行。语言处理程序包括汇编程序、解释程序和编译程序。

1）汇编程序。把汇编语言编写的源程序翻译成机器可执行的目标程序，是由汇编程序来完成翻译的，这种翻译过程称为汇编。

2）解释程序。解释程序接收到源程序后对源程序的每条语句逐句进行解释并执行，最后得出结果。也就是说，解释程序对源程序一边翻译一边执行，因此不产生目标程序。与编译程序相比，解释程序的速度要慢得多，但它占用的内存少，对源程序的修改比较方便。

3）编译程序。编译程序将高级语言源程序全部翻译成与之等价的、用机器指令表示的目标程序，然后执行目标程序，得出运算结果。

解释方式和编译方式各有优缺点。解释方式的优点是占用内存少、灵活，但与编译方式相比要占用更多的机器时间，并且执行过程也离不开翻译程序。编译方式的优点是执行速度快，但占用的内存较多，并且不灵活，若源程序有错的话，必须修改后重新编译，从头执行。

1.3.3 习题

一、选择题

1. 计算机系统由（　　）组成。

A. 主机和系统软件　　B. 硬件系统和软件系统

C. 硬件系统和应用软件　　D. 微处理器和软件系统

2. 常用来标识计算机运算速度的单位是（　　）。

A. MB 和 BPS　　B. BPS 和 MHz　　C. MHz 和 MIPS　　D. MIPS 和 BIPS

3. 硬件系统中对外设的准确描述是（　　）。

A. 外设指的是输入、输出设备

B. 外设也叫外围设备，主要指外部电路和接口

C. 外设主要指磁盘驱动器，外部线路和接口

D. 凡直接或间接与计算机进行输入、输出交换及转换信息形式的各种设备

4. 在一般情况下，外存储器中存放的数据在断电后（　　）失去。

A. 不会　　B. 完全　　C. 少量　　D. 多数

5. 下面属于应用软件的是（　　）。

A. Access　　B. Oracle　　C. Delphi　　D. Excel

6. 计算机同外部世界进行信息交换的工具是（　　）。

A. 键盘　　B. 控制器　　C. 运算器　　D. 输入/输出设备

7. 把高级语言的源程序变为目标程序要经过（　　）。

A. 汇编　　B. 编程　　C. 编辑　　D. 编译

8. 下列可选项都是硬件的是（　　）。

A. Windows 7、ROM 和 CPU　　B. WPS、RAM 和显示器

C. ROM、RAM 和 Pascal　　D. 硬盘、光盘和 U 盘

9. CPU 的中文名称是（　　）。

A. 中央处理器　　B. 外（内）存储器

C. 微机系统　　D. 微处理器

10. 内存储器可与 CPU（　　）交换信息。

A. 不　　B. 直接　　C. 部分　　D. 间接

11. 下列不属于数据库管理系统的是（　　）。

A. Access　　B. Excel　　C. SQL Server　　D. Oracle

12. 在计算机中，负责指挥和控制计算机各部分自动、协调一致进行工作的部件是（　　）。

A. 控制器　　B. 运算器　　C. 存储器　　D. 总线

13. 下面关于计算机硬件系统的说法中，不正确的是（　　）。

A. CPU 主要由运算器、控制器和寄存器组成

B. 当关闭计算机电源后，RAM 中的程序和数据就消失了

C. 磁盘上的数据均可由 CPU 直接存取

D. 磁盘驱动器既属于输入设备，又属于输出设备

14. BASIC 语言解释程序属于（　　）。

A. 应用软件　　B. 系统软件　　C. 编译程序的一种　　D. 汇编程序的一种

15. 下面不属于系统软件的是（　　）。

A. DOS　　B. Windows 7　　C. UNIX　　D. Office 2010

16. 关于计算机语言，下面叙述不正确的是（　　）。

A. 高级语言较低级语言更接近人们的自然语言

B. 高级语言、低级语言都是与计算机同时诞生的

C. 机器语言和汇编语言都属于低级语言

D. BASIC 语言、PASCAL 语言、C 语言都属于高级语言

17. 下列有关计算机系统软件的描述中，不正确的是（　　）。

A. 计算机软件系统中最靠近硬件层的是系统软件

B. 计算机系统中非系统软件一般是通过系统软件发挥作用的

C. 语言处理程序不属于计算机系统软件

D. 操作系统属于系统软件

18. 计算机能直接执行的程序是（　　）。

A. 源程序　　B. 机器语言程序

C. BASIC 语言程序　　D. 汇编语言程序

19. 下列选项中不是微机总线的是（　　）。

A. 地址总线　　B. 通信总线　　C. 数据总线　　D. 控制总线

20. 操作系统的功能是（　　）。

A. 将源程序编译成目标程序

B. 负责诊断计算机的故障

C. 控制和管理计算机系统的各种硬件和软件资源的使用

D. 负责外设与主机之间的信息交换

21. 工厂的仓库管理软件属于（　　）。

A. 系统软件　　B. 工具软件　　C. 应用软件　　D. 字处理软件

22. Word 2010 字处理软件属于（　　）。

A. 管理软件　　B. 网络软件　　C. 应用软件　　D. 系统软件

23. （　　）是一种符号化的机器语言。

A. C 语言　　B. 汇编语言　　C. 机器语言　　D. 符号语言

24. 将用高级语言编写的程序翻译成机器语言程序，采用的两种翻译方式是（　　）。

A. 编译和解释　　B. 编译和汇编　　C. 编译和链接　　D. 解释和汇编

25. 下列关于解释程序和编译程序的论述中，正确的是（　　）。

A. 编译程序和解释程序均能产生目标程序

B. 编译程序和解释程序均不能产生目标程序

C. 编译程序能产生目标程序，解释程序不能

D. 编译程序不能产生目标程序，而解释程序能

26. 运算器的组成部分不包括（　　）。

A. 控制线路　　B. 译码器　　C. 加法器　　D. 寄存器

27. 微型计算机硬件系统中最核心的部件是（　　）。

A. 主板　　B. CPU　　C. 内存储器　　D. I/O 设备

28. 计算机对数据进行加工和处理的部件通常称为（　　）。

A. 运算器　　B. 控制器　　C. 显示器　　D. 存储器

29. 运算器的主要功能是（　　）。

A. 实现算术运算和逻辑运算

B. 保存各种指令信息供系统其他部件使用

C. 分析指令并进行译码

D. 按主频指标规定发出时钟脉冲

30. CPU 中控制器的功能是（　　）。

A. 进行逻辑运算

B. 进行算术运算

C. 分析指令并发出相应的控制信号

D. 只控制 CPU 的工作

二、填空题

1. 在计算机中，负责指挥和控制计算机各部分自动、协调一致进行工作的部件是__________。

2. 专门为某一应用而设计的软件是__________。

3. 数据管理系统属于软件系统中的__________。

4. 操作系统是__________和__________的接口。

5. 能使计算机完成特定任务的一组有序指令集合称为__________。

6. 计算机所具有的存储程序原理是__________提出的。

7. 按冯·诺依曼的观点，计算机由五大部件组成：控制器、__________、__________和输入/输出设备。

8. CPU 的中文名字叫__________。

9. 我国第一台计算机是于__________年制造的。

三、判断题

1. 计算机硬件系统由 CPU、存储器、输入和输出设备组成。（　　）

2. 程序设计语言分为 3 类：机器语言、汇编语言和高级语言。（　　）

3. BASIC 语言是计算机唯一能直接识别并执行的计算机语言。（　　）

4. 计算机软件由文档和程序组成。（　）

5. 汇编语言和机器语言都属于低级语言，之所以称之为低级语言是因为用它们编写的程序可以被计算机直接识别执行。（　）

6. 编译程序的作用是将高级语言源程序翻译成目标程序。（　）

7. 管理和控制计算机系统全部资源的软件是应用软件。（　）

1.3.4　习题答案

一、选择题

1. B　2. D　3. D　4. A　5. D　6. D　7. D　8. D　9. A　10. B

11. B　12. A　13. C　14. B　15. D　16. B　17. C　18. B　19. B

20. C

解析：操作系统主要用来对计算机系统中的各种软/硬件资源进行统一的管理和调度。它的功能包括处理器管理、存储管理、设备管理、文件管理、作业管理。所以，选项 ABD 都不全面，应选 C。

21. C　22. C　23. B　24. A　25. C

26. B

解析：运算器包括算术逻辑单元、加法器、数据缓冲寄存器、标志寄存器和控制线路等。译码器是控制器的一部分，不属于运算器。

27. B

解析：中央处理器（CPU）是微型计算机的核心，它的性能决定了计算机的性能。

28. A

解析：计算机中对数据进行加工和处理的部件是运算器。

29. A

30. C

解析：运算器是用来进行算术运算和逻辑运算的部件，控制器是指挥计算机各个部件自动、协调地工作。

二、填空题

1. 控制器　2. 应用软件　3. 系统软件　4. 计算机，用户　5. 程序

6. 冯·诺依曼　7. 运算器，储存器　8. 中央处理器　9. 1958

三、判断题

1. 对。　2. 对。　3. 错，不能直接识别，机器语言才能直接识别。

4. 对。　5. 错，只有机器语言能直接被识别。

6. 对。　7. 错，应该是系统软件。

1.4 微型计算机

1.4.1 微型计算机的硬件组成

1. 微处理器

CPU 在微型计算机中通常也称为微处理器（Micro Processor Unit，MPU）。微处理器包括运算器和控制器两大部件，是一个体积不大而元器件的集成度非常高、功能强大的芯片。计算机的所有操作都要受到 MPU 的控制，所以它的品质直接影响整个计算机系统的性能。

2. 存储器

存储器（Memory）是用来存储程序和数据的记忆部件，是计算机中各种信息的存储和交流中心。存储器的功能与录音机类似，使用时可以取出原记录的内容而不破坏其信息（存储器的“读”操作）；也可以将原来保存的内容抹去，重新记录新的内容（存储器的“写”操作）。

存储器分为内部存储器和外部存储器。

（1）内部存储器　内部存储器简称内存，由大规模集成电路存储器芯片组成，用来存储计算机运行中的各种数据。内存分为 RAM、ROM 及 Cache。

1）RAM。RAM 为 Random Access Memory 的缩写，中文名为“随机读写存储器”，既可从其中读取信息，也可向其中写入信息。在开机之前 RAM 中没有信息，开机后操作系统对其使用进行管理，关机后其中存储的信息都会消失。RAM 中的信息可随时改变。RAM 又可以分为静态 RAM（SRAM）和动态 RAM（DRAM）。静态 RAM 的特点是只要不断电，信息就可以长时间保存，速度快，不需要刷新，工作状态稳定。动态 RAM 的存取速度较慢且需

要刷新，并且要及时充电以保证存储内容的正确性。

2）ROM。ROM为Read Only Memory的缩写，中文名为“只读存储器”，即只能从其中读取信息，不可向其中写入信息。在开机之前ROM中已经存有信息，关机后其中的信息不会消失。ROM大致可以分为3类：掩膜型只读存储器（MROM）、可编程只读存储器（PROM）和可擦写的可编程只读存储器（EPROM）。

3）Cache。Cache中文名叫作“高速缓冲存储器”，在不同速度的设备之间交换信息时起缓冲作用。随着MPU主频的不断提高，它对内存RAM的存取更快了，而RAM的响应速度达不到MPU的速度，成为整个系统的“瓶颈”。为了协调MPU与RAM之间的速度差问题，在MPU芯片中又集成了Cache，一般主流大小为2MB。相比RAM和ROM，Cache的读取速度最快。

（2）外部存储器　外部存储器也叫辅助存储器或外存，用作内存的后备与补充，其特点是容量大、价格低、可长期保存信息。外部存储器是计算机中的外部设备，用来存放大量的暂时不参加运算或处理的数据和程序，计算机若要运行存储在外存中的某个程序，须将它从外存读到内存中才能执行。

1）硬盘　硬盘是将盘片组固定安装在驱动器中的磁盘存储器，这些盘片组由若干个硬盘片组成。其主要特点是将盘片、磁头、电动机驱动部件乃至读/写电路等做成一个不可随意拆卸的整体，并密封起来，所以防尘性好、可靠性高，对环境要求不高。

硬盘容量是选购硬盘的主要性能指标之一，包括总容量、单碟容量和盘片数3个参数。其中，总容量是表示硬盘能够存储多少数据的一项重要指标，通常以太字节（TB）为单位。目前主流的硬盘容量从1~4TB不等。此外，通常对硬盘的分类是按照其接口的类型进行分类，主要有ATA和SATA两种。

2）光盘　光盘是以光信息作为存储的载体并用来存储数据的，其特点是容量大、成本低和保存时间长。目前常用的有CD光盘和DVD光盘。

CD光盘有只读型光盘（Compact Disk-Read Only Memory，CD-ROM），即用户只能读出光盘上录制好的信息，而不能写入信息；一次性写入光盘（Compact Disk-Recordable，CD-R），即只能向光盘中写入一次信息，且能读取光盘上的内容；可擦除型光盘（Compact Disk-Rewriteable，CD-RW），与一般的硬盘一样，可以不断地读、写光盘上的内容。

DVD诞生之初称为数字视频光盘（Digital Video Disc，DVD），后来被称为数字多功能光盘（Digital Versatile Disc，DVD），它的大小与CD-ROM光盘的大小相同，但这种光盘容量更大，单面单层的DVD可存储4.7GB的信息。DVD有3种格式，即只读型光盘（Digital Versatile Disc-Read Only Memory，DVD-ROM）、一次性写入光盘（Digital Versatile Disc-Disk-Recordable，DVD-R）和可重复写入的光盘（Digital Versatile Disc-Rewriteable，DVD-RW）。

3）U盘　U盘是一种基于USB接口的无需驱动器的微型高容量活动盘。与传统的存储设备相比，U盘具有体积小、容量大、即插即用、存取速度快、可靠性好、抗振、防潮及携带方便等特点，是目前应用最广泛的移动存储器。

3. 输入设备

（1）键盘　键盘是用户和计算机进行交流的主要输入工具，按下键盘上的每一个按键相当于对应按键的机械开关闭合，产生一个信号，由键盘电路将编码输入到计算机进行处理。目前常用的键盘有3种：标准键盘（有83个按键）、增强键盘（有101个按键）和微软自然键盘（有104个按键）。

键盘按键包括数字键、字母键、符号键、功能键和控制键。

（2）鼠标　鼠标是一种光标移动及定位设备。因其外形与老鼠很像，所以被称为“鼠标”。在某些软件中，使用鼠标比键盘更方便。根据鼠标的工作原理，可将其分为机械鼠标和光电鼠标。另外，还有无线鼠标和轨迹球鼠标等。

（3）其他输入设备　扫描仪是一种图形图像输入设备，它可以将图形图像、照片或文本输入计算机中。如果是文本文件，扫描后经文字识别软件进行识别，便可以保存文字。现有USB接口的扫描仪支持热插拔，使用方便，可配备在多媒体计算机上使用。

绘图机可以绘制计算机处理好的图样。其绘制速度快、绘制质量高，因而常使用在计算机辅助设计（CAD）等领域中。

条形码阅读器是一种能够识别条形码的扫描装置，连接在计算机上使用。阅读器在扫描条形码时，就把不同宽窄的黑白条纹翻译成相应的编码供计算机使用。许多自选商场和图书馆都在使用该设备管理商品和图书。

除上述输入设备以外，还有触摸屏、数字照相机、手写笔、语音输入设备等。

4. 输出设备

（1）显示器　显示器属于输出设备，用于显示主机的运行结果。它以可见光的形式传递和处理信息。

显示器按所采用的显示器件可分为阴极射线管（Cathode Ray Tube，CRT）显示器和液晶显示器（Liquid Crystal Display，LCD）。

液晶显示器已经取代CRT显示器，普及率越来越高，成为便携式计算机和掌上计算机的主要显示设备，在投影机中，它也扮演着非常重要的角色，目前已经是桌面显示器市场中的主流产品。

与CRT显示器相比，液晶显示器的主要特点有：①机身薄，节省空间，与比较笨重的CRT显示器相比，液晶显示器只需前者1/3的空间；②省电，不产生高温，属于低耗电产品，可以做到完全不发热（主要耗电和发热部分存在于背光灯管或LED），而CRT显示器因显像技术不可避免产生高温；③无辐射，益健康，液晶显示器完全无辐射，这对于整天在计算机前工作的人来说是一个福音；④画面柔和不伤眼，可以减少对眼睛的伤害，眼睛不容易疲劳。

显示器的分辨率表示为水平分辨率（一个扫描行中像素的数目）和垂直分辨率（扫描行的数目）的乘积，如1024像素×768像素。分辨率越高，图像就越清晰。点距是CRT彩色显示器的一项重要的技术指标，它指的是屏幕上相邻两个颜色相同的荧光点之间的最小距离。点距越小，显示器的分辨率就越高。点距的单位为毫米（mm）。目前显示器的点距在0.20～0.28mm范围内。CRT彩色显示器的优点主要体现在以下几个方面：

1）色彩：CRT在这方面拥有绝对的优势，理论上是无限色，所以目前的专业作图领域依然在使用CRT。

2）速度：CRT基本没有延迟，反应时间短，不会出现拖尾现象。

3）分辨率：只要带宽够大，理论上可以达到无限大的分辨率。

这三个方面也决定了在医学成像领域，CRT仍然在大量使用。

（2）打印机　打印机属于输出设备，用于打印主机发送的信息。打印机分为两大类：

击打式与非击打式。击打式的有针式打印机；非击打式的有激光打印机、喷墨打印机、热敏打印机及静电打印机。

针式打印机通过打印头上的打印针撞击色带而在纸上留下字迹。其优点是造价低，耐用，可以打蜡纸和多层压感纸等。其缺点是精度低，噪声大，体积也较大而不易携带。

喷墨打印机的打印头没有打印针，而是一些打印孔。从这些孔喷出墨水到纸上从而印上字迹。喷墨打印机的优点是无噪声，精度比针式打印机高（一般为 360DPI、720DPI、1200DPI 等），有些型号的喷墨打印机的体积很小，便于携带，价格介于针式打印机与激光打印机之间。其缺点是不能打印蜡纸和压感纸。

激光打印机把电信号转换成光信号，然后把字迹印在复印纸上。其工作原理与复印机相似。不同之处在于：复印机从原稿上用感光来获得信息，而激光打印机从计算机接收信息。激光打印机的一个优点是印字精度很高。现在的许多报纸、图书的出版稿都是由激光打印机打印的；另一个优点是噪声低。激光打印机的缺点是造价高，是一般打印机的 2~3 倍，并且不能打印蜡纸。激光打印机属于高档打印机。

5. 接口

接口是 CPU（或主机）与外部设备交换信息的部件，起“桥梁”作用。常用接口有以下几种。

（1）显示适配卡　显示适配卡也叫“显卡”，用于主机与显示器之间的连接。显卡存储容量与显示质量有密切的关系，存储量越大，显示的图形质量就越高。微型计算机中所采用的显卡主要有彩色图像显示控制卡（Color Graphics Adapter，CGA）、增强型图形显示控制卡（Enhanced Graphics Adapter，EGA）和视频图形显示控制卡（Video Graphics Array，VGA）等。

（2）硬盘适配器接口　用于硬盘与主机之间的数据交换。

（3）并行接口　拥有多条并行线路，一次可以传输多个二进制位，适用于近距离传输。打印机可以使用这种接口与主机通信。

（4）串行接口　一次只能传输一个二进制位，只要一条通信线路，适合远距离传输。早期的串行接口鼠标、外置调制解调器（Modem）可用此接口与主机通信。由于串行接口的速度较慢，且目前家庭常用的电子设备都逐渐改为 USB 接口，部分便携式计算机逐渐取消了这个接口。但串口简单易用，在单片机、嵌入式系统和物联网领域应用广泛，在工业控制行业有着巨大的保有量。

（5）USB 接口　USB 是 Universal Serial Bus 的缩写。USB 支持热插拔，有即插即用等优点，所以 USB 接口已经成为目前大多数外部设备的接口方式。

1.4.2 微型计算机的性能指标

1. 主频

主频是指时钟频率，其单位是吉赫兹（GHz）。计算机的运算速度主要是由主频确定的，主频越高，其运算速度也就越快。

2. 字长

字长是指计算机的运算器能同时处理的二进制数据的位数，它确定了计算机的运算精度，字长越长，计算机的运算精度就越高，其运算速度也越快。另外，字长也确定计算机指令的直接寻址能力。目前，主流微型计算机的字长为 64 位。

3. 存储容量

存储容量分为内存容量和外存容量，这里主要指内存容量。内存储器中可以存储的信息总字节数称为内存容量。目前，主流微型计算机的内存容量一般都在8GB以上。内存容量越大，处理数据的范围就越广，运算速度一般也越快。

4. 存取周期

把信息存入存储器的过程称为"写"，把信息从存储器取出的过程称为"读"。存储器的访问时间（读/写时间）是指存储器进行一次读或写操作所需的时间，存取周期是指连续启动两次独立的读或写操作所需的最短时间。目前，微机的存取周期为几十纳秒（ns）到100ns。

5. 运算速度

运算速度是一项综合的性能指标，用每秒执行百万条指令（Million Instructions Per Second，MIPS）表示，计算机的主频和存取周期对运算速度的影响最大。

除上面提到的这些因素外，衡量一台计算机的性能指标还要考虑机器的兼容性、系统的可靠性、系统的可维护性、机器可以配置的外部设备的最大数目、计算机系统处理汉字的能力、数据库管理系统及网络功能等。性价比可以作为一项综合性评价计算机的性能指标。

1.4.3 习题

一、选择题

1. 下列指标表示计算机主要的时钟信号源频率的是（　　）。

A. 运算速度　　B. 主频　　C. 字长　　D. 存储容量

2. 对微型计算机的说法不正确的是（　　）。

A. 微型计算机就是体积最小的计算机

B. 微型计算机是指以微处理器为核心，配以存储器，输入输出接口和各种总线所构成的计算机

C. 普通的微型计算机由主机箱、键盘、显示器和各种输入/输出设备组成

D. 微型计算机的各功能部件通过大规模集成电路技术将所有逻辑部件都集成在一块或几块芯片上

3. 微型计算机的发展以（　　）技术为特征标志。

A. 操作系统　　B. 软件　　C. 微处理器　　D. 存储器

4. 下列有关微型计算机中CPU的说法不正确的是（　　）。

A. CPU是硬件的核心　　B. CPU由控制器和寄存器组成

C. 计算机的性能主要取决于CPU　　D. CPU又叫中央处理器

5. 存放于计算机（　　）上的信息，关机后就消失。

A. ROM　　B. RAM　　C. 硬盘　　D. 软盘

6. 某台微型计算机安装的是64位操作系统，"64位"指的是（　　）。

A. CPU的运算速度，即CPU每秒钟能计算64位二进制数据

B. CPU的字长，即CPU每次能处理64位二进制数据

C. CPU的时钟主频

D. CPU的型号

7. 在微机系统中，只读存储器常记为（　　）。

A. RAM　　B. ROM　　C. External Memory　　D. Internal Memory

8. 下列设备组中，完全属于计算机输出设备的一组是（　　）。

A. 喷墨打印机，显示器，键盘　　B. 激光打印机，键盘，鼠标

C. 键盘，鼠标，扫描仪　　D. 打印机，绘图仪，显示器

9. RAM 具有的特点是（　　）。

A. 海量存储

B. 存储在其中的信息可以永久保存

C. 一旦断电，存储在其上的信息将全部消失且无法恢复

D. 存储在其中的数据不能改写

10. 下面 4 种存储器中，属于数据易失性的存储器是（　　）。

A. RAM　　B. ROM　　C. PROM　　D. CD-ROM

11. 下列设备组中，完全属于计算机输入设备的一组是（　　）。

A. CD-ROM 驱动器，显示器，键盘　　B. 绘图仪，键盘，鼠标

C. 键盘，鼠标，扫描仪　　D. 打印机，硬盘，条码阅读器

12. 下列存储器中读取速度最快的是（　　）。

A. 内存　　B. 硬盘　　C. U 盘　　D. 光盘

13. 计算机的内部存储器是指（　　）。

A. RAM 和磁盘　　B. ROM　　C. ROM 和 RAM　　D. 硬盘和控制器

14. 下列硬件中，断电后会使存储数据丢失的存储器是（　　）。

A. 硬盘　　B. RAM　　C. ROM　　D. U 盘

15. 在 CPU 中配置高速缓冲存储器（Cache）是为了解决（　　）。

A. 内存与辅助存储器之间速度不匹配的问题

B. CPU 与辅助存储器之间速度不匹配的问题

C. CPU 与内存之间速度不匹配的问题

D. 主机与外设之间速度不匹配的问题

16. 下列有关计算机内存叙述错误的是（　　）。

A. 微机的内存按功能可分为 RAM 和 ROM 和 Cache

B. 通常所说的计算机内存容量指 RAM 和 ROM 合计的存储器容量

C. RAM 具有可读写性，易失性

D. CPU 对 ROM 只取不存，里面存放计算机系统管理程序，如监控程序、基本输入/输出系统模块等

17. 下列选项中，不属于外部存储器的是（　　）。

A. 硬盘　　B. 光盘　　C. U 盘　　D. ROM

18. 在多媒体计算机系统中，不能用来存储多媒体信息的是（　　）。

A. 磁带　　B. 光盘　　C. 光缆　　D. 磁盘

19. 光盘的特点是（　　）。

A. 存储容量大，价格便宜

B. 不怕磁性干扰，比磁盘记录密度更高更可靠

C. 存取速度快

D. 以上都是

20. 下列各组设备中，全部属于输入设备的一组是（　　）。

A. 键盘、磁盘和打印机　　B. 键盘、扫描仪和鼠标

C. 键盘、鼠标和显示器　　D. 硬盘、打印机和键盘

21. 下面各种存储设备中，速度最快的是（　　）。

A. ROM　　B. RAM　　C. CD-ROM　　D. Cache

22. 有关显示器的叙述错误的是（　　）。

A. 显示器的尺寸用显示屏的对角线来度量

B. 微型计算机显示系统由显示器和显示卡组成

C. 显示器是通过显卡与主机连接的，所以显示器必须与显卡匹配

D. 显存的大小不影响显示器的分辨率与颜色数

23. 1024 像素 ×768 像素的分辨率是指在（　　）方向上有1024 个像素。

A. 垂直　　B. 水平　　C. 对角　　D. 水平和垂直

24. 目前，打印质量最好、无噪声、打印速度快的打印机是（　　）。

A. 点阵打印机　　B. 针式打印机　　C. 喷墨打印机　　D. 激光打印机

25. 设备价格低廉、打印质量高于点阵打印机，能彩色打印、无噪声，但是打印速度慢、耗材贵，这样的打印机为（　　）。

A. 点阵打印机　　B. 针式打印机　　C. 喷墨打印机　　D. 激光打印机

26. 以下属于击打式打印机的是（　　）。

A. 静电打印机　　B. 针式打印机　　C. 喷墨打印机　　D. 激光打印机

二、填空题

1. 微型计算机的各功能部件通过＿＿＿＿＿＿技术将所有逻辑部件都集成在一块或几块芯片上。

2. 按存储器在计算机中位置的不同，可以将其分为＿＿＿＿＿＿和＿＿＿＿＿＿。

3. 内存按工作原理主要可以分为＿＿＿＿＿＿、＿＿＿＿＿＿和＿＿＿＿＿＿。

4. 当前 CPU 市场上，最知名的两个生产厂家是＿＿＿＿＿＿和＿＿＿＿＿＿。

5. 目前微型计算机用的外存储器主要是＿＿＿＿＿＿和＿＿＿＿＿＿。

6. RAM 可以分为＿＿＿＿＿＿＿＿＿和＿＿＿＿＿＿＿＿＿。

7. 只读存储器大致可以分为 3 类：＿＿＿＿＿＿＿＿＿、＿＿＿＿＿＿＿＿＿和＿＿＿＿＿＿＿＿＿。

8. RAM 的中文名字是＿＿＿＿＿＿。

9. 显示器最重要的指标是＿＿＿＿＿＿。

10. 微处理器最重要的两个性能指标是＿＿＿＿＿＿和＿＿＿＿＿＿。

11. ROM 的中文名称是＿＿＿＿＿＿。

三、判断题

1. 微型计算机在工作中突然中断电源，内存中的信息将全部丢失。（　　）

2. 运算器的主要功能是实现算术运算和逻辑运算。（　　）

3. CPU 能直接访问存储在内存中的数据，也能直接访问存储在外存中的数据。（　　）

4. 常见的计算机是微型计算机。(　　)

5. ROM 中的数据只能读取，不使用专用设备不能写入。(　　)

1.4.4　习题答案

一、选择题

1. B　2. A　3. C　4. B　5. B　6. B　7. B　8. D　9. C　10. A

11. C　12. A　13. C　14. B　15. C

16. B

解析：存储器分为内部存储器和外部存储器。CPU 只能从内存读取数据。内部存储器也称内存，内存分为 RAM、ROM 及 Cache。RAM 中文名为“随机读写存储器”，既可从其中读取信息，也可向其中写入信息。关机断电后其中存储的信息都会消失。RAM 中的信息可随时改变，它又分为静态 RAM（SRAM）和动态 RAM（DRAM）。ROM 中文名为“只读存储器”，即只能从其中读取信息，不可向其中写入信息。关机断电后其中的信息不会消失，ROM 中的信息一成不变。Cache 的中文名叫作“高速缓冲存储器”，它是为了协调 CPU 与 RAM 之间的速度差问题，而集成在 CPU 芯片中的。相比 RAM 和 ROM，Cache 的读取速度最快。

17. D　18. C　19. D

20. B

解析：常用的输入设备有键盘、鼠标、扫描仪、绘图机、条形码阅读器、触摸屏、数字照相机、手写笔、语音输入设备等。磁盘、硬盘属于存储设备，显示器属于输出设备。

21. D　22. D

23. B

解析：显示器是一种输出设备，它的重要性能指标是分辨率。分辨率表示为水平分辨率（一个扫描行中像素的数目）和垂直分辨率（扫描行的数目）的乘积，如 1024 像素 ×768 像素。分辨率越高，图像就越清晰。点距也是 CRT 彩色显示器的一项重要的技术指标，它指的是屏幕上相邻两个颜色相向的荧光点之间的最小距离。点距越小，显示器的分辨率就越高。

24. D　25. C

26. B

解析：打印机分为两大类：击打式与非击打式。击打式的有针式打印机；非击打式的有激光打印机、喷墨打印机、热敏打印机及静电打印机。

针式打印其优点是造价低，耐用，其缺点是精度低，噪声大，体积也较大而不易携带。

喷墨打印机的优点是无噪声，精度比针式打印机高，有些型号的喷墨打印机的体积很小，便于携带，价格介于针式打印机与激光打印机之间。其缺点是不能打印蜡纸和压感纸。激光打印机的优点是印字精度很高。另一个优点是安静，打印时只发出一点点声音。激光打印机的缺点是造价高。

二、填空题

1. 大规模集成电路　2. 内存储器，外存储器　3. RAM，ROM，Cache

4. Intel，AMD　5. 硬盘，光盘或 U 盘　6. 静态 RAM（SRAM），动态 RAM（DRAM）

7. 掩膜型只读存储器（MROM），可编程只读存储器（PROM），可擦写的可编程只读

存储器（EPROM） 8. 随机存储器 9. 分辨率

10. 字长，主频 11. 只读存储器

三、判断题

1. 错，微型计算机的内存分为RAM、ROM和Cache，工作中突然断电，RAM和Cache中的信息丢失，ROM中的信息不会丢失。 2. 对。 3. 错，不能直接访问外存。 4. 对。 5. 对。

1.5 综合测试题

一、选择题

1. 计算机用于解决科学研究与工程计算中的数学问题，称为（ ）。

A. 数值计算 B. 数学建模 C. 数据处理 D. 自动控制

2. 在计算机的应用领域中，CAD表示（ ）。

A. 计算机辅助设计 B. 计算机辅助教学

C. 计算机辅助制造 D. 计算机辅助程序设计

3. 计算机问世至今已经历四代，而划分四代的主要依据则是计算机的（ ）。

A. 规模 B. 功能 C. 性能 D. 构成元件

4. 计算机中采用二进制的原因是（ ）。

A. 通用性强 B. 占用空间少，消耗能量少

C. 二进制的运算法则简单 D. 上述三条都正确

5. 在计算机术语中，bit的中文含义是（ ）。

A. 位 B. 字节 C. 字 D. 字长

6. 二进制数00111111转换成十进制数为（ ）。

A. 57 B. 59 C. 61 D. 63

7. 既可作为输入设备，又可以作为输出设备的是（ ）。

A. 打印机 B. 硬盘及其驱动器

C. 可触控显示器 D. 键盘

8. 计算机软件系统应包括（ ）。

A. 管理软件和连接程序 B. 数据库软件和编译软件

C. 程序和数据 D. 系统软件和应用软件

9. 平常所说的裸机是指（ ）。

A. 无显示器的计算机系统 B. 无软件系统的计算机系统

C. 无输入输出系统的计算机系统 D. 无硬件系统的计算机系统

10. 操作系统是（ ）。

A. 应用软件 B. 系统软件 C. 字表处理软件 D. 计算软件

11. 微型计算机的性能指标有字长、时钟主频和（ ）。

A. 运算速度、存储容量和存取周期 B. 可靠性和精度

C. 耗电量和效率 D. 冷却效率

12. 显示器显示图像的清晰程度，主要取决于显示器的（ ）。

A. 类型 B. 亮度 C. 尺寸 D. 分辨率

13. 下列设备中属于输出设备的是（　　）。

A. 键盘　　B. 鼠标　　C. 扫描仪　　D. 显示器

14. 一般来说，外存储器中的信息在断电后（　　）。

A. 局部丢失　　B. 大部分丢失　　C. 全部丢失　　D. 不会丢失

15. 下列说法不正确的是（　　）。

A. 高速缓冲存储器集成在 CPU 芯片上

B. 中央处理器主要包括运算器和控制器两部分

C. 高速缓冲存储器是为了协调 CPU 和内存之间速度不一致的问题

D. CPU 的主要性能指标是内存容量

16. 下列说法中错误的是（　　）。

A. 简单来说，指令就是给计算机下达的一道命令

B. 指令系统有一个统一的标准，所有的计算机指令系统都是相同的

C. 指令是一组二进制代码，规定由计算机执行程序的操作

D. 为解决某一问题而设计的一系列指令就是程序

17. 下列有关外部存储器的描述不正确的是（　　）。

A. 外存储器不能为 CPU 直接访问，必须通过内存才能为 CPU 所使用

B. 外部存储器既是输入设备，又是输出设备

C. 外部存储器中所存储的信息，断电后信息会随之丢失

D. 扇区是硬盘存储信息的最小单位

二、填空题

1. 第二代计算机逻辑元件采用的是____________。

2. 高速缓冲存储器（Cache）为____________与____________交换数据提供缓冲区。

3. 第一代计算机逻辑元件采用的是____________。

4. 每位十六进制数可以用____________位二进制数表示。

5. 十进制数 60 转换成二进制整数是____________。

6. 一般使用高级语言编写的程序称为源程序，这种程序不能直接在计算机中运行，需要有相应的语言处理程序翻译成____________程序才能运行。

7. 用高级程序设计语言编写的程序称为____________。

8. 计算机硬件的组成部分主要包括：运算器、控制器、____________、输入设备、输出设备。

9. 字长是指计算机的运算器能同时处理的二进制数据的位数，字长越长，计算机的运算精度就越____________，运算速度越____________。

10. 微型计算机的发展是以____________的发展来表征的。

11. 显示器的分辨率表示为____________和____________的乘积。

12. 在微型计算机中，标准的输入设备是____________，标准的输出设备是____________。

13. 微型计算机中 MHz 是描述____________的单位。

三、判断题

1. 计算机中 MHz 用来标识字长的单位。（　　）

2. 第三代电子计算机采用的是集成电路。（　　）

3. 构成计算机电子的、机械的物理实体称为计算机硬件系统。(　　)
4. 计算机所具有的存储程序原理是图灵提出的。(　　)
5. 最早设计计算机的目的是进行科学计算，其主要应用领域都是用于科研。(　　)
6. 把硬盘中存储的数据传输到计算机称为读盘。(　　)
7. 在计算机中，1TB 指的是存储容量是 1000GB。(　　)
8. 软件与程序的区别在于程序是用户自己用高级语言编写的，而软件是用机器语言编写，由厂家提供的。(　　)
9. C 语言是一种机器语言。(　　)
10. 计算机能直接识别的语言是汇编语言。(　　)
11. 为解决某一个问题而设计的有序指令序列就是程序。(　　)
12. 只读存储器（ROM）与随机存储器（RAM）主要区别在于 ROM 可以永久保存信息，RAM 在断电后信息丢失。(　　)
13. 微型计算机存储系统中的 Cache 是可擦写只读存储器。(　　)
14. DRAM 存储器的中文含义是动态随机存储器。(　　)
15. CPU 能直接访问存储在内存中的数据，也能直接访问存储在外存中的数据。(　　)
16. DVD 与 CD 大小相同，但 DVD 存储密度高，存储容量更大。(　　)

四、简答题

1. 从计算机诞生到现在，一般把它划分为几个发展阶段？每个阶段以什么为特征？
2. 计算机有哪些主要特点？
3. 请至少列举两种计算机的分类方法。
4. 简述数制的概念及表示形式。
5. 什么是冯·诺依曼体系结构？
6. 简述计算机硬件系统中总线的概念与种类。
7. 什么是系统软件？系统软件主要包括哪些范畴？
8. 什么是应用软件？应用软件主要包括哪些范畴？
9. 什么是操作系统？
10. 简述操作系统的主要功能。
11. 简述程序设计语言的概念及分类。
12. 把源程序翻译成机器语言主要有几种方式？两者有什么区别？
13. 计算机存储器可分为几类？它们的主要区别是什么？
14. 请列举微型计算机的主要性能指标。
15. 在微型计算机硬件中，什么是接口？请列举常用的接口种类。

1.6 综合测试题答案

一、选择题

1. A　2. A　3. D　4. D　5. A　6. D　7. C　8. D　9. B　10. B
11. A　12. D　13. D　14. D

15. D

解析：本题考查的是中央处理器的相关概念。CPU 的性能指标主要有字长和时钟主频两个，所以选择答案 D。

16. B

解析：每种计算机都有一组指令集供用户使用，不同种类的计算机的指令系统并不相同。所以选择答案 B。限于篇幅，本教材没有详细讲解指令系统，本题其他选项有助于对指令的全面了解。

17. C

解析：要了解计算机外部存储器的概念、功能及特点。外部存储器的特点是存储容量大，价格较低，而且在断电后也能长期保存信息。在外部存储器中存储的信息，断电后不会丢失，可存放需要永久保存的内容，它既可以作为输出设备，也可以作为输入设备。限于篇幅，本教材没有详细讲解硬盘的结构，需要指出的是扇区是硬盘存储信息的最小单位。所以选择答案 C。

二、填空题

1. 晶体管　2. CPU，内存　3. 电子管　4. 4　5. 111100
6. 目标　7. 源程序　8. 存储器　9. 高，快　10. 微处理器
11. 水平分辨率，垂直分辨率　12. 键盘，显示器　13. 主频

三、判断题

1. 错，是主频。　2. 对。　3. 对。　4. 错，是冯·诺依曼。
5. 错，主要用于军事。　6. 对。　7. 错，是 1024GB。
8. 错，软件包括程序和其他相关文档，是个更大的范畴。
9. 错，是一种高级语言。　10. 错，是机器语言。　11. 对。　12. 对。
13. 错，是高速缓冲存储器　14. 对。
15. 错，CPU 不能直接访问存储在外存中的数据　16. 对。

四、简答题

1. 划分为 4 个阶段：第 1 阶段 1946～1958 年（电子管）、第 2 阶段 1959～1964 年（晶体管）、第 3 阶段 1965～1969 年（集成电路）、第 4 阶段 1970 年以后（大规模、超大规模集成电路）。

2. 高速、精确的运算能力，强大的存储能力，准确的逻辑判断能力，运行过程自动化。

3. 按照处理数据的类型分类，可以分为数字计算机、模拟计算机和混合计算机。

按照使用范围分类，可以分为通用计算机和专用计算机。

按照性能分类，可以分为超级计算机、大型计算机、小型计算机、微型计算机、工作站和服务器。

4. 按进位的原则进行计数称为进位计数制，简称“数制”。各种进位计数制都可统一表示为下面的形式：$\sum_{n}^{m} a_i R^i$。

5. 尽管各种计算机在性能、用途和规模上有所不同，但都基于同样的基本原理：以二进制数和程序存储控制为基础，基本结构都遵循冯·诺依曼体系结构，这种结构的计算机主要由运算器、控制器、存储器、输入及输出设备 5 个部分组成。

6. 为了节省计算机硬件连接的信号线，简化电路结构，计算机各部件之间采用公共通道进行信息传输和控制。计算机部件之间分时地占用着公共通道进行数据的控制和传输，这样的通道简称为总线。

总线一般分为数据总线、地址总线和控制总线。

7. 系统软件是计算机系统必备的软件，它的主要功能是管理、监控和维护计算机资源（包括硬件资源和软件资源），以及开发应用软件。系统软件可以看作是用户与硬件系统的接口，为用户和应用软件提供了控制和访问硬件的手段。系统软件包括操作系统、语言处理程序、支撑服务程序和数据库管理系统。

8. 为解决各种计算机应用问题而编制的应用程序称为应用软件，它具有很强的实用性，如工资管理程序、图书资料检索程序、办公自动化软件等。应用软件又分为用户程序和应用软件包两种。

9. 操作系统是用户使用计算机的界面，是位于底层的系统软件，其他系统软件和应用软件都是在操作系统上运行的。操作系统主要用来对计算机系统中的各种软/硬件资源进行统一的管理和调度。因此，可以说操作系统是计算机软件系统中最重要、最基本的系统软件。

10. 操作系统的主要功能包括：处理器管理、存储管理、设备管理、文件管理和作业管理。

11. 使用计算机解决问题就需要编写程序，而所谓程序设计语言就是指用来书写计算机程序的语言。程序设计语言一般分为3类：机器语言、汇编语言和高级语言。

12. 把源程序翻译成机器语言主要有两种方式：解释和编译。

解释程序接收到源程序后对源程序的每条语句逐句进行解释并执行，最后得出结果；而编译程序将高级语言源程序全部翻译成与之等价的、用机器指令表示的目标程序，然后执行目标程序，得出运算结果。也就是说，解释程序对源程序一边翻译一边执行，因此不产生目标程序。与编译程序相比，解释程序的速度要慢得多，但它占用的内存少，对源程序的修改比较方便。

13. 存储系统可分为内存和外存两大类。内存与外存的主要区别是：内存只能暂存数据信息，外存可以永久性保存数据信息；外存不受CPU控制，但外存必须借助内存才能与CPU交换数据信息；内存的访问速度快，外存的访问速度慢。

14. 主频、字长、存储容量、存取周期、运算速度等。

15. 接口是CPU（或主机）与外部设备交换信息的部件，起“桥梁”作用。常用接口有以下几种：显示适配卡（也叫显卡）、硬盘适配器接口、并行接口、串行接口、USB接口。

第 2 章　Windows 7 操作系统

2.1　Windows 7 操作系统简介

Windows 7 是微软公司推出的 Windows 操作系统。相比之前版本的操作系统，Windows 7 让使用计算机变得更加简单，其个性化的新功能、丰富的个性化选项以及多个可选版本，带给用户全新的体验。

2.1.1　Windows 7 操作系统的特点

Windows 7 设计主要围绕 5 个重点：①针对便携式计算机的特有设计；②基于应用服务的设计；③用户的个性化；④视听娱乐的优化；⑤用户易用的新引擎。

Windows 7 主要具有以下几个新特性。

1. 简洁易用

Windows 7 操作系统的界面让用户感到更加简洁亮丽，同时 Windows 7 操作系统为用户提供更加简单有效的各类计算机数据服务。

2. 快速高效

Windows 7 缩短了系统启动的时间，高效的搜索引擎使用户更容易获得需要的信息，包括本地、网络搜索功能，使用户有更直观的体验；通过整合自动化应用程序，提高交叉程序数据的透明性。

3. 安全可靠

在防范计算机病毒方面，Windows 7 为用户提供了更加完善的安全措施，能更加可靠地保护计算机的数据安全。

2.1.2　Windows 7 操作系统的运行环境

根据微软公司提供的说明，安装 Windows 7 的最低配置如下。

- CPU：主频最低 1GHz 以上的 32 位或 64 位处理器。
- 内存：1GB 及以上。
- 硬盘：至少拥有 16GB 可用空间的 NTFS 分区。
- 显卡：64MB 以上集成显卡。
- 其他配置：鼠标、键盘、U 盘、DVD-ROM 等。

上述配置只是 Windows 7 运行的最保守值，在实际过程中，建议 CPU 主频至少 2GHz 以上，内存 1GB 以上，硬盘 40GB 以上可用空间，显卡大于 128MB。

2.1.3　习题

一、选择题

1. 按照微软官方的建议配置，安装 Windows 7 操作系统的硬盘是至少要拥有（　　）可用空间的 NTFS 分区。

A. 16GB　　B. 12GB　　C. 32GB　　D. 8GB

2. 安装 Windows 7 操作系统的硬盘分区必须采用（　　）文件格式，否则安装过程中将出现错误提示而无法正常安装。

A. FAT32　　B. FAT16　　C. FAT　　D. NTFS

3. Windows 7 支持升级安装系统，但是只有（　　）可以升级到 Windows 7。

A. Windows XP　　B. Windows Vista

C. Windows 2000　　D. 所有 Windows 较低版本

4. Windows 7 操作系统的特点包括（　　）。

A. 基于应用服务的设计　　B. 用户的个性化

C. 视听娱乐的优化　　D. 以上都对

二、填空题

1. Windows 7 是一个单用户、__________的操作系统。

2. 安装 Windows 7 的最低配置，建议 CPU 主频至少 1GHz 以上，内存__________以上，硬盘 16GB 以上可用空间，显卡大于 64MB。

3. Windows 7 有__________、__________、__________、__________、__________、__________、__________7 个标准版本。

三、判断题

1. 家庭普通版的 Windows 7 系统只提供 32 位版本。(　　)

2. Windows 7 是微软 Windows 操作系统的版本之一，是继 Windows XP 之后较重要的一次升级。(　　)

3. 组建 Windows 7 和 Windows XP 双系统时，用户需要首先在 C 盘中安装 Windows XP 系统，然后在非 C 盘中安装 Windows 7 系统。(　　)

2.1.4　习题答案

一、选择题

1. A　2. D　3. A B　4. D

二、填空题

1. 多任务　2. 1GB　3. 入门版，家庭普通版，家庭高级版，专业版，企业版，旗舰版，家用服务器版

三、判断题

1. 错，入门版只提供 32 位版本，其余版本都提供了 32 位和 64 位两种版本。　2. 错，是继 Windows Vista 之后较重要的一次升级。　3. 对，如果反过来安装，Windows XP 将把 Windows 7 的启动管理器覆盖。

2.2 Windows 7 操作系统的界面及操作

2.2.1 实训案例

在任务栏上显示快速启动按钮，然后将任务栏锁定，并将其设定为自动隐藏。

1. 案例分析

本案例主要涉及以下知识点。

1）认知任务栏。

2）修改任务栏属性。

2. 实现步骤

1）在任务栏的空白区域右击（单击鼠标右键），弹出快捷菜单，如图 2-1 所示。单击“属性”命令，打开“任务栏和「开始」菜单属性”对话框，如图 2-2 所示。

2）在“任务栏和「开始」菜单属性”对话框中选中“锁定任务栏”和“自动隐藏任务栏”复选框，然后单击“确定”按钮。

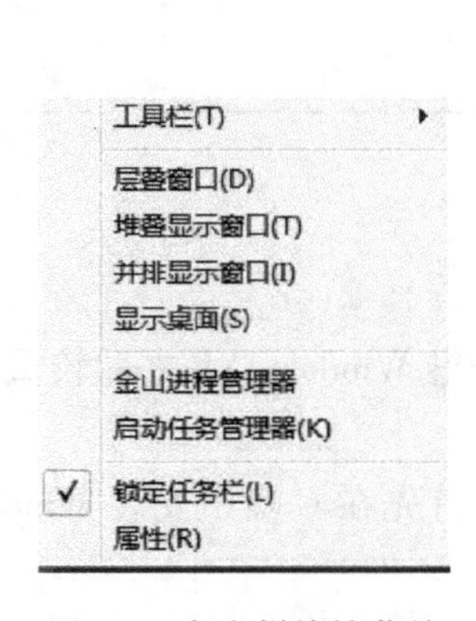

图 2-1　任务栏快捷菜单

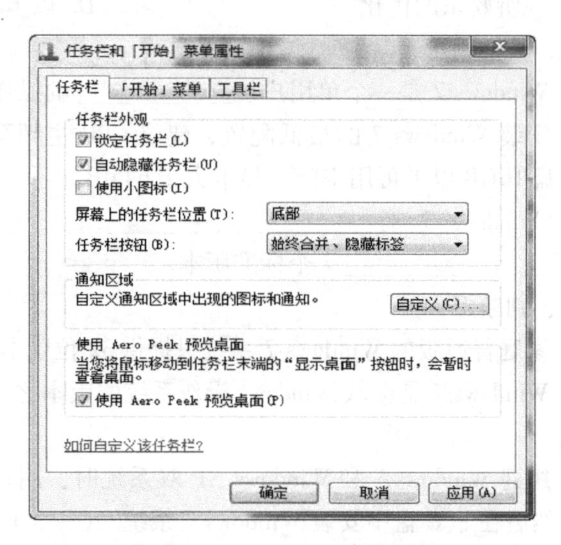

图 2-2　“任务栏和「开始」菜单属性”对话框

2.2.2 桌面操作

桌面是用户启动计算机登录系统后看到的整个屏幕界面，如图 2-3 所示，是用户和计算机进行交流的窗口。

1. 桌面图标

（1）桌面图标介绍　图标实质上就是打开各种程序和文件的快捷方式标志。双击（快速持续地两次按下并释放鼠标左键）这些图标，可以快速启动相应程序。Windows 7 操作系统常用桌面图标通常有以下 4 个。

1）计算机。“计算机”是 Windows 7 预先设置的一个系统文件夹，用来管理磁盘、文件和文件夹等。双击“计算机”图标，弹出如图 2-4 所示的“计算机”窗口。

图 2-3　Windows 7 桌面

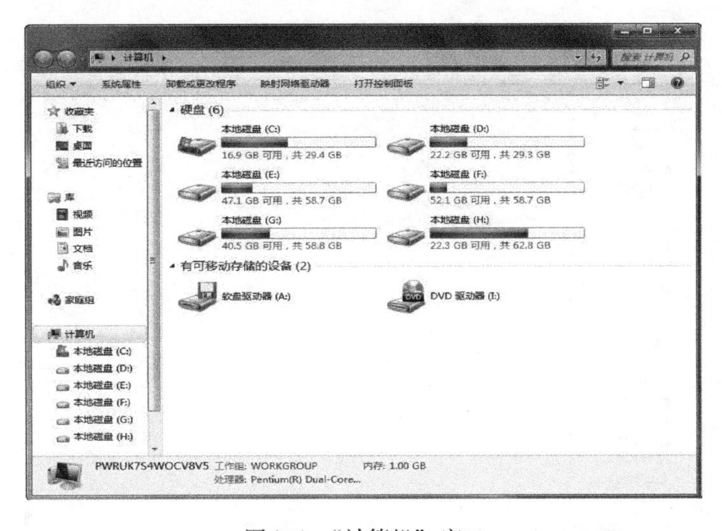

图 2-4　“计算机”窗口

2）网络。在“网络”中，用户可以查看网络上的资源，进行网络设置等。双击此图标可查看本地网络中共享的文件夹和局域网中的计算机，如图 2-5 所示。

3）回收站。“回收站”用于暂时存放工作过程中删除的文件和文件夹，如图 2-6 所示。对于扔进“回收站”的文件，如果用户需要，可以右击相应文件，在弹出的快捷菜单中选择“还原”命令，文件就会被从“回收站”中“捡回来”。

注意：硬盘、U 盘或网络驱动器中删除的文件或文件夹不会被放入“回收站”，而是被直接彻底删除。

4）控制面板。“控制面板”图标是 Windows 图形用户界面的一部分，可通过「开始」菜单访问。它允许用户查看并操作基本的系统设置，如添加硬件、添加/删除软件、控制用户账户和更改辅助功能选项等。图 2-7 所示为打开的“控制面板”窗口。

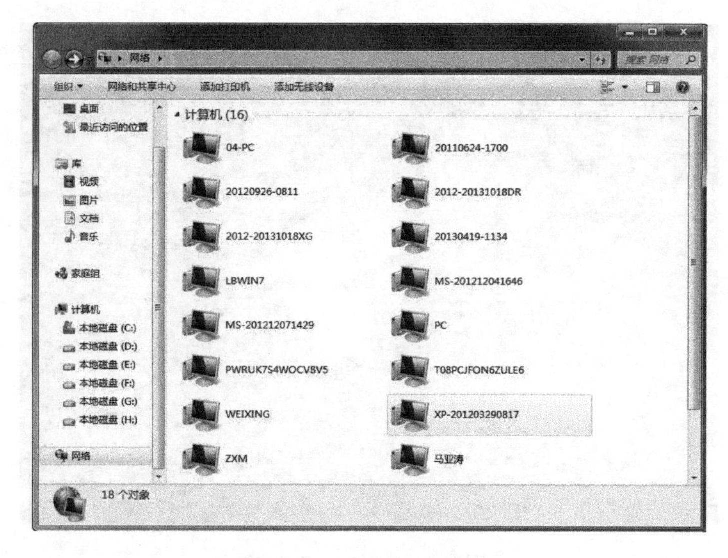

图 2-5 “网络” 窗口

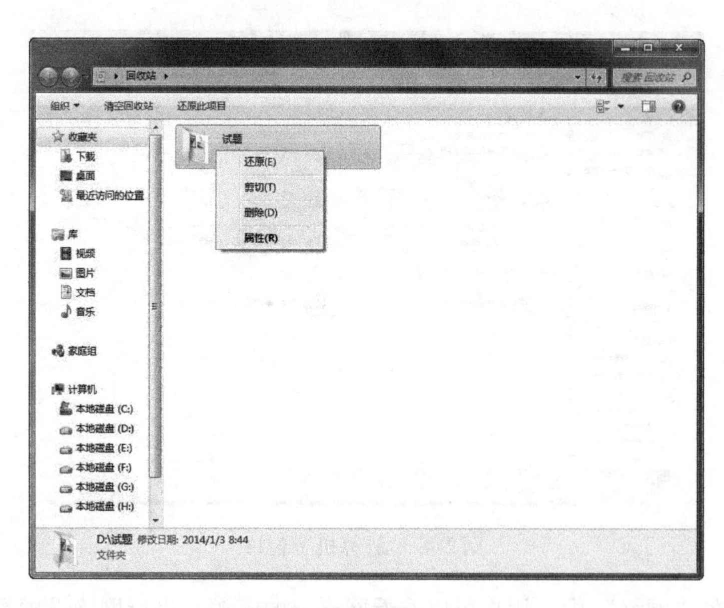

图 2-6 “回收站” 窗口

（2）桌面图标管理　根据不同的操作习惯，有些人喜欢干净整齐的桌面，有些人喜欢将常用的图标都放在桌面上，以便更快地访问程序、文件和文件夹。Windows 7 允许用户添加或删除桌面上的图标。

1）添加或删除图标。用户第一次进入 Windows 7 操作系统时，会发现桌面上只有一个“回收站”图标。诸如计算机、网络、用户文件和控制面板等系统图标的添加，可右击桌面空白区域，弹出如图 2-8 所示的快捷菜单，在快捷菜单中选择“个性化”命令，打开如图 2-9 所示的“个性化”窗口。在该窗口左侧单击“更改桌面图标”选项，弹出如图 2-10 所示的“桌面图标设置”对话框。在该对话框中选择要添加到桌面的图标的复选框，或取消选择要从桌面删除的图标的复选框，然后单击“确定”按钮即可。

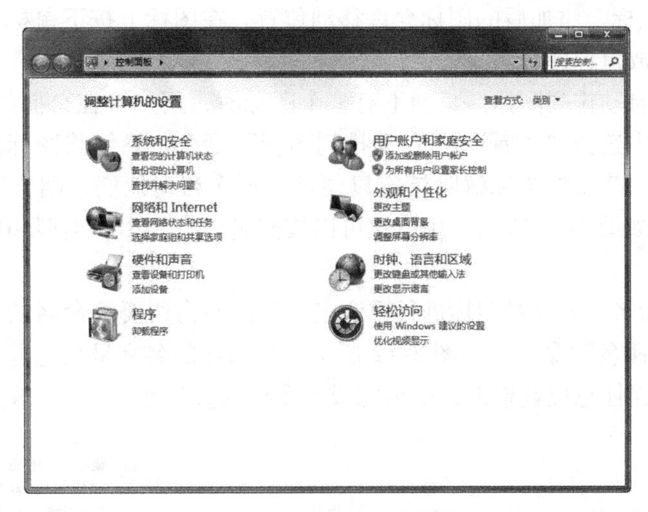

图 2-7　“控制面板”窗口

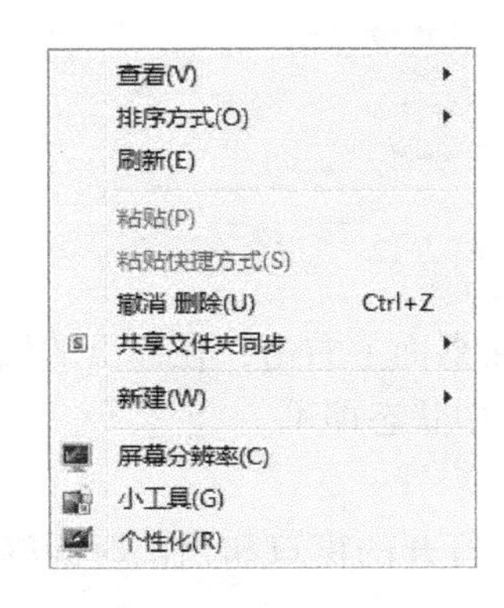

图 2-8　桌面快捷菜单

图 2-9　“个性化”窗口

除了可以在桌面上添加系统快捷方式图标外，还可以添加其他应用程序或文件夹快捷方式图标。一般情况下，安装新的应用程序后，会自动在桌面上建立一个快捷方式图标。若没有，则选中程序启动图标，右击，在弹出的快捷菜单中选择“发送到”→“桌面快捷方式”命令，即可创建一个快捷方式，并显示在桌面上。

当桌面图标失去使用价值时，就需要将其删除。具体操作方法为右击需要删除的图标，在弹出的快捷菜单中选择“删除”命令，便可将其放入“回收站”。也可以在桌面上选中该图标，然后按键盘上的 <Delete> 键，将其直接删除。

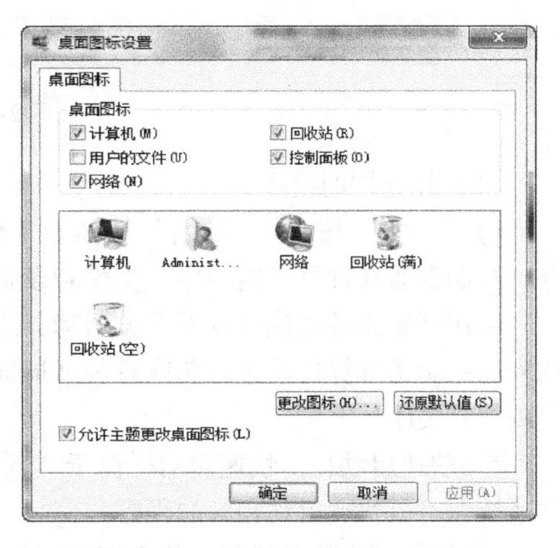

图 2-10　“桌面图标设置”对话框

2）排列桌面图标。添加后的图标允许移动位置，在图标上按下鼠标左键不放，并将其拖到合适的位置释放鼠标即可。

还可以让系统自动排列图标。桌面上有多个图标时，用户可在桌面的空白区域处右击，在弹出的快捷菜单中选择“查看”→“自动排列图标”命令，系统将图标排列在左上角并将其锁定在此位置上。若要将图标解除锁定以便可以再次移动他们，则要取消“自动排列图标”的选中状态，如图2-11所示。用户也可以按照名称、大小、类型和修改日期来排列桌面图标。

3）图标的重命名。若要对图标进行重命名，只需右击所要重命名的图标，在弹出的快捷菜单中选择“重命名”命令，如图2-12所示。当图标的名字呈反色显示时，可直接输入新名称，然后在桌面任意位置单击，即可完成对图标的重命名。

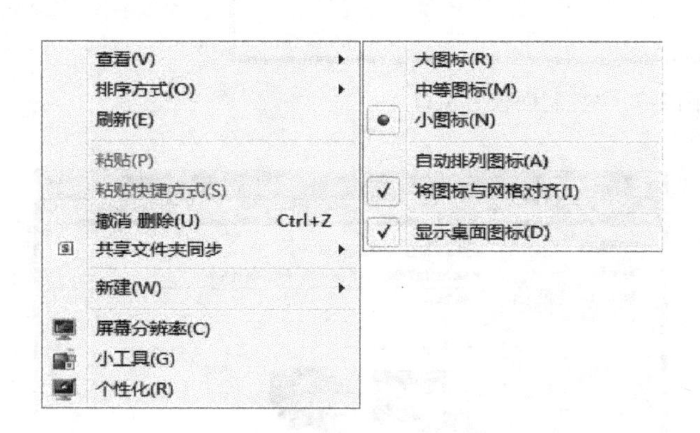

图2-11 “查看”命令

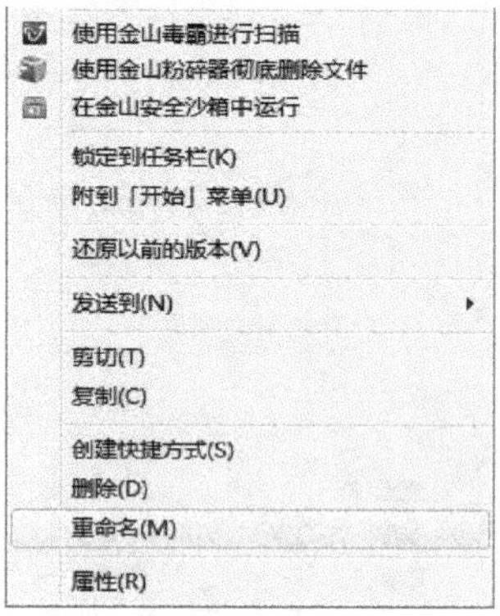

图2-12 “重命名”命令

4）隐藏桌面图标。如果想隐藏桌面上的所有图标，可以在桌面上右击，在弹出的快捷菜单中单击“查看”→“显示桌面图标”命令，取消该命令的选中状态即可。

2. 任务栏

任务栏处于桌面最下方，用于显示系统正在运行的程序、打开的窗口和当前时间等内容，如图2-13所示。

图2-13 任务栏

（1）任务栏的组成

1）“开始”按钮。“开始”按钮处于任务栏的最左端，是使用Windows进行工作的起点，控制着通往计算机内程序、文件和设置的通道。

使用开始菜单可执行以下常见活动：启动程序；打开常用的文件夹；搜索文件、文件夹和程序；调整计算机设置；获取有关Windows操作的帮助信息；注销Windows或切换其他用户账户；关闭计算机。

2）快速启动栏。快速启动栏位于“开始”按钮右侧，由一些常用程序按钮组成，单击这些按钮可以快速启动相应的程序。

3）任务栏主体。任务栏的中间区域属于主体部分，当用户打开一个窗口或运行一个程序时，系统就在主体部分为该程序设立一个按钮。单击这个按钮，就可以在多个窗口或程序之间切换，还可以完成窗口或程序的最大化、最小化及关闭等操作。

4）时间及常驻内存的应用程序。任务栏的最右侧区域显示系统当前时间和后台运行的某些程序。

（2）任务栏的操作

1）改变任务栏的位置和大小。

当任务栏位于桌面的下方妨碍了操作时，用户可以把任务栏拖动到桌面的任意边缘。方法是首先确定任务栏处于非锁定状态（在任务栏空白处右击，在弹出的快捷菜单中，保证"锁定任务栏"命令未被选中），然后在任务栏上的非按钮区按住鼠标左键不放，将其拖动到所需边缘再松开鼠标左键。任务栏不但可以改变位置还可以改变大小，把鼠标放在任务栏边缘处，当光标变成双向箭头时，按住鼠标左键不放拖动到合适位置再松开鼠标左键，任务栏的大小即发生变化。任务栏的位置和大小改变效果后如图 2-14 所示。

2）设置任务栏的属性方法见 2. 1. 1 小节实训案例。

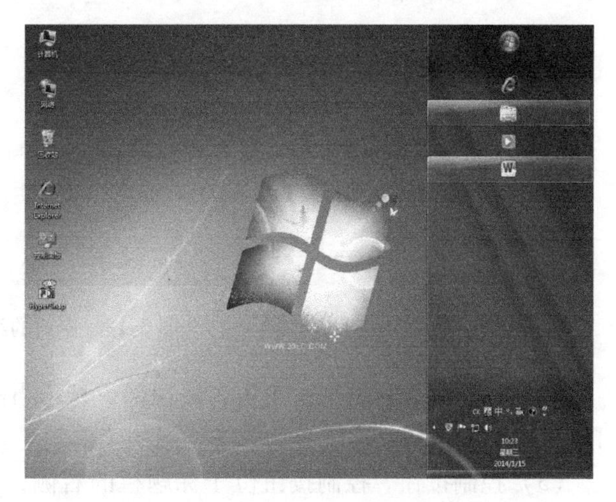

图 2-14　改变任务栏的位置与大小

2. 2. 3　窗口操作

应用程序启动后的矩形区域称为窗口。Windows 7 操作系统是一个多窗口系统，可同时打开多个窗口，但当前处于活动的窗口只有一个。

1. 窗口的分类

Windows 7 的窗口有以下 3 种类型。

（1）应用程序窗口　应用程序窗口表示一个正在运行的应用程序，可以放在桌面上的任意位置。

（2）文档窗口　在应用程序窗口中出现的窗口被称为文档窗口，用来显示文档或数据文件。文档窗口的顶部有自己的名字，但没有自己的菜单栏，它共享应用程序窗口的菜单栏。文档窗口只能在它的应用程序窗口内任意放置。

（3）文件夹窗口　例如，双击桌面"我的电脑"快捷启动图标，打开的就是文件夹窗口。

2. 窗口的组成

对于不同的程序和文件，虽然每个窗口的内容各不相同，但所有窗口都具有相同的部分，下面以"计算机"窗口为例，介绍窗口的组成，如图 2-15 所示。

（1）控制菜单按钮　控制菜单按钮位于窗口的顶部左侧，控制菜单按钮是隐藏的。当用户在窗口的左上角单击鼠标，可打开该按钮的菜单，其中包含"还原""移动""大小""最小化""最大化"和"关闭"命令。另外，双击控制菜单按钮，可快速关闭当前窗口。

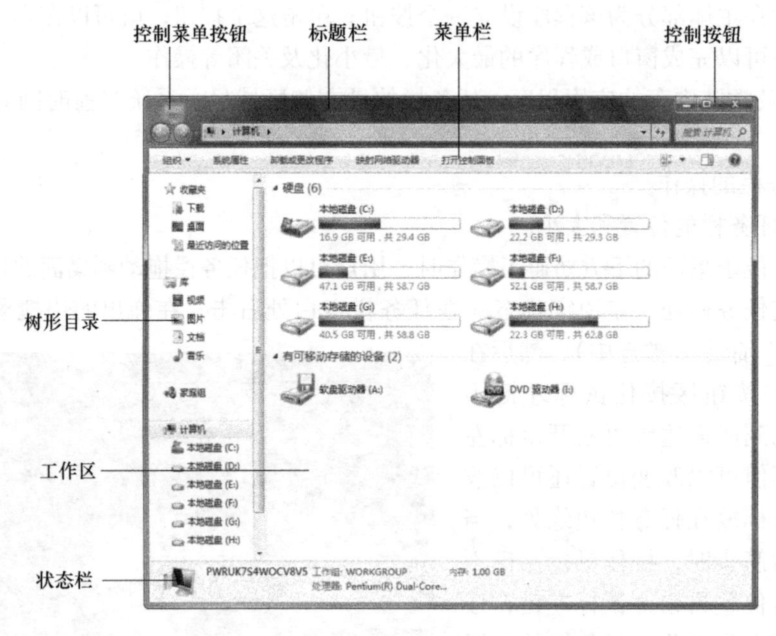

图 2-15　窗口的组成

（2）标题栏　标题栏位于窗口的顶部，显示当前文档或窗口的名称。在标题栏上右击，可以弹出与在控制菜单按钮上单击相同的菜单。

（3）控制按钮　控制按钮位于标题栏的右侧，可以通过控制按钮来最小化窗口、改变窗口的大小和关闭窗口。

（4）菜单栏　菜单栏位于标题栏之下，列出了所有可用的菜单项。每个菜单项包含一组命令，通过这些命令，用户可以完成各种操作。

（5）树形目录　树形目录位于左侧窗口，显示一些计算机内部的资源，为用户的快速操作提供便利。

（6）工作区　窗口内部的区域称为工作区，是用来进行工作的地方。对不同的应用程序，工作区中显示的内容也有较大差别。图 2-15 所示的工作区显示的是已打开文件夹中的内容。

（7）状态栏　许多窗口都有状态栏，它位于窗口底端，显示与当前操作、当前系统状态有关的信息。

3. 窗口操作

窗口操作在 Windows 7 系统中是很重要的，用户可以通过以下方式来完成打开、缩放和移动窗口等基本操作。

（1）打开窗口　当需要打开一个窗口时，可以通过下面两种方法来实现。

1）双击要打开窗口的图标。

2）选中要打开的窗口图标，右击，在弹出的快捷菜单中选择“打开”命令。

（2）移动窗口　移动窗口时只需要在标题栏按住鼠标左键拖动，移动到合适的位置后再松开鼠标，即可完成移动操作。

注意：不能移动最大化或最小化的窗口。

（3）改变窗口的大小　若只需要改变窗口的宽度，可把鼠标指针放在窗口的垂直边框上，当鼠标指针变成左右双向箭头时，按住鼠标左键拖动到所需宽度即可。如果只需要改变窗口的高度，把鼠标指针放在水平边框上，当鼠标指针变成上下双向箭头时进行拖动即可。当需要对窗口进行等比缩放时，可以把鼠标指针放在边框的任意角上进行拖动。

（4）最大化、最小化窗口　在对窗口进行操作的过程中，可以通过控制按钮，把窗口以最小化、最大化的形式显示。

1）最小化按钮：在暂时不需要对窗口进行操作时，可把它最小化以节省桌面空间。直接在标题栏上单击最小化按钮，窗口会以按钮的形式缩小到任务栏。

2）最大化按钮：窗口最大化时将覆盖整个桌面，这时不能再移动或者缩放窗口。在标题栏上单击最大化按钮，即可使窗口最大化。

3）还原按钮：当把窗口最大化后又想恢复到原来打开时的初始状态时，单击还原按钮即可实现对窗口的还原。双标题栏也可以对窗口进行最大化与还原两种状态的切换。

（5）窗口的同步预览和切换　在 Windows 7 系统中可以同时打开多个窗口，经常需要在各个窗口之间切换。Windows 7 提供了窗口切换的同步预览功能，方便用户切换窗口。

用户可以使用下列方法之一切换窗口。

1）按 < Alt + Tab > 组合键预览和切换窗口。当用户使用了 Aero 主题时，按 < Alt + Tab > 组合键后，用户会发现切换面板中会显示当前打开窗口的缩略图，其中除了当前选定的窗口外，其他窗口都呈透明状，如图 2-16 所示。

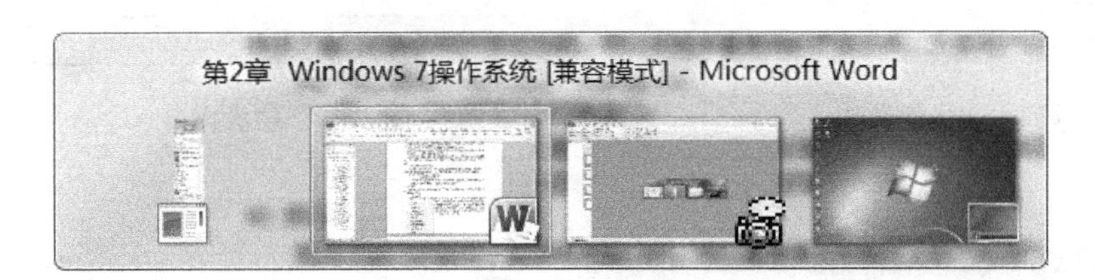

图 2-16　窗口的切换

2）按 < Win + Tab > 组合键的 3D 切换效果。当使用 < Win + Tab > 组合键切换窗口时，用户可以看到窗口的 3D 切换效果，如图 2-17 所示。

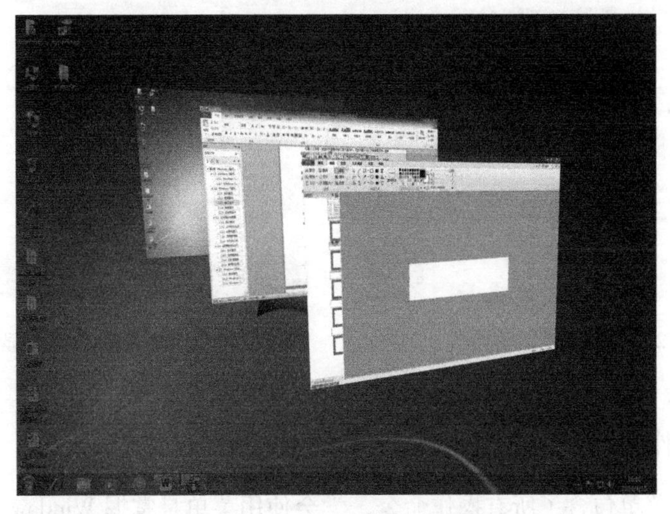

图 2-17　窗口的 3D 切换效果

（6）关闭窗口　完成对窗口的操作，需要关闭窗口时，用户可以直接单击标题栏上的“关闭”按钮，也可以双击控制菜单。

（7）窗口的排列　当用户打开了多个窗口，并且想要同时浏览其中的内容时，就需要对窗口进行适当的排列。对窗口进行排列，首先要在任务栏的空白区域右击，弹出如图 2-18 所示的快捷菜单。用户通过选择“层叠窗口”“堆叠显示窗口”“并排显示窗口”和“显示桌面”命令，以自己喜欢的方式显示所有已经打开的窗口，效果如图 2-19 ~ 图 2-21 所示。

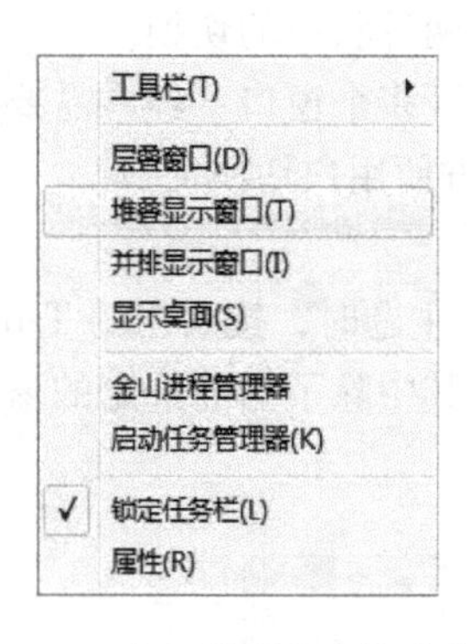

图 2-18　窗口排列方式快捷菜单

图 2-19　层叠窗口

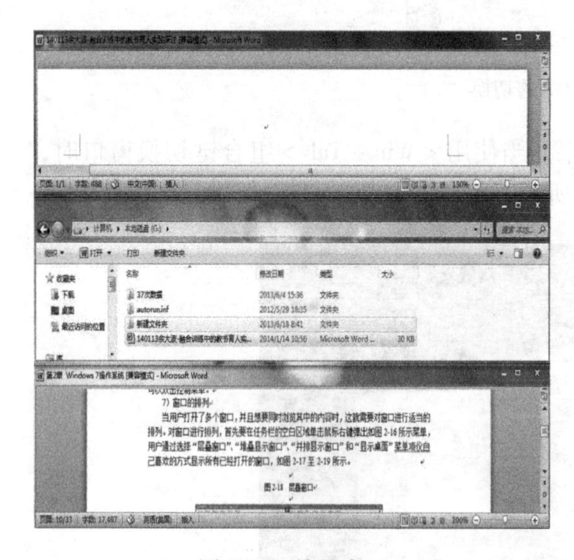

图 2-20　堆叠窗口

图 2-21　并排显示窗口

2.2.4　菜单操作

Windows 7 的菜单包含了所有操作命令，学会使用菜单是掌握 Windows 7 操作的基础。

1. 打开菜单

单击菜单栏上的菜单名，或者利用 < Alt + 菜单名后的字母 > 组合键，都可以打开相应的菜单。例如，打开“文件”菜单，可以同时按 < Alt > 键和 < F > 键；打开“编辑”菜单，可以同时按 < Alt > 键和 < E > 键。

2. 菜单中的命令

菜单是由一系列命令组成的，这些命令随着操作对象的不同而呈现不同的状态。菜单中完成相关任务的一些命令分为一组，不同命令组用一条凹线分开。菜单中的菜单命令包括下列几种情况。

（1）可用命令与暂时不可用命令　菜单中有可用命令与暂时不可用命令，如图 2-22 所示。菜单中的命令为黑色，表示其为可用命令，单击这些命令后会立即执行相应的操作。不可选用的命令呈灰色，命令不可选用是因为暂时不需要或无法执行这些命令，单击这些灰色字符显示的命令没有任何反应。

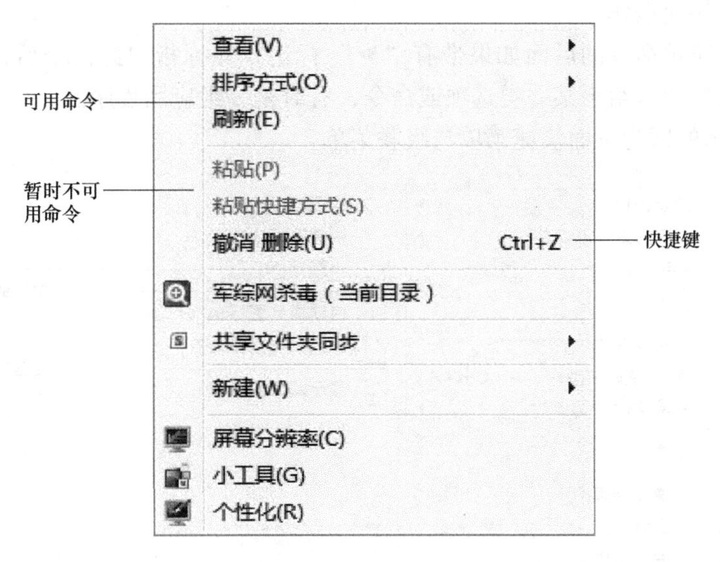

图 2-22　可用命令和暂时不可用命令

（2）快捷键　有些菜单命令的右边有快捷键，用户可以通过使用这些快捷键快速地执行相应的菜单命令，例如，“撤销”命令的快捷键为 < Ctrl + Z >，如图 2-22 所示。

（3）带字母的命令　在菜单命令中，许多命令后面都有一个括号，括号中有一个字母，如图 2-23 所示。当菜单处于激活状态时，在键盘上输入该字母，即可执行该命令。

（4）带省略号的命令　如果菜单的后面有省略号“…”，如图 2-24 所示，表示选择此命令后，将打开一个对话框或者一个设置向导。这种带省略号的命令表示可以完成一些设置或者更多的操作。

（5）复选命令和单选命令　当选中某个命令后，该命令的左边出现一个复选标记“√”，表示此命令正在发挥作用；再次单击该命令，命令左边的标记“√”消失，表示该命令不起作用。这类命令被称为复选命令。

有些菜单中有一组命令，每次只能有一个命令被选中，当前选中的命令左边出现“·”标记；选中该组的其他命令，标记“·”出现在选中命令的左边，原来命令前面的标记

“·”将消失。这类命令被称为单选命令。图 2-25 所示的即为复选命令与单选命令。

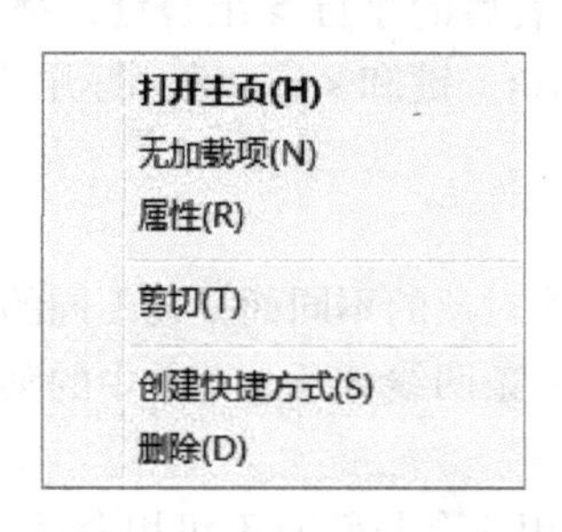

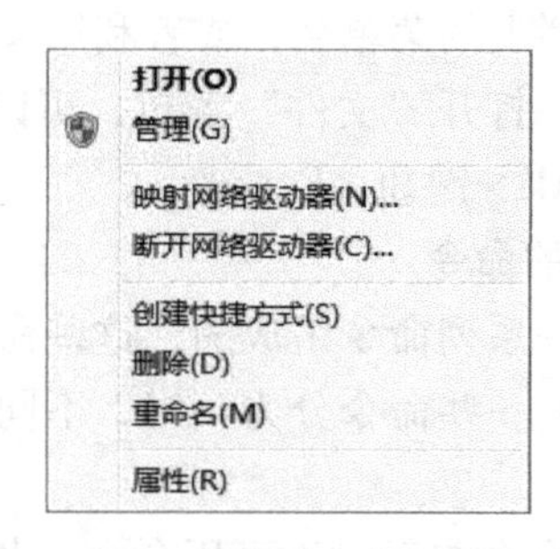

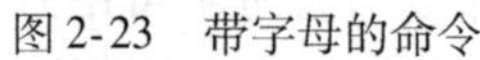
图 2-23　带字母的命令　　　图 2-24　带省略号的命令

（6）快捷菜单和级联菜单　选中某些应用程序，右击，系统将会弹出一个快捷菜单，该菜单被称为右键快捷菜单。它主要提供对相应对象的各种操作功能。使用右键快捷菜单可对某些功能进行快速操作。

在快捷菜单菜单命令的后面如果带有“▶”标记，光标指向此命令后，会弹出一个级联菜单，级联菜单通常给出某一类选项或命令，有时是一组应用程序。

图 2-25 所示的即为桌面快捷菜单与级联菜单。

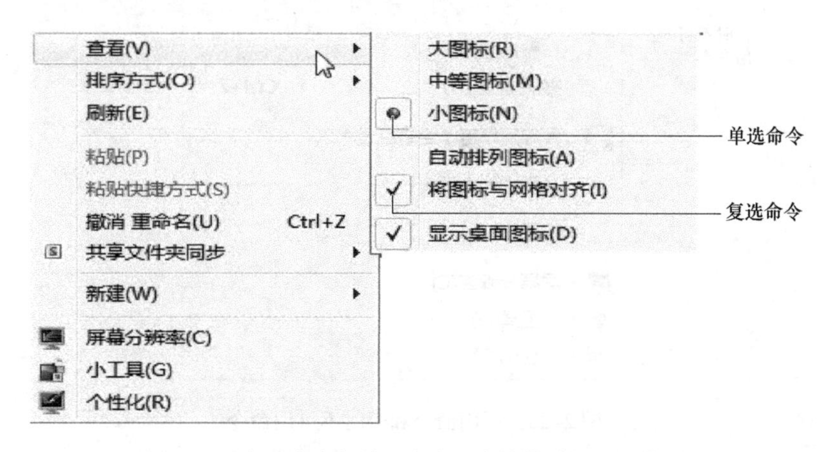

图 2-25　复选命令与单选命令，快捷菜单与级联菜单

3. 菜单的基本操作

对菜单的操作主要包括选择、打开和撤销等。

（1）选择和打开菜单　使用鼠标选择 Windows 窗口的菜单时，只需单击菜单栏上的菜单名称，即可打开该菜单。将光标移动至所需的命令处单击，即可执行所选命令。

（2）撤销菜单　打开 Windows 窗口的菜单之后，如果不进行菜单命令的操作，可选择撤销菜单。单击菜单外的任何地方，即可撤销菜单。

2.2.5 对话框操作

对话框是用户与计算机系统之间进行信息交流的界面。在执行一个命令需要用户提供进一步的信息时，就会出现对话框。在对话框中通过对选项的选择，用户可以进行对象属性的修改或设置。

1. 对话框中控件的类型

对话框的组成和窗口相似，但对话框要比窗口更简洁、更直观、更侧重于与用户的交流。对话框一般包含命令按钮、选项卡、单选按钮和复选框、数值框、下拉列表框和滑标等元素，下面将对这些主要元素进行介绍。

（1）命令按钮　命令按钮指的是在对话框中形状类似矩形的按钮，如图 2-26 所示。在该按钮上会显示按钮的名称，例如，在“任务栏和「开始」菜单属性”对话框中包括了“自定义”“确定”和“取消”3 个命令按钮。这些命令按钮的作用分别如下。

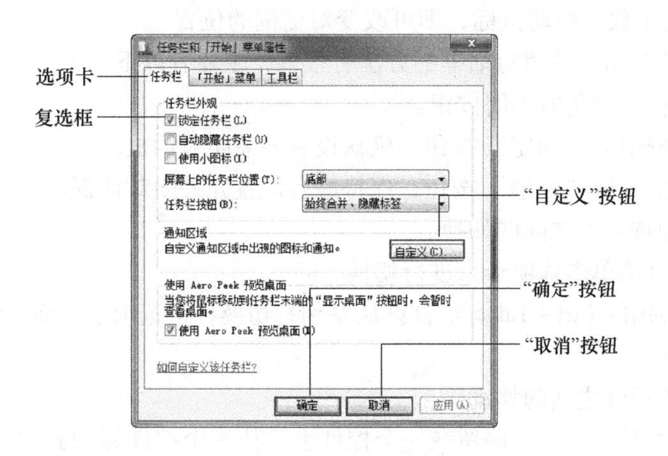

图 2-26　命令按钮

1）单击“自定义”按钮，系统会弹出另外一个对话框。

2）单击“确定”按钮，保存设置并关闭对话框。

3）单击“取消”按钮，不保存设置，直接关闭对话框。

（2）选项卡　当对话框包括多项内容时，对话框通常会将内容分类归入不同的选项卡，这些选项卡按照一定的顺序排列，如图 2-26 所示。用户可以通过各个选项卡之间的切换来进行不同的操作。

（3）数值框　数值框是用于输入或选中一个数值，它由文本框和微调按钮组成，如图 2-27 所示。单击上三角的微调按钮可增加数值，单击下三角的微调按钮可减少数值。

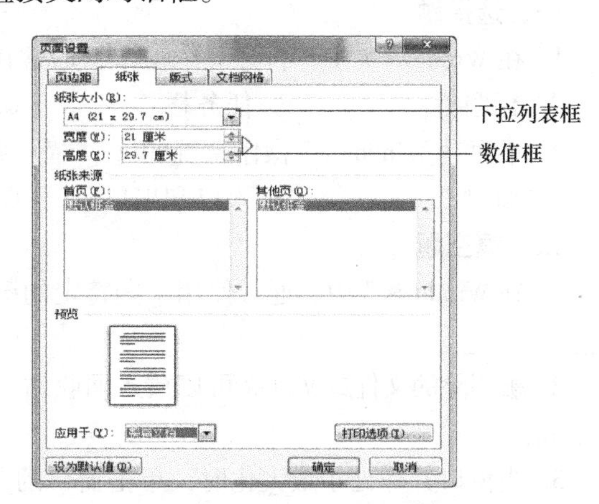

图 2-27　数值框与下拉列表框

（4）下拉列表框　下拉列表框是一个在右边有向下箭头按钮的矩形框，如图 2-27 所示。只要单击此按钮，就会弹出一个下拉列表，用户可以选择其中的选项。

（5）复选框　复选框有多个选项，同一时间可以选中其中多项，如图 2-25 所示。它通常是一个小正方形，在其后有相关的文字说明，当选中该复选框后，在正方形中间会出现一个“√”标记。

（6）单选按钮　单选按钮有多个选项，同一时间只能选中其中一项。它通常是一个小圆圈，如果选中了某项，该项前面的小圆圈中就会有一个小圆点。

（7）滑标　滑标由一个滑动块与滑动导轨组成。滑动块可以在导轨上来回移动。对不需要精确数值输入的场合，用户可以使用滑标进行操作，通过滑块的位置来估计数值的大小。

2. 对话框的基本操作

（1）对话框的移动　移动对话框和移动窗口一样，用户将指针置于对话框的标题栏上，然后按住鼠标左键不放，拖动鼠标，即可改变对话框的位置。

（2）对话框的关闭　关闭对话框的方法有很多，主要有以下几种。

1）单击对话框右上角的关闭按钮。

2）单击对话框中的“确定”按钮，确认设置并关闭对话框。

3）单击对话框中的“取消”按钮，保持原有设置并关闭对话框。

（3）对话框中选项卡之间的切换

1）用户可以直接单击选项卡来进行切换。

2）用户可以利用<Ctrl + Tab>组合键从左到右切换各个选项卡，而<Ctrl + Tab + Shift>组合键为反向切换。

（4）对话框中控件之间的移动

1）进入对话框后，指针会停留在一个控件上。从一个控件移动到另一个控件，只需单击要移动到的控件。

2）按<Tab>键/<Shift + Tab>组合键就可以移动到下一个/上一个控件。

2.2.6　习题

一、选择题

1. 在 Windows 7 中，打开一个窗口，通常在窗口顶部有一个（　　）。

A. 标题栏　　B. 任务栏　　C. 状态栏　　D. 工具栏

2. 桌面是 Windows 7 操作系统的（　　）界面。

A. 窗口　　B. 入口和出口　　C. 对话框　　D. 资源管理器

二、填空题

1. 在 Windows 7 中，通常使用某些特定的键或几个键的组合来表示一个命令，它们被称为____________。

2. 被删除的文件或文件夹可以放入回收站，但这些文件或文件夹仍然占用____________的空间。

3. 当窗口并非处于最大化时，单击窗口的____________并拖动，就可以移动窗口。

4. 在 Windows 7 中，通常将各种操作的元素，如窗口、菜单、对话框、程序、文件、文件夹等称为____________。

5. 若要改变回收站所需磁盘空间的大小，可以通过打开回收站的____________对话框来进行设置。

6. 当 Windows 7 安装成功后，在桌面上有一个用于管理用户计算机资源的图标，该图标名为____________。

7. 启动 Windows 7 后整个屏幕区域称为____________。

三、判断题

1. 桌面是用户启动计算机登录系统后看到的整个屏幕界面。(　　)

2. 在任何情况下只要拖动打开窗口的活动标题栏就可以移动窗口。(　　)

3. 在 Windows 7 中创建声音文件，其方法可以是打开“开始”菜单，使用“所有程序”子菜单中“附件”下的“录音机”命令。(　　)

4. 在 Windows 7 中，欲打开最近使用的文档，可以单击“开始”按钮，然后指向文档。(　　)

5. 在 Windows 7 中任务栏的位置和大小是可以由用户改变的。

6. 使用“刷新”命令可以显示最新更新的内容。

7. 在 Windows 7 的菜单中，经常有一些命令是暗淡的，表示这些命令在当前状态下不可用。

四、实操题

1. 桌面对象的操作

1）打开“计算机”中的“库”，给其中的“音乐”文件夹创建桌面快捷方式图标。

2）在桌面上创建“画图”快捷方式图标。

3）将桌面上的图标先按大小排列，观察图标的位置顺序，然后再按名称排列，观察图标的位置变化情况。

4）删除第 1）和第 2）步创建的两个快捷方式图标。

5）设置回收站的属性。

2. 任务栏操作

1）将任务栏移动到桌面下方并锁定。

2）将任务栏设置为自动隐藏。

3）在任务栏的快速启动工具栏中添加“计算机”快速启动按钮。

4）将第 3）步中添加的“计算机”快速启动按钮删除。

2.2.7 习题答案

一、选择题

1. A　2. B

二、填空题

1. 快捷键　2. 硬盘　3. 标题栏　4. 对象　5. 属性

6. 计算机　7. 桌面

三、判断题

1. 对。　2. 错，窗口最大化的时候不能移动。　3. 对。　4. 对。

5. 对。　6. 对。　7. 对。

四、实操题

1. 解析：

1）打开桌面上的“计算机”，找到“库”文件夹并打开，找到“音乐”文件夹，右击“音乐”文件夹，在弹出的快捷菜单中选择“发送到”→“桌面快捷方式”命令。

2）打开“开始”菜单，移动光标到“所有程序”→“附件”→“画图”命令，在“画图”上右击，在弹出的快捷菜单中选择“发送到”→“桌面快捷方式”命令。

3）在桌面空白处右击，在弹出的快捷菜单中选择“排列方式”→“大小”命令；在桌面空白处右击，在弹出的快捷菜单中选“排列方式”→“名称”命令。可以看见桌面上的图标显示先以文件大小顺序排列，后以名称字母顺序排列。

4）单击桌面上的“音乐”图标，按<Ctrl>键。右击“画图”图标，在弹出的快捷菜单中选择“删除”命令；或单击选中“画图”图标，按<Delete>键。

5）右击桌面上的“回收站”图标，在弹出的快捷菜单中选择“属性”命令，弹出“回收站属性”对话框。在该对话框内可以设置本计算机内各驱动器中回收站的大小，也可以设置不将文件移动到回收站中，直接删除文件。

2. 解析：

（1）在任务栏的空白处右击，在弹出的快捷菜单中选择“锁定任务栏”命令。

（2）在任务栏的空白处右击，在弹出的快捷菜单中选择“属性”命令，在弹出的“任务栏和「开始」菜单属性”对话框中选中“自动隐藏任务栏”复选框。

（3）在“计算机”图标上，按住鼠标左键并拖动到快速启动栏。

（4）在快速启动栏中的“计算机”图标上右击，在弹出的快捷菜单中选择“将此程序以任务栏解锁”命令。

2.3 文件组织与管理

在 Windows 7 系统中，文件的管理主要通过“计算机”窗口、“资源管理器”窗口和“用户文件夹”窗口来完成。要把计算机内的资源管理得井然有序，就要掌握文件及文件夹的操作方法。

2.3.1 实训案例

打开资源管理器，在 D 盘根目录下创建文件夹，命名为“目标”；将该文件夹的属性设置为“隐藏”；并将 C 盘根目录下的 IO. SYS 和 MSDOS. SYS 两个文件复制到“目标”文件夹。

1. 案例分析

本案例主要涉及以下知识点。

1）在资源管理器中新建文件夹。

2）文件夹属性的设置。

3）文件的复制。

2. 实现步骤

1）打开资源管理器。右击“开始”按钮，在弹出的快捷菜单中选择“打开 Windows 资源管理器”命令。

2）打开 D 盘。在资源管理器的左侧窗格中单击 D 盘。

3）新建文件夹并命名。在 D 盘空白处右击，在弹出的快捷菜单中选择“新建”→“文件夹”命令，将其名字命名为“目标”。

4）设置文件夹的属性。右击“目标”文件夹，在弹出的快捷菜单中选择“属性”命令，在弹出的属性对话框中选中“常规”选项卡，在“属性”选项区域中选中“隐藏”复选框，如图 2-28 所示。

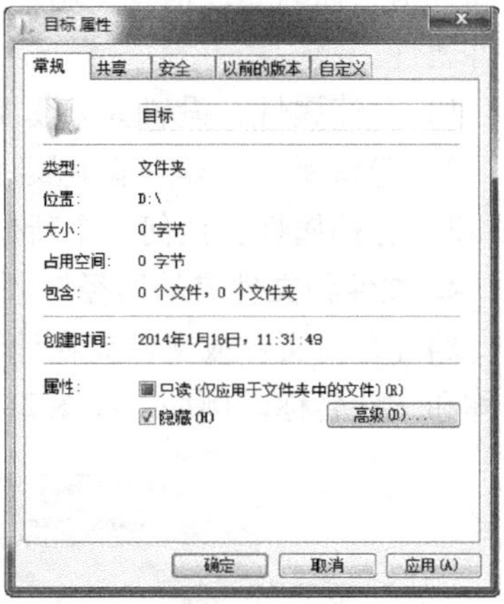

5）选定文件。打开 C 盘，按住 < Ctrl > 键，单击 IO. SYS 和 MSDOS. SYS 两个文件，使其被选中。

6）复制文件。在选中的文件上右击，在弹出的快捷菜单中选择“复制”命令；再打开 D 盘的“目标”文件夹，在空白处右击，在弹出的快捷菜单中选择“粘贴”命令，完成文件的复制。

图 2-28　文件夹属性的设置

2.3.2　文件和文件夹

1. 文件

文件是保存在外存储器上的一组相关信息的集合，文件通常以“文件图标 + 主文件名 + 扩展名”的形式显示，如图 2-29 所示。文件可以是应用程序，也可以是程序创建的文档。文件的基本属性包括文件名、文件的大小、类型和创建时间等。文件是通过文件名进行区别的，每个文件都有不同的名字。

图 2-29　文件示意图

文件名由主文件名和扩展名组成，中间用点号“.”分隔。主文件名是文件的标识，可以由用户拟定；扩展名主要用来表示文件的类型，一般由系统自动生成。

（1）常见的文件类型及相应的扩展名

1）可执行文件：可直接运行的文件，扩展名为 . exe。

2）系统文件：系统配置文件，扩展名为 . sys。

3）多媒体文件：视频和音频文件，扩展名为 . wav、. mid、. avi、. swf 等。

4）图像文件：扩展名为 . bmp、. jpg、. gif 等。

（2）Windows 操作系统的命名规则

1）文件名的长度不能超过 255 个字符。

2）文件名可以用英文字母、汉字、数字、空格和一些特殊符号，但不能出现\、/、:、*、?、“、<、>、| 这些字符。

3）文件名不区分英文字母的大小写。

4）若文件名有多个点号，以最后一个点号后的字符作为扩展名。

2. 文件夹

文件夹是计算机中用于分类存储资料的一种工具。引入文件夹这个概念是为了对各种资料进行分类和汇总，方便用户进行管理。文件夹由“文件夹图标”和“文件夹名”组成，没有扩展名，如图 2-30 所示。

图 2-30　文件夹示意图

3. 文件和文件夹的属性

文件或文件夹的大小、位置、占用空间以及创建、修改、访问时间等信息称为属性信息。用户除了可以查看这些属性信息外，还可以设置以下 3 种类型的文件属性。

1）只读属性：设置为只读属性的文件只能读，不能修改或删除。

2）隐藏属性：具有隐藏属性的文件一般不显示出来。

3）存档属性：任何一个新创建或修改的文件都有存档属性。

4. 文件和文件夹的路径

路径是指文件或文件夹在计算机中存储的位置。路径的一般结构包括磁盘名称、文件夹名称和文件名称。例如，在图 2-31 中，“成功 . docx” 的路径为 “D:\目标\成功 . docx”。

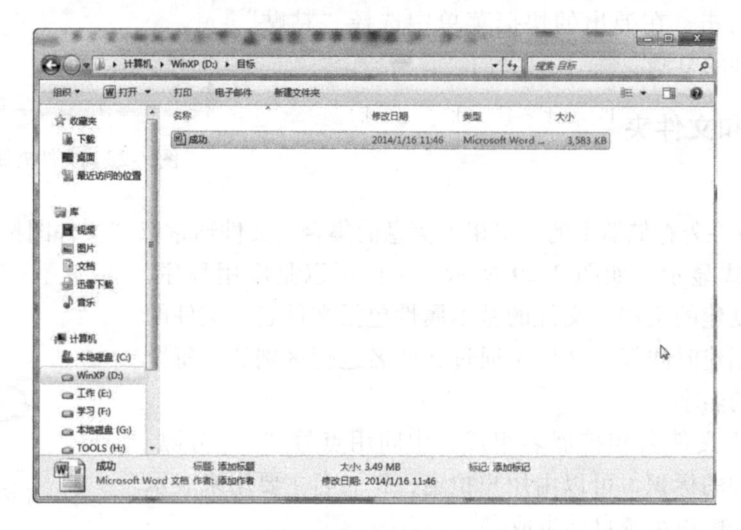

图 2-31　路径示意图

2.3.3　计算机窗口

“计算机” 窗口是管理文件和文件夹的主要场所，它的功能与 Windows XP 系统中的 “我的计算机” 窗口相似。打开 “计算机” 窗口的方法有以下 3 种。

1）双击桌面上的 “计算机” 图标。

2）右击桌面上的 “计算机” 图标，在弹出的快捷菜单中选择 “打开” 命令。

3）单击 “开始” 按钮，选择 “计算机” 命令。

“计算机” 窗口，如图 2-32 所示，主要由两部分组成：导航窗格和工作区域。

（1）导航窗格　以树形目录的形式列出了当前磁盘包含的文件类型，其默认选中 “计算机” 选项，并显示该选项下的所有磁盘。单击磁盘左侧的三角形图标，可展开该磁盘，并显示其中的文件夹。单击文件夹左侧的三角图标，可展开该文件夹下的所有文件列表。

（2）工作区域　一般分为 “硬盘” “有可移动存储设备” 和 “其他” 3 栏。其中 “硬盘” 栏中显示了计算机当前所有磁盘分区，双击任意一个磁盘分区，可在打开的窗口中显示该磁盘分区下包含的文件和文件夹。再双击文件或文件夹图标，可以打开文件对应的应用程序窗口或查看该文件夹下的文件或子文件夹。在 “有可移动存储设备” 栏中，显示当前计算机连接的可移动存储设备，包括光驱和 U 盘等。在 “其他” 栏中，显示计算机当前连接的其他设备，如摄像头等视频设备。

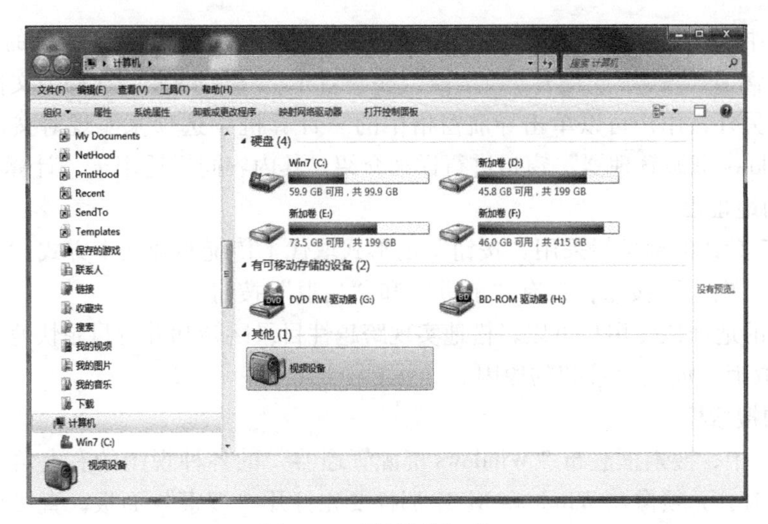

图 2-32 “计算机”窗口

2.3.4 资源管理器

“资源管理器”是 Windows 7 最常用的管理文件和文件夹的工具，它的功能非常强大。与以往的 Windows 操作系统版本相比，Windows 7 的资源管理器在界面和功能上有了很大改进。例如，增加了“预览窗格”以及内容更加丰富的“详细信息栏”等。

打开资源管理器的方法很多，用户可以用下列方法之一来实现。

1）在“开始”按钮上右击，在弹出的快捷菜单中选择“打开 Windows 资源管理器”命令，打开资源管理器窗口，如图 2-33 所示。

2）单击任务栏快速启动栏中的“Windows 资源管理器”图标。

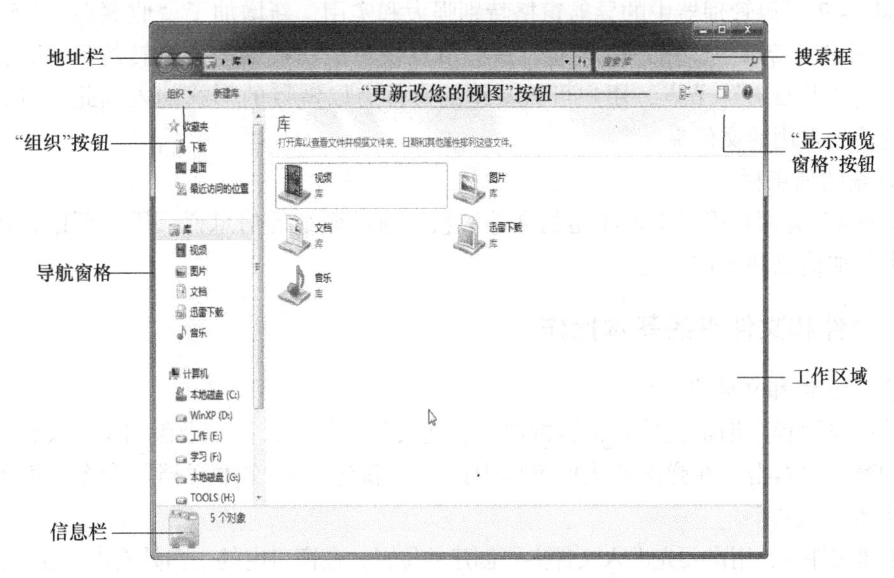

图 2-33 “资源管理器”窗口

单击“Windows 资源管理器”右上角的“显示预览窗格”按钮，可打开“预览窗格”。“Windows 资源管理器”窗口与“计算机”窗口类似，但两者的打开方式不同，且打开后在导航窗格中默认的选项不同。“Windows 资源管理器”导航窗格中默认的选项是“库”选项，其中包含了“视频”“图片”“文档”和“音乐”等文件夹，且每个文件夹都有系统自带的文件。另外，用户可以单击导航窗格中的“计算机”选项来实现对文件的管理，本节针对“Windows 资源管理器”窗口进行详细介绍，其内容同样适用于“计算机”窗口。

1. 别致的地址栏

Windows 7 默认的地址栏采用“按钮”的形式取代了传统的纯文本方式，并且在地址栏的周围取消了“向上”按钮，仅有“前进”和“后退”按钮。

这样形式的地址栏使用户可以轻松地实现跨越性目录跳转和并行目录快速切换，这也是 Windows 7 中取消“向上”按钮的原因。

2. 便捷的搜索框

Windows 7 中，搜索框遍布“Windows 资源管理器”的各种视图的右上角。当用户需要查找某个文件时，无须像在 Windows XP 中那样要先打开“搜索”面板，直接在搜索框中输入要查找的内容即可。

3. 变化的工具栏

工具栏位于地址栏的下方，当用户打开不同的窗口或选择不同类型的文件时，工具栏中的按钮会有所变化，但是其中 3 项始终不变，分别是“组织”按钮、“更改您的视图”按钮和“显示预览窗格”按钮，如图 2-33 所示。

1）通过“组织”按钮，用户可完成对文件和文件夹的许多常用操作，如剪切、复制、粘贴、删除等。

2）通过“更改您的视图”按钮，用户可调整文件和文件夹的显示方式。

3）通过“显示预览窗格”按钮，用户可打开或关闭“预览窗格”。

4. 强大的导航窗格

Windows 7 资源管理器中的导航窗格特别强大和实用，新增加了“收藏夹”“库”“家庭组”和“网络”等节点，用户可以通过这些节点快速地切换到需要跳转的目录。其中，值得一提的是“收藏夹”节点，用户可将常用的文件夹以链接的形式加入到此节点，可以通过它快速访问常用的文件夹。

5. 详细的信息栏

Windows 7 为用户提供更加丰富的文件信息。通过详细的信息栏，用户可以直接修改文件的各种附加信息并添加标记。

2.3.5 文件和文件夹的基本操作

1. 创建文件和文件夹

在使用应用程序编辑文件时，通常需要新建文件。例如，用户要编辑文本文件，可以在要创建的窗口中右击，在弹出的快捷菜单中选择“新建”→“文本文档”命令，即可新建一个“记事本”文件。

要创建文件夹，用户要先进入文件夹要创建的位置，在窗口内的空白处右击，在弹出的快捷菜单中选择“新建”→“文件夹”命令，就会出现一个新建文件夹，名称默认为“新建文件夹”。

2. 选定文件或文件夹

在对文件进行操作之前，必须先选定它，方法有以下几种。

1）选定单个文件的方法是单击要选定的文件。

2）选定连续的多个文件或文件夹。单击要选定的第一个文件或文件夹，按住 <Shift> 键，再单击最后一个文件或文件夹。

3）选定不连续多个文件或文件夹。可按住 <Ctrl> 键，然后单击每个要选定的文件或文件夹。

4）选定某一区域的文件或文件夹，可以在按住鼠标左键不放的同时进行拖动操作。

5）选定所有文件或文件夹。可以选择“组织”→“全选”命令，或者按 <Ctrl + A> 组合键即可。

3. 复制文件或文件夹

复制文件或文件夹就是为复制的对象建立一个副本，将原文件或文件夹加以备份。复制文件或文件夹有以下几种方法。

（1）利用快捷键菜单或快捷键进行复制

1）在窗口中选定要复制的文件或文件夹。

2）右击，在弹出的快捷菜单中选择“复制”命令或按 <Ctrl + C> 组合键。

3）打开目标文件夹。

4）右击，在弹出的快捷菜单中选择“粘贴”命令或按 <Ctrl + V> 组合键。

（2）利用鼠标拖放进行复制　在不同驱动器之间，直接拖动选定的对象到目标位置即可实现对象的复制；在同一驱动器中，需要在拖动的同时按住 <Ctrl> 键才能实现对象的复制。

4. 移动文件或文件夹

移动文件或文件夹就是将对象转移到一个新位置，移动后原位置不再保留选定的文件或文件夹。移动操作和复制操作相似。

（1）利用快捷键菜单或快捷键进行复制

1）在窗口中选定要移动的文件或文件夹。

2）右击，在弹出的快捷菜单中选择“剪切”命令或按 <Ctrl + X> 组合键。

3）打开目标文件夹。

4）右击，在弹出的快捷菜单中选择“粘贴”命令或按 <Ctrl + V> 组合键。

（2）利用鼠标拖放进行移动　在不同驱动器之间，拖动选定的对象到目标位置的同时需按住 <Shift> 键，即可实现对象的移动；在同一驱动器中，直接拖动选定的对象到目标位置即可实现对象的移动。

5. 删除文件或文件夹

当某些文件或文件夹不再需要时，可将其删除。删除文件或文件夹的操作步骤如下。

1）选定要删除的文件或文件夹。

2）右击，在弹出的快捷菜单中选择“删除”命令，或选定文件或文件夹后直接按 <Delete> 键。

3）系统将会弹出“确认文件删除”对话框。

4）若确认要删除该文件或文件夹，则单击“是”按钮；若不删除该文件或文件夹，则单击“否”按钮。

实际上这里删除的文件或文件夹仍在磁盘上，只不过被放入了“回收站”。若想从磁盘上真正删除文件或文件夹，可在“回收站”窗口中再次执行删除操作。

若想将文件从“回收站”中恢复，可以选定要恢复的文件，右击，然后在弹出的快捷菜单中选择“还原”命令，就可以将文件恢复到原来所在的文件夹中。

6. 重命名文件或文件夹

用户可以通过以下两种方法修改文件或文件夹名字。

1）选定需要重命名的文件或文件夹，再单击要重命名的文件或文件夹名字，当名字位置变成深蓝色时，输入新的文件名，按 <Enter> 键。

2）选定需要重命名的文件或文件夹，右击，在弹出的快捷菜单中选择“重命名”命令，然后输入新的文件名，按 <Enter> 键。

7. 查看文件和文件夹

通过 Windows 7 操作系统的资源管理器来查看计算机中的文件和文件夹，在查看的过程中可以更改文件和文件夹的显示方式，以满足用户的不同需要。

在“Windows 资源管理器”窗口中查看文件或文件夹时，系统提供了多种文件和文件夹的显示方式，用户可单击工具栏中的“更改您的视图”按钮，在弹出的快捷菜单中有 8 种排列方式可供选择。下面对常用的几种进行简单介绍。

（1）超大图标、大图标和中等图标 “超大图标”“大图标”和“中等图标”这 3 种方式类似于 Windows XP 的“缩略图”显示方式。它们将文件夹中包含的图像文件显示在文件夹图标上，方便用户快速识别文件。这 3 种显示方式的区别只在于图标的大小不同，图 2-34 所示为“大图标”显示方式。

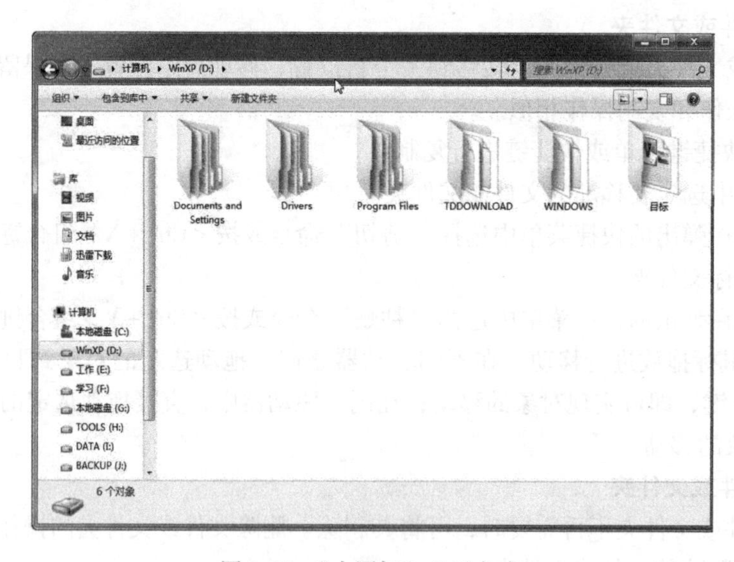

图 2-34 “大图标”显示方式

（2）小图标 “小图标”方式类似于 Windows XP 的“图标”方式，以图标形式显示文件和文件夹，并在图标的右侧显示文件或文件夹的名称。图 2-35 所示为“小图标”显示方式。

（3）列表 在“列表”方式下，文件或文件夹以列表的方式显示，文件夹的顺序按纵向方式排列，文件或文件夹的名称显示在图标的右侧，如图 2-36 所示。

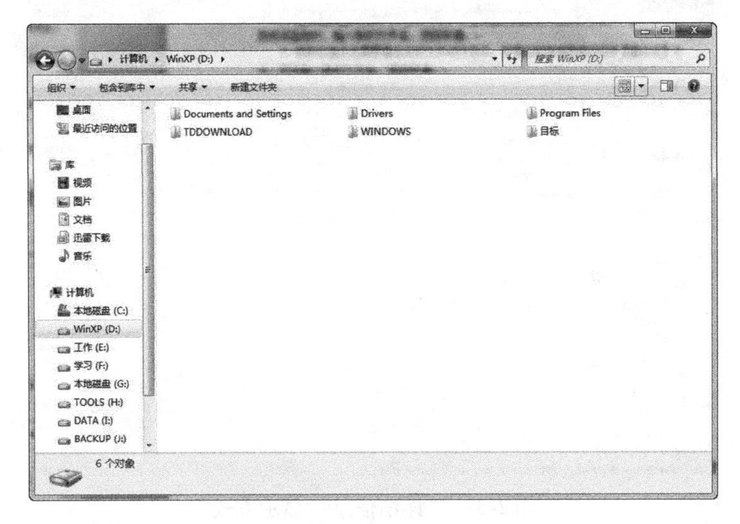

图 2-35 “小图标”显示方式

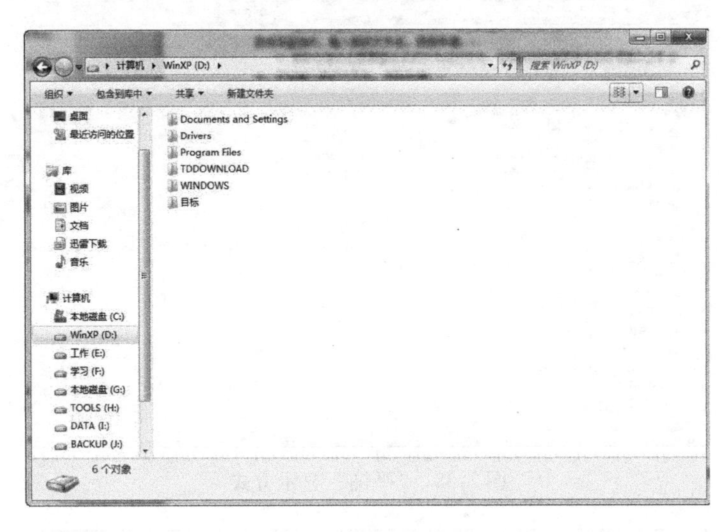

图 2-36 “列表”显示方式

（4）详细信息　在“详细信息”方式下，文件或文件夹整体以列表的方式显示，除了显示文件图标和名称外，还显示文件的修改日期、类型等相关信息，如图 2-37 所示。

（5）平铺方式　“平铺”方式类似于“中等图标”显示方式，只是比“中等图标”显示更多的文件信息。文件和文件夹的名称显示在图标的右侧，如图 2-38 所示。

（6）内容　“内容”方式是“详细信息”方式的增强版，文件和文件夹将以缩略图的方式显示，如图 2-39 所示。

8. 文件和文件夹的排序

在 Windows 7 中，用户可以方便地对文件或文件夹进行排序，如按“名称”排序、按“修改日期”排序、按“类型”排序和按“大小”排序等。具体排序方法是：在“资源管理器”窗口的空白处右击，在弹出的快捷菜单中选择“排序方式”命令，即可实现对文件和文件夹的排序。

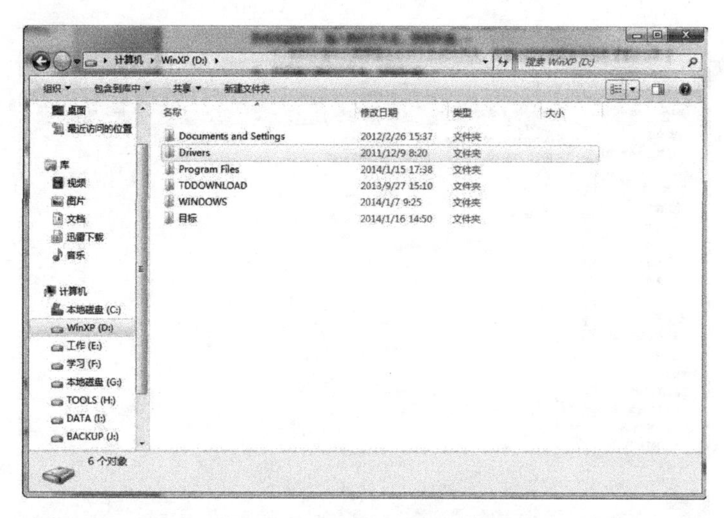

图 2-37 “详细信息”显示方式

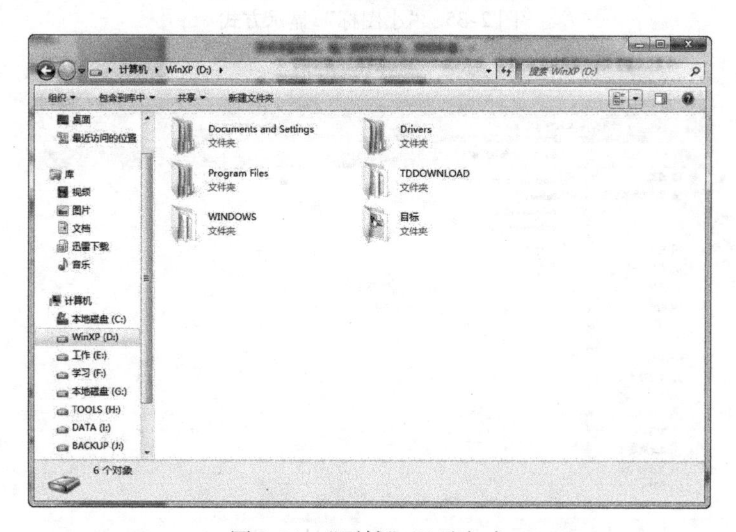

图 2-38 “平铺”显示方式

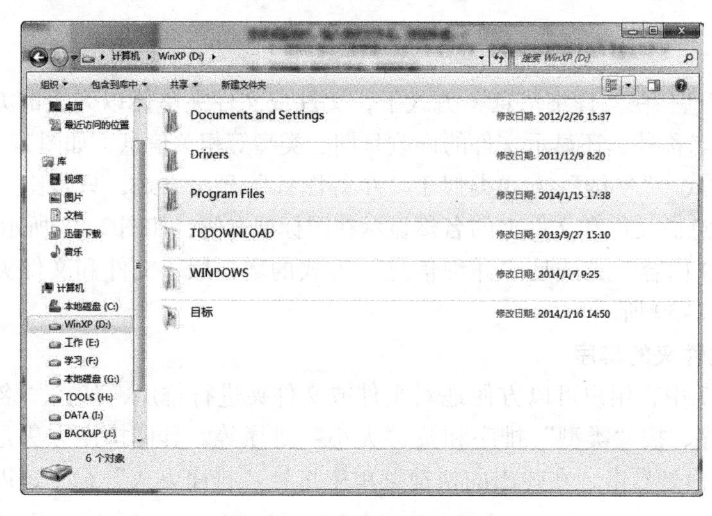

图 2-39 “内容”显示方式

9. 文件和文件夹的安全

对于计算机中比较重要的文件，如系统文件、用户自己的加密文件或用户的个人资料等，如果用户不想让别人看到并更改这些文件，可以将其隐藏起来，等到需要时再显示它们。

（1）隐藏文件和文件夹　Windows 7 为文件和文件夹提供了三种属性，即只读、隐藏和存档。

1）只读：用户只能对文件或文件夹的内容进行查看而不能进行修改和删除。

2）隐藏：在默认设置下，设置为隐藏属性的文件或文件夹将不可见。

3）存档：表示该文件在上次备份前已经修改过了，一些备份软件在备份系统后会把这些文件默认设置为存档属性。存档属性在一般文件管理中意义不大，但对于频繁的文件批量管理很有帮助。

可以在 Windows 7 系统中开启查看隐藏文件功能，隐藏文件和文件夹的具体操作如下：

1）打开“Windows 资源管理器”，选择“组织”→“文件夹和搜索选项”命令，弹出“文件夹选项”对话框，如图 2-40 所示。

2）切换至“查看”选项卡，在“高级设置”列表中选中“不显示隐藏的文件、文件夹和驱动器”单选按钮。

3）单击“确定”按钮，完成隐藏文件和文件夹的设置。

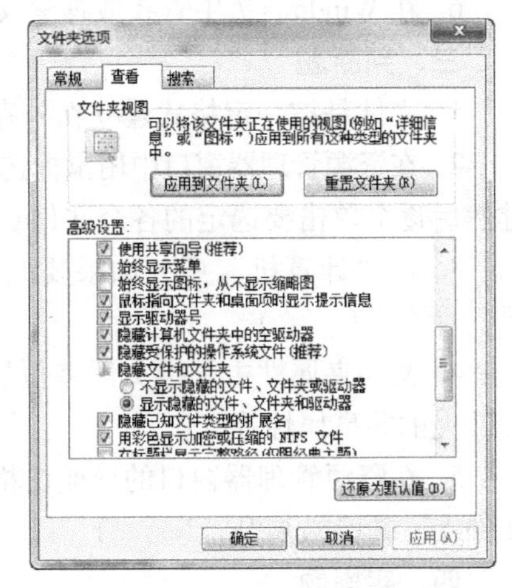

图 2-40　“文件夹选项”对话框

（2）显示隐藏文件和文件夹　文件和文件夹被隐藏后，如果想再次访问它们，可以在 Windows7 系统中开启查看隐藏文件功能。具体操作步骤如下。

1）打开“Windows 资源管理器”，选择“组织”→“文件夹和搜索选项”命令，弹出“文件夹选项”对话框，如图 2-40 所示。

2）切换至“查看”选项卡，在“高级设置”列表框中选中“显示隐藏的文件、文件夹和驱动器”单选按钮。

3）单击“确定”按钮，完成显示隐藏文件和文件夹的设置。

2.3.6　习题

一、选择题

1. 在资源管理器中，选定多个连续文件的操作是（　　）。

A. 按 <Shift> 键，单击每一个要选定的文件名

B. 按 <Alt> 键，单击每一个要选定的文件名

C. 先选定第一个文件，按 <Shift> 键，再单击最后一个要选定的文件名

D. 先选定第一个文件，按 <Ctrl> 键，再单击最后一个要选定的文件名

2. 在 Windows 7 资源管理器中选定了文件或文件夹后，若要将它们复制到同一驱动器的文件夹中，操作为（　　）。

A. 按 <Ctrl> 键拖动鼠标　　B. 按 <Shift> 键拖动鼠标

C. 直接拖动鼠标　　D. 按 <Alt> 键拖动鼠标

二、填空题

1. 在 Windows 7 中，文件夹可以设置为__________，这样可以让网络上的其他用户访问和控制其中的文件和数据。

2. 在 Windows 7 资源管理器中，若希望显示文件的名称、类型、大小等信息，则应该选择“查看”菜单中的__________。

3. 资源管理器是 Windows 7 中一个重要的__________管理工具。

4. 在计算机中，把按一定格式存储在外存储器上的一组相关信息的集合称为__________。

5. 文件的属性有 3 种：存档、__________和隐藏。

6. 在 Windows 7 中查找或搜索文件时，只通配一个字符的通配符是__________。

三、判断题

1. 文件是按一定格式建立在外存上的一批信息的有序集合。(　　)

2. 在资源管理器窗口中用鼠标选定不连续的多个文件的正确操作方法是：先按住 <shift> 键然后逐个单击要选定的各个文件。(　　)

3. 在“计算机”中，如果要改变图标的显示方式，可以使用“文件”菜单中的“查看”命令。(　　)

4. 文件夹属性主要指文件夹位置、大小、文件夹的 3 个属性（只读、隐藏、存档）和文件夹的共享属性等。(　　)

5. 在资源管理器窗口的导航窗格中，文件夹图标含有“◢”时，表示该文件夹含有子文件夹，并已被展开。(　　)

四、实操题

1. 新建文件夹

(1) 在桌面上创建一个名为 ZILIAO 的新文件夹。

(2) 在“Windows7”文件夹中新建一个名为 SHERT 的文件夹。

2. 文件或文件夹的复制和重命名

(1) 将“Windows7\TEASE”文件夹中的文件 GAMP. yin 复制到“Windows7\IPC”文件夹中。

(2) 将“Windows7\VERSON”文件夹中的文件 LEAFT. sop 复制到同一文件夹中，文件名为 BEAUTY. BAS。

(3) 将“Windows7\SHOP\DOCTER”文件夹中的文件夹 IRISH 复制到“Windows7\SWISS”文件夹中，并将文件夹改名为 SOUETH。

3. 文件或文件夹的移动和重命名

将“Windows7\ICFISH”文件夹中的文件 LIUICE. ndx 移动到“Windows7\HOTDOG”文件夹中，并将该文件改名为 GUSR. fin。

4. 文件或文件夹的删除

(1) 将“Windows7\NANKAI”文件夹中的文件 HEARS. fig 删除。

(2) 将“Windows7\DOVER\SWIM”文件夹中的文件夹 DELPHI 删除。

5. 文件或文件夹的属性设置

（1）将“Windows7\DREAM”文件夹中的文件 SENSE. bmp 设置为存档和只读属性。

（2）将“Windows7\SEED”文件夹的只读属性撤销，并设置成存档属性。

6. 建立文件或文件夹的快捷方式

（1）为“Windows7\PEOPLE”文件夹中的 BOOK. exe 文件建立名为 FOOT 的快捷方式，并存放在“Windows7”文件夹下。

（2）为“Windows7\EXAMINER”文件夹中的 BEGIN. exe 文件建立名为 BEGIN 的快捷方式。

2.3.7 习题答案

一、选择题

1. C　2. A

二、填空题

1. 共享　2. 详细信息　3. 文件　4. 文件　5. 只读　6. ？

三、判断题

1. 对。　2. 错，应该按住 <Ctrl> 键。　3. 错，应该使用“查看”菜单中的命令。

4. 对。　5. 对。

四、实操题

1. 解析：

（1）在桌面空白处右击，选择快捷菜单中的“新建”→“文件夹”命令，将新建的文件夹命名为 ZILIAO。

（2）进入指定文件夹，在其中找到并打开 Windows7 文件夹，在其空白处右击，选择快捷菜单中的“新建”→“文件夹”命令，将新建的文件夹命名为 SHERT。

2. 解析：

（1）找到“Windows7\TEASE”文件夹中的 GAMP. yin 文件，右击该文件，在弹出的快捷菜单中选择“复制”命令（或使用 <Ctrl + C> 组合键）；找到“Windows7\IPC”文件夹，打开 IPC 文件夹，在该文件夹空白处右击，在弹出的快捷菜单中选择“粘贴”命令（或使用 <Ctrl + V> 组合键）。

（2）在“Windows7\VERSON”文件夹下找到 LEAFT. sop 文件，右击该文件，在弹出的快捷菜单中选择“复制”命令（或使用 <Ctrl + C> 组合键）；在该文件夹空白处右击，在弹出的快捷菜单中选择“粘贴”命令（或使用 <Ctrl + V> 组合键）；会在该文件夹中出现一个名为“LEAFT. sop-副本”的文件，将该文件重命名为 BEAUTY. bas。

（3）在“Windows7\SHOP\DOCTER”文件夹下找到文件夹 IRISH，将其复制到“Windows7\SWISS”文件夹中（操作步骤与（2）类似），在 SWISS 文件夹中会出现 IRISH 文件夹，将该文件夹重命名为 SOUETH。

3. 解析：

在“Windows7\ICFISH”文件夹中找到文件 LIUICE. ndx，右击该文件，在弹出的快捷菜单中选择“剪切”命令（或使用 <Ctrl + X> 组合键）；打开“Windows7\HOTDOG”文件夹，在该文件夹空白处右击，在弹出的快捷菜单中选择“粘贴”命令（或使用 <Ctrl + V>

组合键)；在该文件夹下出现文件 LIUICE. ndx，将该文件重命名为 GUSR. fin。

4. 解析：

(1) 在“Windows7\NANKAI”文件夹中找到文件 HEARS. fig，右击该文件，在弹出的快捷菜单中选择“删除”命令（或使用 < Delete > 快捷键)；弹出确认删除对话框，确认是否要删除文件，单击“是”按钮，删除文件。注意：此时文件被存放到“回收站”，还可从“回收站”中还原该文件，如果要永久删除该文件，可以在选中该文件后，按 < Shift + Delete > 组合键，弹出确认删除文件对话框，确认是否要永久删除文件，单击“是”按钮，彻底删除该文件。

(2) 在“Windows7\DOVER\SWIM”文件夹中找到文件夹 DELPHI，右击该文件夹，在弹出的快捷菜单中选择“删除”命令（或使用 < Delete > 键)，弹出确认删除对话框，确认是否要删除该文件夹，单击“是”按钮，删除文件夹。

5. 解析：

(1) 在“Windows7\DREAM”文件夹中找到文件 SENSE. bmp，右击该文件，在弹出的快捷菜单中选择“属性”命令；弹出“SENSE. bmp 属性”对话框，在“属性”选项区域中选中“只读”复选框；再单击“高级”按钮，在弹出的“高级属性”对话框中选中“可以存档文件”复选框。

(2) 在“Windows7”文件夹下找到 SEED 文件夹，右击该文件夹，在弹出的快捷菜单中选择“属性”命令；弹出“SEED 属性”对话框，在“属性”选项区域中取消选中“只读”复选框；再单击“高级”按钮，在弹出的“高级属性”对话框中选中“可以存档文件”复选框。

6. 解析：

(1) 在“Windows7”文件夹的空白处右击，在弹出的快捷菜单中选择“新建”→“快捷方式”命令，弹出“创建快捷方式”对话框，单击“请输入对象位置”文本框后的“浏览”按钮，在弹出的“浏览文件或文件夹”对话框中按路径“Windows7\PEOPLE\BOOK. exe”找到要建立快捷方式的文件，在“浏览文件或文件夹”对话框中单击“确定”按钮，回到“创建快捷方式”对话框，单击“下一步”按钮继续，输入该快捷方式的名称为“FOOT”，单击“完成”按钮即可。

(2) 在“Windows7\EXAMINER”文件夹中找到文件 BEGIN. exe，右击该文件，在弹出的快捷菜单中选择“创建快捷方式”命令，即在 EXAMINER 文件夹中创建了 BEGIN. exe 的快捷方式。

2.4 应用程序的组织与管理

应用程序是为完成某种任务而开发的计算机程序。在 Windows 7 中，绝大多数应用程序的扩展名为 . exe，少部分有命令行提示符界面的程序扩展名为 . com。

2.4.1 实训案例

1) 打开写字板（专为用户编辑文档而设计)，选择要使用的汉字输入法，在写字板中输入以下汉字（节选自朱自清《匆匆》)。

录入文字如下：

去的尽管去了，来的尽管来着；去来的中间，又怎样地匆匆呢？早上我起来的时候，小屋里射进两三方斜斜的太阳。太阳他有脚啊，轻轻悄悄地挪移了；我也茫茫然跟着旋转。于是——洗手的时候，日子从水盆里过去；吃饭的时候，日子从饭碗里过去；默默时，便从凝然的双眼前过去。我觉察他去的匆匆了，伸出手遮挽时，他又从遮挽着的手边过去，天黑时，我躺在床上，他便伶伶俐俐地从我身上跨过，从我脚边飞去了。等我睁开眼和太阳再见，这算又溜走了一日。我掩着面叹息。但是新来的日子的影儿又开始在叹息里闪过了。

2）在写字板中插入图片，路径为 D:\\图片\时间。

1. 案例分析

本案例主要涉及以下知识点。

1）写字板程序的打开。

2）怎样在写字板中输入文字。

3）怎样在写字板中插入图片。

2. 实现步骤

1）启动写字板应用程序。打开“开始”菜单，选择“所有程序”中的“附件”下的“写字板”命令。

2）切换输入法，输入文本。单击通知区域的“语言栏”按钮，选择所需的输入法，在写字板编辑区中输入上面的文字。

3）如图 2-41 所示在写字板中选定图片在插入位置；选择写字板的“主页”选项卡，单击“图片”按钮；弹出如图 2-42 所示的“选择图片”对话框，选中要插入的图片“时间”；单击“打开”按钮。

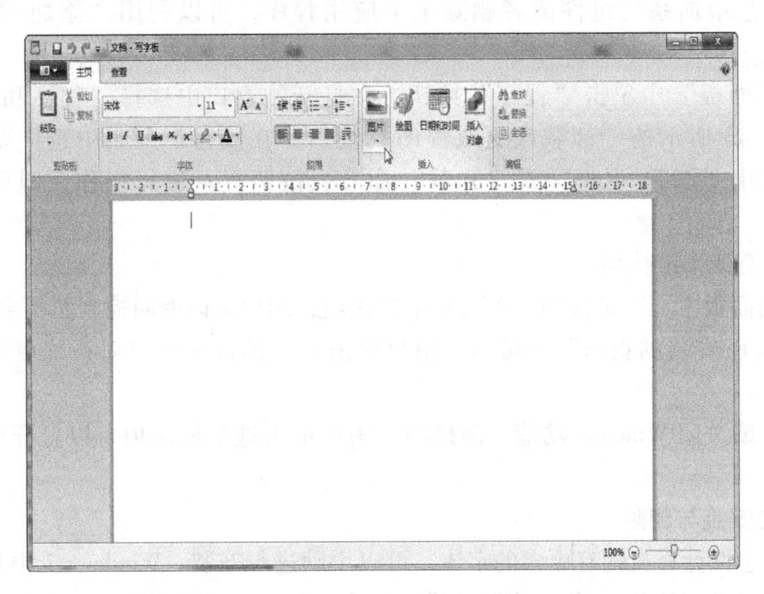

图 2-41　在写字板中选定插入图片的位置

4）保存文档。单击“写字板”，选择“保存”命令，在弹出的“另存为”对话框中，

图 2-42 “选择图片”对话框

选择保存位置为 E 盘，文件名为“节选自《匆匆》”，单击“保存”按钮。

2.4.2 应用程序的基本操作

1. 应用程序的安装

用户安装应用程序，通常需要先在安装文件中找到 Setup. exe 文件，双击该文件，弹出“安装向导”对话框，可根据提示一步一步地完成安装。

程序安装完成后，用户可在“开始”菜单的“所有程序”中找到该应用程序的图标。

2. 应用程序的删除与更改

用户如果想增加系统组件或者删除某个应用程序，可以利用“添加/删除程序”来实现。

在“控制面板”中单击“程序”按钮，在打开的窗口中选择“程序和功能”命令，即打开如图 2-43 所示的“卸载或更改程序”窗口。在该窗口列表中选中要被卸载的程序，右击会弹出“卸载/更改”或“卸载”命令，按照提示进行操作，即可卸载该应用程序。

窗口左侧有 3 个链接项。

1）“控制面板主页”链接项。单击这个链接项，用户可以返回控制面板主页。

2）“查看已安装的更新”链接项。用户单击这个链接项可以对系统更新的文件进行查看。

3）“打开或关闭 Windows 功能”链接项。用户单击这个链接项可以打开或关闭系统组件的功能。

3. 字体的安装与删除

用户如果想使计算机拥有更多的字体，可以手动进行安装。Windows 7 中自带的字体都是存放在系统目录下的 Fonts 文件夹里，进入这个文件夹就可以看到字体文件。字体描述了特定的字样和其他特征，如大小、间距和跨度等。Windows 7 提供了 Ture Type 和 Open Type 类型字体，它们适用于各种计算机、打印机和程序。使用不同的字体可以在编辑文档时显示

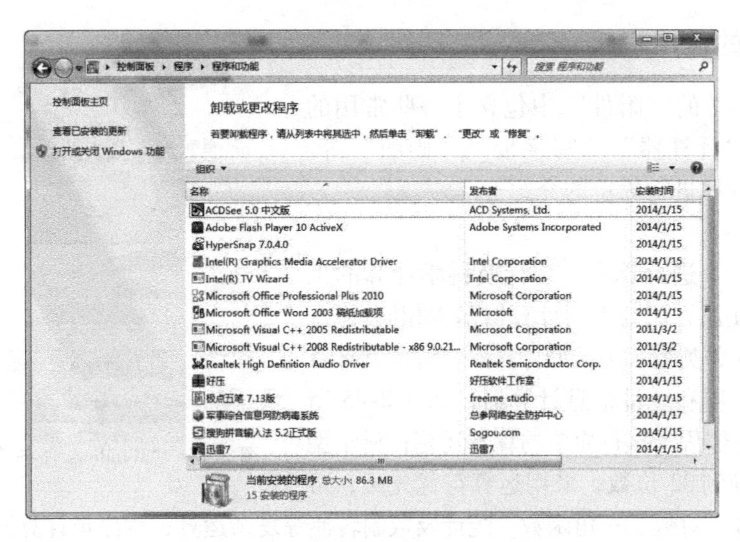

图 2-43 “卸载或更改程序”窗口

不同的效果。安装字体的操作步骤如下：

1）从软件程序、互联网下载字体（下载前要保证来源安全），或者从计算机中直接调出。

2）选择要安装的字体，右击，在弹出的快捷菜单中选择“安装”命令即可。

Windows 7 中的字体采用了全新的显示方式，只要进入 Fonts 目录就能预览每一种字体的外观，这样无论是选择使用字体还是安装新字体文件，都不用再调用其他文字编辑软件查看字体外观。

为了释放更多的磁盘空间，可以将不需要的字体删除。删除字体的操作步骤如下：

1）在“所有控制面板项”窗口中，单击“字体”超链接，打开“字体”窗口。

2）选择要删除的字体，右击，在弹出的快捷菜单中选择“删除”命令。

3）在弹出的“删除字体”提示对话框中，单击“是”按钮，该字体即可从计算机中删除。

4. 应用程序间的切换

当系统有多个应用程序运行时，用户想从一个程序切换到另一个程序可以通过以下 3 种方法实现。

方法 1：单击任务栏上的应用程序按钮进行切换。

方法 2：应用程序窗口同时呈现在桌面上时，通过单击应用程序窗口进行切换。

方法 3：利用 <Alt + Tab>组合键进行切换。

2.4.3 任务管理器

“任务管理器”可以提供正在计算机上运行的程序或进程的相关信息。用户可以按 <Ctrl + Alt + Del>组合键，或者在任务栏空白处右击，在弹出的快捷菜单中选择“启动任务管理器”命令，打开“Windows 任务管理器”窗口，如图 2-44 所示。通过任务管理器，用户可以快速查看正在运行的程序的状态、终止已停止响应的程序、切换程序、运行新的任务，以及查看 CPU 和内存的使用情况等。

2.4.4 常用的应用程序

在 Windows 7 的“附件”中包含了一些常用的应用程序，如“计算器”“写字板”“画图”等。下面就对这些程序进行简单的介绍。

1. 计算器

计算器是一个进行算术、统计及科学计算的工具，其作用和使用方法与常用计算器基本相同。

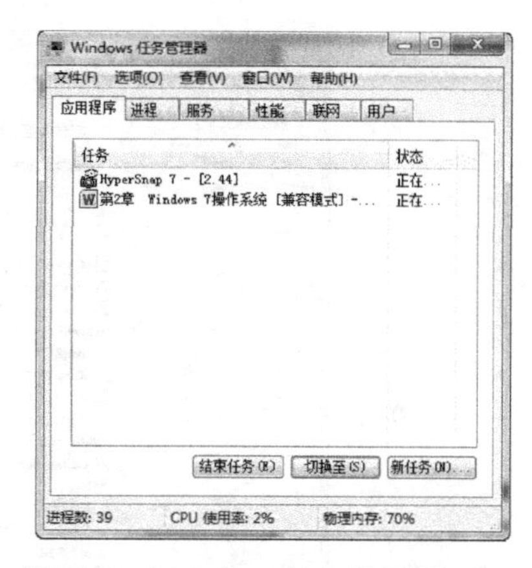

图 2-44 “Windows 任务管理器”窗口

计算器有 4 种类型：标准型计算器、科学型计算器、程序员计算器和统计信息计算器，如图 2-45 所示。标准型计算器用于执行简单的算术运算；科学型计算器可以精确到 32 位数，采用运算符优先级，可以用来执行指数、对数、三角函数、统计及数制转换等复杂运算；程序员计算器最多可精确到 64 位数，这取决于用户所采用的字符长度，当在该模式下进行计算时，计算器采用运算符优先级，该模式下整数和小数部分将被禁用；在统计信息计算器模式下，输入要进行统计计算的数据时，数据将显示在历史记录区域中，同时显示在计算区域中，输入或单击首段数据，然后单击“添加”按钮将数据添加到数据集中，单击要进行统计信息计算的按钮即可。

a) 标准型计算器

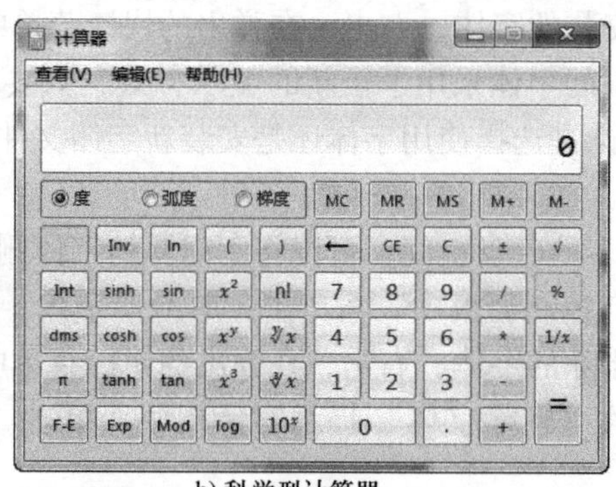

b) 科学型计算器

c) 程序员计算器

b) 统计信息计算器

图 2-45 “计算器”的 4 种类型

计算器的类型可以通过“查看”菜单进行转换。单击“历史记录”命令，系统将跟踪计算器在一个会话中执行的所有计算，可用于标准型计算器和科学型计算器，用户可以更改历史记录中的计算数据。编辑历史记录数据时，所选用的计算结果将显示在结果区域中。

2. 写字板

写字板是包含在 Windows 7 系统中的一个基本的文字处理程序，使用写字板可以编写信笺、读书报告和其他简单文档，还可以更改文本的外观、设置文本的段落、在段落以及文档内部和文档之间复制并粘贴文本等。写字板沿用了 Office 2010 的界面风格，和以往 Windows 版本的写字板相比，其界面和功能都有了较大的改观。

3. 画图

“画图”程序是 Windows 7 操作系统自带的小画板，主要用于创建简单的图形、图案等图形文件。

通过画图程序制作的图形，其格式可以为 24 位位图文件（扩展名为 . bmp、. jpg 和 . gif）。启动画图程序后，弹出如图 2-46 所示的应用程序窗口。该程序较以前的版本有了很大的改观，界面更加美观，功能更加强大。下面对其主要组成内容进行介绍。

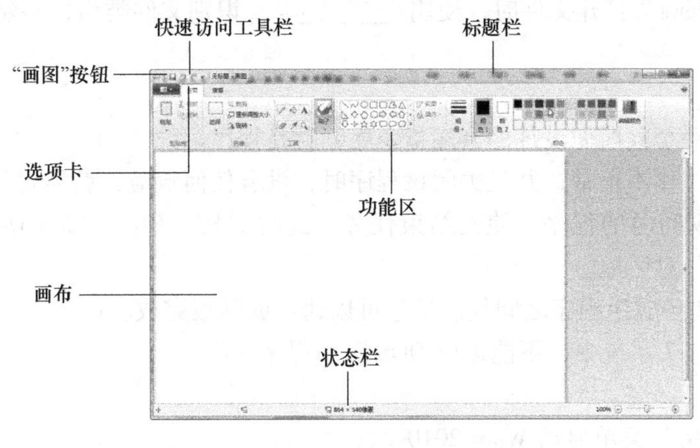

图 2-46 “画图”窗口

1）“画图”按钮：位于“画图”窗口的左上角，单击该按钮，可完成文件的新建、打开、保存等操作。

2）快速访问工具栏：该栏中包含常用操作的快捷按钮，方便用户使用。另外，用户还可以自定义其中显示的按钮。

3）标题栏：位于窗口的最上方，用于显示当前正在运行的程序及文件名等信息。

4）选项卡和功能区：画图程序中包含“主页”和“查看”两个选项卡，通过这两个选项卡的功能区可完成画图程序的大部分操作。

5）画布：“画图”窗口中白色的编辑区就是画布。用户可以用鼠标拖放画布的边界处来改变画布的大小。

6）状态栏：位于“画图”窗口的最底部，用来显示当前工作区的状态。

2.4.5 习题

一、选择题

1. 在 Windows 7 中，要删除一个应用程序，正确的操作应该是（　　）。

A. 打开“资源管理器”窗口，对该程序进行“剪切”操作

B. 打开“控制面板”窗口，使用“程序和功能”选项

C. 打开“MS DOS”窗口，使用<Del>或<Esc>命令

D. 打开“开始”菜单，选中“运行”项，在对话框中使用<Del>或<Erase>命令

2. 在Windows 7中，在“记事本”中保存的文件，系统默认的文件扩展名是（　　）。

A. txt　　B. doc　　C. wps　　D. dos

二、填空题

1. 在Windows 7中，系统的安装、配置、管理和优化等操作，都可以在＿＿＿＿＿中完成，它是集中管理系统的场所。

2. 在Windows 7中，将打开的文档和应用程序保存在硬盘上，下次唤醒时文档和应用程序还像离开时那样打开着，这种工作状态称为＿＿＿＿＿。

3. Windows 7中文版自带很多字体，这些字体通常放在文件夹＿＿＿＿＿中。

4. Windows 7提供的计算器有4种类型，分别是标准型、＿＿＿＿＿、程序员和统计信息。

5. 利用Windows 7打开文件时，使用＿＿＿＿＿识别文件类型，并建立与之关联的应用程序。

三、判断题

1. 为解决某一个问题而设计的有序指令序列就是程序。（　　）

2. 如果程序工作不正常，并且关闭该程序时，没有任何响应，就需要利用“关闭程序”对话框来选择出现问题的程序，使其结束任务。此时需按<Ctrl + Alt + Del>组合键两次，显示“关闭程序”对话框。（　　）

3. Windows 7各应用程序之间复制信息可以通过剪贴板完成。（　　）

4. 在Windows 7系统中，不能运行DOS应用程序。（　　）

四、实操题

1. 通过“开始”菜单启动Word 2010。

2. 通过桌面现有快捷方式启动IE浏览器。

2.4.6 习题答案

一、选择题

1. B　2. A

二、填空题

1. 控制面板　2. 休眠　3. Fonts　4. 科学型　5. 扩展名

三、判断题

1. 对。　2. 错，按一次就可以。　3. 对。　4. 错，可以运行。

四、实操题

1. 解析：

单击“开始”菜单，选择“所有程序”→“Microsoft Office”→“Microsoft Word 2010”命令，即可以启动Word 2010。

2. 解析：

双击桌面上的“Internet Explorer”图标，即可启动IE浏览器。

2.5　Windows 7 的系统设置和维护

在 Windows 7 的“控制面板”中，包含了一系列工具程序，用户利用它们可以方便地进行账户的设置、添加硬件和磁盘管理等系统设置和维护。

2.5.1　实训案例

利用“控制面板”更改账户图片。

1. 案例分析

本案例主要涉及的知识点：用户设置自己账户的图片。

2. 实现步骤

单击“开始”菜单，选择“控制面板”命令，弹出如图 2-47 所示的窗口；在其中单击“用户账户和家庭安全”选项，弹出如图 2-48 所示“用户账户和家庭安全”窗口；选择“用户账户”命令下的“更改账户图片”命令，弹出如图 2-49 所示的“更改图片”窗口；选中要使用的图片，单击“更改图片”命令，即可完成用户账户图片的更改。

图 2-47　控制面板窗口

图 2-48　“用户账户和家庭安全”窗口

图 2-49 “更改图片” 窗口

2.5.2 Windows 7 的系统设置

1. 账户管理

Windows 7 支持多用户操作，不同的用户拥有不同的访问权限和个性化的操作环境，并且账户之间互不影响，只有登录到各自的账户内，才能查看各自账户的资料。

用户账户共分为 3 种类型，每种类型为用户提供不同的计算机控制级别。标准用户适用于日常计算；管理员账户可以对计算机进行最高级别的控制，但只在必要时使用；来宾账户主要针对临时使用计算机的用户。下面介绍账户管理的具体方法。

（1）创建新的用户账户

1）打开控制面板，在“调整计算机的设置”区域中，单击“用户账户和家庭安全”选项打开如图 2-48 所示的“用户账户和家庭安全”窗口。

2）单击“用户账户”命令下的“添加或删除用户账户”命令，弹出“管理账户”窗口，如图 2-50 所示；单击“创建一个新账户”链接项，弹出“创建新账户”窗口，如图 2-51 所示。

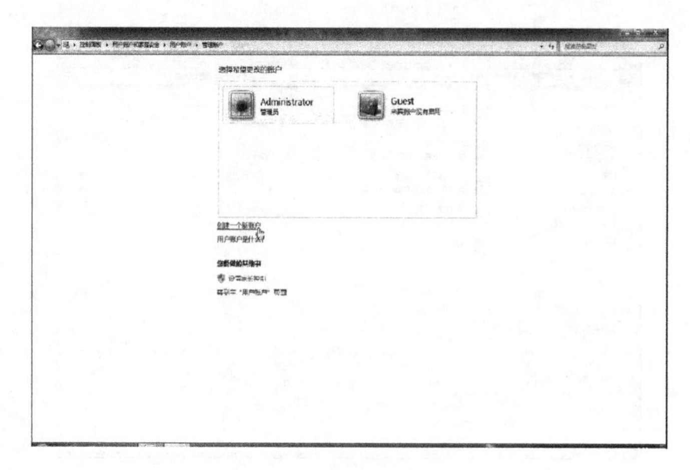

图 2-50 “管理账户” 窗口

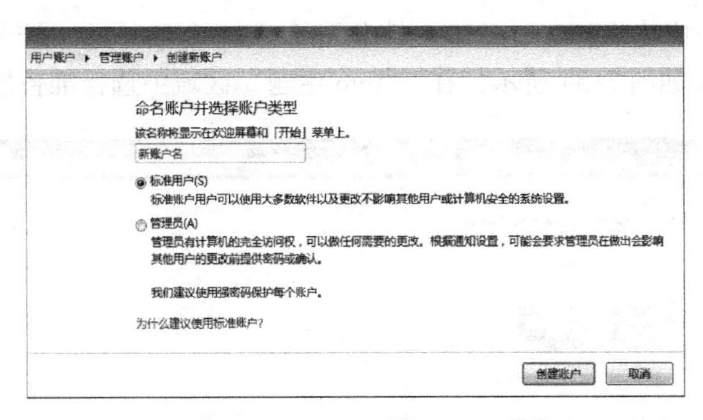

图 2-51　“创建新账户” 窗口

3）在“创建新账户”窗口中的“新账户名”文本框中输入新账户的名称，如“新用户”；选择账户的类型，如选中“标准用户”单选按钮；单击“创建账户”按钮，这样即可完成新用户账户的添加。

（2）设置账户密码

账户创建完成后，为更好地保证个人账户的安全性，还可以对个人账户设置密码，在登录账户时必须输入正确的密码才能进入该账户。下面介绍设置账户密码的操作方法。

1）打开控制面板，进入“管理账户”窗口，如图 2-50 所示；单击选择希望更改的账户下面的“管理员账户”，弹出“更改账户”窗口，如图 2-52 所示。

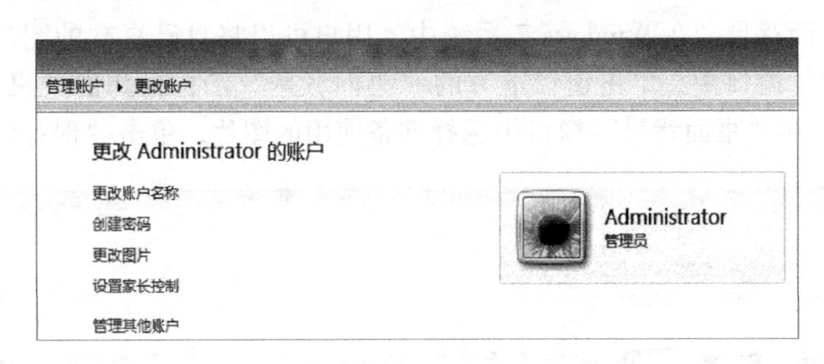

图 2-52　“更改账户” 窗口

2）在“更改账户”窗口中，单击“创建密码”链接项，弹出“创建密码”窗口，如图 2-53 所示。在“新密码”文本框和“确认新密码”文本框中输入相同的密码；单击“创建密码”按钮即可。

3）当登录管理员账户时，需要输入正确的密码才可进入。

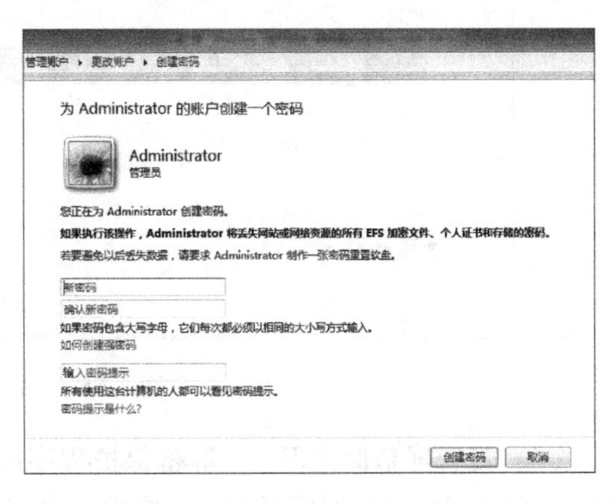

图 2-53　“创建密码” 窗口

2. 设置外观和主题

Windows 7 系统自带了很多精美的桌面背景和主题，用户可以通过“个性化”设置对话框对 Windows 7 系统的外观和主题进行设置。

（1）更换 Windows 7 的主题　Windows 7 系统自带多个精美主题，用户通过在桌面空白处右击，在弹出的快捷菜单中选择“个性化”命令（也可通过“控制面板”打开），弹出“个性化”窗口，如图2-54所示，在“Aero主题”区域中选择准备使用的主题。

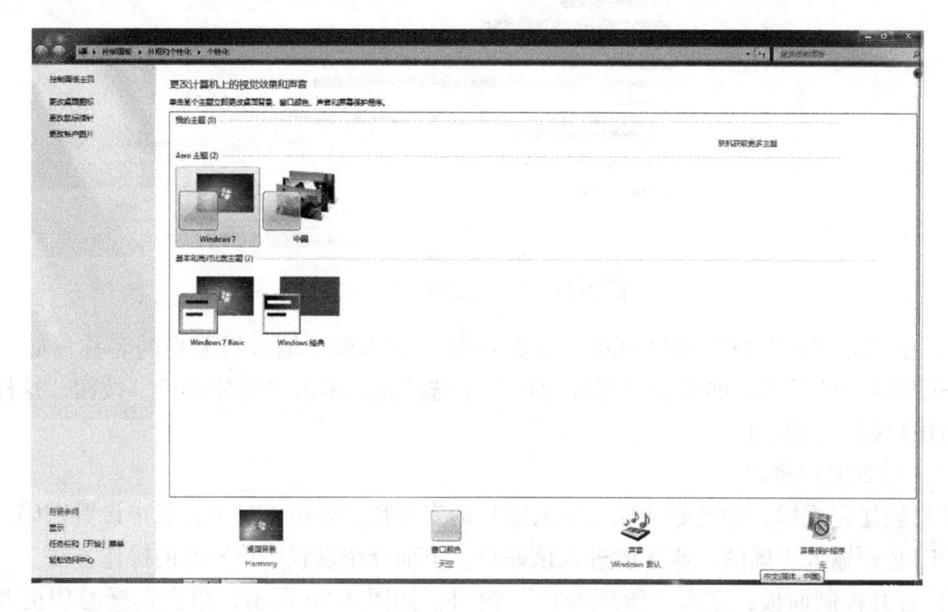

图2-54 “个性化”窗口

（2）更改桌面背景　在Windows 7系统中，用户可以将自己喜欢的图片设置成桌面背景。在“个性化”窗口中，单击窗口下方的“桌面背景”图标，弹出“桌面背景”窗口，如图2-55所示。在“桌面背景”窗口中选择准备使用的图片，单击“保存修改”按钮。

图2-55 “桌面背景”窗口

（3）设置屏幕保护程序　屏幕保护程序简称屏保，是指当用户暂时不对计算机进行操作时，防止显示器长时间显示同一画面而设定的程序。Windows 7系统的屏幕保护程序能大幅度降低屏幕亮度，可起到节能省电的作用。

在桌面空白处右击，从弹出的快捷菜单中选择“个性化”命令，在打开的“个性化”窗口中，单击窗口右下方的“屏幕保护程序设置”图标，弹出如图 2-56 所示的“屏幕保护程序设置”对话框；在“屏幕保护程序”下拉列表框中选择准备使用的屏幕保护效果，如“气泡”，在“等待”数值框中设置启动屏保的时间，如 1 分钟，单击“确定”按钮完成设置。

（4）设置显示器的分辨率和刷新率　分辨率是指单位面积显示像素的数量，刷新率是指电子束对屏幕上的图像重复扫描的次数，用户要根据不同的显示器，调节适合显示器的分辨率和刷新率。下面介绍设置显示器分辨率和刷新率的方法。

1）在计算机桌面空白处右击，在弹出的快捷菜单中选择“屏幕分辨率”命令，打开“屏幕分辨率”窗口，如图 2-57 所示。

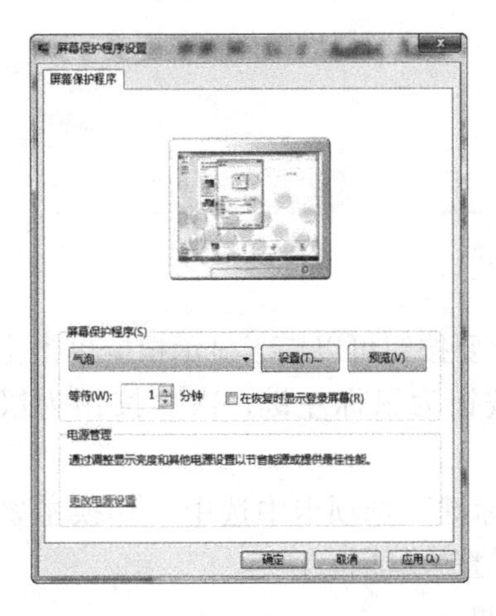

图 2-56 “屏幕保护程序设置”对话框

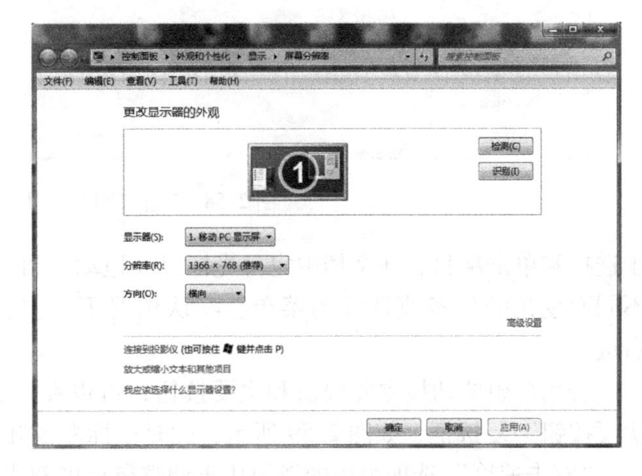

图 2-57 “屏幕分辨率”窗口

2）在“分辨率”下拉列表框中选择要设定的分辨率，单击“确定”按钮。

（5）设置颜色外观　在 Windows 7 系统中，通过设置主题可以改变颜色外观，但用户也可以根据自己的需要对对话框边框、「开始」菜单和任务栏等外观的颜色进行更改。下面介绍设置颜色外观的方法。

1）用户在桌面空白处右击，在弹出的快捷菜单中选择“个性化”命令，打开“个性化”窗口，如图 2-55 所示；单击界面下方的“窗口颜色”图标，弹出“窗口颜色和外观”窗口，如图 2-58 所示。

2）在“窗口颜色和外观”窗口中，选择准备使用的色块；根据需要，选中“启用透明效果”复选框。

3）在“窗口颜色和外观”窗口下方，可拖动“颜色浓度”水平滑块，选择需要的颜色浓度；单击“显示颜色混合器”按钮，可调节“色调”“饱和度”和“亮度”。

4）单击“保存修改”按钮，完成窗口颜色外观的设置。

3. 设置鼠标

在“控制面板”窗口中单击“硬件和声音”链接项，在弹出的“硬件和声音”窗口中选择“鼠标”命令，弹出“鼠标　属性”对话框。下面介绍该对话框 3 种主要的选项卡设置。

（1）“鼠标键”选项卡　每个鼠标都有一个主要按钮和一个次要按钮。主要按钮可以用

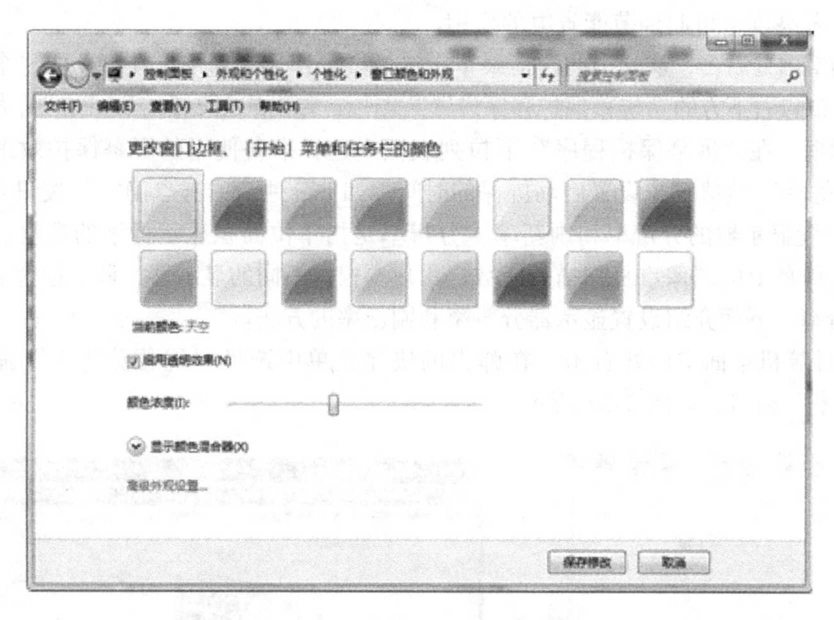

图 2-58 “窗口颜色和外观”窗口

于选择和单击项目、在文档中定位光标以及拖动项目；次要按钮可以用于显示根据单击位置不同而变化的任务或选项的菜单。默认情况下，主要按钮为鼠标左键，次要按钮为鼠标右键。

若用户想要切换主要按钮和次要按钮，可以在“鼠标键”选项卡中选中“切换主要和次要按钮”复选框，如图 2-59 所示，此时鼠标左键和右键的功能将互换。

“双击速度”选项组中的滑块用于调整鼠标的双击速度。

（2）“指针”选项卡　在该选项卡中的“方案”下拉列表中提供了多种鼠标指针的显示方案，用户可选择一种喜欢的鼠标指针方案；在“自定义”列表框中显示了所选方案中鼠标指针在各种状态下显示的样式，如图 2-60 所示。

图 2-59 “鼠标键”选项卡

图 2-60 “指针”选项卡

（3）“指针选项”选项卡　用户可拖动“移动”选项组中的滑块，来调整鼠标指针的移动速度，如图 2-61 所示。默认情况下，系统使用中等速度并且启用“提高指针精确度”复选框，如果取消选中该复选框，可以提高移动速度，但是会降低鼠标的定位精确度。

在“可见性”选项组中，若选中“显示指针轨迹”复选框，则在移动鼠标时会显示指针的移动轨迹，以便用户跟随轨迹确定鼠标的位置。拖动滑块可调整轨迹的长短。

若选中“在打字时隐藏指针”复选框，则在输入文字时将隐藏指针，以避免指针影响用户的视线。

若选中“当按 CTRL 键时显示指针的位置”复选框，则按住 <Ctrl> 键时系统将会以同心圆的方式显示指针的位置。

图 2-61 “指针选项”选项卡

4. 设置日期和时间

在“控制面板”窗口中单击“时钟、语言和区域”链接项，弹出如图 2-62 所示的“时钟、语言和区域”窗口。单击该窗口中的“日期和时间”链接项，弹出如图 2-63 所示的“日期和时间”对话框，在该对话框中用户可以更改系统的日期和时间。

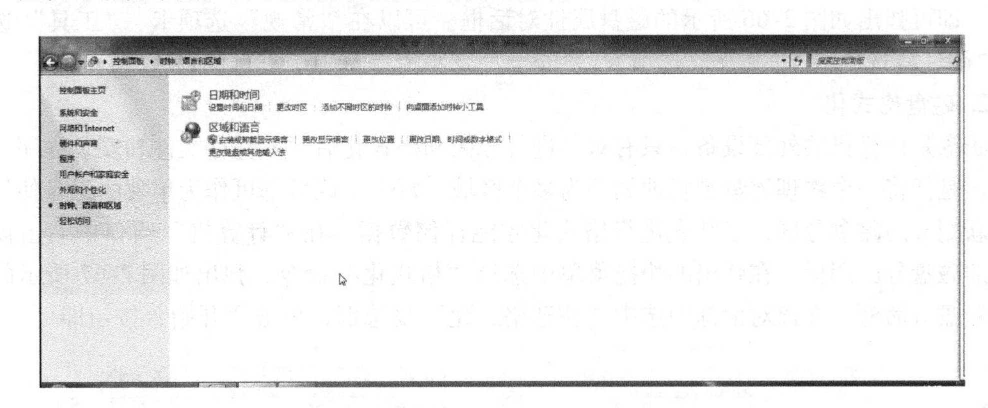

图 2-62 “时钟、语言和区域”窗口

5. 设置区域和语言

在“控制面板”窗口中单击“时钟、语言和区域”链接项，在弹出的“时钟、语言和区域”窗口中，单击“区域和语言”链接项，弹出“区域和语言”对话框，如图 2-64 所示。在该对话框中选中“键盘和语言”选项卡，单击“更改键盘”按钮，弹出“文本服务和输入语言”对话框，如图 2-65 所示。在该对话框中用户可以添加、设置和删除输入法。

图 2-63 “日期和时间”对话框

2.5.3 Windows 7 的系统维护

系统的维护工作很大程度上就是对磁盘进行维护和管理。因为计算机中所有的程序和数据都是以文件的形式存放在计算机的磁盘上，只有管理好磁盘，才能给操作系统创造一个良好的运行环境，所以磁盘的维护和管理是一项非常重要的工作。

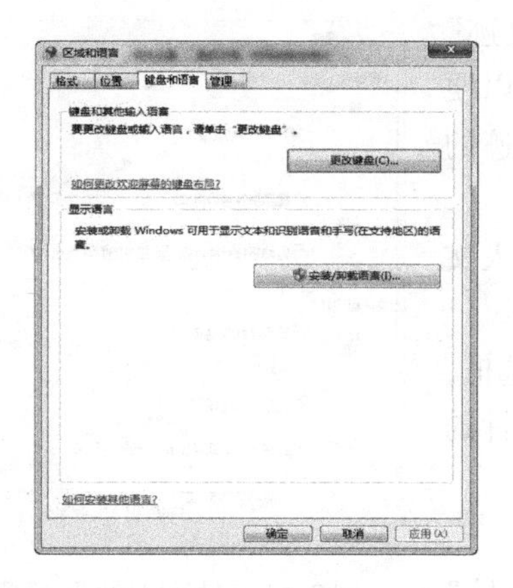

图 2-64 “区域和语言”对话框

图 2-65 “文本服务和输入语言”对话框

1. 查看磁盘属性

在“计算机”窗口中右击需要管理的磁盘分区图标，在弹出的快捷菜单中选择“属性”命令，即可弹出如图 2-66 所示的磁盘属性对话框。可以在“常规”选项卡、“工具”选项卡、“硬件”选项卡、“共享”选项卡、“安全”选项卡等选项中进行设置。

2. 磁盘格式化

磁盘是计算机的外部设备，只有对其进行分区和格式化后才能保存文件和安装程序。磁盘分区是指将一个物理磁盘逻辑地划分为多个区域，每一个区域都可作为单独的磁盘使用。

新划分的磁盘分区，必须先进行格式化才能存储数据。在“计算机”窗口中右击需要管理的磁盘分区图标，在弹出的快捷菜单中选择“格式化”命令，弹出如图 2-67 所示的格式化磁盘对话框。在该对话框中选中“快速格式化”复选框，单击“开始”按钮即可。

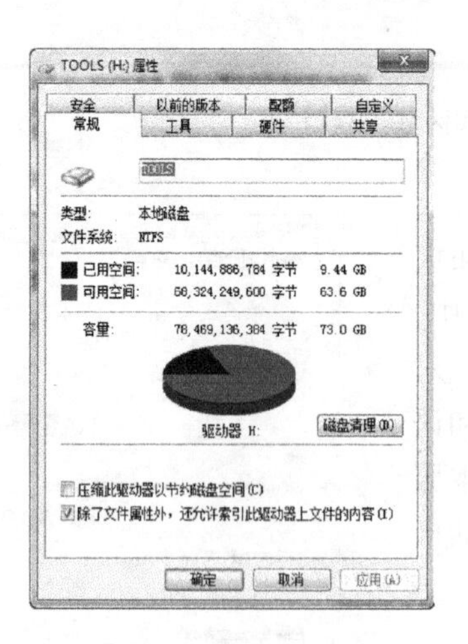

图 2-66 磁盘属性对话框

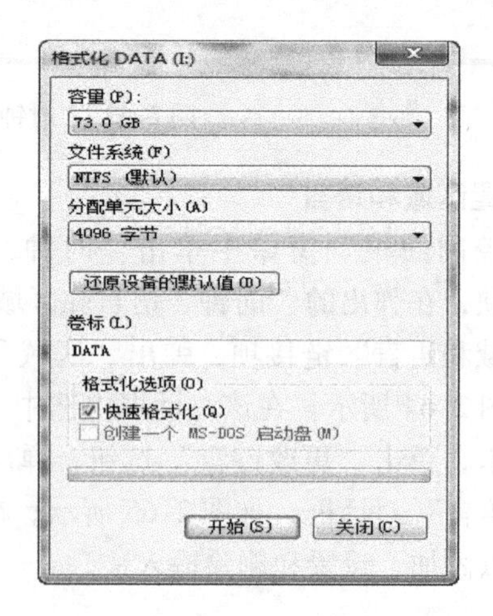

图 2-67 格式化磁盘对话框

3. 磁盘清理

磁盘清理是一种用于删除计算机上不再需要的文件并释放磁盘空间的方法。下面介绍磁盘清理的操作方法。

在 Windows 7 系统桌面上选择“开始”→“所有程序”→“附件”→“系统工具”→“磁盘清

理”命令，弹出如图 2-68 所示的“磁盘清理：驱动器选择”对话框；在该对话框中选择准备清理的驱动器，并单击“确定”按钮；弹出如图 2-69 所示的磁盘清理对话框，在该对话框中的“要删除的文件”列表框中选择准备删除文件类型复选框，单击“确定”按钮即可。

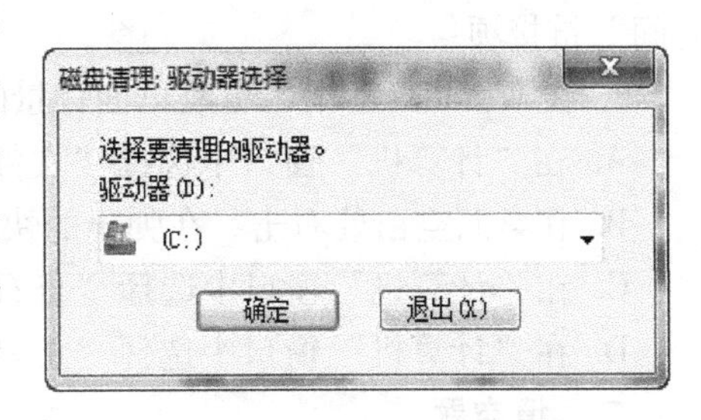

图 2-68　“磁盘清理：驱动器选择”对话框

4. 磁盘碎片整理

在磁盘使用过程中，由于添加、删除等操作，在磁盘上会形成一些物理位置不连续的文件，即磁盘碎片。磁盘碎片既影响系统的读/写速度，又会降低磁盘的利用率。因此，进行磁盘的碎片整理是很必要的。

在 Windows 7 系统桌面上，选择“开始”→“所有程序”→“附件”→“系统工具”→“磁盘碎片整理程序”命令，弹出如图 2-70 所示的“磁盘碎片整理程序”窗口；选择需要进行碎片整理的磁盘，单击“磁盘碎片整理”按钮，即可进行相应的碎片整理。由于磁盘碎片整理是一个耗时较长的工作，因此可先单击“分析磁盘”按钮，使用分析功能判断该磁盘是否需要进行碎片整理。

图 2-69　磁盘清理对话框

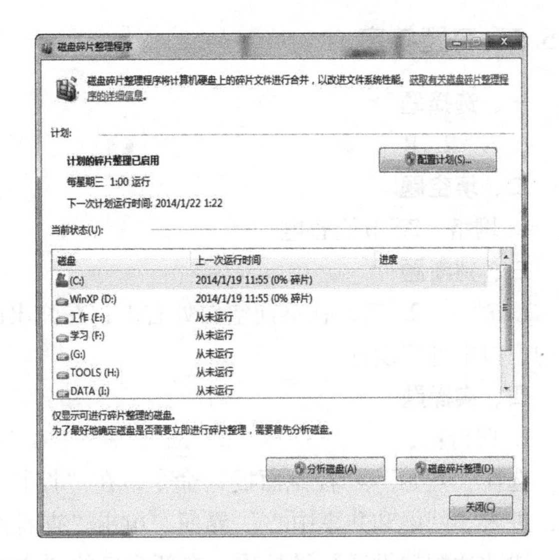

图 2-70　“磁盘碎片整理程序”窗口

2.5.4　习题

一、选择题

1. 在 Windows 7 中，不能改变系统日期和时间的操作是（　　）。

A. 在任务栏右下角时钟位置上右击，在弹出的快捷菜单中选择“设置日期/时间”命令

B. 依次单击“开始”→“控制面板”→“时钟、语言和区域”，再选择“日期/时间”链接项

C. 在桌面空白处右击，在弹出的快捷菜单中选择“日期/时间”命令

D. 在“资源管理器”窗口，选定“控制面板”，再在“控制面板”窗口，选择“日期/

时间”链接项

2. 在 Windows 7 中，更改桌面背景的操作是（　　）。

A. 在“计算机”窗口中选择“文件”→“属性”命令

B. 在桌面空白处右击，在弹出的快捷菜单中选择“个性化”命令

C. 在“计算机”窗口中选择“查看”→“属性”命令

D. 在“计算机”窗口中选择“工具”→“属性”命令

二、填空题

1. Windows 7 桌面上通常有一个用于连接网络的图标，该图标的名称为________。

2. 屏幕保护程序简称屏保，它能大幅度降低屏幕亮度，起到__________的作用。

三、判断题

1. 屏幕保护程序可以保护计算机显示器，延长显示器的使用寿命。(　　)

2. Windows 7 系统自带多个精美主题，用户若更改 Windows 7 的主题，其操作为：打开“开始”菜单中的“设置”子菜单，选择“文件夹选项”命令，在“查看”选项卡上进行设置。(　　)

四、实操题

1. 将计算机的 IP 地址设置为 192. 168. 78. 6，DNS 设置为 192. 168. 78. 1。

2. 5. 5 习题答案

一、选择题

1. C　2. B

二、填空题

1. 网络　2. 节能省电

三、判断题

1. 对。　2. 错，在桌面空白处右击，在弹出的快捷菜单中选择“个性化”命令，在打开的窗口中进行设置。

四、实操题

1. 解析：

选择“开始”→“控制面板”命令，在“控制面板”窗口中单击“网络和 Internet”链接项，进入“网络和共享中心”界面，单击“查看网络状态和任务”链接项，单击新窗口中的“更改适配器设置”链接项，在新窗口的“本地连接”图标上右击，在弹出的快捷菜单中选择“属性”命令，在弹出的窗口中双击“Internet 协议版本 4（TCP/IPv4）”选项，弹出“Internet 协议版本 4（TCP/IPv4）属性”对话框，在该对话框中将“使用下面的 IP 地址”项设定计算机的 IP 地址为 192. 168. 78. 6，将“使用下面的 DNS 服务器地址”项设定“首选 DNS 服务器”为 192. 168. 78. 1。

2. 6　综合测试题

一、选择题

1. 在 Windows 7 的资源管理器中，选择（　　）查看方式可显示文件的“大小”与

"修改时间"。

A. 大图标　B. 小图标　C. 列表　D. 详细信息

2. 为了减少因误操作而将文件删除，可将文件设置成（　　）属性。

A. 只读　B. 隐藏　C. 存储　D. 系统

3. 当一个文档窗口保存后被关闭，该文档将（　　）。

A. 既保存在外存中也保存在内存中　B. 保存在内存中

C. 保存在"剪贴板"中　D. 保存在外存中

4. 剪贴板的基本操作包括（　　）。

A. 删除、复制和剪切　B. 复制、剪切和粘贴

C. 移动、复制和剪切　D. 编辑、复制和剪切

5. 在 Windows 7 中，关于文件夹的描述不正确的是（　　）。

A. 文件夹是用来组织和管理文件的　B. "计算机"是一个文件夹

C. 文件夹不可以隐藏　D. 文件夹中可以包含子文件夹

6. 下列不是汉字输入码的是（　　）。

A. 国际码　B. 五笔字型　C. ASCII 码　D. 双拼

7. Windows 7 系统是（　　）。

A. 单用户单任务系统　B. 单用户多任务系统

C. 多用户多任务系统　D. 多用户单任务系统

8. 在 Windows 7 中，排列桌面图标的第一步操作是（　　）。

A. 右击任务栏空白区　B. 右击桌面空白区

C. 单击桌面空白区　D. 单击任务栏空白区

9. 在 Windows 7 中，剪贴板是用来在程序和文件间传递信息的临时存储区，此存储区是（　　）。

A. 回收站的一部分　B. 硬盘的一部分

C. 内存的一部分　D. 软盘的一部分

10. 在 Windows 7 资源管理器中，格式化磁盘的操作可使用（　　）。

A. 单击目标磁盘，选"格式化"命令

B. 右击磁盘目标，选"格式化"命令

C. 选择"组织"按钮下的"格式化"命令

D. 选择"显示预览空格"按钮下的"格式化"命令

11. 在 Windows 7 中，要把图标设置成大图标方式，应在（　　）菜单中设置。

A. 文件　B. 编辑　C. 查看　D. 工具

12. 在 Windows 7 中，打开一个菜单后，其中某菜单项会出现级联菜单的标识是（　　）。

A. 菜单项右侧有一组英文提示　B. 菜单项右侧有一个黑色三角形

C. 菜单项左侧有一个黑色圆点　D. 菜单项左侧有一个"√"符号

13. 在 Windows 7 中，快速获得硬件的有关信息可通过（　　）。

A. 右击桌面空白区，选择"个性化"命令

B. 右击"开始"菜单

C. 右击“计算机”图标，选择“属性”菜单项

D. 右击任务栏空白区，选择“属性”菜单项

14. 在 Windows 7 中，对已经格式化过的 U 盘（　　）。

A. 能做普通格式化，不能做快速格式化

B. 不能做普通格式化，能做快速格式化

C. 既不能做普通格式化，也不能做快速格式化

D. 既能做普通格式化，也能做快速格式化

15. 在默认情况下，在 Windows 7 的“资源管理器”窗口中，当选定文件夹后，下列不能删除文件夹的操作是（　　）。

A. 在键盘上按 <Delete> 键

B. 右击该文件夹，打开快捷菜单，然后选择“删除”命令

C. 选择“文件”菜单中的“删除”命令

D. 双击该文件夹

16. 在 Windows 7 的“回收站”中，存放的（　　）。

A. 只能是硬盘上被删除的文件或文件夹

B. 只能是 U 盘上被删除的文件或文件夹

C. 可以是硬盘或 U 盘上被删除的文件或文件夹

D. 可以是所有外存储器中被删除的文件或文件夹

17. 为了完成文件的复制、删除、移动等操作，可使用（　　）。

A. 剪贴板　　B. 任务栏　　C. 桌面　　D. 资源管理器

18. 粘贴操作的快捷键是（　　）。

A. Ctrl + X　　B. Ctrl + Z　　C. Ctrl + V　　D. Ctrl + C

19. 鼠标指针的形状表示计算机的不同工作状态，如果鼠标指针呈现漏斗形则表示计算机此时是（　　）。

A. 空闲　　B. 忙碌　　C. 死机　　D. 可以链接

20. 在 Windows 7 中，要使用“计算器”进行高级科学计算和统计时，应选择（　　）。

A. 标准型　　B. 统计型　　C. 高级型　　D. 科学型

二、填空题

1. 在默认状态下，Windows 7 中用来启动或关闭中文输入法的快捷键是____________。

2. 声音文件包含 Windows 7 用于在计算机上播放声音的信息，它又称为波形文件，其扩展名为____________。

3. 用户如果想知道某个文件或文件夹位于何处，可以利用____________功能找到它。

4. 在 Windows 7 中，计算机所拥有的磁盘分区是以____________的形式出现在“计算机”窗口中。

5. “剪切”命令是将选定的信息移动到____________。

6. 在资源管理器的文件夹列表中，大部分文件夹图标前面有◢或▷符号，表明此文件夹中包含有____________。

7. 若使用 Windows 7 写字板创建一个文档，当用户没有指定该文档的存放位置，则系统将默认存放在____________文件夹中。

8. Windows 7 桌面上墙纸排列方式有填充、适应、居中、____________和拉伸。

9. 在 Windows 7 中，为了实现应用程序之间的数据共享，在内存中开辟了一个临时存储区，该存储区称为____________。

10. 在计算机和资源管理器中，用户可以直接在____________中输入文件和文件夹的路径来定位文件和文件夹。

11. 当回收站已经占满时，如果还有文档进入回收站，则____________进入回收站的文档被自动删除。

12. 在 Windows 7 中，查找或搜索文件时，可以通配多个字符的通配符是____________。

13. 用 Windows 7 的写字板所创建文件的默认扩展名是____________。

14. 在计算机和资源管理器中，如果想要调整文件和文件夹的显示方式，可以选择"____________"菜单中相应的命令。

15. 使用 Windows 7 提供的画图程序后，文件在存储到磁盘上时，默认的扩展名是____________。

16. 在 Windows 7 中，如果想要选择多个排列不连续的文件，应在单击的同时按住____________键。

17. 在文件和文件夹的"____________"对话框中，显示有该文件和文件夹的大小、位置和创建日期等信息。

18. 默认的保存文档的文件夹是____________。

19. 在 Windows 7 系统中查看窗口内容时，如想直接到列表首或列表尾，可以使用键盘上的<____________>键和<____________>键。

20. 在复制文件或文件夹时，如果出现操作错误而又想回到未进行该操作时的状态，可以选择"编辑"菜单中的"撤销"命令，也可以使用<____________>快捷键。

三、判断题

1. 任务栏可显示系统正在运行的程序、打开的窗口和当前时间等内容。(　　)

2. 操作系统是对计算机全部资源进行控制与管理的大型程序。(　　)

3. 按<Ctrl + Delete>组合键，可以对选中的文件或文件夹执行彻底的删除操作。(　　)

4. 写字板和画图程序均可含有文字和图形。(　　)

5. 在 Windows 7 中，用"开始"菜单中的搜索框，能快速找到相应的文件。此时，除使用文件名外，还可以使用内容、日期、类型、大小来查找文件。(　　)

6. Windows 7 操作系统具有多任务处理能力，可以有多个用户界面。(　　)

7. 快捷图标可以放在桌面上，也可以放在桌面下的任何文件夹中。(　　)

8. 当选定一个文件或文件夹以后，右击操作可以完成文件夹的发送、复制、重命名和更改属性等方面的操作。(　　)

9. 资源管理器的分割条不能移动。(　　)

10. 网络驱动器是指该驱动器资源不是本机所具有的资源，而是联入网络中的服务器或其他计算机具有的资源。(　　)

11. Windows 7 是一个多用户多任务的操作系统。(　　)

12. 在 Windows 7 中，将鼠标指针指向菜单栏，拖动鼠标能移动窗口位置。(　　)

13. 同一个磁盘分区上不允许出现同名文件。(　　)

14. 在 Windows 7 中，回收站与剪贴板一样，是内存中的一块区域。(　　)

15. 在 Windows 7 中有 3 种窗口：应用程序窗口、文档窗口和对话框。它们都有各自的菜单栏，所以可以用各自的命令进行操作。(　　)

16. 用灰色字符显示的菜单命令表示相应的程序被破坏。(　　)

17. 每一个窗口都有工具栏，位于菜单栏的下面。(　　)

18. 用户可以在屏幕上移动窗口和改变窗口的大小。(　　)

19. 不同子目录中的文件可以同名。(　　)

20. 在 Windows 7 环境中只能用鼠标进行操作。(　　)

四、简答题

1. 简述 Windows 7 操作系统的概念及特点。
2. 简述 Windows 7 操作系统中窗口的概念及分类。
3. 简述文件的概念和文件名的构成要素。
4. 简述文件名的命名规则。
5. Window 7 操作系统提供了哪些文件（夹）显示方式?

2.7 综合测试题答案

一、选择题

1. D　2. A　3. D　4. B　5. C　6. C　7. B　8. B　9. C　10. B
11. C　12. B　13. C　14. D　15. D　16. A　17. A　18. C　19. B　20. D

二、填空题

1. <Ctrl + Space>　2. . wav　3. 查找　4. 文件夹　5. 剪贴板
6. 子文件夹　7. 我的文档　8. 平铺　9. 剪贴板　10. 地址栏
11. 最早　12. *　13. . rtf　14. 查看　15. . bmp
16. <Ctrl>　17. 属性　18. 文档　19. Home，End　20. Ctrl + Z

三、判断题

1. 对。　2. 对。　3. 错，按 <Shift + Delete> 组合键，可以对选中的文件或文件夹执行彻底的删除操作。　4. 对。　5. 对。　6. 对。　7. 对。
8. 对。　9. 错，能移动。　10. 对。　11. 错，是单用户多任务。
12. 错，是标题栏。　13. 错，可以。
14. 错，回收站是占用硬盘空间的。　15. 错，对话框无菜单栏。
16. 错，只是在当前状态下不可用。　17. 错，有些对话框并无工具栏。
18. 对。　19. 对。　20. 错，还可用键盘进行操作。

四、简答题

1. Windows 7 是微软公司推出的一款 Windows 操作系统。相比之前版本的操作系统，Windows 7 让使用计算机变得更加简单，其个性化的新功能、丰富的个性化选项带给用户全新的体验。另外，它还有简洁易用、快速高效、安全可靠的特点。

2. 应用程序启动后的矩形区域称为窗口，窗口是 Windows 7 的各种应用程序操作（工作）的地方。Windows 7 是一个单用户多任务系统，可同时打开多个窗口，运行多个应用程序，而当前处于活动的窗口只有一个。

窗口的类型有：应用程序窗口、文档窗口和对话框。

3. 文件是保存在外存储器上的一组相关信息的集合。文件可以是应用程序，也可以是程序创建的文档。

文件名由主文件名和扩展文件名组成，中间用点号“.”分隔。主文件名是文件的标识，可以由用户拟定；扩展文件名主要用来表示文件的类型，一般由系统自动生成。

4. Windows 操作系统的命名规则有以下几条。

1）文件名的长度不能超过 255 个 ASCII 码字符。

2）文件名可以用英文字母、汉字、数字、空格和一些特殊符号，但不能出现\、/、:、*、?、“、<、>、| 这些字符。

3）文件名不区分英文字母的大小写。

4）若文件名有多个点号，以最后一个点号后的字符作为扩展名。

5. Windows 7 操作系统提供了超大图标、大图标、中等图标、小图标、列表、详细信息、平铺、内容 8 种文件（夹）显示方式。

第 3 章　文字处理软件 Word 2010

3.1　Word 2010 简介

随着计算机技术的发展，文字信息处理技术进行着一场变革。在当今的办公软件中，Word 占据着相当重要的位置，是目前办公领域使用最广泛的文字编辑与处理软件。使用它可以轻松地编辑办公文件和制作图文并茂的电子文档。而 Word 2010 更是在之前的版本功能上，改进了图片和媒体编辑功能，使用户的作品更富有创造力，可达到更好的视觉效果。

本章将从文档的基本操作、文档排版与编辑、表格创建与修饰、图文混排以及页面设置等方面介绍 Word 2010 的使用方法。

3.1.1　实训案例

启动 Word 2010，新建一个 Word 文档，快速访问工具栏中的“新建”“打开”“快速打印”“保存”和“电子邮件”等命令，如图 3-1 所示。

1. 案例分析

本案例主要涉及的知识点如下。

1）启动 Word 2010。

2）使用快速访问工具栏。

3）自定义快速访问工具栏。

4）退出 Word 2010。

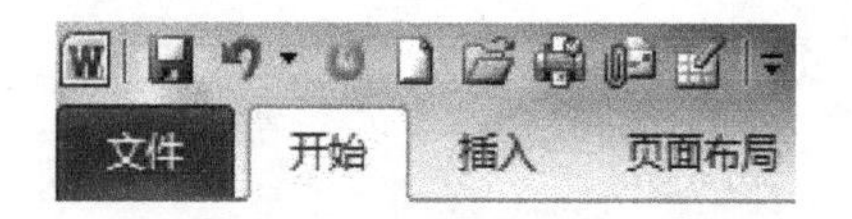

图 3-1　快速访问工具栏

2. 实现步骤

1）单击“开始”菜单，选择“所有程序”→“Microsoft Office”→“Microsoft Office Word 2010”命令启动 Word 2010。

2）单击快速访问工具栏右侧的下拉按钮展开下拉列表。

3）在弹出的下拉列表中选择“新建”命令。

4）重复步骤 2），在弹出的下拉列表中选择“打开”命令。

5）重复步骤 2），在弹出的下拉列表中选择“快速打印”命令。

6）重复步骤 2），在弹出的下拉列表中选择“其他命令”命令，打开“Word 选项”对话框，如图 3-2 所示。

7）单击“常用命令”右侧的下拉按钮，在展开的下拉列表中选择“所有命令”选项，所有可能添加到自定义快速访问工具栏的命令将显示在列表中。

8）在列表框中依次选择“Word 模板”命令和“公式”命令，单击“添加”按钮将其添加到“自定义快速访问工具栏”的下拉列表框中，然后单击“确定”按钮。

9）单击“Word 选项”窗口右上角的关闭按钮，退出 Word 2010。

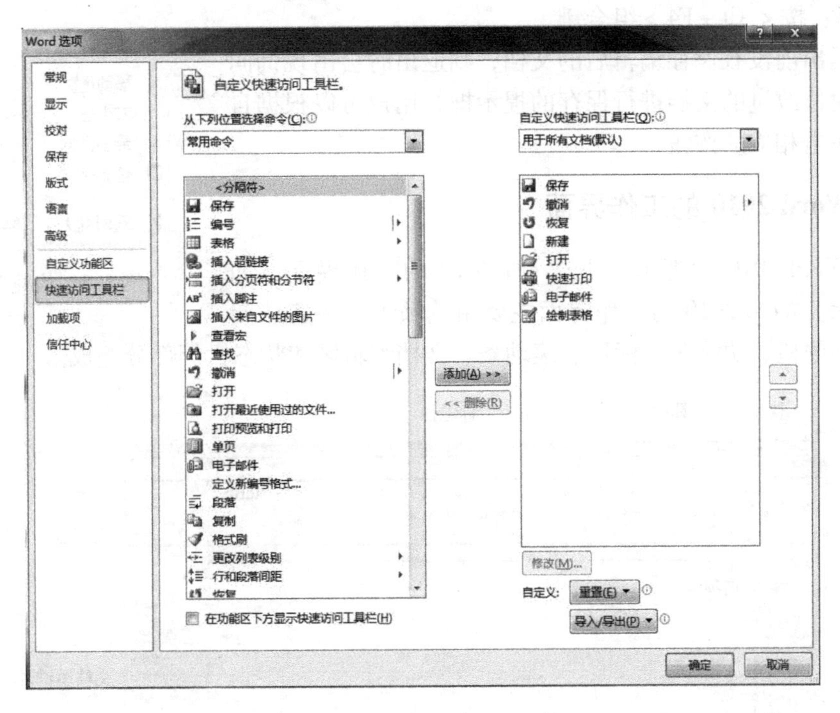

图 3-2　“Word 选项”对话框

3.1.2　Word 2010 的启动和退出

1. 启动 Word 2010

方法 1：利用“开始”菜单启动。

具体步骤如下。

1）单击任务栏左端的“开始”按钮，打开“开始”菜单。

2）将鼠标指针移动到“所有程序”菜单项，打开“程序”级联菜单。

3）选择“程序”级联菜单中的“Microsoft Office”下的“Microsoft Word 2010”并单击，即可启动 Word 2010。

方法 2：利用桌面快捷方式启动。

若桌面上有 Word 2010 快捷方式图标，双击该图标便可启动 Word 2010。

方法 3：通过 Word 2010 文件启动。

双击文件扩展名为 .docx 的文件即可启动 Word 2010 并打开该文件。

2. 退出 Word 2010

退出 Word 2010 应用程序前要保存编辑后的文档，退出时可使用下列方法之一。

方法 1：单击 Word 2010 窗口标题栏最左端的图标，然后选择“关闭”命令。

方法 2：单击 Word 2010 窗口标题栏最右端的“关闭”按钮。

方法 3：双击 Word 2010 窗口标题栏最左端的图标。

方法 4：在 Word 2010 窗口标题栏上右击，在弹出的快捷菜单中单击“关闭”命令，如图 3-3 所示。

方法5：按 < Alt + F4 > 组合键。

若在退出前没有保存编辑后的文档，则退出时会出现询问用户是否对修改过的文档进行保存的提示框，用户可以根据自己的需要单击相应的按钮。

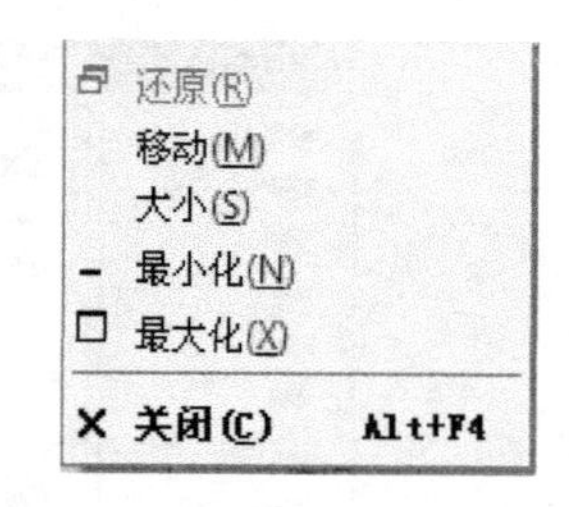

图3-3　快捷菜单

3.1.3　Word 2010 的工作界面

启动 Word 2010 后即可打开 Word 2010 的工作界面，如图3-4所示。Word 2010 的工作界面主要由选项卡、快速访问工具栏、标题栏、功能区、标尺、滚动条、文档编辑区和状态栏等部分组成。

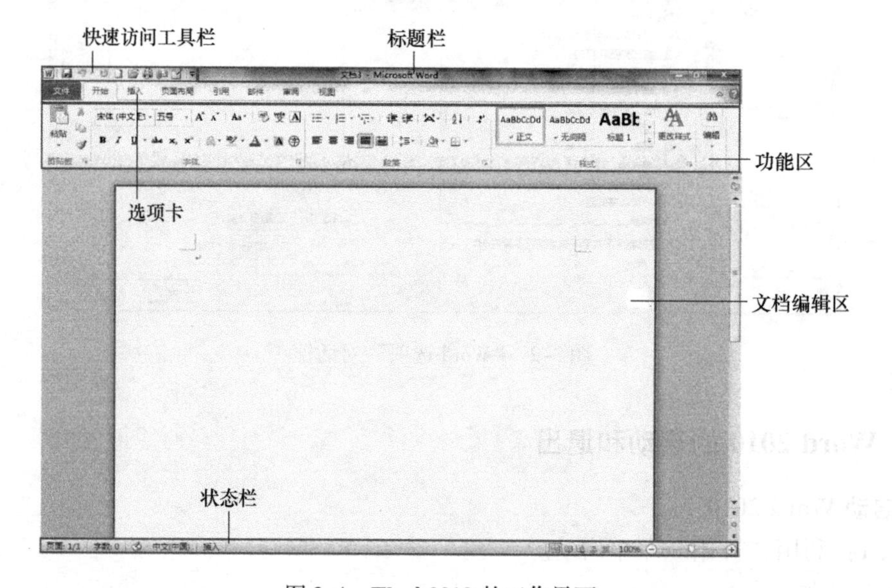

图3-4　Word 2010 的工作界面

1. 标题栏

标题栏位于 Word 2010 窗口的最顶端，是所有 Windows 窗口的通用组件，主要用于显示当前编辑的文档名称。标题栏主要由窗口控制图标、快速访问工具栏、标题显示区和窗口控制按钮组成。其中，窗口控制图标和控制按钮都用于控制窗口最大化、最小化和关闭等状态；标题显示区用于显示当前文件名称等信息；快速访问工具栏则用于快速实现保存、打开等使用频率较高的操作。

2. 快速访问工具栏

Microsoft Office 系列应用程序将原来的工具栏设计成单个的、灵活性相对较好的快速访问工具栏（Quick Access Bar）。常用命令位于此处，如“保存”“撤消”“恢复”。快速访问工具栏的末尾是一个下拉按钮，在其中可以添加其他常用命令或经常需要用到的命令。

快速访问工具栏的位置可以在功能区的上方和下方进行切换。方法是在快速启动工具栏上右击，弹出一快捷菜单，如图3-5所示；选择“在功能区下方显示快速访问工具栏”命令，可将快速访问工具栏移动到功能区的下方显示，如图3-6所示。

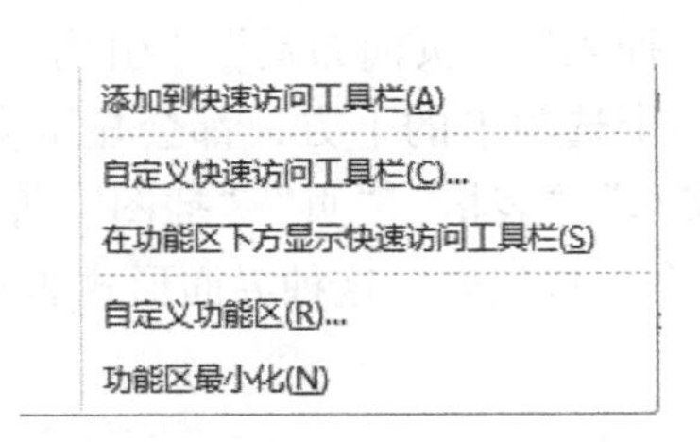

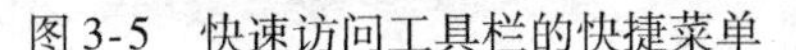

图 3-5　快速访问工具栏的快捷菜单

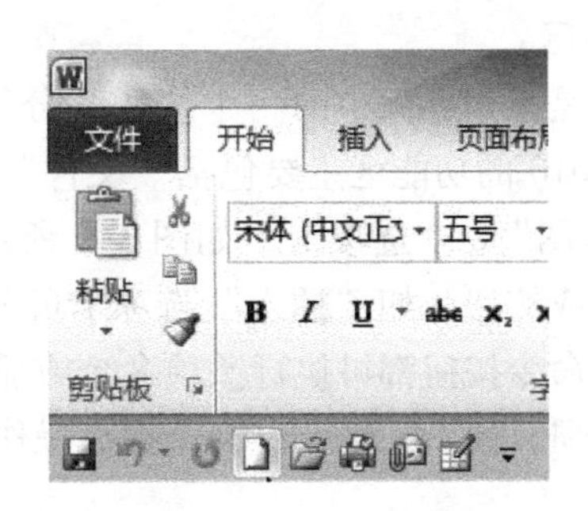

图 3-6　在功能区的下方显示快速访问工具栏

若希望快速访问工具栏回到功能区的上方显示，可以在快速访问工具栏上右击，在弹出的快捷菜单中选择“在功能区上方显示快速访问工具栏”命令，则快速访问工具栏恢复到功能区的上方显示。

可根据需要灵活地向快速访问工具栏中添加或删除一些常用的命令，如新建文件、保存文件、打开文件、撤消和快速打印等命令，具体方法如下。

（1）通过快速访问工具栏的下拉列表为快速访问工具栏添加或删除命令　单击快速访问工具栏右侧的下拉按钮，会弹出如图 3-7 所示的下拉列表。在列表中选中命令或者取消选中命令，即可实现在快速访问工具栏中增加或删除命令。

若在下拉列表中选择“其他命令”命令，则会打开“Word 选项”对话框，如图 3-2 所示。在该对话框的“快速访问工具栏”选项卡中选择相应的命令，然后单击“添加”或“删除”按钮即可增加或减少在快速访问工具栏中显示的命令。若想使快速访问工具栏恢复到初始默认命令状态，则可以在如图 3-2 所示的“Word 选项”对话框的“快速访问工具栏”选项卡中单击右下的“重置”按钮。

（2）直接从功能区向快速访问工具栏添加命令

1）右击相应的选项卡或功能组，弹出快捷菜单。

2）选择“添加到快速访问工具栏”命令，例如，选定“开始”选项卡中的“粘贴”命令，右击弹出如图 3-8 所示的快捷菜单，选择“添加到快速访问工具栏”命令即可。

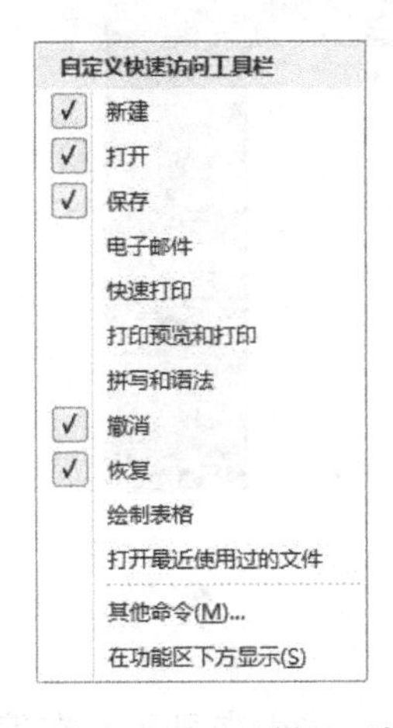

图 3-7　快速访问工具栏的下拉列表

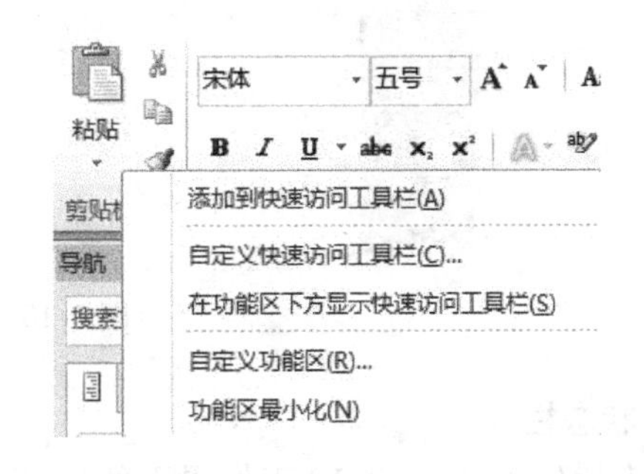

图 3-8　向快速访问工具栏添加命令的快捷菜单

3. 功能区

功能区是工作界面中的一个按任务分组命令的组件，显示的是一些使用频率最高的命令。Word 2010 的功能区主要包括“文件”“开始”“插入”“页面布局”“引用”“邮件”“审阅”“视图”8 个选项卡，如图 3-9 所示。在每一个选项卡的下方，都会显示多种相关的操作命令或按钮，如“插入”选项卡可分解为“文本”“表格”“页”“插图”等多个组。每个组中的命令按钮都可执行一项命令或显示一个命令下拉列表。这种界面形式非常符合用户的操作习惯，便于记忆，有利于提高操作效率。

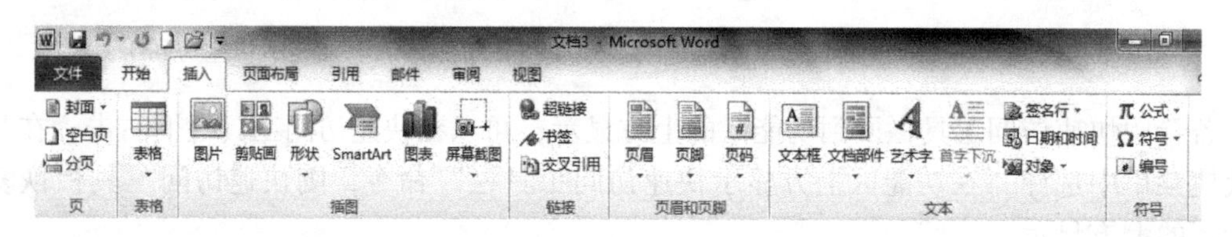

图 3-9　功能区

4. 标尺

标尺有水平标尺和垂直标尺两种，分别位于 Word 2010 工作区的上方和左侧。标尺可以用来查看正文、表格及图片等对象的高度和宽度以及页边距尺寸，还可以用来设置制表位、段落的缩进等。控制标尺的显示与否可以通过单击工作界面右上角的按钮来实现。

5. 滚动条

当文档窗口内无法显示出所有文档内容时，在窗口的右边框或下边框处会出现一个垂直滚动条或水平滚动条，使用滚动条中的滑块或按钮可滚动工作区内的文档，以便查看窗口中的其他内容。

6. 文档编辑区

Word 2010 工作界面中最大的一部分空白区域即为文档编辑区，所有关于文本、图片及表格等内容的操作都将在该区域中完成，如图 3-10 所示。文档编辑区中有闪烁的光标，用来定位文本的输入位置。

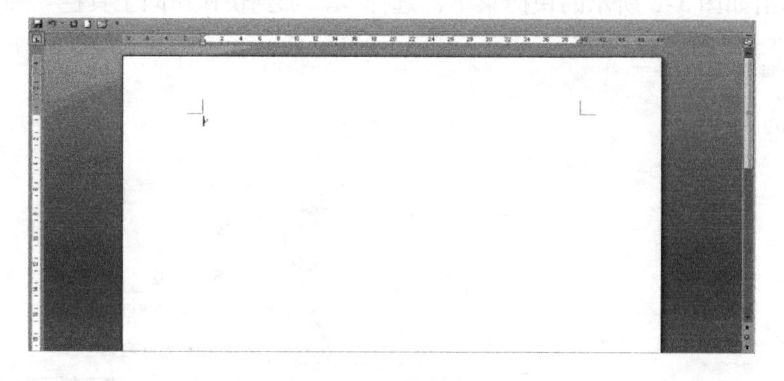

图 3-10　文档编辑区

7. 状态栏

状态栏位于 Word 2010 工作界面的底部，如图 3-11 所示。它用来显示正在编辑的文档的相关信息，如页面信息、字数、自动更正、当前输入语言、编辑模式、视图模式、缩放级别和显示比例等。

图 3-11　状态栏

（1）页面信息　主要用于显示当前页及文档总页数。例如，3/8 表示当前页为第 3 页，文档总页数为 8。单击页面信息区域，可打开“查找和替换”对话框的“定位”选项卡，如图 3-12 所示。在对话框中确定“定位目标”为“页”后，可在“输入页号”文本框中输入要定位的页号，则可直接转到相应页进行编辑操作。若在页号前加入“+”或“-”，则表示相对于当前页向后或向前翻页数。

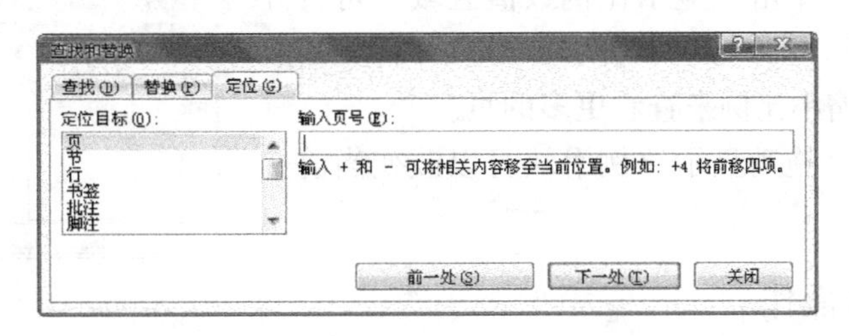

图 3-12　“定位”选项卡

（2）字数　主要用于显示当前文档中的字数统计信息。单击字数信息区域可显示“字数统计”对话框，如图 3-13 所示。

（3）自动更正　主要用于发现校对错误。单击“自动更正”图标可定位到需要更正的位置，并显示自动更正相关的快捷菜单。

（4）当前输入语言　主要用于显示当前输入语言类型，如“中文（中国）”或“英语（美国）”。该信息会随用户输入法的切换而自动改变，使用户明确当前的输入状态。

（5）编辑模式　有两种状态，分别为“插入”和“改写”状态。默认为“插入”状态，单击插入信息区域可切换当前编辑模式为“改写”状态。

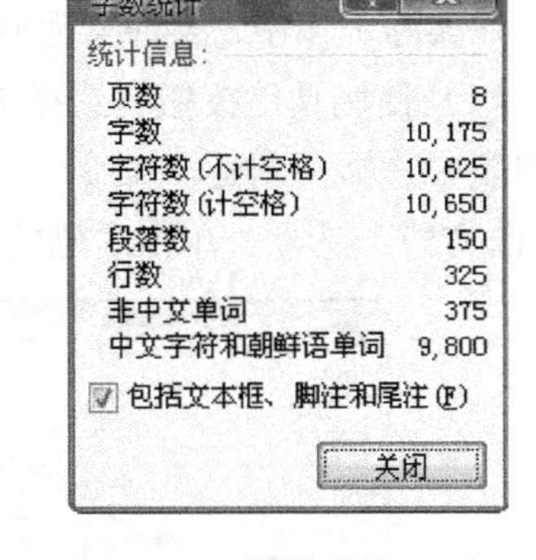

图 3-13　“字数统计”对话框

（6）视图模式　可分为页面视图、阅读版式视图、Web 版式视图、大纲视图和草稿视图 5 种视图。单击任何一种视图按钮都可以切换为相应的视图模式查看文档。

1）页面视图。页面视图是文档编辑中最常用的一种视图模式。在该视图下，用户可以看到图、文的排列格式，其显示效果与最终打印出来的效果相同。在页面视图下，用户不仅可以查看、编排页码，还可以设置页眉和页脚。

2）阅读版式视图。阅读版式视图的最大特点是便于用户阅读。它模拟书本阅读的方式，让用户感觉是在翻阅书籍，同时能将相连的两页显示在一个版面上，使得阅读文档变得十分方便。在该视图模式下，Office 按钮、选项卡等窗口元素被隐藏起来，用户可以单击“工具”按钮选择各种阅读工具。

3）Web 版式视图。Web 版式视图以网页的形式显示文档。采用该视图模式可以编辑用于各种网站发布的文档。这样就可以将 Word 中编辑的文档直接用于网站，并可通过浏览器直接浏览。

4）大纲视图。大纲视图主要用于文档标题层次结构的设置和显示，可以方便地折叠和展开各种层级的文档。还可以用大纲视图来组织文档并审阅、处理文档的结构。大纲视图为设计大型文档、在文档之中整块移动、生成目录和其他列表提供了一个方便的途径。

5）草稿视图。草稿视图模式是一种简化的页面布局，该视图模式取消了页边距、分栏、页眉/页脚和图片等元素，尽可能多地显示文档内容。在该视图模式下，不仅可以快速地输入和编辑文字，还可以对跨页的内容进行编辑。在草稿视图下，页与页之间的分隔以一条虚线表示。

（7）缩放级别　单击“显示比例数值区域”可打开“显示比例”对话框，如图 3-14 所示。用户可将文档放大进行浏览，也可缩小比例来查看更多的页。

（8）显示比例　拖动显示比例滑块可以改变当前文档的显示比例。

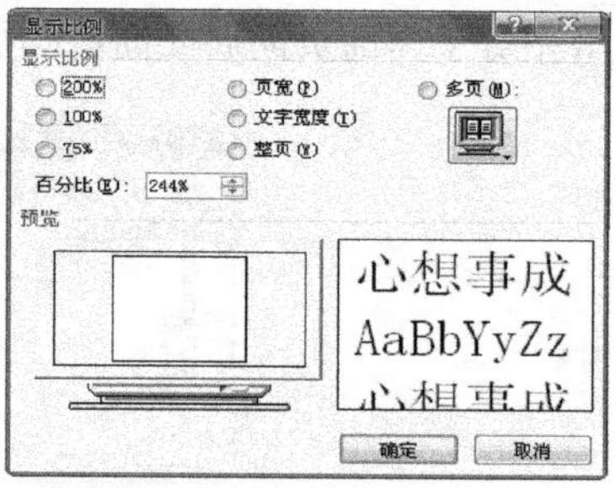

图 3-14　“显示比例”对话框

3.1.4　文档基本操作

Word 文档是文本、表格、图片等对象的载体。对于 Word 2010 文档的基本操作主要包括文档的新建、保存、关闭、打开、转换等。

1. 新建空白文档

在实际工作中，会时常遇到需要新建文档的情况。下面讲解新建文档的方法。

（1）使用功能按钮　选择 Word 2010 工作界面左上方的“文件”选项卡，在左侧的命令列表中选择“新建”命令。然后在打开的“可用模板”窗口中选择“可用模板”栏中的“空白文档”选项，单击右侧的“创建”按钮创建空白文档，如图 3-15 所示。

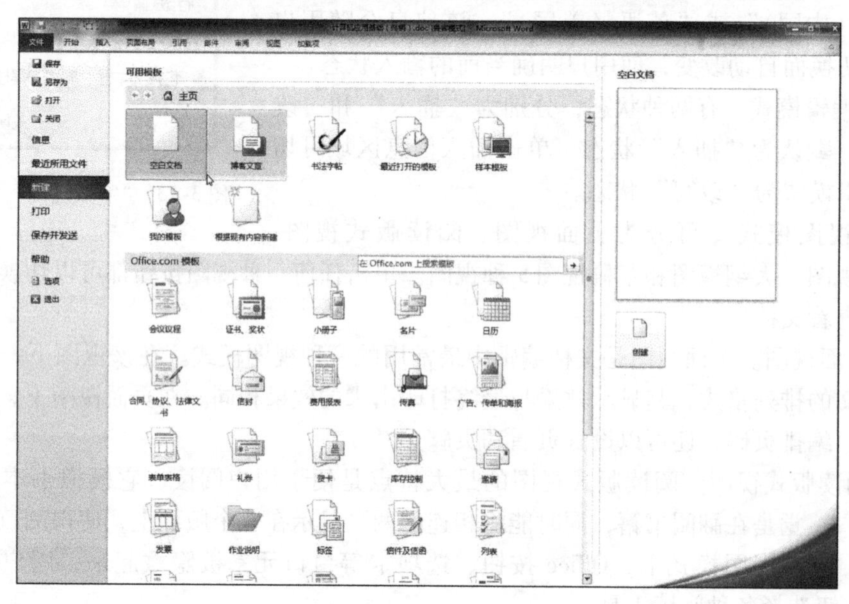

图 3-15　“新建文档”窗口

（2）使用快捷键　启动 Word 2010 后，按 <Ctrl + N>组合键也可创建一个空白文档。

启动 Word 并连续创建多个文档后，新建文档的名称按顺序依次默认为“文档 1”“文档 2”“文档 3”……其扩展名为 . docx。

2. 利用模板向导新建文档

除了新建空白文档之外，在 Word 2010 中还预置有多种用途的文档模板，利用这些模板不仅可以快速新建具有特定内容的文档，而且新建的文档看上去更加专业。使用模板向导新建文档的方法如下。

1）选择 Word 2010 工作界面左上方的“文件”选项卡，在左侧命令列表中选择“新建”命令，打开“可用模板”窗口，如图 3-15 所示。

2）选择某个模板，然后单击右侧的“创建”按钮，即可使用打开的模板。

提示：若用户计算机已连接上 Internet 网络，还可在“可用模板”窗口中的“Office. com 模板”选项区域中选择使用网络提供的更多 Word 模板来创建文档，以适应实际需要。

3. 保存文档

保存文档是把文档作为一个文件保存在磁盘上。若不进行保存操作，则文档的内容只驻留在计算机的内存中，为了永久保存所建立的文档，在退出 Word 前应将它作为磁盘文件永久保存起来。

（1）保存新建文档　对于新创建的 Word 文档，在第一次保存时将弹出“另存为”对话框，如图 3-16 所示。一般需要指定文档的保存路径与文件名，如果有特殊需要，还可以设定保存类型。

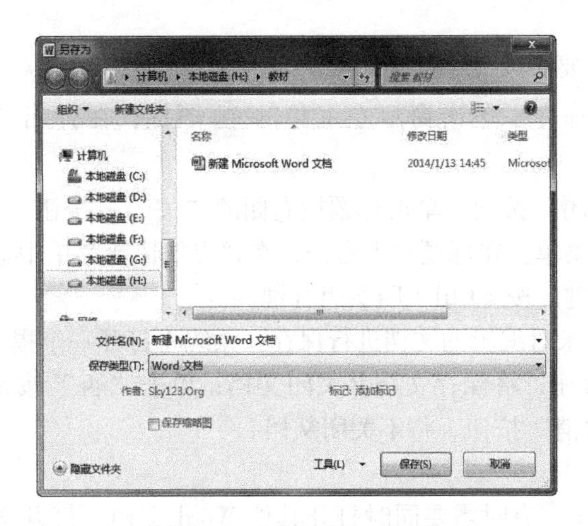

图 3-16　“另存为”对话框

保存新建文档的方法有以下 3 种。

方法 1：使用菜单命令。单击窗口左上角的“文件”选项卡，在命令列表中选择“保存”命令。

方法 2：使用功能按钮。单击快速访问工具栏中的“保存”按钮。

方法 3：使用快捷键。按 <Ctrl + S>组合键。

对文档进行首次保存后，以后再执行保存操作时，Word 将自动覆盖原文档，而不会再弹出“另存为”对话框。

（2）另存为文档　另存为文档是将当前已经保存过的文档以不同的名称保存或另外保存一份副本到系统的其他位置，而不影响原文档的内容，同时关闭当前文档，自动切换到另存的文档中进行编辑。另存为文档的操作步骤如下。

1）单击“文件”选项卡，选择“另存为”命令。

2）在“另存为”子菜单中选择保存文档副本的形式，即可打开“另存为”对话框。在“另存为”对话框中，设置保存文档的路径、文件名和保存类型。

3）单击“保存”按钮，即可将该文档在计算机中保存一份副本。

（3）自动保存文档　在编辑文档的过程中，为防止意外情况（停电、非法操作或是死机等）导致当前编辑的内容丢失，Word 2010 提供了自动保存功能，即每隔一段时间就自动保存一次文档，从而极大限度地避免文档内容的丢失。

设置文档自动保存的操作步骤如下。

1）单击快速访问工具栏右侧的下拉按钮，在弹出的菜单中选择“其他命令”命令，弹出“Word 选项”对话框，如图 3-2 所示。

2）在“Word 选项”对话框中选择“保存”选项卡，在打开的“自定义文档保存方式”窗格中选中“保存自动恢复信息时间间隔”复选框，在“分钟”数值框中输入自动保存文档的时间间隔，如输入“15”。

3）单击“确定”按钮。

提示： Word 2010 默认自动保存间隔是 10min。设置自动保存文档的时间间隔不宜过短，因为频繁地保存文档会影响系统的运行速度，降低工作效率。

4. 关闭文档

要关闭一个文档主要有以下 4 种操作方法。

方法 1：使用菜单命令。单击窗口左上角的 W 图标，在弹出的菜单中选择“关闭”命令。

方法 2：使用“关闭”按钮。单击标题栏右侧的“关闭”按钮。

方法 3：使用快捷菜单。在标题栏上右击，在弹出的快捷菜单中选择“关闭”命令。

方法 4：使用快捷键。按 < Ctrl + F4 > 组合键。

如果在关闭文档前未对编辑的文档进行保存，系统将打开一个提示框，询问用户是否进行保存。单击“是”按钮，将保存文档并关闭文档；单击“否”按钮，将不保存文档，同时关闭文档；单击“取消”按钮，将不关闭文档。

5. 打开文档

在 Word 运行过程中，有时需要同时打开其他 Word 文档。打开文档主要有以下几种操作方法。

方法 1：使用菜单命令。单击“文件”选项卡，选择“打开”命令，弹出如图 3-17 所示的“打开”对话框，选择文档的保存路径，然后选中要打开的文档，单击“打开”按钮。

方法 2：使用功能按钮。在快速访问工具栏中单击“打开”按钮，即可弹出“打开”对话框，从中选择并打开文档。

方法 3：使用快捷键。按 < Ctrl + O > 组合键，在弹出的“打开”对话框中选择并打开文档。

方法 4：直接打开文档。按文档的保存路径找到文档，双击要打开的 Word 文档即可。

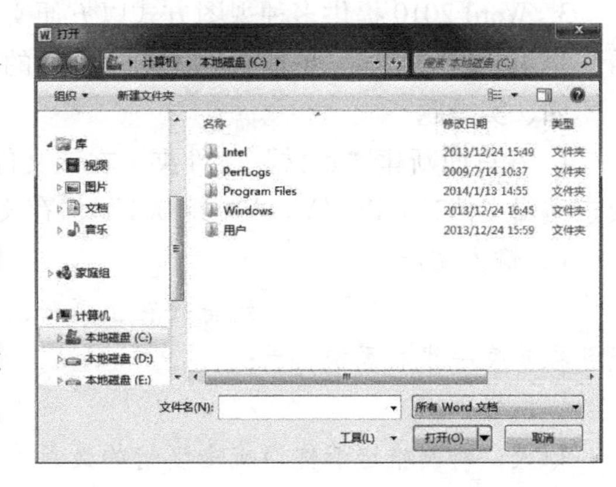

图 3-17 “打开”对话框

6. 转换文档

由 Word 2007 或早期版本所建立的文档，在 Word 2010 中以兼容模式打开。由于以前的 Word 版本不能使用 Word 2010 的新增功能，因此可以利用 Word 2010 提供的转换文档功能将由早期版本创建的文档转换为全新的格式。操作方法如下。

1）在 Word 2010 中打开一个由 Word 2003 创建的文档，该文档以兼容模式打开。

2）单击“文件”菜单，在左侧命令列表中选择“信息”命令，在右侧“信息”窗格中选择“转换”命令，即可将文档转换为 Word 2010 格式。

3.1.5 习题

一、选择题

1. 以下不属于 Word 2010 文档视图的是（　　）。

A. 大纲视图　　B. 阅读版式视图

C. Web 版式视图　　D. 放映视图

2. 在 Word 功能区中，拥有的选项卡分别是（　　）。

A. 开始、插入、编辑、页面布局、选项、邮件等

B. 开始、插入、编辑、页面布局、选项、帮助等

C. 开始、插入、页面布局、引用、邮件、审阅等

D. 开始、插入、编辑、页面布局、引用、邮件等

3. 下列文件扩展名不属于 Word 模板文件的是（　　）。

A. . docx　　B. . dotm　　C. . dotx　　D. . dot

二、填空题

1. 在 Word 2010 中，“页面布局”选项卡包括主题、页面设置、稿纸、________________、段落和________________ 6 个组，主要用于帮助用户设置 Word 2010 文档页面样式。

2. 在 Word 2010 中，功能区分布在 Office 窗口的顶部，Word 2010 功能区有“开始”、____________、____________、____________、邮件、审阅、视图等选项卡，可以引导用户展开工作。

三、判断题

1. 在 Word 2010 中，功能区显示的内容不是一成不变的，Word 2010 会根据应用程序窗口的宽度自动调整在功能区中显示的内容。(　　)

2. 在 Word 2010 中，有些选项卡只有在编辑和处理特定对象时才会在功能区中显示出来，以供用户使用。例如，在 Word 2010 中编辑图形时，当用户选中该图形后，关于图形编辑的“图片工具”上下文选项卡就会实时地显示出来。(　　)

3. Word 2010 提供多种视图方式以方便文档的编辑、阅读和管理，其中页面视图便于查看、组织文档的结构，更加有利于对长文档的编辑和管理。(　　)

四、实操题

1. 在桌面新建“素材”文件夹，在该文件夹中新建“Word 模练 001. docx”文件，按照要求编辑文档，并以“Word 模练 001”保存文档。

1）输入文档。

致奋战在抗疫一线医护人员的一封信

战斗在抗疫一线的医护人员：

你们好！

每天，新闻推送着你们抗击疫情的最新消息，看着一幅幅感人至深的画面，我的眼睛也常常湿润，被你们的事迹深深感动！

你们无愧白衣天使的称号！疫情就是命令，那一刻，你们放下手中的年夜饭，吻别年幼的孩子，瞒着年迈的父母，来不及与刚刚团聚的亲人挥一挥手，就毅然加入逆行疫区的队伍，用自己的行动为疫区人民撑起一片天。

医院里，你们身着厚重的防护服，脸上写满了焦急，眼中却满是坚定。“能救一个是一个”是你们的誓言，“舍小家，为大家”是你们的行动，在这场没有硝烟的战场上，是你们逆行而上，护国于危难；妙手回春，救民于水火！你们用自己的实际行动和专业技术，给全国人民以无穷的力量和信心。多少白衣天使冒着自己被感染的风险，从死神手里拉回了上万名同胞，你们拼尽了全力，忘记了自己，感动了世界！

为什么你们眼中常含泪水，因为你们对这片土地爱的深沉！身为大学生的我们，只有刻苦努力学习，一心听党话，跟党走，传递正能量，为消灭疫情做出自己的贡献！

众志成城，共度时艰，没有一个冬天不会过去，也没有一个春天不会来临，有你们在，我们就有理由坚信：春暖花开日，疫情消亡时！

××大学××班××

2020 年 2 月 20 日

2）编辑文档。标题黑体五号字居中；正文宋体五号字，两端对齐；署名与日期右对齐，数字采用 Times New Roman 字体。

3）保存“Word 模练 001. docx”文件，在素材文件夹中再生成一份同名的 PDF 文档进行保存。

3.1.6　习题答案

一、选择题

1. D

解析：Word 2010 文档视图包括页面视图、阅读版式视图、Web 版式视图和大纲视图，因此本题答案为 D。

2. C

解析：在 Word 功能区中，拥有的选项卡有开始、插入、页面布局、引用、邮件、审阅、视图等，不包括选项和编辑，因此本题正确答案为 C。

3. A

解析：. docx 是 Word 文档的扩展名，. dotm 是启用宏的模板文件扩展名，. dotx 是 Word 2007 之后的模板文件扩展名，. dot 是 Word 97-2003 模板文件扩展名，因此本题正确答案为 A。

二、填空题

1. 页面背景，排列。 2. 插入，页面布局，引用。

三、判断题

1. 对。 2. 对。

3. 错。

解析：Word 2010 提供多种视图方式以方便文档的编辑、阅读和管理，其中大纲视图便于查看、组织文档的结构，更加有利于对长文档的编辑和管理。

四、实操题

操作步骤：

1）在桌面空白处右击，在弹出的快捷菜单中选择“新建”→“文件夹”命令，将该文件夹命名为“素材”。进入“素材”文件夹中，在空白处右击，在弹出的快捷菜单中选择→“新建”→“Microsoft Word 文档”命令，将该文档命名为“Word 模练 001. docx”，双击文档，进入文档编辑状态。

2）输入文档，Word 有自动换行的功能，当输入到达每行的末尾时不必按 <Enter> 键，Word 会自动换行，只有想要另起一个新的段落时才按 <Enter> 键。按 <Enter> 键表示一个段落的结束，新段落的开始。在“开始”功能选项卡的“字体”选项组中按照要求设置字体、字号，进行对齐设置。标题黑体五号字居中；正文宋体五号字，两端对齐；署名与日期右对齐，数字采用 Times New Roman 字体。

3）单击“保存”按钮，保存文档。单击“文件”选项卡，打开后台视图，选择“另存为”命令，在“另存为”对话框中，选择“保存类型”为“. pdf 格式”，单击“保存”按钮后就可以将 . docx 文档转换成 . pdf 文档了。

3.2 Word 2010 文档基本编辑操作

Word 文档是文本、表格、图片等对象的载体。对于 Word 2010 的文档基本编辑主要包括文本的输入、选定、复制与移动，以及查找和替换等操作。

3.2.1 实训案例

利用 Word 2010 可以制作各种文档材料，如招标书、通知、信函等。本案例的主要任务是制作一个全国计算机等级考试的报名通知，如图 3-18 所示。

1. 案例分析

本案例主要涉及的知识点如下。

1）文本的选定。

2）复制和粘贴文本。

3）查找和替换文本。

4）保存文档。

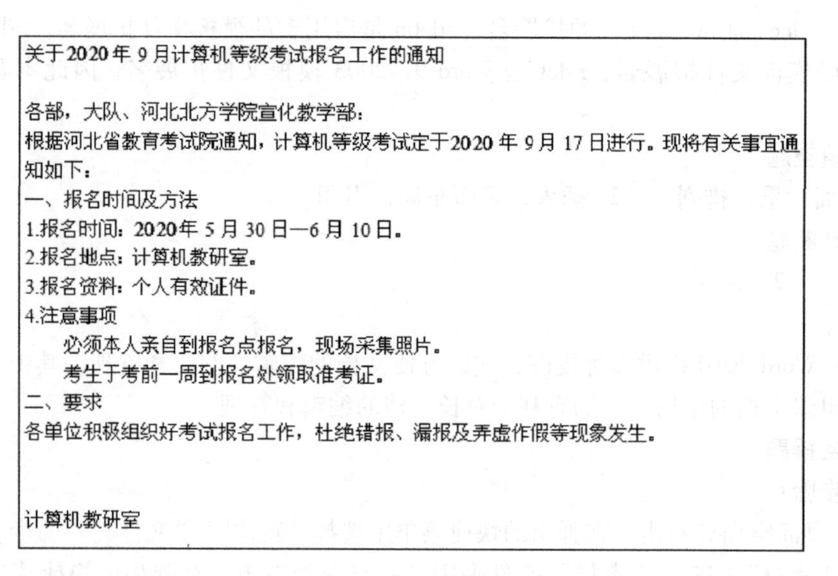
关于2020年9月计算机等级考试报名工作的通知

各部，大队、河北北方学院宣化教学部：
根据河北省教育考试院通知，计算机等级考试定于2020年9月17日进行。现将有关事宜通知如下：
一、报名时间及方法
1.报名时间：2020年5月30日—6月10日。
2.报名地点：计算机教研室。
3.报名资料：个人有效证件。
4.注意事项
必须本人亲自到报名点报名，现场采集照片。
考生于考前一周到报名处领取准考证。
二、要求
各单位积极组织好考试报名工作，杜绝错报、漏报及弄虚作假等现象发生。

计算机教研室

图3-18　案例样图

2. 实现步骤

1）创建一空白文档并录入文字，然后将“计算机教研室”文本复制粘贴到文档的结尾处。将指针置于“计算机教研室”起始处，按住鼠标左键并拖动，选定文本“计算机教研室”，右击，在弹出的快捷菜单中选择“复制”命令；将指针置于文档末尾，按 <Enter> 键使段落换行，在新一行的开始处右击，在弹出的快捷菜单中选择“粘贴”命令。

2）将文本“计算机等级考试”替换为“全国计算机等级考试”。单击“开始”选项卡中“编辑”组里的“替换”按钮，弹出“查找和替换”对话框；在“查找内容”文本框中输入“计算机等级考试”，在“替换为”文本框中输入“全国计算机等级考试”，如图3-19所示；单击“全部替换”按钮开始替换。

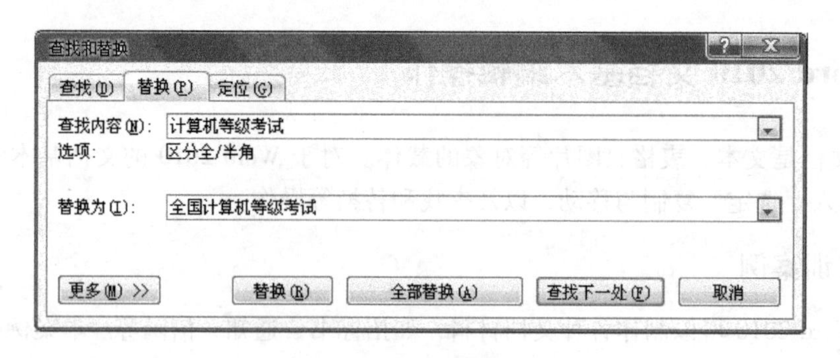

图3-19　“查找和替换”对话框

3）单击快速启动工具栏中的“保存”命令，在弹出的“另存为”对话框中确认保存位置为“桌面”，文件名为“全国计算机等级考试报名通知”。

3.2.2　输入文本

创建了一个新文档后，用户就可以在文档编辑区中直接输入和编辑文档内容了。在文档编辑区中有一条闪烁的短竖线，称为插入点，表示在此处可以输入文档内容。文档的内容主要是文字，也可以是符号、图片、表格、图形等。

1. 改写/插入状态

在输入文本之前首先要注意一下状态栏当前是改写状态还是插入状态。状态栏中若显示“插入”，则表示当前为插入状态，即输入文本将显示在光标指示的位置，其后的文本自动后移；状态栏中若显示“改写”，则表示当前为改写状态，输入文本将覆盖其后的文本内容。

改写/插入状态的切换可以通过单击状态栏上的“插入”或“改写”来实现。

2. 输入文本

当输入文本时，插入点自左向右移动。如果输入了一个错误的字符，那么可以按 <Backspace> 键删除该错字，然后再继续输入。

Word 有自动换行的功能，当输入到达每行的末尾时不必按 <Enter> 键，Word 会自动换行，只有想要另起一个新的段落时才按 <Enter> 键。按 <Enter> 键表示一个段落的结束，新段落的开始。

Word 2010 既可输入汉字又可输入英文。中/英文输入法的切换方法如下。

方法 1：单击 Windows 任务栏右端的“语言指示器”按钮，在“输入法”列表中单击所需的输入法。

方法 2：按 <Ctrl + Space> 组合键可以在中/英文输入法之间快速切换；按 <Ctrl + Shift> 组合键可以在各种中文输入法之间循环切换。

3. 插入符号和特殊字符

输入时如果遇到键盘上没有的一些特殊符号，除了利用汉字输入法的软键盘外，还可以使用 Word 提供的“插入”功能进行插入。例如，在文档中插入数学符号的操作步骤如下。

1）将插入点定位到要插入符号的位置，在“插入”选项卡中单击“符号”组中的 Ω 符号 按钮，在弹出的下拉菜单中选择“其他符号”命令。

2）打开如图 3-20 所示的“符号”对话框，在“符号”选项卡的“子集”下拉列表框中选择“数学运算符”选项，列表框中将显示所有数学运算符。

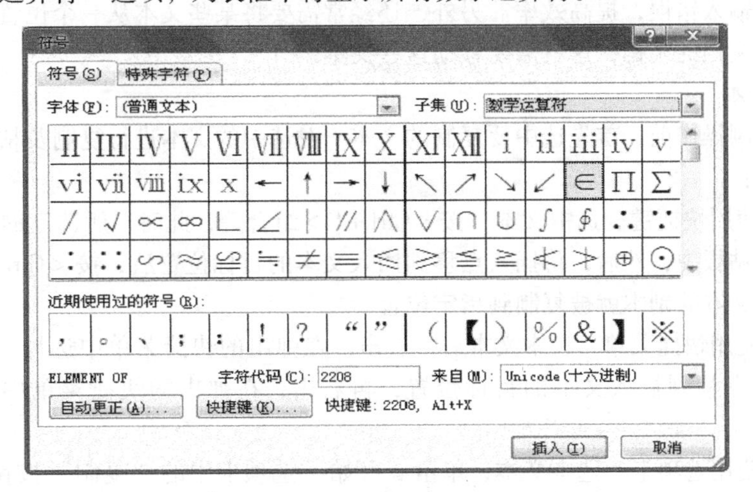

图 3-20 “符号”对话框

3）在列表框中选择所需要的数学符号，单击“插入”按钮，即可将选定的数学符号插入到文档中的指定位置。

3.2.3 选定文本

在文档中输入文本后，需要对文本进行各种编辑和设置操作，在做这些操作之前要先选择相应的文本，也就是指明要对哪些文本进行操作。若能熟练掌握文本的选定方法，将有助于提高工作效率。选择文本有以下几种方法。

1）选择任意大小的文本区　首先将“I”形鼠标指针移到所要选定文本区的开始处，然后拖动鼠标直到所选定文本区的最后一个文字处，释放鼠标左键，这样，鼠标所拖动过的区域则被选定。如果要取消选定，单击文档中的其他任意位置即可。

2）选择矩形区域中的文本　将指针移动到所选区域的左上角，按住 <Alt> 键，拖动鼠标直到区域的右下角，释放鼠标。

3）选择一个词组　在要选择的词组中间双击，即可选中该词组。需注意的是，这种方法只能选择 Word 2010 可以识别的词组。

4）选择一个句子　按住 <Ctrl> 键，将指针移到所要选句子的任意处单击。

5）选择一行或多行　将指针移到所选行左端的选定区，单击即可选定一行文本；若在选定区拖动鼠标，则可选定若干个连续行；若要选择多个不连续的行，可按住 <Ctrl> 键再在每一行的选定区单击。

6）选择一个段落　将指针移到所要选定段落的任意行处连击 3 下鼠标左键。或者将指针移到所要选定段落左侧的选定区，当指针变成向右上方指的箭头时双击。

7）选择整个文档　将指针移到文档左侧的选定区并连续快速 3 击鼠标左键。也可以单击“开始”选项卡“编辑”组中“选择”下拉列表中的“全选”命令。还可以直接按 <Ctrl + A> 组合键选定全文。

3.2.4 文本的复制与移动

在编辑文档时，常常需要重复输入一些前面已经输入过的文本，此时使用复制操作可以减少输入量和输入错误，提高效率。另外，还经常需要将某些文本从一个位置移动到另一个位置，以调整文档的结构，这就需要移动这些文本。

1. 复制文本

在进行复制操作前，首先选中要复制的文本。对选中的文本进行复制及粘贴操作主要有以下 3 种方法：

方法 1：使用快捷键。选中文本，按 <Ctrl + C> 组合键，此时，所选定的文本的副本被临时保存在剪贴板中；然后，将插入点移到插入文本的目标位置后，按 <Ctrl + V> 组合键，此时所选定的文本的副本就被复制到指定位置。

方法 2：使用快捷菜单。选中文本后，右击，在弹出的快捷菜单中选择“复制”命令；然后，将插入点移到插入文本的目标位置，再右击，在弹出的快捷菜单中选择“粘贴”命令。

方法 3：使用选项卡。选中文本，单击“开始”选项卡中的“复制”按钮进行复制操作；然后，将插入点移到插入文本的目标位置，再单击“粘贴”按钮，即可将选定的文本的副本复制到指定位置。

2. 移动文本

在进行移动操作前，首先选中要移动的文本。要实现文本的移动，可利用剪切和粘贴操作完成，主要有以下 3 种方法：

方法 1：使用快捷键。选中文本，按 <Ctrl + X> 组合键，此时所选定的文本被剪切掉并临时保存在剪贴板中；然后，将插入点移到插入文本的目标位置后，按 <Ctrl + V> 组合键，所选定的文本就被移动到指定位置。

方法 2：使用快捷菜单。选中文本后，右击，在弹出的快捷菜单中选择“剪切”命令；然后，将插入点移到插入文本的目标位置，再右击，在弹出的快捷菜单中选择“粘贴”命令。

方法 3：使用选项卡。选中文本，单击“开始”选项卡中的“剪切”按钮进行剪切操作；然后，将插入点移到插入文本的目标位置，再单击“粘贴”按钮，即可将选定的文本移动到指定的位置。

除了以上 3 种方法外，还可通过鼠标拖拉移动文本。如果所要移动的文本块比较短小，而且目标位置就在同一屏幕中，那么用鼠标拖动实现移动操作显得更为简捷。一般的操作方法是：先选中要移动的文本，然后将指针移到所选中的文本区，使其变成向左指箭头，再按住鼠标左键并拖至目标位置。如果在按鼠标左键之前先按 <Ctrl> 键再进行拖动，则实现的是复制功能。

3.2.5 查找与替换

使用 Word 提供的查找与替换功能，可以快速实现在较长的文档中查找与替换相同的内容。Word 2010 提供了强大的查找与替换功能，可以查找和替换文本、格式、段落标记及其他的一些特定项。

1. 查找文本

要查找文档中的指定内容，可按如下操作步骤进行。

1）单击“开始”选项卡上“编辑”组中的“查找”按钮 查找 或按 <Ctrl + F> 组合键，弹出“查找和替换”对话框，如图 3-19 所示。

2）切换到“查找”选项卡，在“查找内容”列表框中输入要查找的文本，如“实验”。用户可以使用通配符来扩展搜索，以找到包含特定字母和字母组合的单词或短语。

3）若要直观地浏览所查找的文本在文档中出现的每个位置，可以在“查找和替换”对话框的“查找”选项卡中单击“阅读突出显示”按钮，然后在弹出的下拉菜单中单击“全部突出显示”命令即可。虽然文本在屏幕上会突出显示，但在文档打印时并不会有所变化。

4）若在“查找和替换”对话框的“查找”选项卡中单击“在以下项中查找”按钮，有 3 个命令供用户选择，分别为“主文档”“页眉和页脚”以及“主文档中的文本框”。用户可根据要查找文本所在的位置选择查找范围（默认为从插入点所在位置向后查找）。

5）若在“查找和替换”对话框的“查找”选项卡中单击“查找下一处”按钮，Word 2010 便按指定的范围查找指定内容所出现的第一个位置，并将找到的内容以选中状态显示；如果再单击“查找下一处”按钮或按 <Enter> 键，Word 2010 便继续向后查找指定内容第二次的出现位置，依次类推。若单击“取消”按钮，则关闭“查找和替换”对话框，插入点停留在当前查找到的文本处。

提示：当关闭“查找和替换”对话框后，用户可单击垂直滚动条下端的“前一次查找/定位”按钮或“下一次查找/定位”按钮，继续查找指定的文本。

2. 高级查找

上面所讲的查找为常规查找，如果需要指定查找条件，可以单击“查找和替换”对话框中的“更多”按钮，将在该对话框中展开一个能设置各种查找条件的选项组。设置好这些选项后，可以快速查找出符合条件的文本。

在“查找”选项卡中各选项功能如下：

1）“查找内容”文本框用来输入要查找的文本，或者单击文本框右侧的按钮，展开的列表中列出了最近查找过的文本供选用。

2）“搜索”下拉列表框用于选择查找和替换的方向，列表框中有“全部”“向上”和“向下”3个选项。“全部”选项表示从插入点开始向文档末尾查找，然后再从文档开头查找到插入点处；“向下”选项表示从插入点查找到文档末尾；“向上”选项表示从插入点开始向文档开头处查找。

3）单击“格式”按钮，弹出下拉列表，可从中选中字体、段落、制表位、语言、图文框、样式、突出显示等格式，进行符合相关文本格式、段落格式及样式的查找。

4）在“搜索选项”中，有10个复选框可供选择，通过它们可以就查找文本进行相关设置，如区分前缀和后缀、区分半角和全角、区分大写和小写、忽略标点符号和空格等。

5）单击“特殊格式”按钮，弹出特殊格式列表，从中选择所需的特殊字符。

3. 替换文本

有时需要把文档中多次出现的某些字/词替换为另一个字/词，利用“查找和替换”功能会收到很好的效果。

“替换”的操作与“查找”操作类似，具体步骤如下：

1）单击“开始”选项卡中“编辑”组的“替换”按钮 替换，或直接按 < Ctrl + H > 组合键，弹出“查找和替换”对话框中的“替换”选项卡。

2）在“查找内容”文本框中输入要查找的内容，如“实验”；在“替换为”文本框中，输入要替换的内容，如“试验”，如图3-21所示。

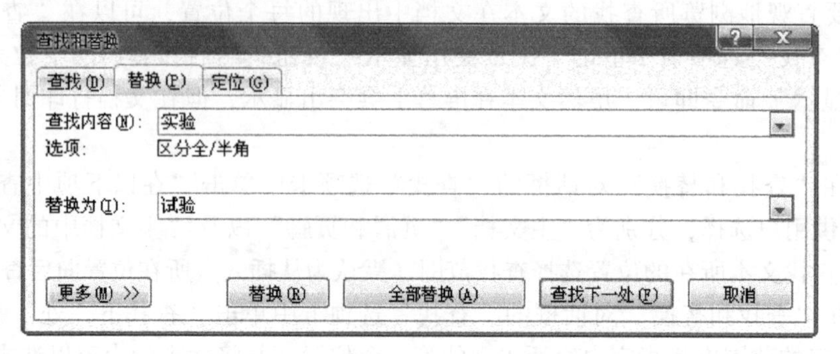

图3-21 设置好查找和替换内容的“查找和替换”对话框

3）单击“查找下一处”按钮开始查找，找到目标后反向显示。若确要替换，则单击“替换”按钮，否则再单击“查找下一处”按钮继续查找。反复进行上述操作可以边查找边替换。若要全部替换，则只要单击“全部替换”按钮就可一次性替换完毕。

同样，用户也可以使用“更多”功能来设置所查找和替换文字的格式，直接将替换的文字设置成指定的格式。

3.2.6 习题

一、选择题

1. 使用 Word 2010 编辑文本时，可以在标尺上直接进行（　　）操作。

A. 对文章分栏　　B. 建立表格　　C. 嵌入图片　　D. 段落首行缩进

2. 利用（　　）可以进行文本的输入、编辑、排版、打印等。

A. Outlook　　B. Excel　　C. Word　　D. FrontPage

3. 在 Word 2010 中，在文档左侧空白处，单击可以选中该行，双击可以选中（　　）。

A. 一个句子　　B. 整个段落　　C. 矩形块文本　　D. 整个文档

4. 在 Word 文档中，学生“张小民”的名字被多次错误地输入为“张晓明”“张晓敏”“张晓民”“张晓名”，纠正该错误的最优操作方法是（　　）。

A. 从前往后逐个查找错误的名字，并更正

B. 利用 Word“查找”功能搜索文本“张晓”，并逐一更正

C. 利用 Word“查找和替换”功能搜索文本“张晓*”，并将其全部替换为“张小民”

D. 利用 Word“查找和替换”功能搜索文本“张晓?”，并将其全部替换为“张小民”

5. 在 Word 中，进行文字选择时按（　　）键的同时拖动鼠标可以选择一个矩形区域。

A. <Alt>　　B. <Ctrl>　　C. <Esc>　　D. <Shift>

二、填空题

1. 将 Word 2010 文档中一部分内容移动到别处，首先要进行的操作是____________。

2. 位于 Word 2010 窗口的最下方，用来显示当前正在编辑的位置、时间、状态等信息的是____________。

3. Word 2010 中复制的快捷键是____________。

三、判断题

1. 选择不相邻的多段文本，首先选择一段文本后，按住 <Ctrl> 键，再选择其他的一处或多处文本即可。（　　）

2. 由 Microsoft 公司开发的 Microsoft Office 软件属于系统软件。（　　）

3. Word 2010 中的样式是由多个格式排版命令组合而成的集合，Word 2010 允许用户创建自己的样式。（　　）

四、实操题

在桌面“素材”文件夹下新建 Word 模练 002. docx，在新创建的空白文档中插入 Word 模练 001. docx 中的内容，将新文档另存为“Word 真题. docx”。查找文档中的文本“你们”，给出该词组出现的次数。

Word 模练 001. docx，其内容为 3. 1. 5 习题所输入的内容。

3.2.7 习题答案

一、选择题

1. D 2. C 3. B

4. D

解析：Word 为用户提供了强大的查找和替换功能，可以帮助用户从繁琐的人工修改中解脱出来，从而实现高效率的工作。在进行替换时，通配符用来实现模糊搜索，其中“*”代替 0 个或多个字符，“?”代替一个字符。本题要将输错的“张晓明”“张晓敏”“张晓民”“张晓名”统改为“张小民”，应使用通配符“?”。故正确答案为 D 选项。

5. A

解析：在 Word 中，选择垂直文本的方式是首先按住键盘上的 < Alt > 键，将指针移动到想要选择文本的开始字符，按下鼠标左键，然后拖动鼠标，直到要选择文本的结尾处，松开鼠标和 < Alt > 键。故正确答案为 A 选项。

二、填空题

1. 选定 2. 状态栏 3. < Ctrl + C >

三、判断题

1. 对。 2. 错，是应用软件。 3. 对。

四、实操题

操作步骤：

1）在桌面“素材”文件夹下新建“Word 模练 002.docx”文档。

2）在新文档中单击“插入”选项卡，选择“文本”功能组中的“对象”命令选项中的“文本中的文字”命令，在打开的“插入文字”对话框中选择桌面“素材”文件夹下的“Word 模练 001.docx”，单击“插入”按钮，即可插入 Word 模练 001.docx 的内容。

3）单击“文件”菜单，选择“另存为”，打开“另存为对话框”，输入“Word 真题.docx”，单击“保存”按钮。

4）单击“开始”选项卡→“编辑”组→“查找”按钮，或直接按 < Ctrl + F > 组合键。

5）打开“导航”任务窗格，在“搜索文档”文本框中输入要查找的文本“你们”，此时，文档中查找到的文本便以黄色显示，导航窗格中提示找到 14 个匹配项。

3.3 Word 2010 文档基本排版

在文档中输入内容后，为了使其看起来更美观、更专业，需要对文档中的文本进行进一步的排版。文档的基本排版主要包括字符格式的设置、段落格式的设置、页面以及边框和底纹的设置等操作。

3.3.1 实训案例

3.2 节中制作的全国计算机等级考试的通知，只是完成了文档内容的录入，并没有进行任何格式的修饰。在日常工作和生活中，文档还需要进行格式化排版，本案例将对 3.2.1 小节输入的通知文本进行格式化排版，排版后效果如图 3-22 所示。

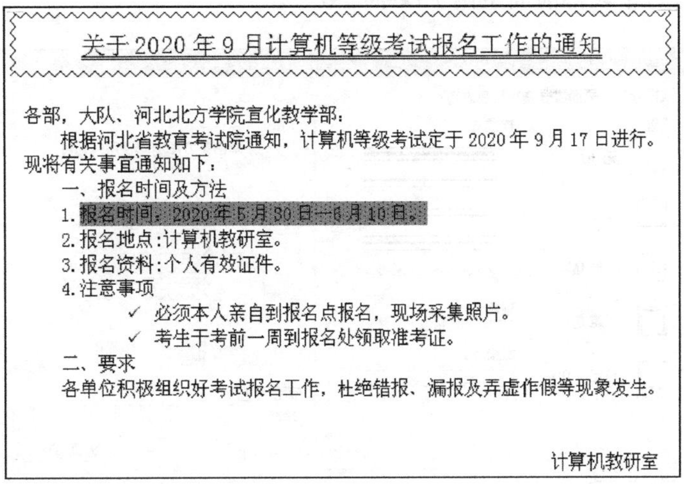

关于 2020 年 9 月计算机等级考试报名工作的通知

各部，大队、河北北方学院宣化教学部：

根据河北省教育考试院通知，计算机等级考试定于 2020 年 9 月 17 日进行。现将有关事宜通知如下：

一、报名时间及方法

1. 报名时间：2020 年 5 月 30 日—6 月 10 日。

2. 报名地点：计算机教研室。

3. 报名资料：个人有效证件。

4. 注意事项

✓ 必须本人亲自到报名点报名，现场采集照片。

✓ 考生于考前一周到报名处领取准考证。

二、要求

各单位积极组织好考试报名工作，杜绝错报、漏报及弄虚作假等现象发生。

计算机教研室

图 3-22　案例样图

1. 案例分析

本案例主要涉及的知识点如下。

1）设置字体和字号。

2）设置下画线。

3）设置边框。

4）设置首行缩进。

5）设置底纹。

6）设置项目符号。

7）设置文本对齐方式

8）设置段落缩进。

2. 实现步骤

1）双击打开“桌面”上的“全国计算机等级考试报名通知”文档，拖动鼠标选中除标题行以外的所有文本，在“开始”选项卡“字体”组中选择“字体”下拉列表中的“宋体”，选择“字号”列表框中的“小四”。

2）设置下画线。选中标题文字“关于 2020 年 9 月计算机等级考试报名工作的通知”，在“开始”选项卡“字体”组中选择“下画线”下拉列表中的双下画线样式，选择“字号”列表中的“三号”。

3）设置边框。选中标题文字“关于 2020 年 9 月计算机等级考试报名工作的通知”，单击“页面布局”选项卡中“页面背景”组中的“页面边框”按钮，在弹出的“边框和底纹”对话框中切换到“边框”选项卡，在“设置”选项区域中选择“方框”选项，在“样式”列表框中选择波浪形，在“宽度”下拉列表框中选择 1.5 磅选项，在“应用于”下拉列表框中选择“段落”选项，单击“确定”按钮，如图 3-23 所示。

4）设置首行缩进。选中除了前两行和最后一行以外的其他文字，单击“开始”选项卡“段落”组右下角的对话框启动器，打开“段落”对话框，如图 3-24 所示。在对话框中的“特殊格式”下拉列表框中选择“首行缩进”选项，“磅值”设为“2 字符”，即可实现选中的文档正文中每个段落前面空两个汉字的效果。

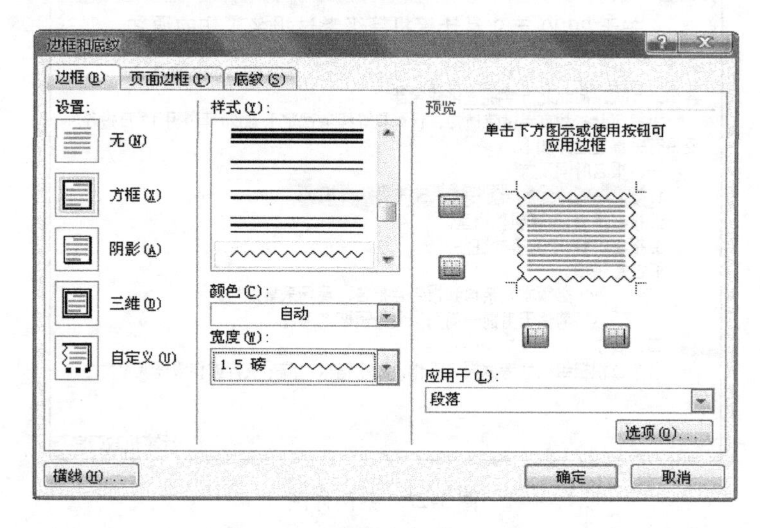

图 3-23 “边框和底纹”对话框

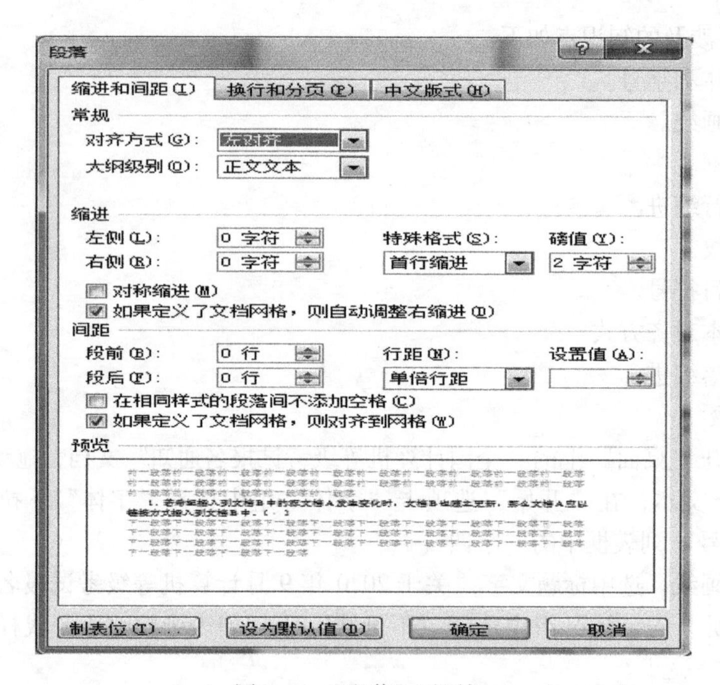

图 3-24 “段落”对话框

5）设置底纹。选中文字“报名时间：2020 年 5 月 30 日-6 月 10 日。”，单击“页面布局”选项卡“页面背景”组中的“页面边框”按钮，在弹出的“边框和底纹”对话框中选择“底纹”选项卡，如图 3-25 所示，在“填充”下拉列表框中选择“红色”，在“样式”下拉列表框中选择“10%”，在“应用于”下拉列表框中选择“文字”，然后单击“确定”按钮。

6）设置项目符号。选中文档中“注意事项”下面的两行文字，单击“开始”选项卡“段落”组中的“项目符号”按钮右侧的下拉按钮，打开如图 3-26 所示的“项目符号

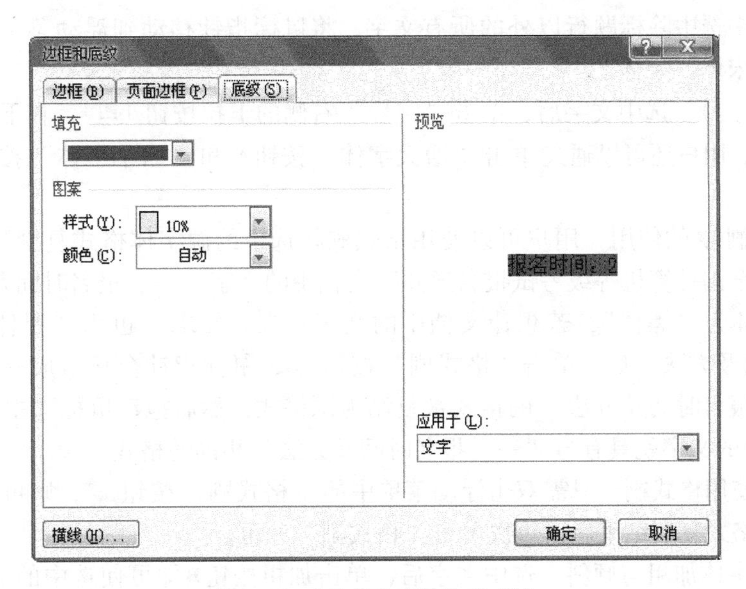

图 3-25 “边框和底纹”选项卡

库”列表，单击列表中的一个项目符号，即可给选定的文本添加项目符号。

7）设置文本对齐方式。选中标题行“关于 2020 年 9 月计算机等级考试报名工作的通知”，单击“开始”选项卡“段落”组中的“居中”按钮，使标题行居中显示。选中文档最后一行“计算机教研室”，单击“段落”组中的“文本右对齐”按钮，使选中文字靠右对齐。

8）设置段落缩进。选择设置项目符号的两行文字，单击“开始”选项卡“段落”组右下角的对话框启动器，在弹出的“段落”对话框中将左缩进值改为“4 字符”。

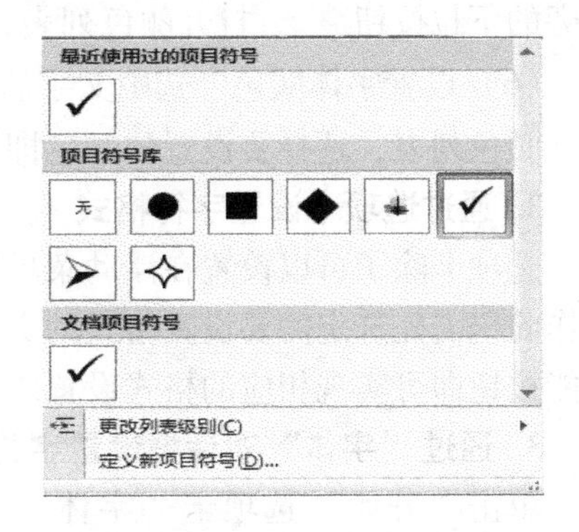

图 3-26 “项目符号库”列表

3.3.2 字符格式

所谓字符是作为文本输入的字母、汉字、数字、标点符号及特殊符号等。字符格式主要包括字体、字号、字形、字符颜色、字符底纹以及字体效果等。在设置时，既可以设置单个字符，也可以同时对多个字符进行设置。在 Word 2010 中设置字符格式主要有浮动菜单、选项卡设置及“字体”对话框设置 3 种方法。

1. 通过浮动菜单设置字符格式

在 Word 2010 中，选中文本后，鼠标指针右上方将出现一个半透明的浮动工具条，当鼠标指针移动到半透明工具条上时，浮动菜单即显现出来，如图 3-27 所示。

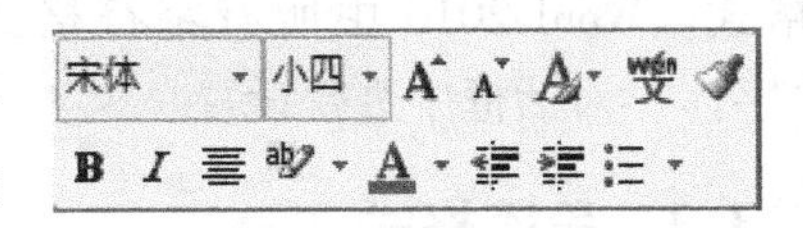

图 3-27 “格式”浮动菜单

（1）设置字体　选中文字后，单击“宋体”右侧的下拉按钮宋体，在下拉列表框中选择相应字体。例如，在案例文档“全国计算机等级考试报名通知”中选中除标题行以外的所有文字，将鼠标指针移动到浮动菜单上，在字体列表框中选择“宋体”字体。

（2）设置字号　选中文字后，单击“字号”右侧的下拉按钮小四，在下拉列表框中选择相应的字号。用户还可以通过单击“增大字体”按钮和“缩小字体”按钮来改变文字的大小。

（3）格式刷的使用　用户可以使用格式刷将选中的源字体格式复制到其他文本中。例如，选中“全国计算机等级考试报名通知”文档中的文字“一、报名时间及方法”，按前面方法设置字体为“黑体”，若想让文档中的文字“二、要求”也为“黑体”，则在选中“一、报名时间及方法”后，单击“格式刷”按钮，鼠标指针会显示成一个格式刷，此时文字“一、报名时间及方法”的格式被复制为源格式，然后拖动鼠标选中文字“二、要求”，则被选中的文字就具有与“一、报名时间及方法”相同的格式。

若要反复使用格式刷，只需双击浮动菜单中的“格式刷”按钮，则可反复使用复制的源格式，待格式复制结束后，再次单击“格式刷”即可。

（4）设置字体加粗与倾斜　选中文字后，单击加粗按钮**B**即可使选中的文字加粗显示；若选中文字后单击倾斜按钮*I*，还可以使选中的文字倾斜显示。

（5）设置不同颜色突出显示文本　选中文字后，单击“以不同颜色突出显示文本”按钮旁的下拉按钮，打开颜色列表，选择要设置突出显示的颜色。

（6）设置字体颜色　选中文字后，单击“字体颜色”下拉列表框右侧的下拉按钮，打开颜色列表，选择要设置的颜色即可。

2. 通过选项卡设置字符格式

选项卡除了可以设置在浮动菜单中具有的字体格式外，还可以设置其他字符格式。用户操作前仍需先选定需要设置格式的文本，然后单击“开始”选项卡，单击“字体”组中的功能按钮即可实现相应的格式设置。

3. 通过“字体”对话框设置字符格式

单击“开始”选项卡“字体”组右下角的对话框启动器按钮，即可打开“字体”对话框，如图3-28所示。该对话框有两个选项卡，分别是“字体”和“高级”。“字体”选项卡主要可以用来设置文字的字体、字形、字号、字体颜色、下画线类型及颜色、着重号及其他特殊的文字格式。“高级”选项卡主要可以用来设置字符缩放、字符间距和字符位置等格式。Word 2010 中所有字符格式都可以在“字体”对话框中进行设置。

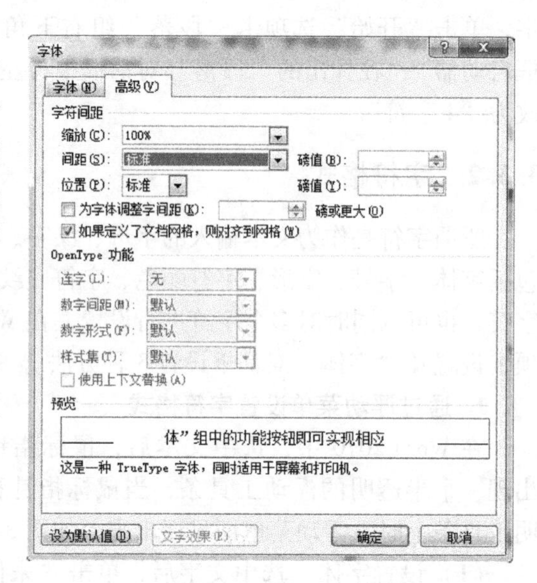

图3-28　“字体”对话框

3.3.3　段落格式

在 Word 2010 中段落是以 <Enter> 键结束的内容，即以段落标记符结束的内容。设置段落格式，可以使整个文档看起来结构分明、条理清楚、版面整洁。段落格式的设置主要包括段落的对齐方式、段落的缩进、行间距与段间距等几个方面。设置段落格式仍然可以采用浮动菜单、选项卡设置及“段落”对话框3种方法。

1. 通过浮动菜单设置段落格式

在浮动菜单中，除了前面介绍的设置字符格式的按钮外，还有一些按钮可用来设置段落的格式。

（1）设置文本对齐方式　选中文本后，在弹出的浮动菜单中单击“居中”按钮，可实现选中文本的居中对齐。除了居中对齐外，Word 2010 还提供了文本靠左对齐、靠右对齐及分散对齐，这3种对齐方式无法在浮动菜单中实现，用户可以使用选项卡或“段落”对话框来进行设置。

（2）减少或增加缩进量　选中要设置缩进量的段落，单击浮动菜单中的“减少缩进量”按钮或“增加缩进量”按钮，可减少或增加选中段落向左边界的缩进值。

2. 通过选项卡设置段落格式

选项卡除了可以设置在浮动菜单中具有的段落格式外，还可以设置其他的段落格式，如行距、显示/隐藏编辑标记等。操作前可以将指针置于要设置格式的段落，然后单击“开始”选项卡“段落”组中的功能按钮即可实现相应的格式设置，部分参数的格式如下。

（1）设置文本对齐方式　将指针置于要设置格式的段落，然后单击“开始”选项卡“段落”组中的“文本左对齐”按钮、“文本右对齐”按钮、“两端对齐”按钮或者“分散对齐”按钮可分别实现文本的左对齐、右对齐、两端对齐或者分散对齐方式。

（2）设置编辑标记的显示或隐藏　将指针置于文档中，单击“开始”选项卡“段落”组中的“显示/隐藏编辑标记”按钮，可显示或隐藏段落标记及空格等其他格式符号。

（3）设置行距和段间距　行距是指一个段落中行与行之间的距离。将指针置于要调整行距的段落中，单击“开始”选项卡“段落”组中的“行和段落间距”按钮，在弹出的下拉列表中可选择 Word 中预设的行距。

段间距是指一个文档中段落与段落之间的距离，在编排一些段落较多的文档时，可以适当调整段间距，以达到使文档结构更合理的目的。将指针置于要调整段间距的段落中，单击“开始”选项卡“段落”组中的“行和段落间距”按钮，在弹出的下拉列表中可选择“增加段前间距”或“增加段后间距”选项，则可增加段前或段后间距。

（4）设置项目符号和编号　将指针置于要设置项目符号或编号的段落中，单击“开始”选项卡“段落”组中的“编号”按钮右侧的下拉按钮，在弹出的列表中选择一种编号，即可给该段落添加编号。若单击“开始”选项卡“段落”组中的“项目符号”按钮右侧的下拉按钮，在弹出的列表中选择一种项目符号即可给该段落添加项目符号。

3. 通过“段落”对话框设置段落格式

单击“开始”选项卡“段落”组右下角的对话框启动器按钮，即可弹出“段落”对话框，如图3-24所示。该对话框有3个选项卡，分别是“缩进和间距”、“换行和分页”和“中文版式”。“缩进和间距”选项卡主要用来设置段落的对齐方式、缩进方式、段间距及行距。“换行和分页”选项卡主要用来设置分页选项及格式设置例外项。“中文版式”选项卡主要用来设置换行选项及字符间距选项。Word 2010 中所有的段落格式都可以在“段落”对话框中进行设置。

3.3.4 页码与行号

在整个文档中，尤其是较长的文档，每页加上页码或给每行加上行号会更容易阅读。

1. 插入页码

单击“插入”选项卡“页眉和页脚”组中的“页码”按钮，弹出如图3-29所示的下拉列表，从中选择相应的命令即可为文档设置合适的页码。

提示：只有在页面视图和打印预览方式下可以看到插入的页码，普通视图和大纲视图看不到页码。

2. 插入行号

单击“页面布局”选项卡“页面设置”组中的“行号”按钮，弹出如图3-30所示的下拉列表，从中选择相应的命令即可为文档设置合适的行号。

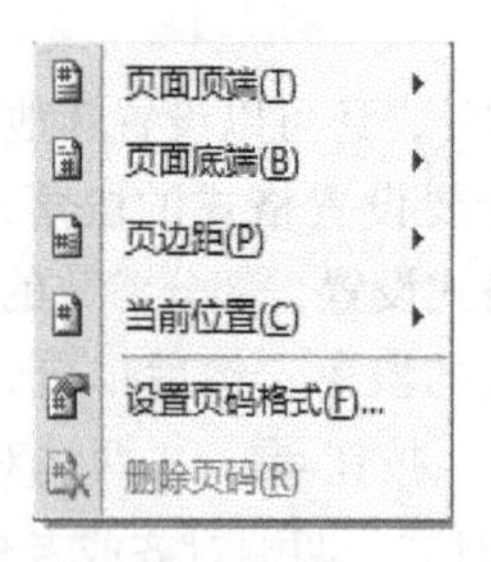

图3-29 “页码”下拉列表

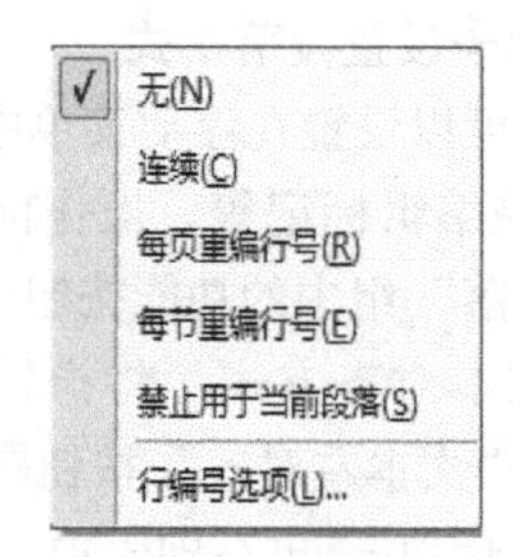

图3-30 “行号”下拉列表

3.3.5 边框和底纹

为文本、段落或文档整个页面添加边框与底纹，可以突出显示重要的内容，提升文档的整体效果，使整个文档看起来更加美观和专业。在给文档中的内容添加边框和底纹时，用户可以选择是为文字添加效果还是为段落添加效果。

1. 设置边框

边框是一种修饰文字或段落的方式，给文字或段落加上边框可以强调相应的内容，突出显示。

（1）通过“字符边框”按钮A设置边框 先选中相应的文字，再单击“开始”选项卡“字体”组中的“字符边框”按钮A，便可以给选中的文字添加一个边框。若要取消文字的边框，则可重复刚才的操作。

（2）通过“边框”按钮设置边框 若要给文本设置其他样式的边框，可选定一段文本后，单击“开始”选项卡“段落”组中的“边框”按钮右侧的下拉按钮，弹出如图3-31所示的“边框”下拉列表，从中选择相应的命令为文档设置其他样式的边框。

（3）通过“边框和底纹”对话框设置边框 选中文本后，打开如图3-31所示的列表，从中选择“边框和底纹”命令可以弹出“边框和底纹”对话框，如图3-23所示。在“边框”选项卡中的“设置”“样式”“颜色”“宽度”等下拉列表框中选择所需的样式，即可给选定文本设置边框。需要注意的是，在该选项卡的“应用于”下拉列表框中若选择“文字”选项，可以为选中的文本添加边框，若选择“段落”选项，则可为选中文本所在的段落添加边框。

2. 设置页面边框

页面边框是分布在页面四周的边框。除了可以设置边框的类型、样式、颜色、宽度及应用范围外，用户还可以选择艺术型页面边框。设置页面边框的具体操作步骤如下。

1）单击“开始”选项卡“段落”组中的“边框”按钮右侧的下拉按钮，在弹出的列表中，如图3-31所示，选择“边框和底纹”命令，弹出“边框和底纹”对话框，如图3-23所示。

2）在“边框和底纹”对话框中选择“页面边框”选项卡，在该选项卡中的“设置”“样式”“颜色”“宽度”等下拉列表框中选择所需的样式，即可给整篇文档设置页面边框。需要注意的是，选择该选项卡“艺术型”下拉列表框中的一种边框样式，则可以为文档设置艺术型页面边框。

图3-31　“边框”下拉列表

3）单击“确定”按钮，即可实现页面边框的添加。

3. 设置底纹

有时为文档的某些重要文字或段落加上适当的底纹，可以使其更为突出和醒目。给文字或段落添加底纹的方法如下。

（1）通过“字符底纹”按钮**A**设置底纹　给文字添加底纹可以先选中相应的文字，再单击“开始”选项卡“字体”组中的“字符底纹”按钮**A**，则可以给选中的文字添加一种底纹。若要取消文字的底纹，则可重复刚才的操作。

（2）通过“底纹”按钮设置底纹　若要给文本设置其他颜色的底纹，可选中一段文本后，单击“开始”选项卡“段落”组中的“底纹”按钮右侧的下拉按钮，打开如图3-32所示的下拉列表，从中选择合适的颜色为选中的文本设置其他颜色的底纹。

（3）通过“边框和底纹”对话框设置底纹　选中文本后，打开如图3-31所示的下拉列表，从中选择“边框和底纹”命令可以弹出“边框和底纹”对话框，如图3-23所示。在“底纹”选项卡中可设置底纹的填充颜色、图案的样式及颜色等。需要注意的是，在该选项卡的“应用于”下拉列表中，若选择“文字”选项，可以为选中的文本添加底纹，若选择“段落”选项，则可为选中文本所在的段落添加底纹。

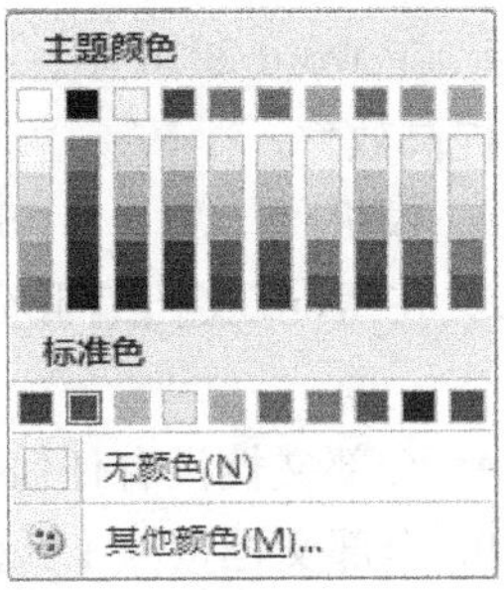

图3-32　“底纹”下拉列表

3.3.6　检查文档中的拼写和语法

用户在编辑文档的过程中会因为一些疏忽造成一些错误，很难保证文本的拼写和语法都完全正确。Word 2010的拼写和语法功能开启后，将会自动在它认为有错误的字句下面加上波浪线，从而提醒用户。出现拼写错误时用红色波浪线标记，出现语法错误时用绿色波浪线标记。

开启拼写和语法检查的功能操作步骤如下：

1）单击“文件”选项卡，打开后台视图。

2）单击“选项”命令，打开“Word 选项”对话框，切换到“校对”选项卡。

3）选中“键入时检查拼写”和“键入时标记语法错误”复选框即可，如图 3-33 所示。

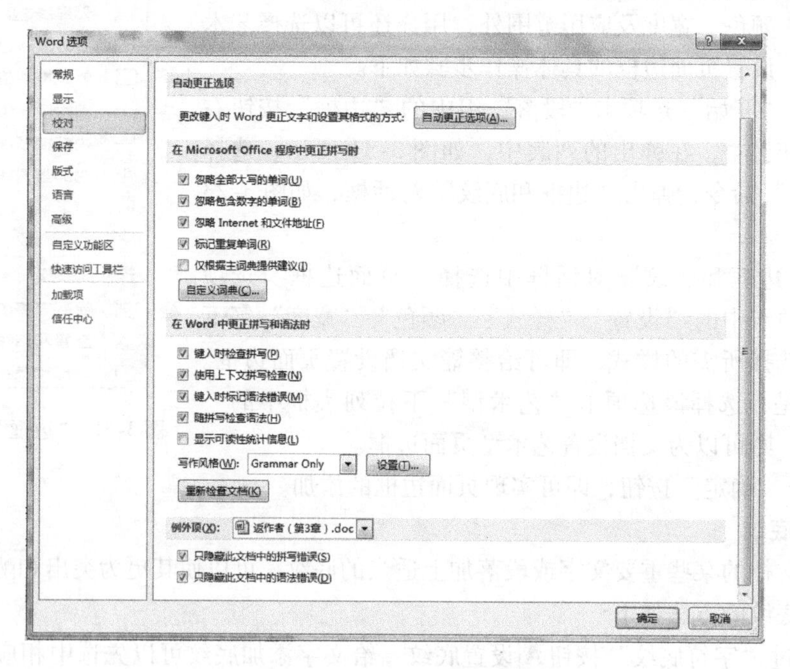

图 3-33　启动拼写和语法检查

使用拼写和语法检查的功能十分简单。在“审阅”选项卡中单击“校对”选项组中的“拼写和语法”按钮，打开“拼写和语法”对话框，然后根据情况进行忽略或更改操作。

3.3.7　习题

一、选择题

1. 在 Word 2010 中，(　　) 是一系列的预制的排版命令，利用它进行排版可以节省时间，提高效率。

A. 模板　　B. 样式　　C. 表格　　D. 分栏

2. 在 Word 文档编辑状态下，将光标定位于任一段落位置，设置 1.5 倍行距后，结果将是（　　）。

A. 全部文档没有任何变化

B. 全部文档按照 1.5 倍行距调整段落格式

C. 光标所在行按照 1.5 倍行距调整段落格式

D. 光标所在段落按照 1.5 倍行距调整段落格式

3. 在 Word 2010 的编辑状态，被编辑文档中的文字有“四号”“五号”“16”磅、“18”磅 4 种，下列关于所设定字号大小的比较中，正确的是（　　）。

A. “四号”大于“五号”　　B. “四号”小于“五号”

C. “16”磅大于“18”磅　　D. 字的大小一样，字体不同

二、填空题

1. Word 2010 工具栏上的 **B**、*I*、U 按钮，代表字符的粗体、__________、下画线标记。

2. 在 Word 2010 中，如果要在文档中使用项目符号和编号，需使用“__________”选项组中的项目符号和编号命令。

三、判断题

1. 在 Word 2010 编辑状态下，若要调整左右页边距，利用标尺来调整是最直接、最快捷的方法。(　　)

2. 使用项目符号和编号可以合理地组织文档中并列的项目或者对顺序的内容进行编号，从而使得这些项目的层次结构更加清楚、更有条理。Word 2010 不但提供了标准的项目符号和编号，而且允许用户自定义项目符号和编号。(　　)

四、实操题

1. 在指定文件夹下打开 Word 模练 002. docx：将标题设置为三号、微软雅黑、加粗、居中、字间距 2 磅；正文部分设置为四号、宋体、倾斜、居中；正文第一行文字下加着重号、第二行文字下加下画线（单线）、第三行文字加边框、第四行文字加黄色底纹。存储为文档“Word 模练答 002. docx”。

2. 在指定文件夹下打开 Word 模练 003. docx：设置标题段后间距为 2 行距，正文各行间距为 1.5 倍行距；为正文添加项目符号★。存储为文档“Word 模练答 003. docx”。

3. 在指定文件夹下打开 Word 模练 004. docx：将正文最后一段分为等宽两栏，栏间距 2 字符，栏间添加分隔线；将页面上、下边距设置为 2.4 厘米，页面垂直对齐方式为“顶端对齐”；插入页眉，并在页眉居中位置输入小五号黑体“星球探秘”。存储为“文档 Word 模练答 004. docx”。

3.3.8 习题答案

一、选择题

1. B

2. D

解析：行距决定了段落中各行文字之间的垂直距离。当将光标定位于任一段落位置后设置行距，则该设置只对光标所在的段落起作用。故答案为 D 选项。

3. A

二、填空题

1. 斜体　2. 段落

三、判断题

1. 对。　2. 对。

四、实操题

1. 操作步骤：

1）双击打开 Word 模练 002. docx 文档。

2）选中标题段文本，单击“开始”选项卡“字体”组右下角的对话框启动器按钮，弹出“字体”对话框，切换到“字体”选项卡，根据题目要求，对标题段文本进行设置。

3）按题目要求设置正文字格式。方法与标题段文本格式设置方法相同。

4）保存文档。

2. 操作步骤：

1）双击打开 Word 模练 003. docx 文档。

2）选择标题段，单击“开始”选项卡“段落”组右下角的对话框启动器按钮，弹出“段落”对话框，分别通过各选项卡按要求设置标题段格式。

3）选择正文段，按要求设置正文段格式。方法与步骤 2）相同。

4）保存文档。

3. 操作步骤：

1）双击打开 Word 模练 004. docx 文档。

2）选中最后一段文字，单击“页面布局”选项卡“页面设置”组中的“分栏”按钮，按题目要求设置分栏。

3）按题目要求设置页面。

4）保存文档。

3.4 表格

表格是办公文档中经常出现的对象。利用 Word 2010 中的表格创建功能，用户可以制作出美观、专业并且非常实用的表格。

3.4.1 实训案例

在日常工作与学习过程中要经常制作表格，如在 3.2.1 小节制作全国计算机等级考试报名通知的案例中，还需要将考试内容及形式以表格的形式展现出来，这样可以使报名者对考试内容一目了然。本案例就是在 3.2.1 小节案例的基础上添加一个表格，并输入相应内容，将考试内容及形式展现出来，如图 3-34 所示。

1. 案例分析

本案例主要涉及的知识点如下。

1）表格的插入。

2）单元格的合并与拆分。

3）设置文本对齐方式。

4）调整行高和列宽

5）设置单元格底纹。

2. 实现步骤

1）打开“桌面”上的“全国计算机等级考试报名通知”文档，将光标定位到文档末尾处，选择“插入”选项卡“页”组中的“分页”按钮 分页，将光标定位到下一页起始处。

2）输入文本“考试内容及形式”，并选中这些文本，在浮动菜单中将其设置为黑体、小三号，再选择居中对齐方式，然后换行，将光标定位在下一行。

3）选择“插入”选项卡，单击“表格”按钮弹出下拉列表，在下拉列表中选择“插

考试内容及形式

科　　目		笔试	上机	备注
一级	一级B	无	90min	
	一级MS	无	90min	
二级	C语言	90min	90min	VC环境
	VB	90min	90min	
	VFP	90min	90min	
	C++	90min	90min	
三级	信息管理技术	120min	60min	VC环境
	网络技术	120min	60min	
	数据库技术	120min	60min	
四级	网络工程师	120min	暂无	
	数据库工程师	120min	暂无	
	软件测试工程师	120min	暂无	

图 3-34　案例样图

入表格”命令，在弹出的“插入表格”对话框中输入“列数”值为 5、“行数”值为 13，然后单击“确定”按钮。

4）用鼠标拖动选定第 1 行第 1、2 列处的两个单元格，右击，在弹出的快捷菜单中选择“合并单元格”命令。

5）用鼠标拖动选定第 2、3 行第 1 列处的两个单元格，右击，在弹出的快捷菜单中选择“合并单元格”命令。

6）选定第 2 行第 4 列处的单元格，右击，在弹出的快捷菜单中选择“拆分单元格”命令，在弹出的“拆分单元格”对话框中输入“列数”值为 2、“行数”值为 1，然后单击“确定”按钮。

7）选定第 3 行第 4 列处的单元格，右击，在弹出的快捷菜单中选择“拆分单元格”命令，在弹出的“拆分单元格”对话框中输入“列数”值为 2、“行数”值为 1，然后单击“确定”按钮。

8）用鼠标拖动选定第 4 ~ 7 行第 1 列处的 4 个单元格，右击，在弹出的快捷菜单中选择“合并单元格”命令。

9）用鼠标拖动选定第 8 ~ 10 行第 1 列处的 3 个单元格，右击，在弹出的快捷菜单中选择“合并单元格”命令。

10）用鼠标拖动选定第 11 ~ 13 行第 1 列处的 3 个单元格，右击，在弹出的快捷菜单中选择“合并单元格”命令。

11）按照样图输入相关内容，字号为四号，字体为宋体。

12）单击表格左上角的选择按钮选中整个表格，右击，在弹出的快捷菜单中选择“单元格对齐方式”中的“水平居中”命令。

13）将指针放置到行线或列线上，指针会变为双线形状，拖动鼠标来调整行高和列宽。

14）选定第2、3行第4列处的4个单元格，右击鼠标右键，在弹出的快捷菜单中选择“边框和底纹”命令，在打开的“边框和底纹”对话框中给单元格设置一种浅绿色底纹。

3.4.2 创建表格

在Word 2010中，可以快速插入8行10列以内的任意表格，也可以通过从一组预先设好格式的表格中选择要插入的表格，或通过选择需要的行数和列数来插入表格，还可以绘制包含不同高度单元格的表格。

1. 快速插入表格

这种方法可以快速地插入8行10列以内的任意表格。例如，在文档中插入一个4行5列的表格，操作方法如下。

将指针移动到要插入表格的位置，单击“插入”选项卡“表格”组中的“表格”按钮，在弹出的下拉列表网格中直接拖动鼠标选择表格的行数和列数，当行数和列数满足要求后释放鼠标左键，即可插入表格。

2. 使用表格模板插入表格

使用表格模板可以在文档中插入一组预先设定好格式的表格。表格模板中包含示例数据，可以帮助用户想象添加数据时表格的外观。使用表格模板插入表格的操作方法如下。

1）将指针定位到要插入表格的位置，单击“插入”选项卡“表格”组中的“表格”按钮，在弹出的列表中选择“快速表格”命令。

2）在弹出的级联菜单中选择需要的表格样式，单击，即可在指定的位置插入一个带有示例数据的表格。可以使用所需要的数据来替换模板中的示例数据。

3. 使用指定行数与列数方式插入表格

如果要插入包含较多行和列的表格，就可以通过“插入表格”对话框直接指定行数和列数来插入表格，操作方法如下。

1）将指针定位于要插入表格的位置，单击“插入”选项卡“表格”组中的“表格”按钮，在弹出的列表中选择“插入表格”命令，弹出如图3-35所示的“插入表格”对话框。

2）在该对话框中输入要插入表格的行数和列数，然后单击“确定”按钮，即可在指定位置插入一个表格。

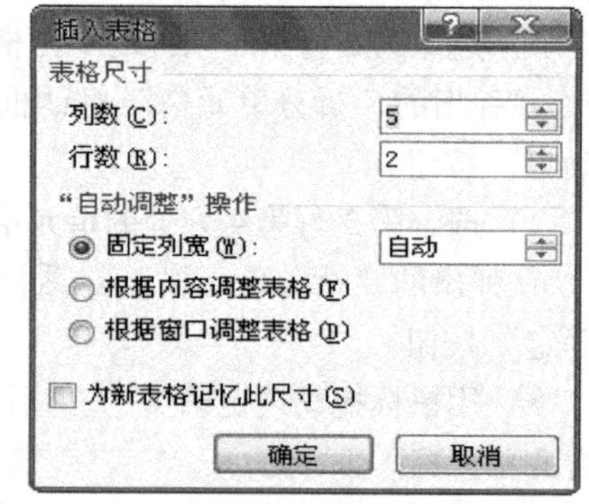

图3-35 “插入表格”对话框

4. 绘制表格

使用“插入表格”功能，只能在文档中插入比较规则的表格。如果要绘制包含不同高度的单元格或者其他不规则的表格，可以使用“绘制表格”功能来手动绘制表格。操作方法如下。

1）将指针定位于要插入表格的位置，单击“插入”选项卡“表格”组中的“表格”按钮，在下拉列表中选择“绘制表格”命令，此时指针变为铅笔形状，按住鼠标左键并拖动鼠标即可绘制一个矩形框，Word 2010会先用虚线表示用户要画出的线，释放鼠标确认绘制。然后，将指针从表格外框线上的一个点拖动到对边，完成绘制表格的行分割线和列分割线。按<Esc>键可以退出表格绘制状态。

2）在“表格工具-设计”选项卡中，单击“绘图边框”组中的“擦除”按钮，可以擦除一条或多条线。

3）绘制完毕后，在单元格中单击，开始输入文字或插入图形。

5. 将文本转换为表格

在已经输入文本的情况下，可以使用将文本转换成表格的方法来创建表格，操作方法如下。

1）选中用制表符分隔的文本。

2）选择“插入”选项卡“表格”组中的“表格”按钮，在弹出的下拉列表中选择“文字转换成表格”命令，弹出如图3-36所示的“将文字转换成表格”对话框。

3）在该对话框的“列数”数值框中输入具体的列数；在“文字分隔位置”选项区域中，选中“制表符”单选按钮。

4）单击“确定”按钮即可实现文本转换为表格。

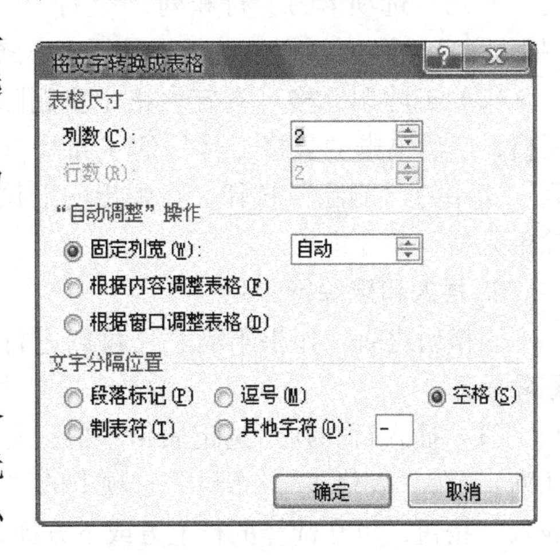

图3-36　“将文字转换成表格”对话框

3.4.3　编辑表格

1. 输入数据

表格中的每一个小格叫作单元格，在每一个单元格中都有一个段落标记，因此，在输入单元格内容时，用户可以把每一个单元格当作一个小的段落来处理。

要向单元格中输入文本，应先单击该单元格，然后输入文本，当输入到单元格右边线时，单元格高度会自动增大，把输入的内容转到下一行。像编辑文本一样，如果要另起一段，那么应按<Enter>键。

单元格中的文本像文档中其他文本一样，可以使用选定、插入、删除、剪切和复制等基本编辑技术来编辑它们。

如果需要在单元格中插入图片，可以使用“插入”选项卡“插图”组中的“图片”命令来实现。

2. 单元格对齐方式

表格在输入内容后，每一个单元格相当于一个小文档，对于这些已有内容的单元格，可以设置它们文本的对齐方式。操作方法是：先选定需要进行对齐设置的单元格区域，然后右击，选择快捷菜单中“单元格对齐方式”中相对应的命令即可。

单元格对齐方式包括靠上两端对齐、靠上居中对齐、靠上右对齐、中部两端对齐、水平居中对齐、中部右对齐、靠下两端对齐、靠下居中对齐和靠下右对齐。

3. 表格的选择

在对表格进行各种操作之前，首先要选定编辑区域，操作方法如下。

（1）选定单元格　把指针移到要选定的单元格左侧位置，当指针变为时，单击，就可选定所指的单元格。另外，拖动鼠标还可以选定连续的多个单元格。Word将反白显示选定的单元格。

（2）选定表格的行　把指针移到表格外要选定行的左边，当指针变成右上指的箭头时，单击即可选定所指的行。拖动鼠标可选定连续多行。

（3）选定表格的列　把指针移到表格外要选定列的上方，当指针变成选定列指针↓时，单击即可选定箭头所指的列。拖动鼠标可选定连续多列。

（4）选定整个表格　将光标移到表格的任意位置，在表格左上角就会显示一个⊞按钮，单击该按钮可以迅速选定整个表格。

4. 插入和删除单元格

（1）插入单元格　在表格中将指针定位在要插入单元格的位置，然后单击“表格工具”的“布局”选项卡的“行和列”组右下角的对话框启动器按钮，弹出如图3-37所示的“插入单元格”对话框，选择一种插入方式，单击“确定”按钮即可。

（2）删除单元格　选定表格中要删除的一个或多个单元格，然后单击“表格工具”的“布局”选项卡的“行和列”组中的“删除”按钮，在弹出的下拉列表中选择“删除单元格”命令即可。

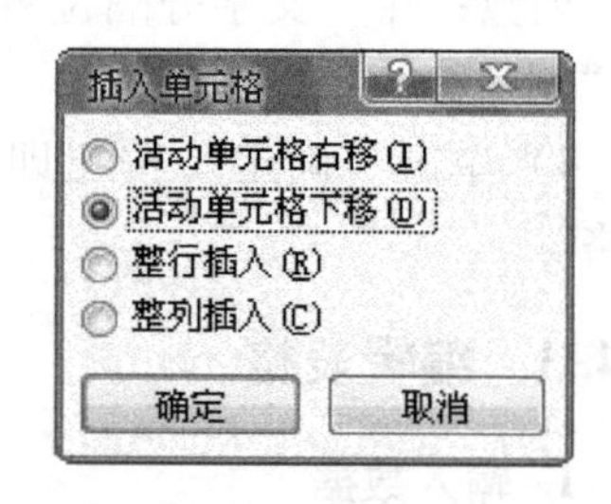

图3-37　“插入单元格”对话框

5. 插入和删除行和列

表格创建后，如果不满意还可以进行行和列的插入和删除操作。

（1）插入行和列　选定表格中的一行或几行（一列或几列），在“表格工具-布局”选项卡的“行和列”组中，单击“在上方插入”或“在下方插入”按钮，可在选择的行上方或下方插入一行或几行（单击“在左侧插入”或“在右侧插入”按钮，可在选择的列左侧或右侧插入一列或几列）。

（2）删除行和列　选定表格中要删除的一个或多个行或者列，然后单击“表格工具-布局”选项卡的“行和列”组中的“删除”按钮，在弹出的下拉列表中选择“删除行”或者“删除列”命令即可。

6. 单元格的拆分与合并

在简单表格的基础上，通过对单元格的合并或拆分可以构成比较复杂的表格。一个单元格可以拆分成多个单元格，多个单元格也可以合并为一个。

（1）单元格的拆分　先选定要拆分的单元格，然后单击“表格工具-布局”选项卡“合并”组中的“拆分单元格”按钮拆分单元格，弹出如图3-38所示的“拆分单元格”对话框。在该对话框中输入单元格要拆分成的行数和列数，单击“确定”按钮即可。

（2）单元格的合并　如果需要将表格的若干个连续单元格合并成一个大的单元格，那么首先选定这些要合并的单元格，然后单击“表格工具-布局”选项卡“合并”组中的“合并单元格”按钮合并单元格，Word 2010就会删除所选单元格之间的分界线，建立一个新的单元格。

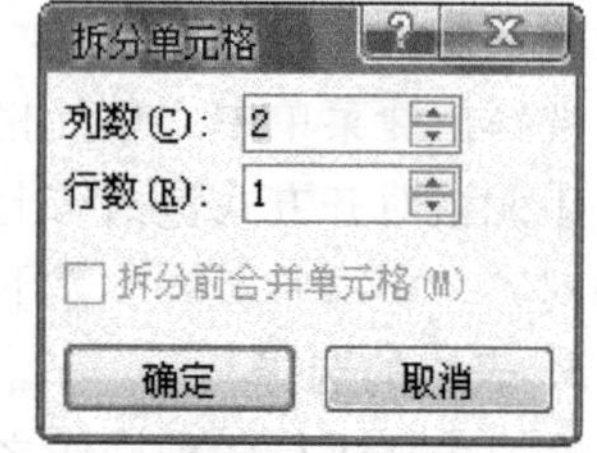

图3-38　“拆分单元格”对话框

7. 拆分表格

拆分表格的含义是将一个表格拆分为多个独立的表格，操作方法如下。

1）将指针置于拆分后成为第二个表格的首行任意单元格中。

2）单击“表格工具-布局”选项卡“合并”组中的“拆分表格”按钮拆分表格，此时在指针所在行的上方插入一空白段，把表格拆分成两张表格。

Word 2010 将在拆分表格的两部分之间插入一个用正文样式设置的段落格式标记，如果要合并两个表格，只要删除两表格之间的段落标记即可。

8. 调整行高和列宽

一般情况下，Word 2010 能根据单元格中输入内容的多少自动调整行高和列宽，但也可以根据需要来修改它们。

（1）使用鼠标调整行高和列宽　当不需要精确设定行高和列宽时，用户可以利用拖动鼠标的方法来实现对行高和列宽的调整。操作方法是：将指针移到准备调整尺寸的行的下边框或列的左边框上，当指针呈现双横线或双竖线形状时，按住鼠标左键上下或左右拖动，即可改变当前的行高或列宽。

注意：拖动调整列宽指针时，整个表格大小不变，但表格线相邻的两列列宽均改变。若在拖动调整列宽指针的同时按住 <Shift> 键，则表格线左侧的列宽改变，其他各列的列宽不变，表格大小改变。

（2）通过“布局”选项卡调整行高和列宽　若要精确地设置表格中的行高和列宽，可以通过“布局”选项卡来完成。操作方法是：选定需要调整的行或列，在“表格工具-布局”选项卡“单元格大小”组中的“表格行高”或“表格列宽”数值框中设置新的数值，则可以精确地调整所选行或列的高度值或宽度值。

另外，通过“表格属性”对话框也可精确地设置表格中的行高和列宽，操作方法如下。

单击表格，选择“表格工具”→“布局”→“属性”命令，在弹出的“表格属性”对话框中，利用“行”选项卡可以调整行高，利用“列”选项卡可以调整列宽。单击“布局”选项卡中“单元格大小”组的功能按钮，也可以弹出“表格属性”对话框，如图 3-39 所示。

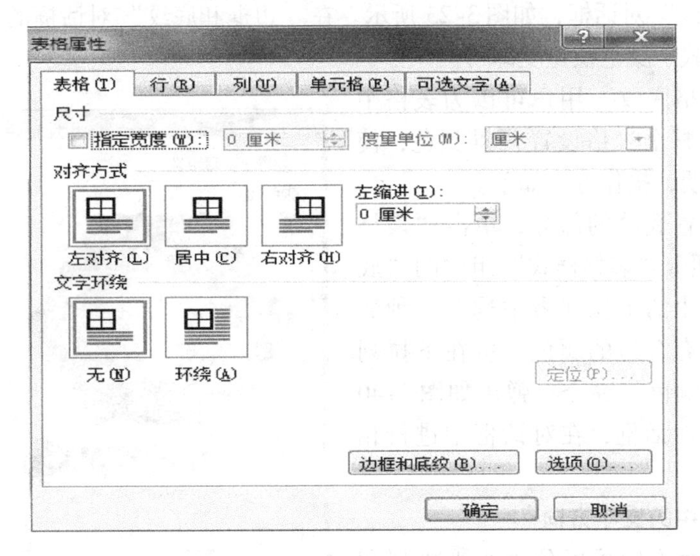

图 3-39　“表格属性”对话框

9. 设置标题行重复

若一个表格较大，需要跨页显示，则可以设置标题行重复，这样会在每一页都明确显示表格中的每一列的标题。在 Word 2010 中设置标题行重复的操作方法如下。

1）在表格中选定表格第一行的标题行，单击“表格工具-布局”选项卡中“表”组的“属性”按钮，弹出如图 3-39 所示的“表格属性”对话框。

2）在“表格属性”对话框中切换到“行”选项卡，然后选中“在各页顶端以标题行形式重复出现”复选框。

3）单击“确定”按钮，即可实现标题行重复。

3.4.4 修饰表格

创建表格并在其中输入数据后，用户可以手动对数据和表格进行一系列的设计与修饰，还可以采用 Word 2010 自带的套用格式，让表格看起来更加美观，内容更加清晰整齐。

1. 自动套用格式

Word 2010 为用户预定义了多种表格格式、字体、边框、底纹、颜色供选择，可以快速地为表格设置较为专业的格式。操作方法是：将指针移到要套用格式的表格内或选定表格，选择“表格工具-设计”选项卡中“表格样式”组中的一种样式，单击即可将选定的样式应用于该表格。

2. 设置表格边框和底纹

除了表格自动套用格式外，还可以使用“边框和底纹”对话框对表格的边框线和线型、粗细和颜色、底纹颜色等进行个性化的设置。

（1）设置表格边框　为表格设置边框时，可以对边框线条的粗细、颜色和样式进行设置，操作方法如下。

将指针定位到表格中的任意单元格，单击“表格工具-设计”选项卡“表格样式”组中的“边框”按钮右侧的下拉按钮 边框 ，在弹出的下拉列表中选择“边框和底纹”命令，弹出“边框和底纹”对话框，如图 3-23 所示。在“边框和底纹”对话框的“边框”选项卡中设置边框的样式、颜色及宽度即可。

（2）设置表格底纹　用户可以为表格中的指定单元格或整个表格设置背景颜色，使表格外观层次分明，操作方法如下。

选定将要设置底纹的部分，单击“表格工具-设计”选项卡“表格样式”组中的“底纹”按钮，在弹出的下拉列表中选择一种颜色即可。如果没有合适的颜色，可在下拉列表中选择“其他颜色”命令，弹出如图 3-40 所示的“颜色”对话框，在对话框中进行相应的设置即可。

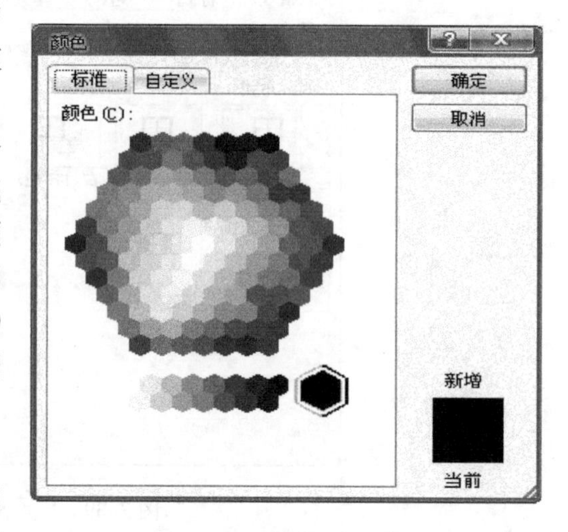

图 3-40 “颜色”对话框

3. 设置表格中的文字方向

表格中的文字方向可以分为水平排列和垂直排列两类。设置表格中的文字方向的操作方法如下。

1）选定需要修改文字方向的单元格。

2）在“表格工具-布局”选项卡“对齐方式”组中，单击“文字方向”按钮，可以使表格中的文本在“水平”和“垂直”两种方向之间进行切换。

4. 设置表格的对齐方式

在 Word 2010 文档中，如果所创建的表格没有完全占用 Word 文档页边距内的页面，可以为表格设置相对于页面的对齐方式，操作方法如下。

1）将指针定位到表格中的任意单元格，单击“表格工具-布局”选项卡“对齐方式”组中的对齐方式按钮，控制单元格中文本在水平和垂直两个方向上的对齐方式。

2）在右键快捷菜单中选择“单元格对齐方式”命令，对选定单元格的对齐方式进行设置。

5. 表格的移动与缩放

当指针位于表格的任意位置时，在表格外边框的左上角会出现表格移动标志，右下角出现表格缩放标志。

拖动表格移动标志可以将表格移动到页面上的任意位置；当鼠标指针移动到缩放标志上时，拖动鼠标可以改变整个表格的大小。

3.4.5　表格数据的排序和计算

1. 数据排序

可以对表格中的数据进行排序，操作方法如下。

1）将指针定位到表格中的任意单元格，单击“表格工具”的“布局”选项卡“数据”组中的“排序”按钮，弹出如图 3-41 所示的“排序”对话框。

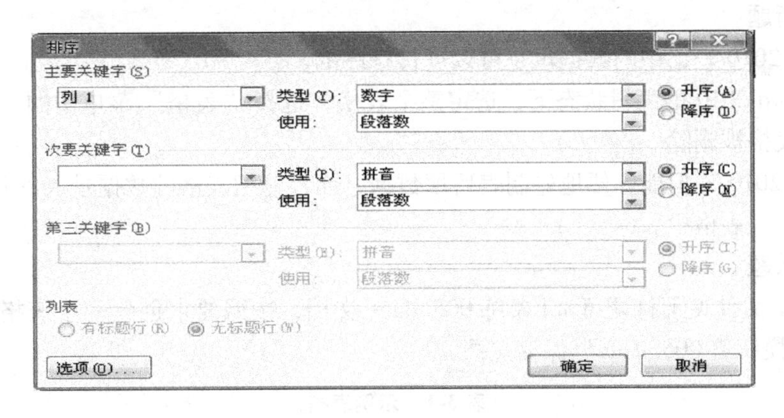

图 3-41　“排序”对话框

2）在“排序”对话框中选择排序关键字，排序的类型及升序或是降序。

3）单击“确定”按钮即可完成对数据的排序操作。

2. 数据计算

可以对表格中的数据进行简单的计算，操作方法如下。

1）将指针定位到存放运算结果的单元格中，单击“表格工具-布局”选项卡“数据”组中的“公式”按钮，弹出如图 3-42 所示的“公式”对话框。

2）在“公式”文本框中确定公式内容，或者使用“粘贴函数”下拉列表框粘贴函数。

3）确定编号的格式，可以在“编号格式”下拉列表框中进行选择。

4）单击“确定”按钮即可完成数据的计算操作。

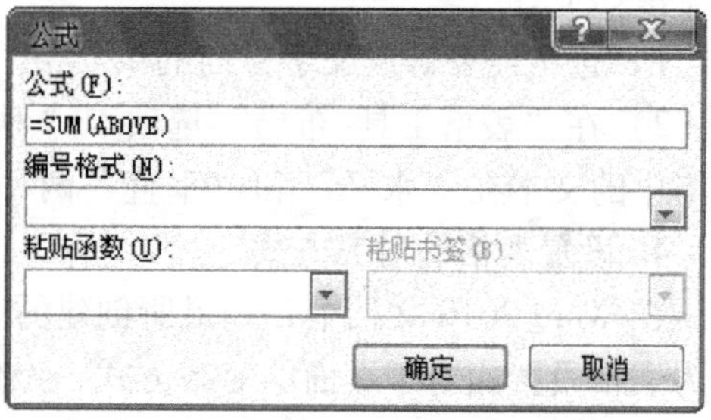

图 3-42 “公式”对话框

3.4.6 习题

一、选择题

1. 在 Word 2010 的编辑状态下，设置了一个由多个行和列组成的空表格，将插入点定位在某个单元格内，单击“表格工具-布局”选项卡“表”组中的“选择”按钮，在弹出的下拉列表中选择“选择行”命令，再选择“选择”下拉列表中的“选择列”命令，则表格中被选择的部分是（ ）。

A. 插入点所在的行　　B. 插入点所在的列

C. 一个单元格　　D. 整个表格

2. 在 Word 2010 表格中，单元格内能填写的信息（ ）。

A. 只能是文字　　B. 只能是文字或符号

C. 只能是图像　　D. 文字、符号、图像均可

二、填空题

1. 在 Word 2010 中，若要计算表格中某行数值的总和，可使用的统计函数是________。

2. 在 Word 2010 中，表格中的文字方向可以分为________排列和________排列两类。

三、判断题

1. Word 2010 表格中的数据也是可以进行排序的。（ ）

2. 在 Word 2010 的编辑状态下，选定整个表格，选择“表格”菜单中的“删除行”命令，则整个表格被删除。（ ）

3. Word 2010 不但能方便地先制表后填数据，而且能把表格的数据录入，并自动地将已存在的数据放入表格中。（ ）

四、实操题

1. 在指定文件夹下打开 Word 模练 005. docx 文档，按照要求创建一个表格，见表 3-1，并以“Word 模练答 005. docx”保存文档。

表 3-1 示例表格

职工号	单位	姓名	基本工资/元	职务工资/元	岗位津贴/元
1031	一厂	王平	706	350	380
2021	二厂	李万全	850	400	420
3074	三厂	刘福来	780	420	500
1058	一厂	张雨	670	360	390

2. 在指定文件夹下打开 Word 模练 006. docx，按要求设置表格。

1）设置表格居中，表格列宽为 2cm、行高为 0. 6cm，表格内所有内容水平居中。

2）设置表格外框线为 1. 5 磅红色双窄线、内框线为 1 磅蓝色（标准色）单实线；为表格第一行添加“红色，强调文字颜色 2，淡色 80%”底纹。并以“Word 模练答 006. docx”保存文档。

3. 在指定文件夹下打开 Word 模练 007. docx，按要求完成下列操作。

1）在表格右侧增加一列，并输入列标题“合计”。

2）在新增列相应单元格内填入合计值。

3）按“合计”列降序排列表格内容。

4）以“Word 模练答 007. docx”保存文档。

3.4.7 习题答案

一、选择题

1. D　　2. D

二、填空题

1. SUM　　2. 水平，垂直

三、判断题

1. 对。　　2. 对。　　3. 对。

四、实操题

1. 操作步骤：

1）双击打开 Word 模练 005. docx 文档。

2）通过多种方式按照题目要求制作表格。例如，单击“插入”选项卡“表格”组中的“表格”按钮，在弹出的下拉列表中选择“插入表格”命令，弹出“插入表格”对话框，设“列数”为 6、“行数”为 5，单击“确定”按钮。

3）分别在单元格中输入文本内容。

4）保存文档。

2. 操作步骤：

1）双击打开 Word 模练 006. docx 文档。

2）选定表格，单击“表格工具-布局”选项卡“单元格大小”组右下角的对话框启动器按钮，打开“表格属性”对话框；切换到“列”选项卡，选中“指定宽度”复选框，并设置其值为“2cm”；切换到“行”选项卡，选中“指定高度”复选框，设置其值为“0. 6cm”，在“行高值是”下拉列表框中选择“固定值”选项，单击“确定”按钮。

3）选定整个表格，在“表格工具-设计”选项卡“绘图边框”组中，单击右下角的对话框启动器按钮，打开“边框和底纹”对话框；切换到“边框”选项卡，选择“方框”设置，在“样式”列表框中选择“双窄线”，在“颜色”下拉列表框中选择“红色”，在“宽度”下拉列表框中选择“1. 5 磅”；再单击“设置”选项区域中的“自定义”选项，在“样式”中选择“单实线”，在“颜色”下拉列表框中选择“蓝色”，在“宽度”下拉列表框中选择“1. 5 磅”，在“预览”中单击表格中心位置，添加内部框线；单击“确定”按钮。

4）选定表格第一行，在“表格工具-设计”选项卡“表格样式”组中，单击“底纹”下拉按钮，在弹出的下拉列表中选择填充色为“红色，强调文字颜色 2，淡色 80%”。

5）保存文档。

3. 操作步骤：

1）双击打开 Word 模练 007. docx 文档。

2）单击表格末尾处，在“表格工具-布局”选项卡“行和列”组中，单击“在右侧插入”按钮，即可在表格右方增加一空白列，在最后一列的第一行输入列标题“合计”。

3）单击表格最后一列第 2 行，在“表格工具-布局”选项卡“数据”组中，单击“f_x 公式”按钮，弹出“公式”对话框，在“公式”文本框中输入“ = SUM(LEFT)”，单击“确定”按钮。

4）把指针置于表格内，单击“开始”选项卡“段落”组中的“排序”按钮，弹出“排序”对话框，选中“列表”选项区域中的“有标题行”单选按钮，选择“主要关键字”为“合计”，选中“降序”单选按钮，最后单击“确定”按钮。

5）保存文档。

3.5 图文混排

3.5.1 实训案例

利用 Word 2010 制作一个计算机教研室的印章，如图 3-43 所示。

1. 案例分析

本案例主要涉及的知识点如下。

1）艺术字的插入。

2）艺术字的版式设置。

3）形状的插入及颜色填充。

4）形状的叠放次序。

5）艺术字及形状的组合。

图 3-43 案例样图

2. 实现步骤

1）启动 Word 2010 新建一个文档，单击“插入”选项卡“文本”组中的“艺术字”按钮，然后选择所需要的艺术字样式，插入“请在此放置您的文字”文本框。

2）在该文本框中输入文字“计算机教研室印章”，选定该艺术字，在“开始”选项卡的“字体”组中将字号设为 36，字体设为“宋体”。

3）单击艺术字，使用“绘图工具-格式”选项卡“艺术字样式”组中的“文字效果”按钮，在“转换”的下拉列表中选择“跟随路径”中的“上弯弧”。艺术字周围会出现控制柄，在控制柄上按下鼠标左键并拖动，将艺术字调整为所需要的圆弧形。

4）选定艺术字，在边框上右击，在弹出的快捷菜单中选择“自动换行”→“浮于文字上方”命令。

5）单击“插入”选项卡“插图”组中的“形状”按钮，在出现的下拉列表中选择

“基本形状”中的“椭圆”，拖动鼠标绘制一个与艺术字宽度相近的圆形。

6）在圆形上右击，从弹出的快捷菜单中选择“设置形状格式”命令，在弹出的“设置形状格式”对话框的“线型”选项卡中将线形设置为双实线，线条粗细值为5磅，单击“关闭”按钮。

7）在圆形上右击，把“叠放次序”设置为“置于底层”。

8）单击“插入”选项卡“插图”组中的“形状”按钮，在弹出的下拉列表中选择“星与旗帜”中的“五角星”，在圆形中间拖动鼠标绘制一个五角星。

9）在五角星上右击，从弹出的快捷菜单中选择“设置形状格式”命令，弹出“设置形状格式”对话框；在“线条颜色”选项卡中设置“实线”颜色为“红色”，透明度为“48%”，“线型”中的线条粗细为2磅；在“填充”选项卡中设置“纯色填充”，颜色为“红色”；单击“关闭”按钮。

10）按住 < Shift > 键选定艺术字、圆形及五角星，右击，在弹出的快捷菜单中选择“组合”命令，将它们组合为一个对象。

11）将文档保存到“桌面”上，并命名为“图章”。

3.5.2 插入与编辑图片

使用Word编辑文档时，实时地插入恰当的图片、剪贴画或艺术字，不仅可以增强文档的美观性，还可以更有效地表现文档的含义。在Word 2010中可以插入多种格式保存的图片，包括从剪辑库中插入剪贴画、从其他程序或文件夹中插入图片、从移动存储介质插入图片，以及从扫描仪插入图片。

1. 插入图片文件

1）将指针定位到要插入图片的位置，单击“插入”选项卡“插图”组中的“图片”按钮，打开如图3-44所示的“插入图片”对话框。

2）在对话框中选择需要插入的图片，单击“插入”按钮即可。

2. 插入剪贴画

1）将指针定位到要插入剪贴画的位置，单击“插入”选项卡“插图”组中的“剪贴画”按钮，在窗口右侧显示出“剪贴画”窗格。

2）在“搜索文字”文本框中输入要搜索的剪贴画的类型，如动物、人物等，也可不输入，单击“搜索”按钮，在“结果类型”下拉列表框中显示搜索的结果，从中选择需要的剪贴画即可。

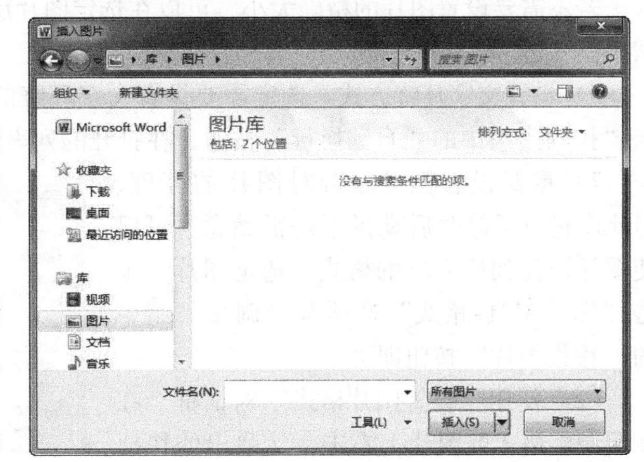

图3-44 “插入图片”对话框

3. 设置图片格式

在文档中插入图片或剪贴画后，选定该图片，就可以对图片的格式进行设置。设置图片格式的方法有两种。

(1) 使用“格式”选项卡　单击插入到文档中的图片或剪贴画，在功能区中会显示“图片工具-格式”选项卡，如图3-45所示。在该选项卡中可以进行图片格式的设置。

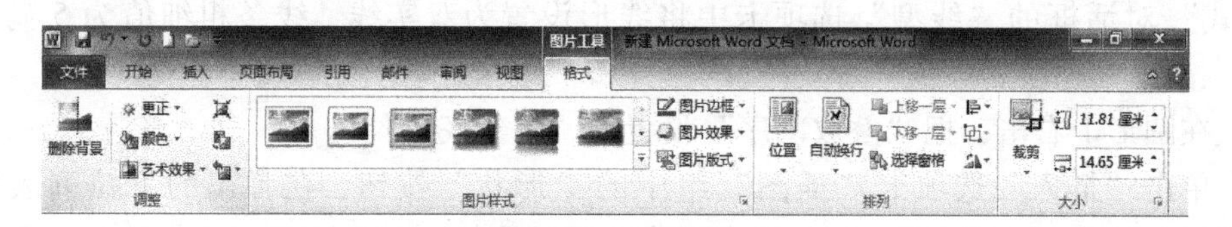

图3-45　“图片工具-格式”选项卡

1）修改图片亮度。选定需要设置亮度的图片，单击“图片工具-格式”选项卡“调整”组中的“更正”按钮，选择“亮度和对比度”选项，在弹出的列表中进行选择即可。

2）修改图片对比度。选定需要设置对比度的图片，单击“图片工具-格式”选项卡“调整”组中的“更正”按钮，选择“亮度和对比度”选项，在弹出的列表中进行选择即可。

3）对图片重新着色。选定需要重新着色图片，单击“图片工具-格式”选项卡“调整”组中的“颜色”按钮，再单击“重新着色”按钮，在打开的列表中选择“自动”“灰度”“黑白”“冲蚀”或“设置透明色”等可为选定的图片重新着色。

4）裁剪图片。选定需要裁剪的图片，单击“图片工具-格式”选项卡“大小”组中的“裁剪”按钮，图片周围将会显示黑色边框，将指针置于黑色边框上单击，按住鼠标左键向内拖动鼠标可对图片进行裁剪。

5）修改图片大小。选定需要修改大小的图片，右击，在弹出的快捷菜单中选择“大小和位置”命令；在弹出的“大小和位置”对话框中选择“大小”选项卡，在“缩放”选项区域中取消选中“锁定纵横比”复选框；然后，在“图片工具-格式”选项卡“大小”组中的“高度”和“宽度”数值框中输入具体数值，按<Enter>键即可。

若不需要设置图片的精确大小，可以在选定图片后，拖动图片四角的控制手柄来放大或缩小图片。

6）设置文字环绕方式。选定需要设置文字环绕的图片，单击“图片工具-格式”选项卡“排列”组中的“自动换行”按钮，在打开的列表中选择合适的环绕方式即可。

7）重新设置图片。若对图片的亮度、对比度进行了修改后觉得不是很满意，可以使图片恢复到插入时的格式。选定图片，单击“图片工具-格式”选项卡“调整”组中的“重设图片”按钮即可。

(2) 使用“设置图片格式”对话框　在需要调整格式的图片上右击，从弹出的快捷菜单中选择“设置图片格式”命令，弹出如图3-46所示的“设置图片格式”对话框。在该对话框中可以设置图片的亮度、对比度及三维格式和阴影格式等。

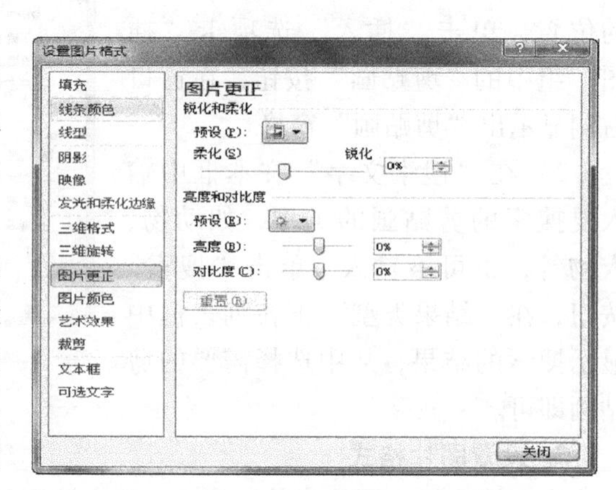

图3-46　“设置图片格式”对话框

3.5.3 插入与编辑文本框

文本框是一种可以在其中独立进行文字的输入和编辑的图形框。在文档中适当地使用文本框，可以实现一些特殊的编辑功能。它就像一个盛放文字的容器，可以在页面上定位并调整。利用文本框还可以重排文字和向图形添加文字。

1. 插入文本框

在 Word 2010 中插入文本框的操作方法如下。

1）单击“插入”选项卡“文本”组中的“文本框”按钮。

2）在打开的列表框中的“内置”文本框列表中选择一种合适的文本框样式。

3）选定的文本框即被插入到文档中，直接输入文本内容即可。

4）若“内置”文本框列表中没有适合的文本框样式，还可以选择“绘制文本框”命令，在文档中拖动鼠标来绘制文本框。

2. 编辑文本框

插入文本框后，还可以对文本框进行编辑，操作方法如下。

选定文本框，“绘图工具-格式”选项卡中会自动出现文本框编辑的相关要素，如图 3-47 所示，用户可进行文本框相关设置。在文本框的边框线上右击，还会弹出快捷菜单，选择“设置形状格式”命令，弹出“设置形状格式”对话框，其中包含有“填充”“线条颜色”“线型”和“阴影”等选项卡，设置方法与前面图片的设置方法相同。切换到“文本框”选项卡，可以设置文本的对齐方式、文字方向、内部边距等，如图 3-48 所示。

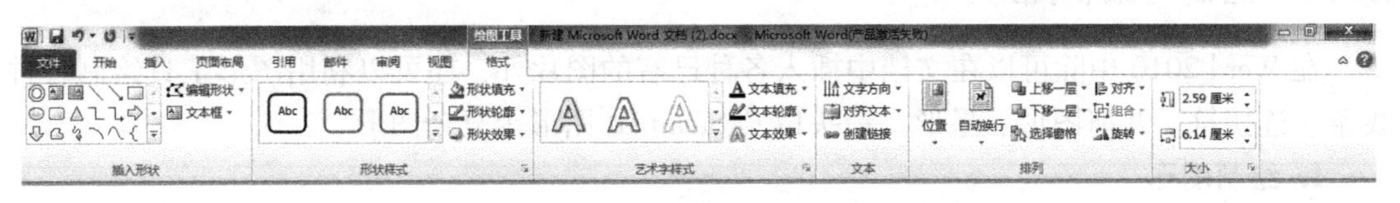

图 3-47 “绘图工具-格式”选项卡

图 3-48 “设置形状格式”对话框

3.5.4 插入与编辑艺术字

艺术字是具有艺术效果的文字，它可以使字体具有复合色彩，可带有阴影、倾斜、旋转和延伸，变成特殊的形状。

1. 插入艺术字

在 Word 2010 中插入艺术字的操作方法如下。

1）单击“插入”选项卡“文本”组中的“艺术字”按钮，在弹出的列表中选择一种合适的艺术字样式，插入“请在此放置您的文字”文本框。

2）在“请在此放置您的文字”文本框中输入要设置为艺术字的文本，然后在“开始”选项卡中分别设置字体和字号，即可完成艺术字的添加。

2. 设置艺术字格式

在文档中插入艺术字后，窗口中自动显示“绘图工具-格式”选项卡，可以用来对艺术字的样式、阴影效果、三维效果等进行设置。

（1）编辑艺术字的文字　插入艺术字后，若想对艺术字的文字进行修改，可以在“绘图工具-格式”选项卡“文本”组中选择命令来对艺术字的文字进行文字方向以及对齐方式等格式的设置。

（2）更改艺术字样式　选定艺术字，在“绘图工具-格式”选项卡“艺术字样式”组中选择相应的命令，可以改变艺术字样式、艺术文字颜色、文本轮廓和文本效果。

3.5.5 绘制与编辑图形

在 Word 2010 中除可以在文档中插入各种已有的图片外，还可以利用图形工具绘制各种线条、连接符、几何图形、星形、箭头以及 SmartArt 图形等复杂图形。

1. 绘制图形

单击“插入”选项卡“插图”组中的“形状”按钮，打开图形列表，列表中分为“线条”“基本形状”“箭头总汇”以及“星与旗帜”等若干个组，从中选择一种图形，然后在文档中拖动鼠标即可绘制图形。

2. 编辑图形

（1）选定图形　Word 2010 中选定图形的方法主要有两种。

方法 1：直接将指针放置在图形对象上，当其变为十字形时，单击即可选定图形。

方法 2：单击“开始”选项卡“编辑”组中的“选择”按钮，从列表中选择“选择对象”命令，然后单击要选定的图形即可。如果要选定多个图形，可在单击时按 <Ctrl> 键。

（2）在图形中添加文字　Word 2010 提供在封闭的图形中添加文字的功能，这对绘制示意图是非常有用的。操作方法如下。

选定图形，右击，在弹出的快捷菜单中选择“添加文字”命令，此时插入点移到图形内部，在插入点之后输入文字即可。在图形中添加的文字将与图形一起移动，同样可以用前面介绍的方法对文字格式进行编辑和排版。

（3）设置图形样式　选定图形后，在“绘图工具-格式”选项卡“形状样式”组中各个样式上移动指针，图形对象会随着指针的移动而显现不同的样式应用效果，如果对某个样式较为满意，则可在该样式上单击。

（4）设置图形填充颜色　选定图形后，单击“绘图工具-格式”选项卡“形状样式”组中的“形状填充”按钮，在弹出的下拉列表中选择合适的颜色即可实现对图形的颜色填充。

（5）设置图形阴影效果　选定图形后，单击“绘图工具-格式”选项卡“形状样式”组中的“形状效果”按钮，在弹出的下拉列表中选择“阴影”命令，可实现对图形的阴影效果设置。

（6）设置图形三维效果　选定图形后，单击“绘图工具-格式”选项卡“形状样式”组中的“形状效果”按钮，在弹出的下拉列表中选择“三维旋转”命令，可实现对图形的三维效果设置。在下拉列表中可以设置映像、发光等效果。

（7）设置图形文字环绕　选定要设置图形环绕的图形，单击“绘图工具-格式”选项卡“排列”组中的“自动换行”按钮，在弹出的下拉列表中选择一种环绕方式即可。

（8）设置图形对齐方式　如果文档中绘制了多个图形，可以将多个图形按照某种方式进行对齐。多个图形的对齐方式主要有：顶端对齐、底端对齐、上下居中、右对齐、左对齐和左右居中。设置对齐的操作方法如下。

先选定需要对齐的多个图形，然后单击“绘图工具-格式”选项卡“排列”组中的“对齐”按钮，在弹出的下拉列表中选择一种对齐方式即可。

（9）图形组合　当用许多简单的图形构成一个复杂的图形后，实际上每一个简单图形还是一个独立的对象，移动时可能由于操作不当而破坏刚刚构成的图形，这对移动整个图形来说将带来困难。为此，Word 2010 提供了将多个图形进行组合的功能，利用组合功能可以将许多简单图形组合成一个整体的图形对象，以便图形的移动、旋转及调整大小。实现图形组合的操作方法如下。

按 < Ctrl > 键，选定需要组合在一起的多个图形，单击“绘图工具-格式”选项卡“排列”组中的“组合”按钮，在弹出的下拉列表中选择组合命令即可。

（10）图形旋转　选定要设置旋转的图形，单击“绘图工具-格式”选项卡“排列”组中的“旋转”按钮，在弹出的下拉列表中选择一种旋转方式即可。

3. 插入 SmartArt 图形

SmartArt 图形是 Word 2010 提供的一种信息和观点的视觉表示形式。这种对象可以通过从多种不同布局中进行选择来创建，从而快速、轻松、直观并有效地传达信息，通常用于在文档中演示流程、层次结构、循环或关系。插入 SmartArt 图形的操作方法如下。

单击“插入”选项卡“插图”组中的“SmartArt”按钮，弹出如图 3-49 所示的“选择 SmartArt 图形”对话框。该对话框列出了 Word 2010 提供的 80 多种不同类型的模板，有列表、流程、循环、层次结构、关系、矩阵、棱锥图和图片 8 大类。在某一类下选择一种 SmartArt 图形，单击“确定”按钮，可在文档中插入一个 SmartArt 图形。按照

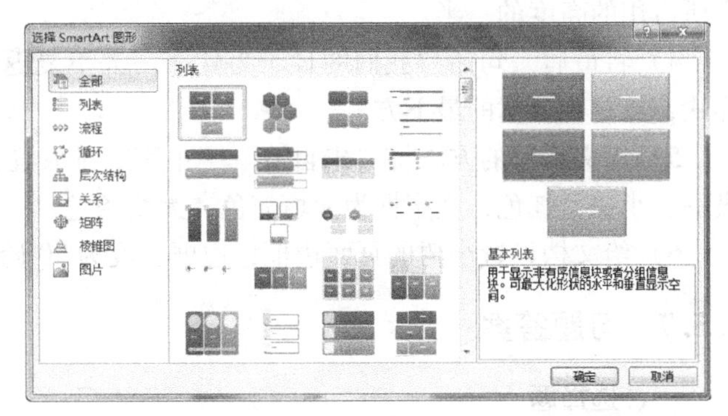

图 3-49　“选择 SmartArt 图形”对话框

需求输入相应的文字和数据，可完成对 SmartArt 图形的创建。

3.5.6 习题

一、选择题

1. 在 Word 2010 编辑状态下，若要在当前窗口中插入一幅图片，可选择的操作是单击（　　）按钮。

A. “开始”→“图片”　　B. “页面布局”→“图片”

C. “引用”→“图片”　　D. “插入”→“图片”

2. 使用 Word 2010 编辑文本时，可以插入图片，以下方法中，不正确的是（　　）。

A. 直接利用绘图工具绘制图形

B. 使用“文件”选项卡“打开”命令，选择某图形文件名

C. 使用“插入”选项卡“图片”按钮，选择某图形文件名

D. 利用剪贴板，将其他图形复制、粘贴到所需文档中

二、填空题

1. 在 Word 2010 中绘制椭圆，若按住 <__________> 键后向左下拖动可以画一个正圆。

2. 在 Word 2010 中给图形添加文字时，首先选定图形，单击鼠标__________键，在弹出的快捷菜单中选择“添加文字”命令。

三、判断题

1. 在 Word 2010 中，文本框可随输入内容的增加而自动扩展其大小。(　　)

2. 在 Word 2010 中，可以利用图形工具绘制各种线条、连接符、几何图形、星形、箭头及 SmartArt 图形等复杂图形。(　　)

四、实操题

在指定文件夹下打开 Word 模练 008. docx 文档，按照要求编辑文档，并以“Word 模练答 008. docx”保存文档。

1）将文档中第一段首字“燕”下沉三行，字体为隶书。

2）在第二段文字靠右边插入剪贴画“树叶”（在剪辑收藏集的自然分类中），设置为四周型环绕，高度为第二段文字所占用的高度。

3）第三段文字靠左边插入图片“美梦成真 . gif”，设置为四周型环绕，高度为第三段文字所占用的高度的一半。

4）将最后一句话“我们的日子为什么一去不复返呢?”设置为第四行第二列的艺术字样式，放置在文章的最下方。

5）用文本框的方法将“朱自清”三个字竖排放置在第四段文字的最右边，字体设置为隶书、小初、红色，文字框为无填充色、无线条色。

6）给文档设置小树的页面边框，边框宽度为 20 磅。

3.5.7 习题答案

一、选择题

1. D　2. B

二、填空题

1. Shift 2. 右

三、判断题

1. 错，不能自动扩展。 2. 对。

四、实操题

操作步骤：

1）双击打开 Word 模练 008. docx 文档。

2）选定文档中第一段首字“燕”，单击“插入”选项卡“文本”组中的“首字下沉”按钮。在弹出的列表中选择“首字下沉”选项命令，在打开的“首字下沉”对话框中设置下沉三行。在“开始”选项卡“字体”组中设置字体为“隶书”。

3）单击“插入”选项卡“插图”组中的“剪贴画”按钮，选择需要添加的剪贴画插入。选定图片，利用“图片工具-格式”选项卡“排列”组中的“自动换行”按钮来设置四周型环绕，拖动图片到第二段的右侧，调整图片大小。

4）选定文字“我们的日子为什么一去不复返呢?”，单击“插入”选项卡“文本”组中的“艺术字”按钮，选择添加相应样式，然后把添加的艺术字移动到文章最下方。

5）单击“插入”选项卡“文本”组中的“文本框”图标，在第四段文字的最右边绘制竖排文本框，在绘制好的文本框内添加文字，并设置相应的文字格式。选定文本框，在“文本框工具-格式”选项卡“文本框样式”组中分别设置“形状填充”和“形状轮廓”。

6）把指针置于页面任意位置，单击“页面布局”选项卡“页面背景”组中的“页面边框”按钮。在“艺术型”下拉列表框中选择需要的设置图形，并在“宽度”下拉列表框中设置磅值即可。

7）保存编辑好的文档。

3.6 Word 2010 其他操作

3.6.1 常用对象的插入与设置

1. 插入公式

在进行科技文档的编辑时，经常要处理各种各样的公式，如简单的求和公式和复杂的矩阵运算公式等，这类公式中包含不能从键盘直接输入的字符。在 Word 2010 中可以使用公式编辑器来完成公式的输入，还可以直接在文档中使用公式工具来编辑公式。

（1）使用公式编辑器插入公式　将指针定位到需要插入公式的位置，单击“插入”选项卡“文本”组中的“对象”按钮，弹出如图 3-50 所示的“对象”对话框；在该对话框的“对象类型”列表框中选择“Microsoft 公式 3. 0”选项；单击“确定”按钮，打开公式编辑器，同时在文档中显示“公式”工具栏和公式编辑框。在公式编辑框中可以录入公式，公式录入结束后，单击公式编辑框外的任意位置即可退出公式编辑器并返回文本编辑状态。

（2）使用公式工具插入公式　将指针定位到需要插入公式的位置，单击“插入”选项卡“符号”组中的“公式”按钮，即可使用公式工具来完成公式的插入。

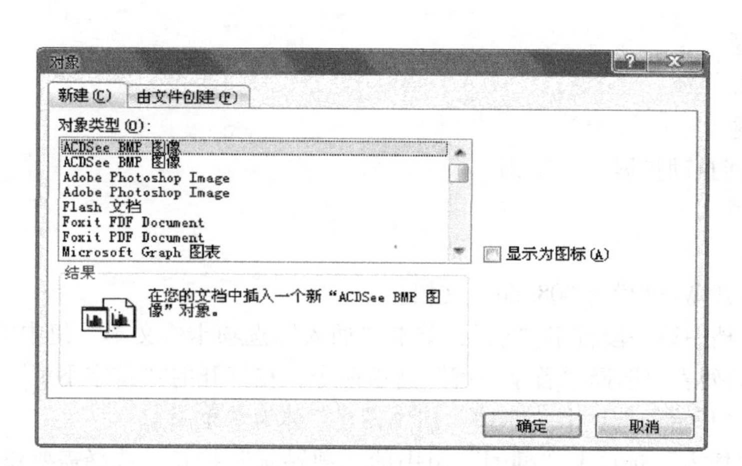

图 3-50 “对象”对话框

2. 设置样式与格式

文档的样式与格式其实就是文档的外观。使用样式不但可以快速设置文档的格式，同时只需要修改样式就可以修改整个文档的格式，既方便又快捷。

（1）使用已有的样式和格式　在 Word 2010 的“样式”选项组中，选择样式的操作步骤如下：

1）将指针定位到要使用样式的段落。

2）在“开始”选项卡→“样式”选项组中选择一种样式即可，如图 3-51 所示。

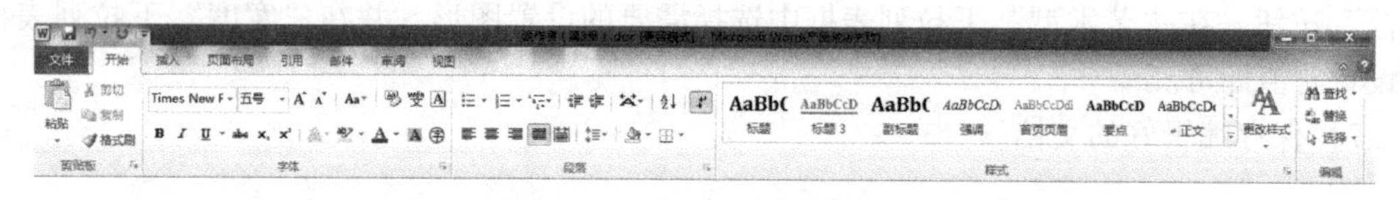

图 3-51 “样式”选项组

3）如果“样式”选项组中没有所需要的样式，则可以单击“开始”选项卡→“样式”选项组中的扩展按钮。打开如图 3-52 所示的“样式”窗格，其中列出了所有样式，选择所需的样式就可以完成段落格式和样式的设置。

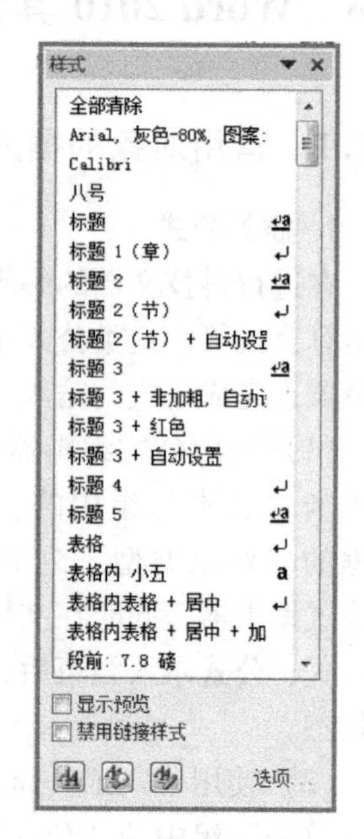

图 3-52 “样式”窗格

（2）新建样式　Word 2010 提供的样式有时未必能适应个性化文档的需要，这时用户就要建立一套自己的样式来规范文档。使用新建样式功能建立新样式的操作步骤如下：

1）选中已经设置格式的文本，单击“开始”选项卡下“样式”选项组的扩展按钮，“样式”窗格，单击该对话框左下角的“新建样式”按钮，如图 3-53 所示。

2）打开“根据格式设置创建新样式”对话框，如图 3-54 所示。在“名称”文本框中输入新建样式的名称；在“样式基准”下拉列表框中设置该新建样式以哪一种样式为基础；在“后续段落样式”下拉列表框中设置该新建样式的后续段落样式；若选中“自动更新”复选框，那么当重新设定文档中使用某种样式格式化的段落或文本时，Word 2010 也会更改该样式的格式，通常选中此复选框。最后单击“确定”按钮，完成设置。

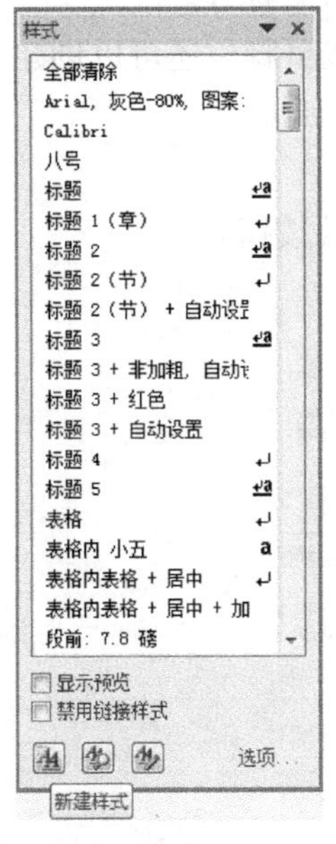

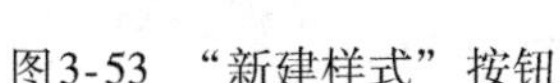

图3-53 “新建样式”按钮　　图3-54 “根据格式设置创建新样式”对话框

（3）清除样式　Word 2010 提供的“样式检查器”功能可以帮助用户显示和清除文档中应用的样式和格式，“样式检查器”将段落格式和文本格式分开显示，用户可以分别清除段落格式和文本格式。具体操作步骤如下：

1）打开 Word 2010 文档窗口，单击“开始”选项卡下“样式”选项组的扩展按钮，打开“样式”窗格。然后在“样式”窗格中左下角第二个按钮，即“样式检查器”按钮，如图 3-55 所示。

2）在打开的“样式检查器”窗格中，分别显示出指针当前所在位置的段落格式和文本格式。分别单击“重设为普通段落样式”“清除段落格式”和“清除字符样式”按钮，清除相应的样式或格式，如图 3-56 所示。

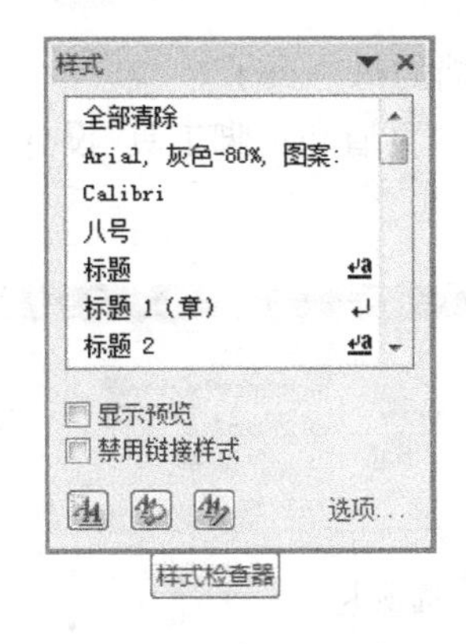

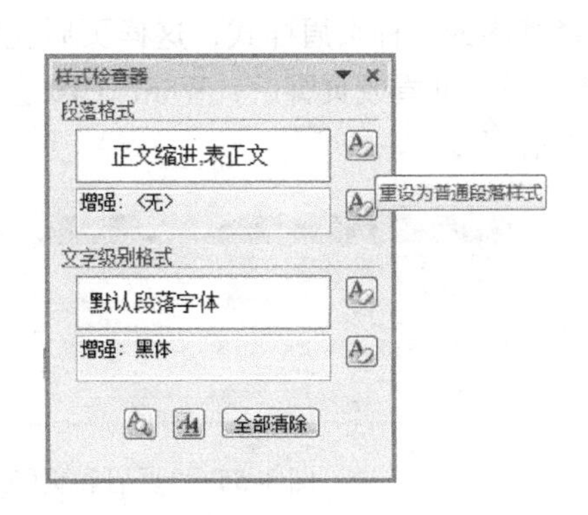

图 3-55 “样式检查器”按钮　　图 3-56 “样式检查器”窗格

3. 设置文档页眉与页脚

页眉和页脚是文档中每个页面的顶部、底部和两侧页边距中的区域。用户可以在页眉和页脚中插入文本或图形，如页码、日期、作者名称、单位名称或章节名称等。

在 Word 2010 中，用户不仅可以轻松地插入和修改预设的页眉或页脚，还可以创建自定义外观的页眉或页脚，并将新的页眉或页脚保存到样式库中。

（1）插入预设的页眉或页脚

1）单击“插入”选项卡→“页眉和页脚”选项组→“页眉”下拉按钮。

2）打开内置的页眉下拉列表，如图 3-57 所示。

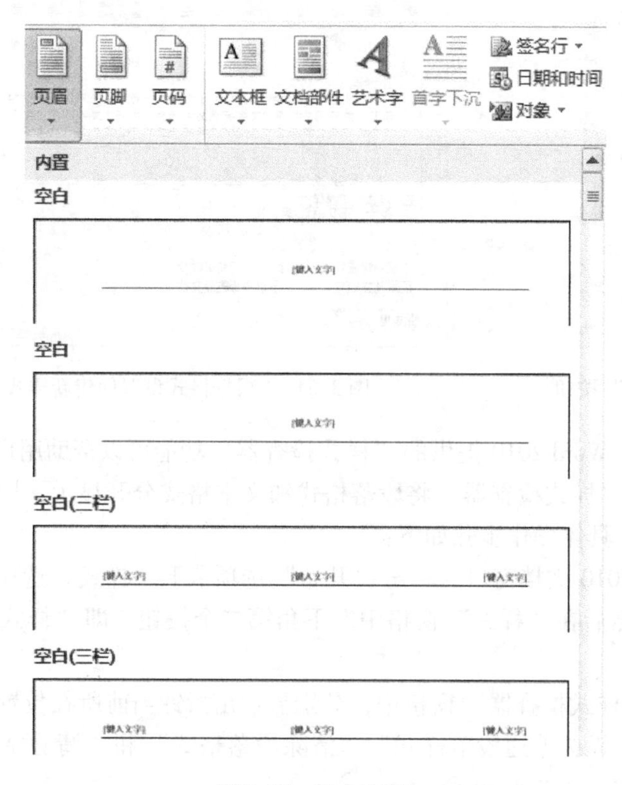

图 3-57　插入页眉

3）选择其中的一种页眉样式，这样页眉就插入到文档的每一页了。

当文档中插入页眉或页脚后，Word 2010 会自动出现“页眉和页脚工具-设计”选项卡，如图 3-58 所示。

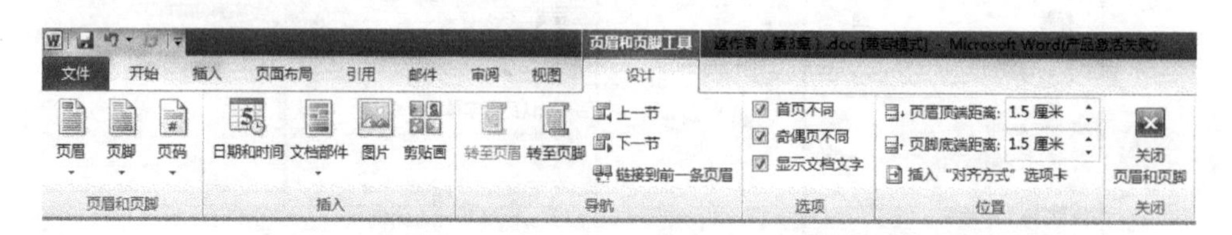

图 3-58　“页眉和页脚工具-设计”选项卡

使用“页眉和页脚工具-设计”选项卡中的命令按钮可以对页眉页脚的格式进行设置。

（2）创建首页不同的页眉或页脚　将文档首页页眉或页脚设置得与众不同，操作步骤如下：

1）在文档中双击已经插入的页眉或页脚区域。

2）出现“页眉和页脚工具-设计”选项卡。

3）在“选项”选项组中选中“首页不同”复选框，此时文档已插入的页眉和页脚就被删除了，用户可以另行设定。

（3）为奇偶页创建不同的页眉或页脚

1）在文档中双击已经插入的页眉或页脚区域。

2）出现“页眉和页脚工具-设计”选项卡。

3）在“选项”选项组中选中“奇偶页不同”复选框，此时用户就可以分别创建奇数页和偶数页的页眉和页脚了。

（4）为各节创建不同的页眉或页脚　用户可以为文档各节创建不同的页眉和页脚，操作步骤如下：

1）将指针放在文档的某一节中，并单击“插入”选项卡→“页眉和页脚”选项组→“页眉”下拉按钮。

2）在打开的内置“页眉库”下拉列表中选择其中的一种页眉样式，这样页眉就插入到文档本节中的每一页了。

3）单击“页眉和页脚工具-设计”选项卡→“导航”选项组→“下一节”按钮，就进入页眉的第二节区域中。

4）单击“导航”选项组→“链接到前一条页眉”按钮，断开新节页眉与前一节页眉之间的链接，此时用户就可以输入本节的页眉了。

5）在打开的内置页眉库列表中选择其中的一种页眉样式，这样页眉就插入到本节中的每一页了。

（5）删除页眉或页脚　在整个文档中删除页眉或页脚的操作步骤如下：

1）将指针放在文档中的任意位置，单击“插入”选项卡→“页眉和页脚”选项组→“页眉”下拉按钮。

2）在打开的下拉列表中执行“删除页眉”命令即可。

4. 插入空白页

使用 Word 2010 插入空白页功能，用户可以在指针所在位置插入一个空白页，指针后的所有文档将位于空白页的下一页。插入空白页的操作方法如下。

将指针置于要插入空白页的位置，单击“插入”选项卡“页”组中的“空白页”按钮，则可插入一空白页。指针前的文本位于空白页前一页，而指针后的文本位于空白页后一页。

5. 文档分页与分节

文档的分页与分节操作可以有效地划分文档内容的布局，使排版更加高效。

（1）文档分页　将文档分为上下两页的操作步骤如下：

1）将指针定位在文档中要分页的位置。

2）单击“页面布局”选项卡→“页面设置”选项组→“分隔符”下拉按钮，打开分页符和分节符选项列表，如图 3-59 所示。

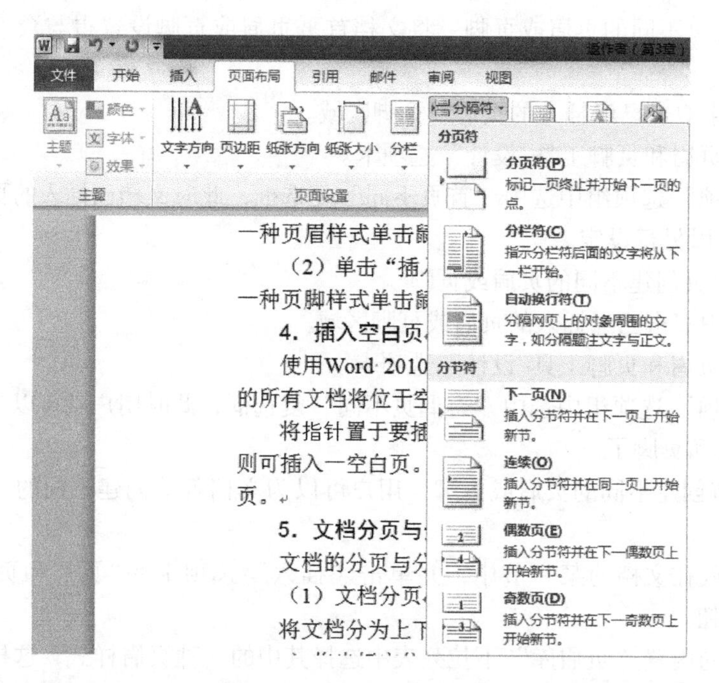

图 3-59　分页符和分节符

3）单击“分页符”按钮，即对文档进行了分页。

（2）文档分节　使用分节符可以设置文档中的一个或多个页面的版式或格式。例如，为文档的每一章设置不同的页眉或者每一章的页码编号都从 1 开始，这样的格式设置需要为文档分节。在文档中插入分节符的操作步骤如下：

1）将指针定位在文档中要分节的位置。

2）单击“页面布局”选项卡→“页面设置”选项组→“分隔符”下拉按钮，打开分页符和分节符选项列表。

3）在“分节符”选项区中选择其中一种分节方式，即对文档进行了分节。

4）此时，在指针的当前位置就插入了一个不可见的分节符，插入的分节符不仅将指针位置后面的内容分为新的一节，还会使该节从新的一页开始，实现了既分节又分页。

分节的种类如下：

- “下一页”就是插入一个分节符，并在下一页开始新的一节。
- “连续”就是插入一个分节符，新节从同一页开始。
- “奇数页”或“偶数页”就是插入一个分节符，新的一节从下一个奇数页或偶数页开始。

例如，文档中有的页面需要设置为横向，有的需要设置为纵向，就要利用分节设置来实现。一般的做法是将文档分为不同的两节，一节设置为横向排版，另一节设置为纵向排版。

6. 插入封面

通过使用插入封面功能，用户可以为文档插入风格各异的封面。无论插入点在何位置，插入的封面总是位于文档的第一页。插入封面的操作方法如下。

1）单击“插入”选项卡“页”组中的“封面”按钮，在弹出的列表中选择一种封面样式，单击即可为文档插入封面。

2）如果对插入的封面不满意，用户可以再次单击“插入”选项卡“页”组中的“封面”按钮，在弹出的列表中选择“删除当前封面”命令即可。

3.6.2 其他中文版式

1. 首字下沉

所谓首字下沉就是将一段文本的第一个字放大指定的倍数，使文章醒目以吸引读者的注意力。在报刊、杂志上经常会用到这种排版方式。设置段落首字下沉的操作方法如下。

将指针置于设置首字下沉的段落，单击“插入”选项卡“文本”组中的“首字下沉”按钮，在弹出的列表中选择一种下沉效果即可。若选择列表中的首字下沉选项命令，则可弹出如图 3-60 所示的“首字下沉”对话框。在该对话框的“位置”选项区域中有“无”“下沉”和“悬挂”3 种格式可供选择；在“选项”选项区域中可以设置首字的字体，设置下沉行数和距其后面正文的距离；设置好后单击“确定”按钮。

2. 分栏排版

分栏就是将版面分为多个垂直的窄条，使得版面显得更为生动、活泼，增强可读性。到目前为止，本书介绍的都是只有一栏的版面，这一栏占据一页的宽度。Word 2010 为用户提供了 5 种分栏类型：一栏、两栏、三栏、偏左和偏右，如果这些分栏类型依然无法满足需求，可以在 Word 2010 文档中设定自定义分栏。

对文档进行分栏的操作步骤如下。

1）选定需要设置分栏的文本内容，若没有选定特定的文本，则将为整篇文档或当前节设置分栏。

2）单击“页面布局”选项卡“页面设置”组中的“分栏”按钮，在弹出的下拉列表中选择更多分栏命令，弹出如图 3-61 所示的“分栏”对话框。

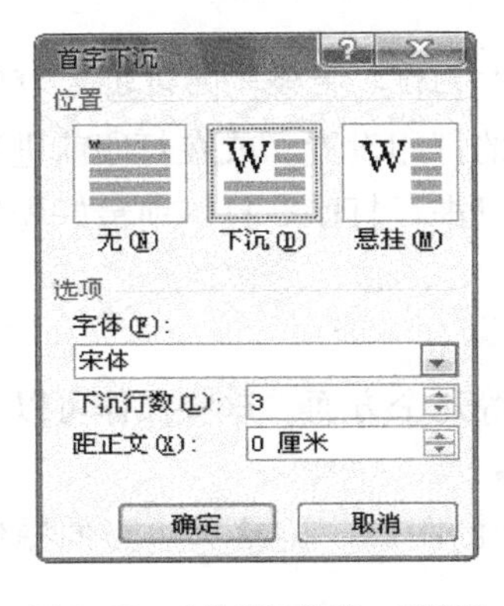

图 3-60 “首字下沉”对话框

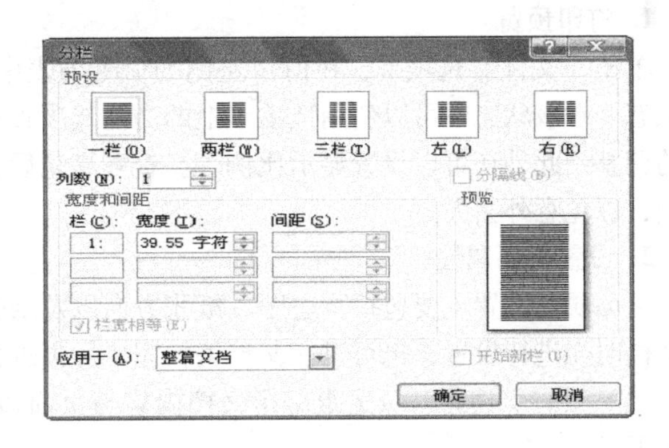

图 3-61 “分栏”对话框

3）在“分栏”对话框“预设”选项区域中选择分栏格式，在“列数”数值框中输入分栏数，在“宽度和间距”选项区域的数值框中设置栏、宽度和间距。若选中“栏宽相等”复选框，则各栏宽相等，否则可逐栏设置宽度；若选中“分隔线”复选框，则可以在各栏之间加一条分隔线。

4）单击“确定”按钮则可为选定的文本实现分栏操作。

3. 设置页面水印

水印指在页面中文字后面的虚影文字或虚影图片，通常表示该文档具有某些特殊的意义，或需要做特殊的处理。设置水印的操作方法如下。

1）单击“页面布局”选项卡“页面背景”组中的“水印”按钮，在打开的下拉列表中选择一种水印样式，即可为文档添加水印效果。

2）若要设置其他样式的水印，用户可以在列表中单击自定义水印命令，弹出如图3-62所示的“水印”对话框。在该对话框中可以选择图片水印或者文字水印。

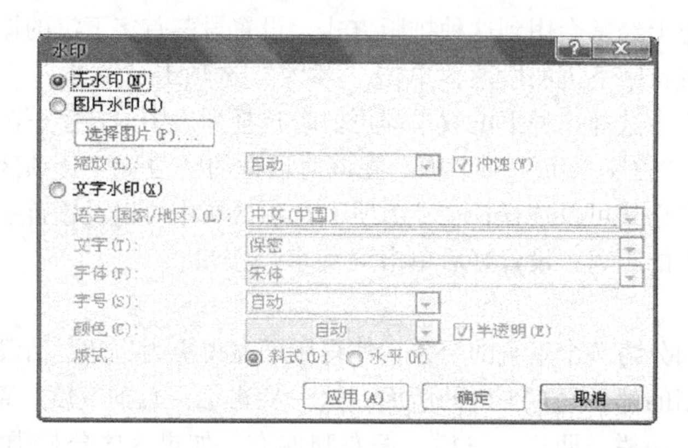

图3-62 “水印”对话框

3.6.3 打印

打印通常是文档处理的最后一步，打印出的文档可以用来校对或正式使用。Word 2010具有强大的打印功能，在打印前可以在屏幕上形成预览图，使用户看到打印的实际效果。打印时，除打印文档外，还可以打印文档的一些属性信息。

1. 打印预览

单击“文件”选项卡，在窗口左侧的命令列表中选择“打印”命令，即可进入打印预览状态。在该状态下可以使用选项卡上的功能选项查看文档的打印设置，或在打印前进行相应的调整，此外还可以设置显示比例等。查看满意后，就可以进行打印。打印前最好先保存文档，以免意外丢失。

2. 设置页面属性

页面属性设置主要包括页边距、纸张方向以及纸张大小等几个方面。这些操作可以在创建文档时先进行设置，也可以在文档编辑完毕后再进行设置。

（1）设置页边距　页边距是指文档内容与页面边缘之间的距离。调整页边距的操作方法如下。

单击“页面布局”选项卡“页面设置”组中的“页边距”按钮，在弹出的列表中选择即可。若选择列表中的“自定义边距”命令，则可弹出如图3-63所示的“页面设置”对话框，在该对话框中也可以来设置页边距的具体值。

（2）设置纸张　Word 2010中预设了各种常用纸张的型号，如A4、B5和16开等。设置纸张的类型可以单击“页面布局”选项卡中“页面设置”组中的“纸张大小”按钮，在弹出的下拉列表中进行选择即可。若打印机采用其他规格的纸张，则可在列表中选择“其他页面大小”命令，弹出“页面设置”对话框，在“纸张”选项卡中设置即可。

图 3-63 “页面设置”对话框

3. 打印设置

基于 Word 2010 所提供的多种灵活的打印功能，用户可以打印一份或多份文档，也可以打印文档的某一页或某几页。

单击“文件”选项卡，在窗口左侧的命令列表中选择“打印”命令，打开如图 3-64 所示的“打印预览”窗口。在“打印预览”窗口中可分别设置打印范围、打印份数、打印比例等。窗口右侧以整页形式显示了文档的首页，其形式就是实际打印的效果。在下方显示了当前的页数和总页数。对“打印预览”感到满意后，就可正式打印了。

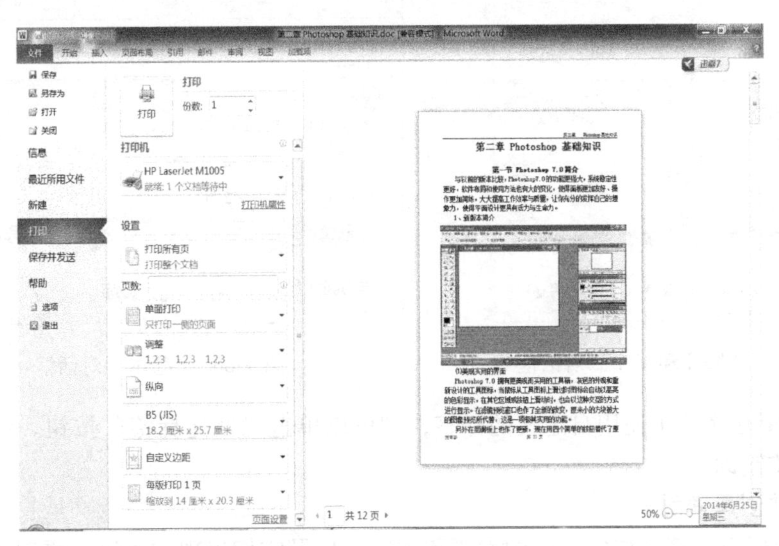

图 3-64 “打印预览”窗口

单击“打印预览”窗口的“打印”按钮开始打印。

3.6.4 添加引用内容

在长文档的编辑过程中，为文档内容添加索引和脚注很重要。

1. 加入脚注和尾注

脚注和尾注一般用于在文档中显示引用资料的来源或说明性的信息。脚注位于当前页的底部或指定文本的下方，尾注位于文档的结尾处或指定节的结尾。它们都是用一条短横线与正文分开，都包含注释文本，比正文的字号要小。

在文档中加入脚注和尾注的操作步骤如下：

1）选择要加入脚注和尾注的文本，或将光标置于文档的尾部。

2）单击“引用”选项卡→“脚注”选项组→“插入脚注”按钮或“插入尾注”按钮，在页面的底端插入脚注区域。

3）若要对脚注和尾注的样式进行定义，可单击“引用”选项卡→“脚注”选项组的扩展按钮，在弹出的“脚注和尾注”对话框中进行样式设置，如图3-65所示。

2. 加入题注

题注可以为文档中的图表、表格或公式等其他对象添加编号标签。若在文档编辑的过程中对题注执行了添加、删除和移动等操作，则可以一次性更新所有题注编号，不用再单独调整。

向文档中定义并插入题注的操作步骤如下：

1）在文档中选择要添加题注的位置。

2）单击“引用”选项卡→“题注”选项组→“插入题注”按钮，弹出“题注”对话框，如图3-66所示。在该对话框中，可以根据添加题注的不同对象，在“选项”区域的“标签”下拉列表中选择不同的标签类型。

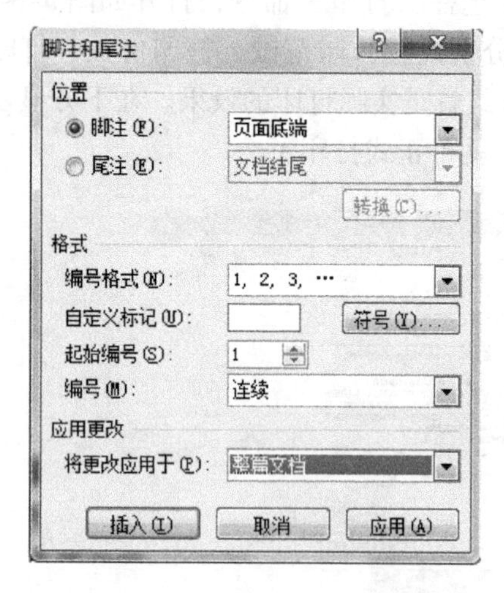

图3-65 “脚注和尾注”对话框

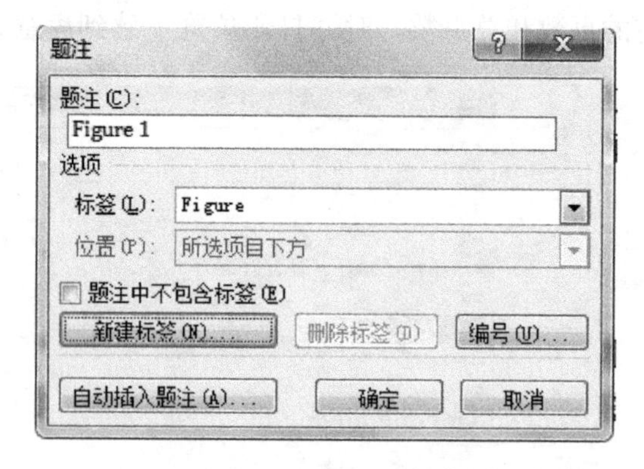

图3-66 “题注”对话框

3）若希望在文档中使用自定义的标签，则可以单击“新建标签”按钮。设置完毕后单击“确定”按钮即可。

3. 标记并创建索引

索引是指列出一篇文档中讨论的术语和主题，以及它们出现的页码。要创建索引，可以通过提供文档中主索引项的名称和交叉引用来标记索引项目，然后生成索引。

在文档中加入索引之前，应先标记出组成文档索引的单词、短语或符号之类的索引项。索引项是用于标记索引中特定文字的域代码。当用户选择文本并将其标记为索引项时，Word 2010 添加一个特殊的 XE（索引项）域，域是指示 Word 2010 在文档中自动插入文字、图形、页码和其他资料的一组代码。该域包括标记好了的主索引项以及用户选择包含的任何交叉引用信息。用户可以为每个单词建立索引项，也可以为包含数页文档的主题建立索引项，还可以建立引用其他索引项的索引。

（1）标记单词或短语　为单词或短语标记索引项的操作步骤如下：

1）在文档中选择作为索引项的文本。

2）单击“引用”选项卡→“索引”选项组→“标记索引项”按钮，打开“标记索引项”对话框，如图 3-67 所示。在该对话框中，“索引”选项区中“主索引项”文本框中会显示选择的文本。根据需要还可以提供创建次索引项、第三索引项或另一个索引项的交叉引用来自定义索引项。

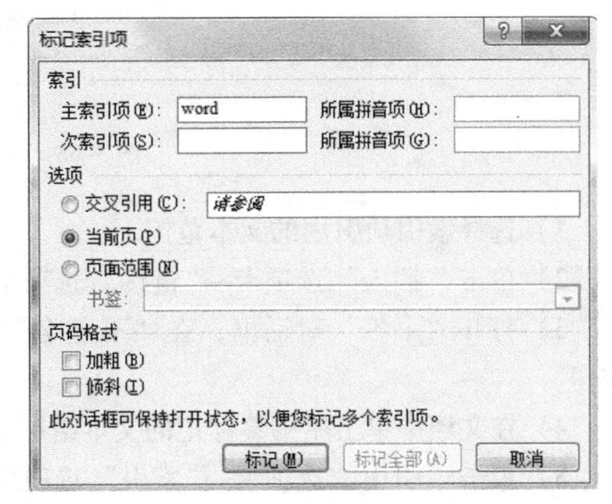

图 3-67　“标记索引项”对话框

① 要创建次索引项，则在“次索引项”文本框中输入文本。

② 要创建第三级索引项，则在次索引项文本后输入冒号，然后输入第三级索引项文本。

③ 要创建对另一个索引项的交叉引用，则选中“选项”区域的“交叉引用”单选按钮，然后在文本框中输入另一个索引项文本。

④ 要设置索引中将显示的页码的格式，则选中“页码格式”选项区域中的“加粗”复选框或“倾斜”复选框。

⑤ 要设置索引的文本格式，则选择“主索引项”或“次索引项”文本框中的文本并右击，在弹出的快捷菜单中选择“字体”命令，在弹出的字体对话框中选择要使用的格式选项。

3）单击“标记”按钮即可标记索引项。单击“标记全部”按钮可以标记文档中与此文本相同的所有文本。

4）此时“标记索引项”对话框中的“取消”按钮变为“关闭”按钮，单击“关闭”按钮就完成了索引项标记。

（2）为文档中的索引项创建索引　为文档中的索引项创建索引的操作步骤如下：

1）将指针定位在建立索引的地方，一般在文档的最后。

2）单击“引用”选项卡→“索引”选项组→“插入索引”按钮，打开“索引”对话框，如图 3-68 所示。

3）在该对话框中“索引”选项卡的“格式”下拉列表中选择索引风格，其结果可以在“打印预览”列表框中查看。

（3）为延续数页的文本标记索引项　具体操作步骤如下：

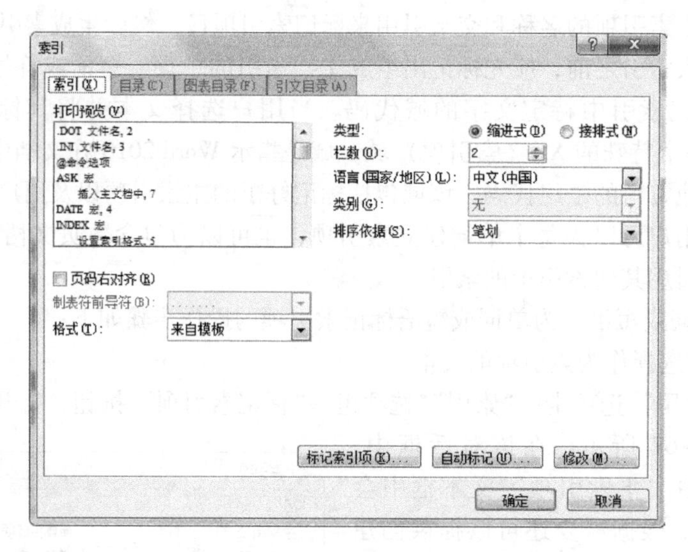

图 3-68 设置索引格式

1）选择索引项引用的文本范围。

2）单击“插入”选项卡→“链接”选项组→“书签”按钮。

3）打开“书签”对话框，在“书签名”文本框中输入书签名称，然后单击“添加”按钮。

4）在文档中单击用书签标记的文本结尾处。

5）单击“引用”选项卡→“索引”选项组→“标记索引项”按钮。

6）打开“标记索引项”对话框，在“主索引项”文本框中输入标记文本的索引项。

7）若要设置索引中将显示的页码的格式，则选中“页码格式”选项区域中的“加粗”复选框或“倾斜”复选框。

8）若要设置索引的文本格式，则选择“主索引项”或“次索引项”文本框中的文本并右击，然后执行“字体”命令，在打开的字体对话框中选择要使用的格式选项。

9）在“选项”区域中，单击“页面范围”单选按钮。

10）在“书签”下拉列表框中输入或选择在步骤 3）中输入的书签名，然后单击“标记”按钮。

3.6.5 添加文档目录

对于长文档，为了便于快速查找相关内容，往往在最前面给出文档的目录，目录中包含了文章中的所有大小标题和编号以及标题的起始页码。

Word 2010 创建目录最简单的方法就是使用内置的“目录库”。用户还可以基于已应用的自定义样式创建目录，或者可以将目录 级别指定给各个文本项。

1. 使用目录库创建目录

1）将指针定位在准备生成文档目录的地方，一般在文档的最前面。

2）单击“引用”选项卡→“目录”选项组→“目录”按钮，打开内置的目录库下拉列表，如图 3-69 所示。

3）用户只需单击其中的一种目录样式即可插入目录。

2. 自定义样式创建目录

1）将指针定位在准备生成文档目录的地方，一般在文档的最前面。

2）单击“引用”选项卡→“目录”选项组→“目录”按钮，打开内置的目录库下拉列表，选择“插入目录”命令，打开“目录”对话框，在对话框中单击“选项”按钮，在打开的“目录选项”对话框中还可以重新设置目录的样式，如图3-70所示。

3）设置完成，单击“确定”按钮，则在插入点生成目录。

3. 更新目录

在已经生成的目录上单击“引用”选项卡→“目录”选项组→“更新目录”→“只更新页码”或“更新整个目录”命令，即可快速更新目录。

4. 删除目录

选中要删除的目录后，直接按<Delete>键即可删除。

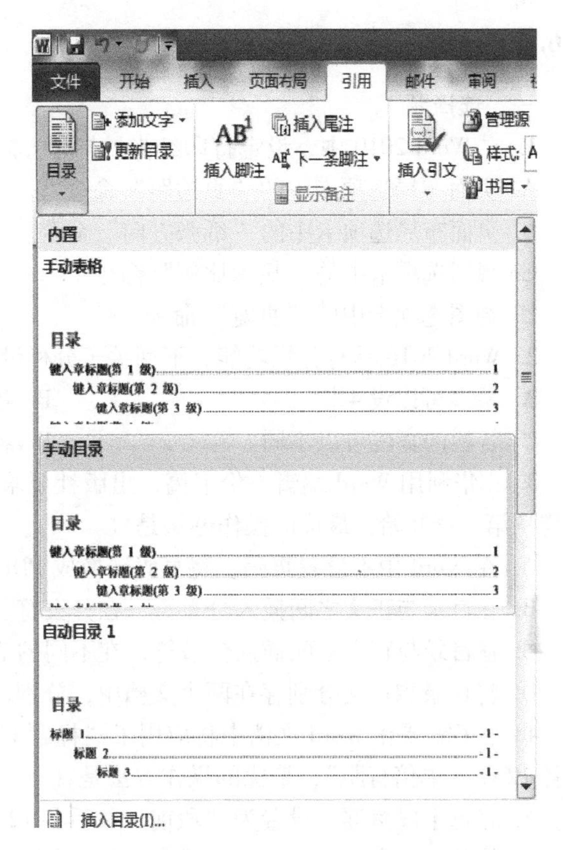

图3-69　目录库中的目录样式

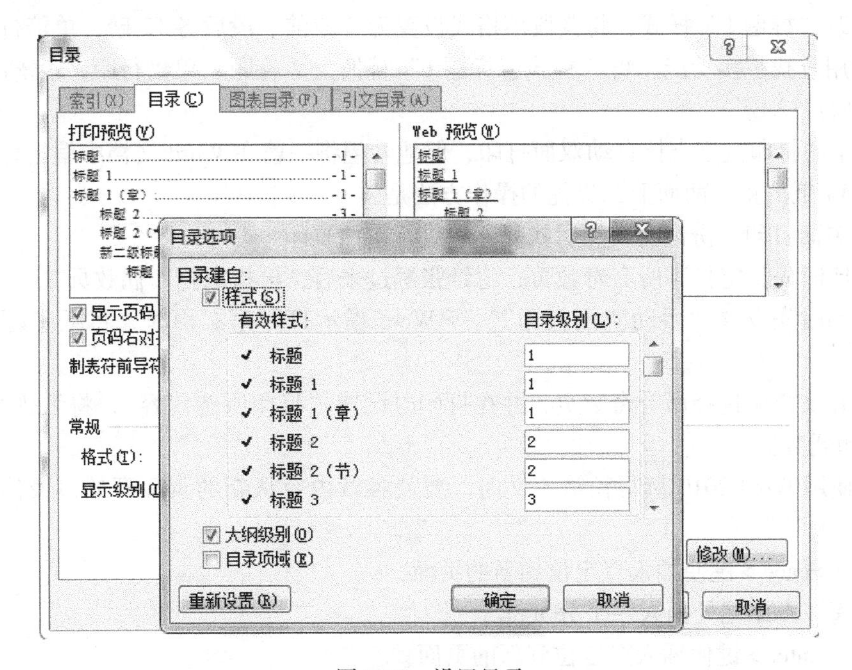

图3-70　设置目录

3.6.6 习题

一、选择题

1. 在 Word 2010 中，设定打印纸张的打印方向，应当使用的命令是（　　）。

A. 页面布局选项卡中的“页边距”命令

B. 页面布局选项卡中的“纸张方向”命令

C. 视图选项卡中的“显示比例”命令

D. 视图选项卡中的“页宽”命令

2. Word 2010 具有分栏功能，下列关于分栏设置中正确的是（　　）。

A. 最多可以设 4 栏　　B. 各栏的宽度必须相同

C. 各栏的宽度可以不同　　D. 各栏之间的间距是固定的

3. 小华利用 Word 编辑一份书稿，出版社要求目录和正文的页码分别采用不同的格式，且均从第 1 页开始，最优的操作办法是（　　）。

A. 在 Word 中不设置页码，将页码转换成 PDF 格式时再增加页码

B. 在目录与正文之间插入分页符，在分页符前后设置不同的页码

C. 在目录与正文之间插入分节符，在不同的节中设置不同的页码

D. 将目录和正文分别存在两个文档中，分别设置页码

4. 小王需要在 Word 文档中将应用了“标题 1”样式的所有段落格式调整为“段前、段后各 12 磅，单倍行距”，最优的操作方法是（　　）。

A. 将每个段落逐一设置为“段前、段后各 12 磅，单倍行距”

B. 将其中一个段落设置为“段前、段后各 12 磅，单倍行距”，然后利用格式刷功能将格式复制到其他段落

C. 修改“标题 1”样式，将其段落格式设置为“段前、段后各 12 磅，单倍行距”

D. 利用查找替换功能，将“样式：标题 1”替换为“行距：单倍行距，段落间距段前：12 磅，段后：12 磅”

5. 小李的打印机不支持自动双面打印，但他希望将一篇在 Word 文档中编辑好的论文连续打印在 A4 纸的正反两面上，最优的操作方法是（　　）。

A. 先单面打印一份论文，然后找复印机进行双面复印

B. 打印时先指定打印所有奇数页，将纸张翻过来后，再指定打印偶数页

C. 打印时先设置“手动双面打印”，等 Word 提示打印第二面时，将纸张翻过来继续打印

D. 先在文档中选择所有奇数页，并在打印时设置“打印所选内容”，将纸张翻过来后，再选择打印偶数页

6. 在使用 Word 2010 撰写长篇论文时，要使各章内容从新的页面开始，最佳的操作方法是（　　）。

A. 按 <Space> 键使插入点定位到新的页面

B. 在每一章结尾处插入一个分页符

C. 按 <Enter> 键使插入点定位到新的页面

D. 将每一章的标题样式设置为段前分页

二、填空题

1. 页码一般是插入到文档的____________或____________位置，当然，如果有必要也可以将其插入到文档中。

2. Word 2010 中，在页眉或页脚区域____________，即可快速进入到页眉和页脚的编辑状态。

3. 编辑 Word 2010 文档时，使用____________可以省去一些格式设置上的重复性操作，帮助用户迅速、轻松地统一文档的格式。

三、判断题

1. Word 2010 中，在复制样式时，如果目标文档或模板已经存在相同名称的样式，Word 会直接用复制的样式来覆盖现有的样式。(　　)

2. 一般情况下，项目符号是置于文本之前以强调效果的圆点、方块、其他符号或图片，无顺序；而编号是数字或字母，有顺序。(　　)

3.6.7　习题答案

一、选择题

1. B　　2. C

3. C

解析：在文档中插入分节符，不仅可以将文档内容划分为不同的页面，而且还可以分别针对不同的节进行页面设置操作。插入的分节符不仅将光标位置后面的内容分为新的一节，还会使该节从新的一页开始，实现了既分节又分页的目的，因此本题正确答案为 C。

4. C

解析：修改“标题 1”样式后，文档中凡是使用了“标题 1”样式的段落均做了修改。修改标题样式的具体操作步骤：在“开始”选项卡的“样式”选项组中右击要修改的标题样式，在弹出的快捷菜单中选择“修改”命令，在打开的“修改样式”对话框中可以修改字体、段落格式等。因此本题正确答案为 C。

5. C

解析：当打印机不支持双面打印时，需要设置手动双面打印。操作步骤如下：

1）打开需要打印的 Word 文档。

2）单击“文件”选项卡，在打开的 Office 后台视图中选择“打印”命令。

3）单击“单面打印”按钮，从打开的下拉列表中选择“手动双面打印”命令。

4）单击“打印”按钮开始打印第一面，当奇数页打印完毕后，系统提示重新放纸。

5）此时，应将打印好的纸张翻面后重新放入打印机，然后单击提示对话框中的“确定”按钮。

因此本题正确答案为 C。

6. D

解析：将每一章的标题样式设置为段前分页是最佳的操作方法。具体操作步骤：在“开始”选项卡的“样式”功能组中找到该标题样式并右击，选择“修改”命令，在弹出的“修改样式 ”对话框中单击“格式”按钮，选择列表中的“段落”，在打开的“段落”对话框的“换行和分页”选项卡下选中“段前分页”复选框。因此本题正确答案为 D。

二、填空题

1. 页眉，页脚。 2. 双击。 3. 样式。

三、判断题

1. 错，Word 2010 中，在复制样式时，如果目标文档或模板已经存在相同名称的样式，Word 会给出提示，可以决定是否要用复制的样式来覆盖现有的样式。 2. 对。

3.7 文档的审阅

在用户与他人一同处理文档的过程中，审阅跟踪文档的修订状况是很重要的环节。用户需要了解其他用户更改了文章的哪些内容，以及为何要进行这些修改。

3.7.1 审阅与修订文档

Word 2010 提供了多种方式来协助用户完成文档审阅的相关工作，同时用户还可以使用全新的审阅窗格来快速对比、查看、合并同一文档的多个修订版本。

1. 修订文档

当用户在修订状态下修改文档时，应用程序会跟踪文档内容所有的变化状况，同时会把用户在当前文件中进行的插入、删除、移动、格式更改等每一项操作内容标记下来，以便以后审阅这些修改。

用户打开所有修订的文档，单击“审阅”选项卡→“修订”选项组→“修订”按钮，即可开启文档的修订状态。

用户在修订状态下输入的文档内容会通过颜色和下画线标记下来，删除的内容被显示出来，如图 3-71 所示。

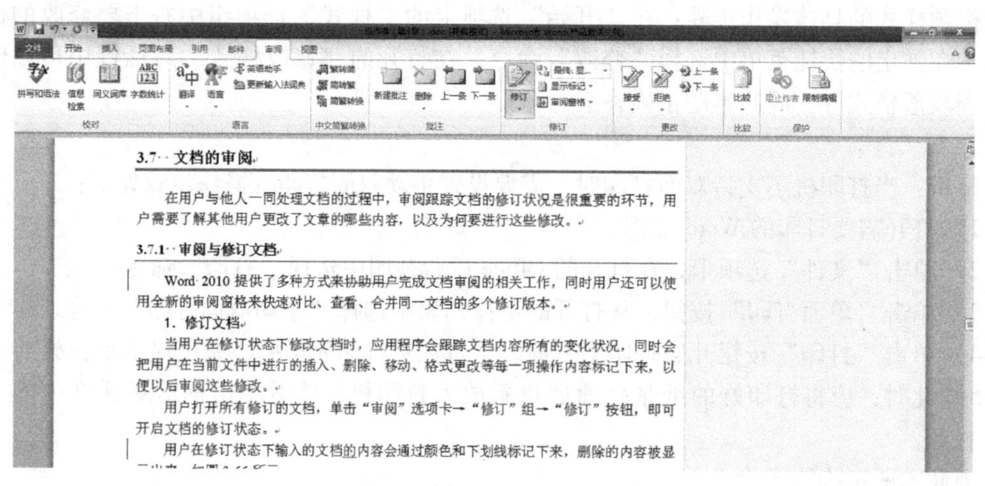

图 3-71 修订当前文档

当多个用户同时参与同一文档的修订时，文档将通过不同的颜色来区分不同用户的修订内容。Word 2010 还允许用户对修订内容的样式进行自定义设置，具体操作步骤如下：

1）单击“审阅”选项卡→“修订”选项组→“修订”按钮→“修订选项”命令，打开“修订选项”对话框，如图 3-72 所示。

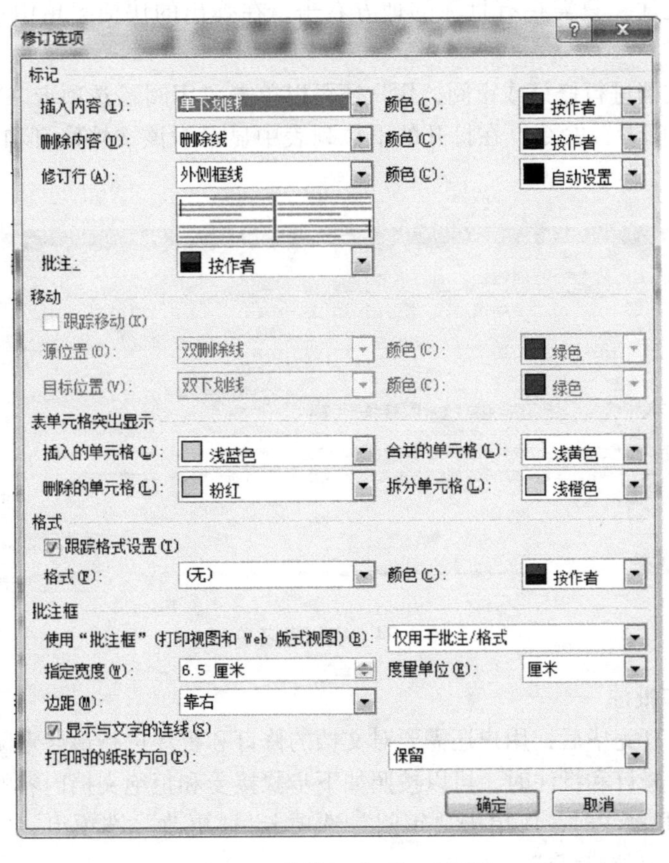

图 3-72 “修订选项”对话框

2）用户可以在“标记”“移动”“表单元格突出显示”“格式”和“批注框”5 个选项区域中根据自己的浏览习惯设置修订内容的显示情况。

2. 为文档添加批注

批注的内容并不在文档的原文进行修改，而是在文档页面的空白处添加相关的注释信息，并用有颜色的方框括起来。为文档添加批注的操作非常简单，只需要单击“审阅”选项卡→“批注”选项组→“新建批注”按钮，然后输入批注信息即可，如图 3-73 所示。

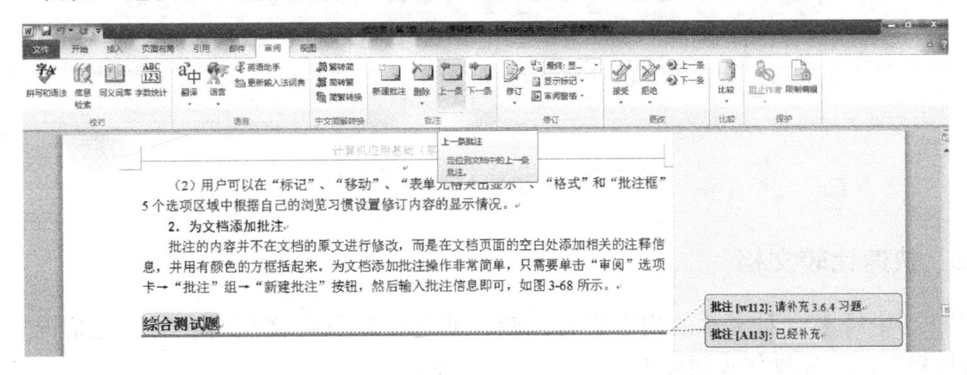

图 3-73 添加批注

如果要删除批注，只需在有批注的地方右击，在弹出的快捷菜单中选择“删除批注”命令即可。

如果多人对文档进行修订或审阅，用户还可以单击“审阅”选项卡→“修订”选项组→“显示标记”→“审阅者”命令，在打开的下拉列表中显示对该文档修订和审阅的人员名单，如图 3-74 所示。

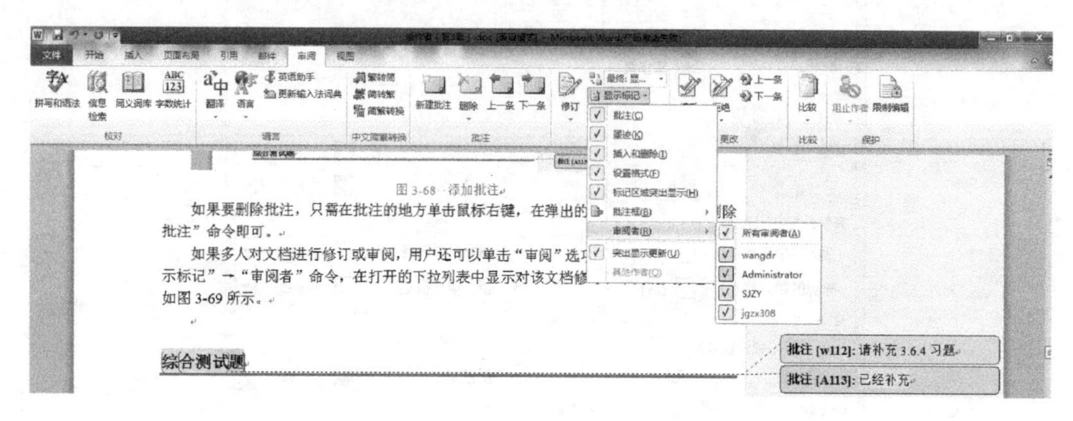

图 3-74　审阅者名单

3. 审阅修订和批注

当文档内容修订完毕后，用户还需要对文档的修订和批注进行最终审阅，并确定文档的最终版本。当审阅修订和批注时，可以按照如下步骤接受和拒绝文档内容的修改：

1）审阅修订和批注时，可单击“审阅”选项卡→“更改”选项组→“上一条”或“下一条”按钮，即可定位修订或批注。

2）对于修订，可以通过单击“更改”选项组→“接受”或“拒绝”按钮来完成接受或拒绝文档的修改。对于批注信息可以在“批注”中单击“删除”按钮将其删除。

3）重复步骤 1）和 2)，直到文档中不再有修订和批注。

4）如果拒绝当前文档的所有修订，可以单击“更改”选项组→“拒绝”→“拒绝对文档的所有修订”命令，如图 3-75 所示。

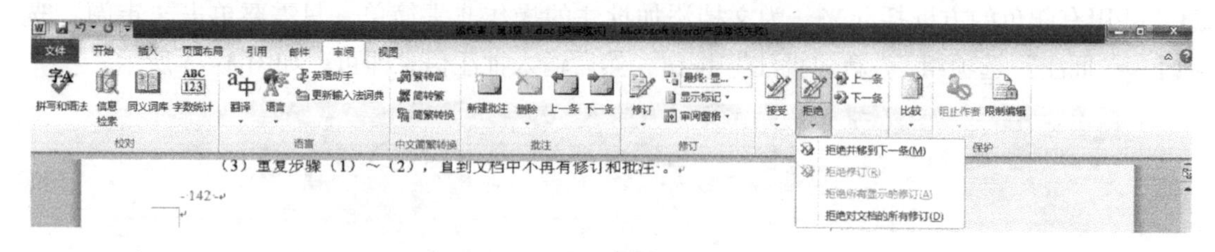

图 3-75　拒绝对文档的所有修订

3.7.2　快速比较文档

在工作中经常会对文章的内容进行比较，通过比较发现文档内容的变化情况。使用“精确比较”的功能操作步骤如下：

1）修改完文档后，单击“审阅”选项卡→“比较”选项组→“比较”按钮，并在其下拉列表中选择“比较”命令。

2）打开“比较文档”对话框后，选择所要比较的“原文档”和“修订的文档”，将各项需要比较的数据设置好，如图3-76所示，单击“确定”按钮。

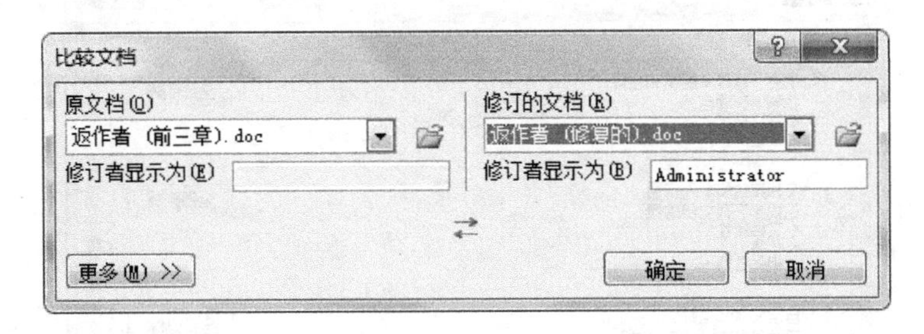

图3-76 比较文档

3）完成后，即可看到修订的具体内容，同时比较的文档、原文档和修订的文档也将出现在比较结果文档中。

3.7.3 删除文档中的个人信息

有时用户需要删除文档中的个人信息，具体的操作步骤如下：

1）打开要删除个人信息的文档。

2）选择“文件”选项卡，打开后台视图，然后执行“信息”→“检查问题”→“检查文档”命令，打开“文档检查器”对话框，如图3-77所示。

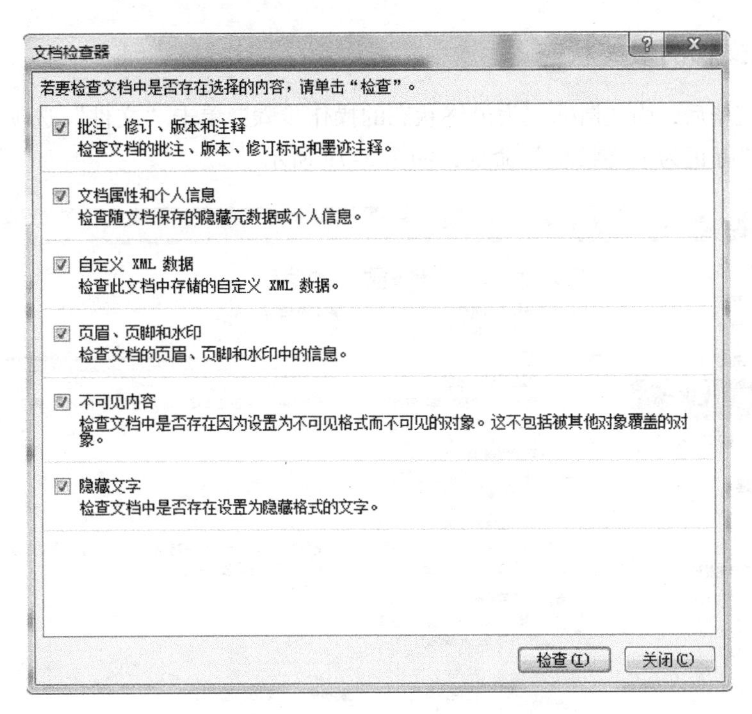

图3-77 “文档检查器”对话框

3）选择要检查的内容类型后，单击“确定”按钮。

4）检查完毕后，在“文档检查器”对话框中审阅检查结果，并在要删除的内容旁边单击“全部删除”按钮即可，如图3-78所示。

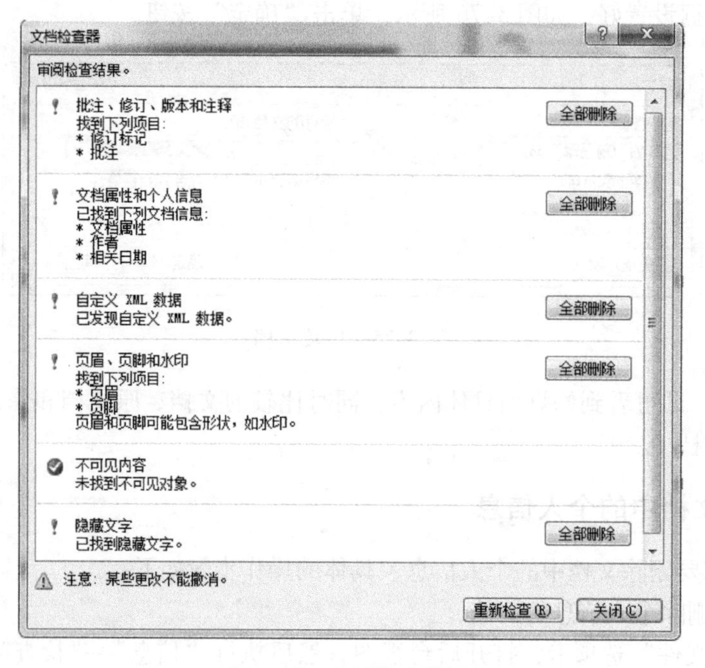

图3-78　审阅检查结果

3.7.4　标记文档的最终状态

文档修改完毕后，为文档标记为最终状态的操作步骤：单击“文件”选项卡→“信息”→“保护文档”→“标记为最终状态”命令，如图3-79所示。

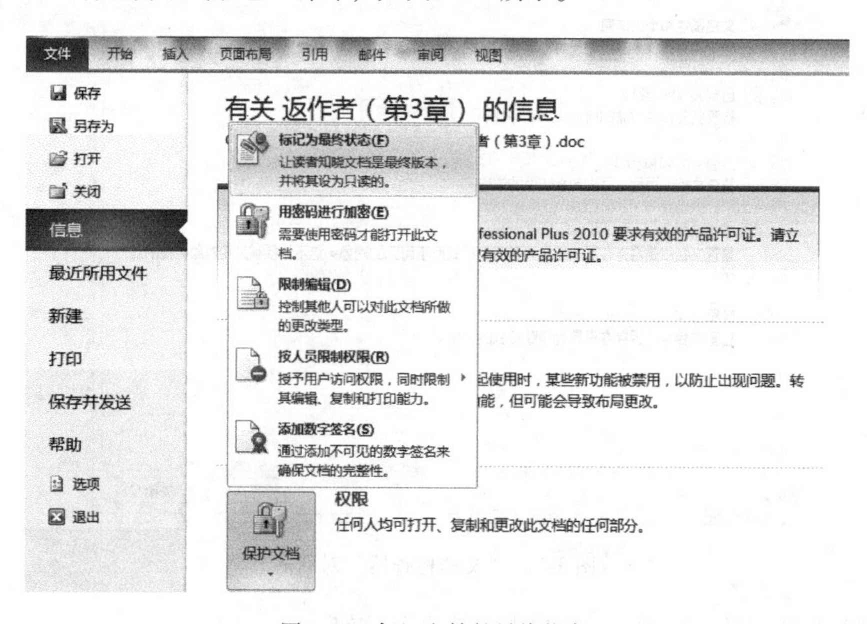

图3-79　标记文档的最终状态

这样，文档的最终版本就被标记完成了。

3.7.5 使用文档部件

文档部件是对一段指定的文档内容（文本、图表、段落等对象）的封装手段，也就是对这段文档内容的保存和重复使用。这种方法为共享文档中已有的设计和内容提供了高效手段。

将文档中一部分内容保存为文档部件并反复使用的操作步骤如下：

1）选择要保存为文档部件的文本内容。

2）单击“插入”选项卡→“文本”选项组→“文档部件”按钮→“将所选内容保存到文档部件库”命令。

3）打开“新建构建基块”对话框，为新建的文档部件设置属性，如图 3-80 所示。

图 3-80 “新建构建基块”对话框

3.7.6 共享文档

用户若希望将编辑好的文档以电子邮件的方式发送给对方，可选择“文件”选项卡，打开后台视图，然后执行“保存并发送”→“使用电子邮件发送”→“作为附件发送”命令，如图 3-81 所示。

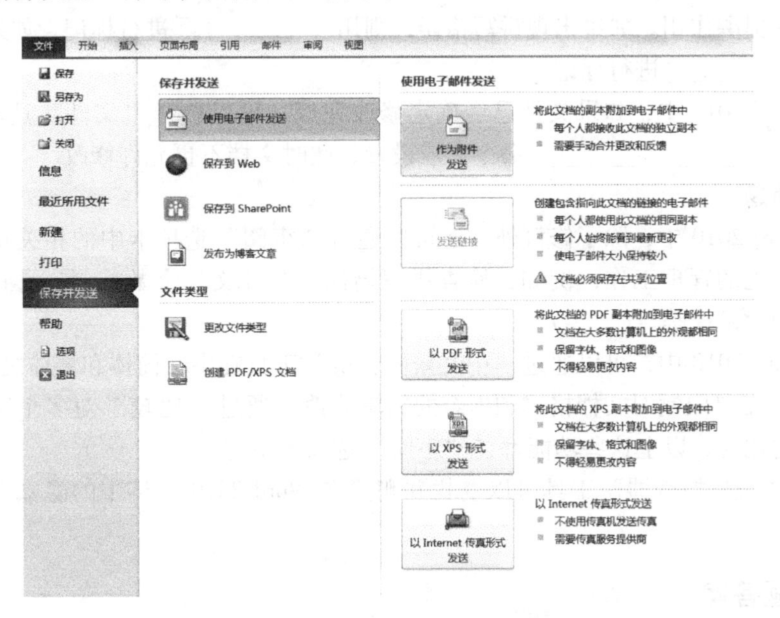

图 3-81 以电子邮件的形式发送文档

3.7.7 习题

一、选择题

1. 张经理在对 Word 2010 文档格式的工作报告修改过程中，希望在原始文档显示其修改的内容和状态，最优的操作方法是（　　）。

A. 利用“审阅”选项卡的批注功能，为文档中每一处需要修改的地方添加批注，将自己的意见写到批注框里

B. 利用“插入”选项卡的文本功能，为文档中每一处需要修改的地方添加文档部件，将自己的意见写到文档部件中

C. 利用“审阅”选项卡的修订功能，选择带“显示标记”的文档修订查看方式后单击“修订”按钮，然后在文档中直接修改内容

D. 利用“插入”选项卡的修订标记功能，为文档中每一处需要修改的地方插入修订符号，然后在文档中直接修改内容。

2. 小明的毕业论文分别请两位老师进行了审阅，每位老师分别通过 Word 的修订功能对该论文进行了修改。现在，小明需要将两份经过修订的文档合并为一份，最优的操作方法是（　　）。

A. 小明可以在一份修订较多的文档中，将另一份修订较少的文档修改内容手动对照补充进去

B. 请一位老师在另一位老师修订后的文档中再进行一次修订

C. 利用 Word 比较功能，将两位老师的修订合并到一个文档中

D. 将修订较少的那部分舍弃，只保留修订较多的那份论文作为终稿

二、填空题

1. Word 2010 的拼写和语法功能开启后，将自动在其认为有错误的字句下面加上波浪线，从而起到提醒作用。如果出现拼写错误，则用____________进行标记，如果出现语法错误，则用____________进行标记。

2. 在 Word 2010 中，如果文档已经确定修改完成，可以选择“文件”选项卡“信息”选项组中的____________________命令完成设置，此时文档不再允许修改。

三、判断题

1. 在 Word 2010 中，除了修订外，还可以通过“审阅”选项卡中的相关功能对文档进行一些其他常见的管理工作，例如，检查拼写错误、统计文档字数 、在文档中检索信息、进行简单的即时翻译等。（　　）

2. 在 Word 2010 中，可以通过“中文繁简转换”工具在中文简体和繁体之间快速转换，通过“保护”工具限制对文档格式和内容的编辑修改，通过“比较”对多个版本的文档进行快速差异化比对，以上这些功能都在“审阅”选项卡中完成。（　　）

3. 利用“文档检查器”工具可以查找并删除在 Word 2010 文档中的隐藏数据和个人信息。（　　）

3.7.8　习题答案

一、选择题

1. C

解析：当用户在修订状态下修订文档时，Word 应用程序将跟踪文档中所有内容的变化情况，同时会把用户在当前文档中修改、删除、插入的每一项内容标记下来。批注与修订不同，批注并不在原文的基础上进行修改，而是在文档页面的空白处添加相关的注释信息。因

此本题正确答案为 C。

2. C

解析：利用 Word 的合并功能，可以将多个作者的修订合并到一个文档中。具体操作步骤：单击“审阅”选项卡→“比较”选项组→“比较”下拉按钮，选择“合并”命令，在打开的“合并文档”对话框中选择要合并的文档，然后单击“确定”按钮。因此本题正确答案为 C。

二、填空题

1. 红色波浪线，绿色波浪线。 2. 标记为最终状态

三、判断题

1. 对。 2. 对。 3. 对。

3.8 使用邮件合并批量处理文档

邮件合并是 Word 2010 提供的非常实用和便捷的功能。

3.8.1 邮件合并

邮件合并可以将一个主文档与一个数据源结合起来，最终生成一系列输出文档。一般要完成一个邮件合并任务，需要包含主文档、数据源、合并文档几个部分。利用邮件合并功能可以批量创建信函、电子邮件、传真、信封、标签、目录（打印出来或保存在单个 Word 文档中的姓名、地址或其他信息的列表）等文档。邮件合并的基本过程包括以下 3 个步骤。

1. 创建主文档

主文档是经过特殊标记的 Word 2010 文档，是邮件合并内容固定不变的部分，如信函中的通用部分、信封上的落款等。建立主文档的过程就是新建一个 Word 2010 文档，在进行邮件合并之前它只是一个普通的文档，该文档还有一系列指令（合并域），用于插入在每个输出文档中都要变化的文本，如收件人的姓名和地址等。

2. 准备数据源

数据源就是数据记录表，其中包含了用户希望合并到输出文档的数据。它通常保存了姓名、通信地址、电子邮件地址等内容。邮件合并支持很多种类的数据源，如 Office 地址列表、Excel 表格、Outlook 联系人、Word 文档或 Access 数据库等。

3. 将数据源合并到主文档中

邮件合并就是将数据源合并到主文档中，得到最终的目标文档，合并完成文档的份数取决于数据表中记录的条数。

3.8.2 制作信封

在 Word 2010 中创建中文信封的操作步骤如下：

1）单击“邮件”选项卡→“创建”选项组→“中文信封”按钮，打开如图 3-82 所示的“信封制作向导”对话框，开始创建信封。

2）单击“下一步”按钮，在“信封样式”下拉列表中选择信封的样式等信息。

3）单击“下一步”按钮，选择生成信封的方式和数量，选中“基于地址簿文件，生成批

量信封”单选按钮，如图 3-83 所示。

4）单击“下一步”按钮，从文件中获取收信人信息，单击“选择地址簿”按钮，打开“打开”对话框，在该对话框中选择收信人信息的地址簿，单击“打开”按钮返回信封制作向导，如图 3-84 所示。

5）单击“下一步”按钮，在“信封制作向导”中输入寄信人信息。然后单击“下一步”按钮，在“信封制作向导”的最后一个界面单击“完成”按钮，关闭“信封制作向导”对话框。这样多个标准的信封就生成了，效果如图 3-85 所示。

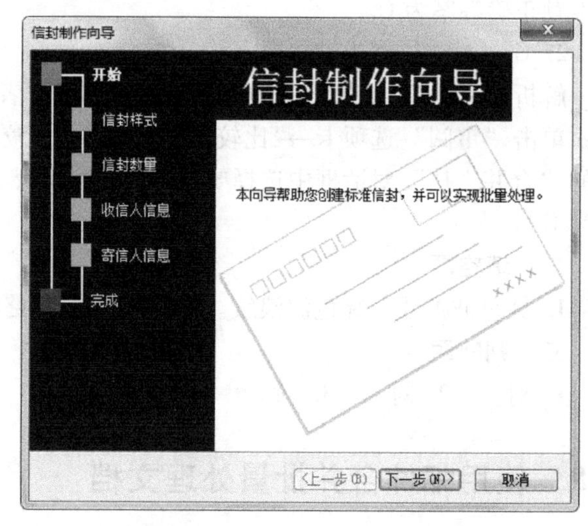

图 3-82 “信封制作向导”对话框

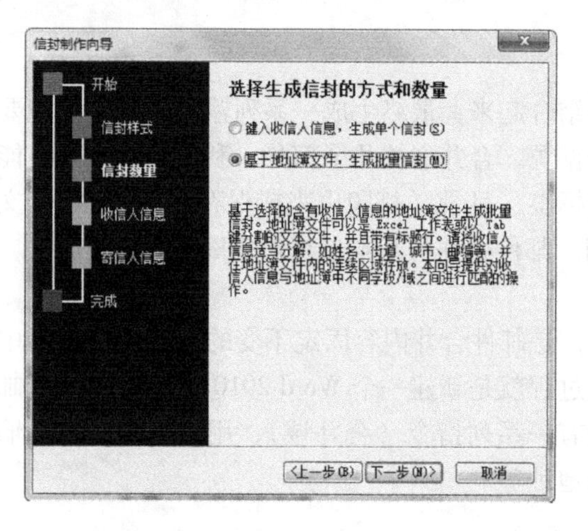

图 3-83 选择生成信封的方式和数量

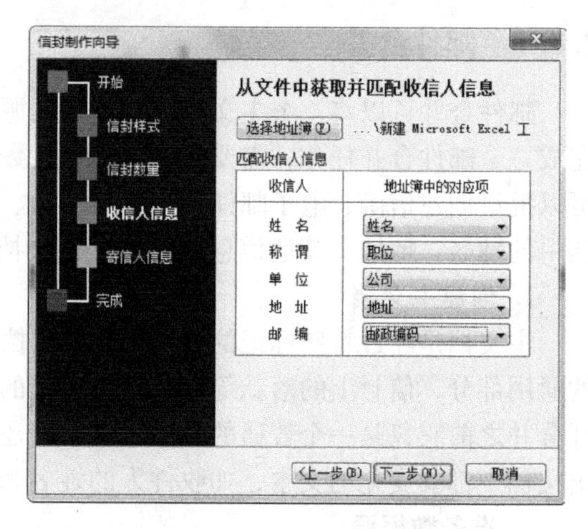

图 3-84 匹配收件人信息

图 3-85 使用向导生成的信封

3.8.3 制作邀请函

用户可以制作很多邀请函发给合作的客户或合作伙伴。邀请函分为固定不变的内容和变化的内容两部分，可以使用邮件合并功能实现。下面介绍如何根据已有的 Excel 客户资料表快速、批量地制作邀请函。

在制作邀请函前应预先制作好信函主文档。图 3-86 所示为邀请函主文档数据源，图 3-87 所示为 Excel 客户资料数据。然后，利用邮件合并功能把客户资料数据合并到主文档中。

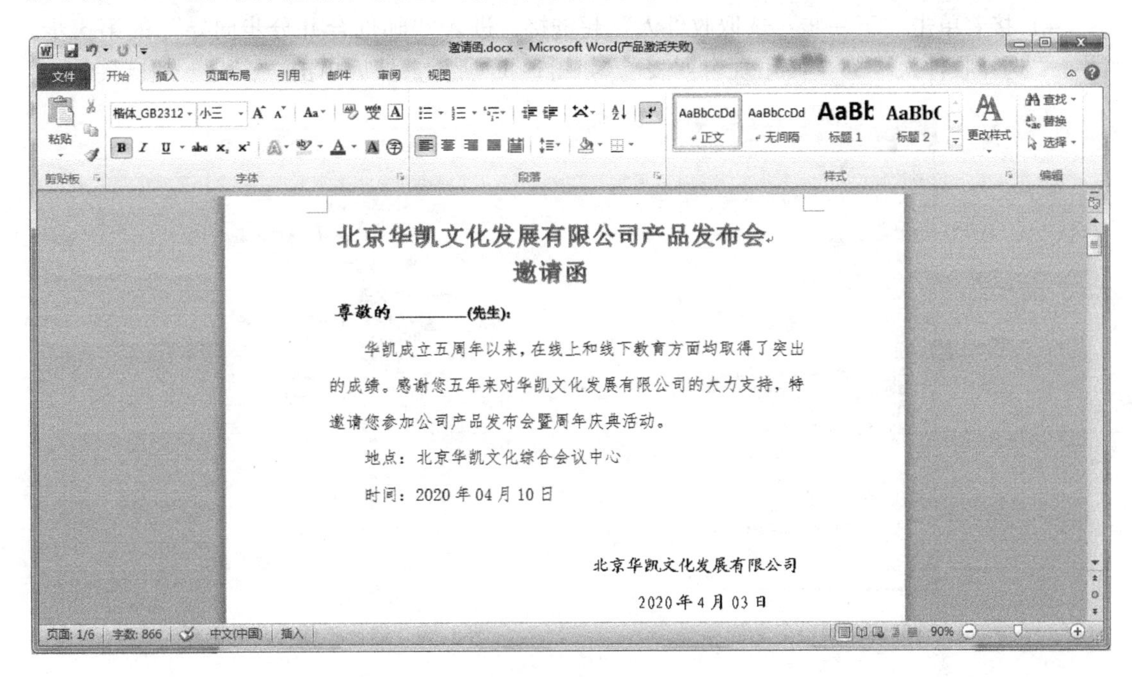

图 3-86 邀请函主文档

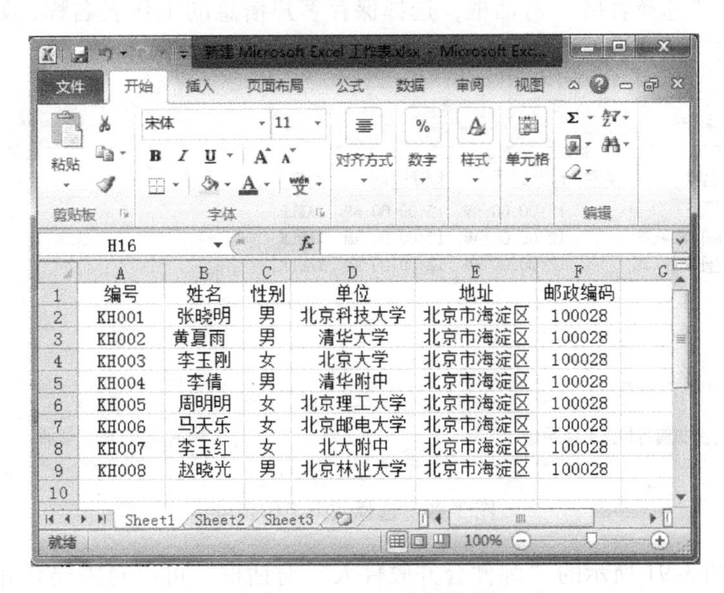

编号	姓名	性别	单位	地址	邮政编码
KH001	张晓明	男	北京科技大学	北京市海淀区	100028
KH002	黄夏雨	男	清华大学	北京市海淀区	100028
KH003	李玉刚	女	北京大学	北京市海淀区	100028
KH004	李倩	男	清华附中	北京市海淀区	100028
KH005	周明明	女	北京理工大学	北京市海淀区	100028
KH006	马天乐	女	北京邮电大学	北京市海淀区	100028
KH007	李玉红	女	北大附中	北京市海淀区	100028
KH008	赵晓光	男	北京林业大学	北京市海淀区	100028

图 3-87 Excel 客户资料数据

操作步骤如下：

1）单击“邮件”选项卡→“开始邮件合并”选项组→“开始邮件合并”按钮，选择“邮件合并分步向导”命令。

2）打开如图3-88所示的“邮件合并”窗格，进入“邮件合并分步向导”的第1步（共6步）。设置“选择文档类型”为“信函”。

3）单击“下一步：正在启动文档”超链接，进入“邮件合并分步向导”的第2步。设置“选择开始文档”为“使用当前文档”，即以当前的文档作为邮件合并的主文档。

4）接着单击“下一步：选取收件人”超链接，进入“邮件合并分步向导”的第3步。设置“选择收件人”为“使用现有列表”，如图3-89所示，然后单击“浏览”超链接。

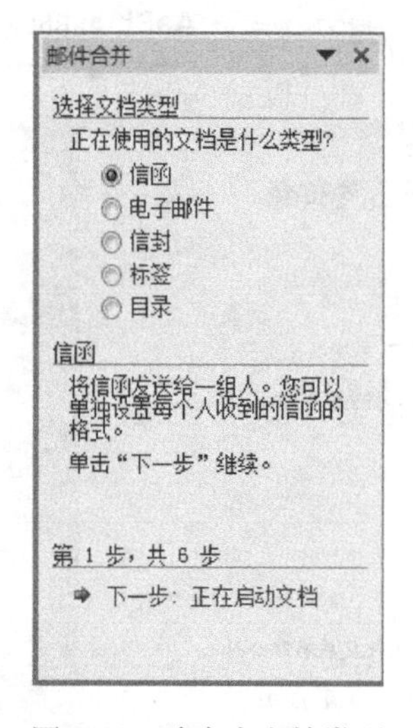

图3-88　确定主文档类型

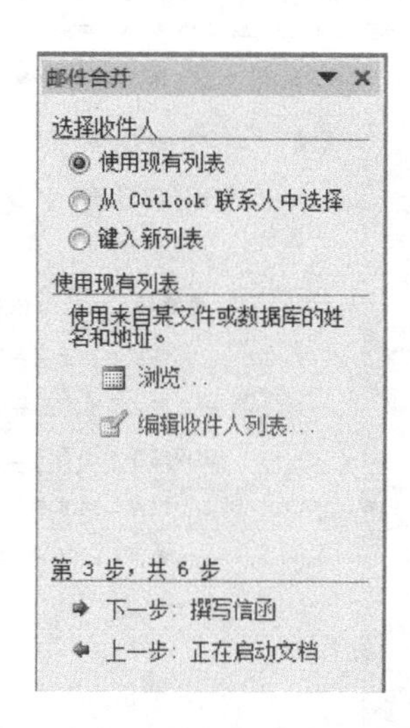

图3-89　选择邮件合并数据源

5）打开“选择数据源”对话框，选择保存客户资料的Excel文件，然后单击“打开”按钮，此时打开“选择表格”对话框，选择保存客户信息的工作表名称，如图3-90所示，然后单击“确定”按钮。

图3-90　选择数据工作表

6）打开如图3-91所示的“邮件合并收件人”对话框，可以对需要合并的收件人信息进行修改。单击“确定”按钮，完成了现有工作表的链接。

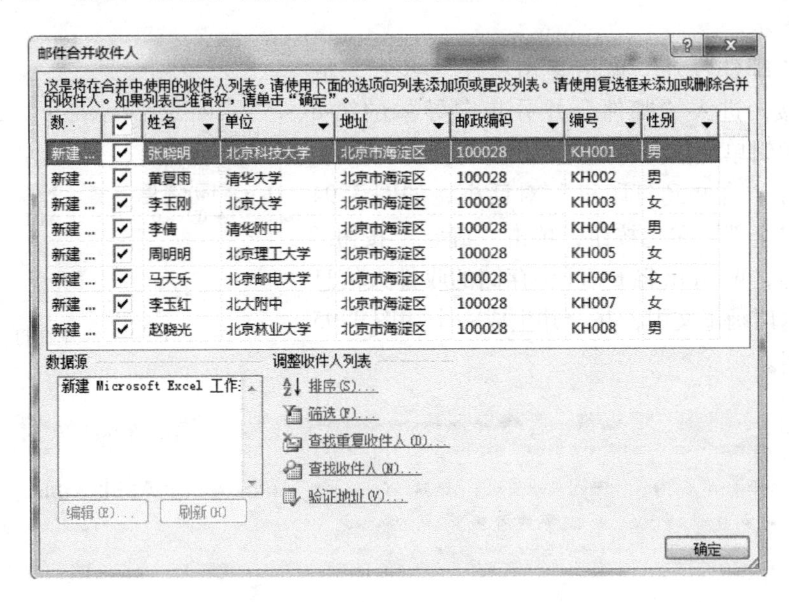

图 3-91　设置邮件合并收件人信息

7）单击“下一步：撰写信函”超链接，进入“邮件合并分步向导”的第 4 步。如果用户此时还没有撰写信函的正文，可以在活动文档窗口输入与输出文档中保持一致的文本。如果需要将收件人信息添加到信函中，先将指针定位在文档中的合适位置，然后单击“地址块”等超链接，本例单击“其他项目”超链接。

8）打开如图 3-92 所示的“插入合并域”对话框，在“域”列表框中选择要添加邀请函的邀请人的姓名所在位置的域，本例选择“姓名”，单击“插入”按钮。插入完毕后单击“关闭”按钮，关闭“插入合并域”对话框。此时，文档中的相应位置就会出现已插入的标记。

9）单击“邮件”选项卡→“编写和插入域”选项组→“规则”按钮，在其下拉列表中选择“如果…那么…否则”命令，打开“插入 Word 域：IF”对话框，进行如图 3-93 所示的设置，完成后单击“确定”按钮。

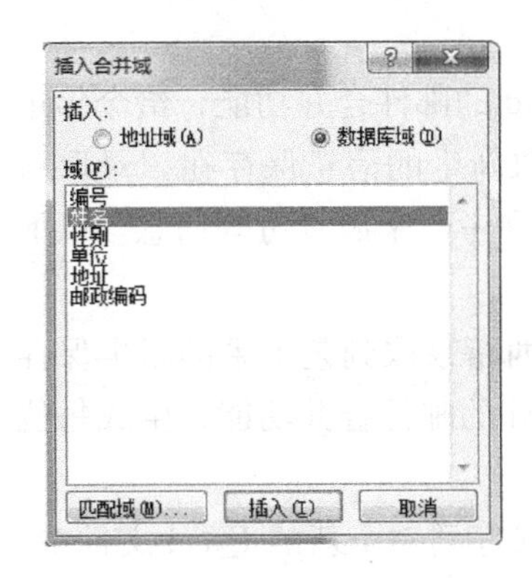

图 3-92　插入合并域

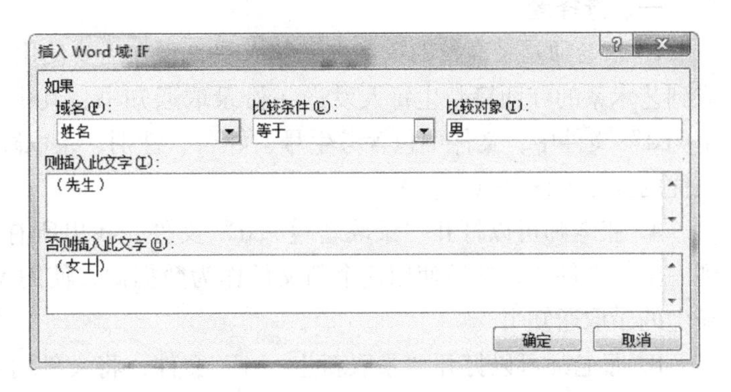

图 3-93　定义插入规则

10）在“邮件合并”窗格中单击“下一步：预览信函”超链接，进入“邮件合并分步向导”的第5步。

11）在“邮件合并”窗格单击“下一步：完成合并”超链接，进入“邮件合并分步向导”的第6步，单击“编辑单个信函”超链接。

12）打开“合并到打印机”对话框，如图3-94所示，选中“全部”单选按钮，单击“确定”按钮。

13）这样，Word就将Excel中存储的收件人信息自动添加到邀请函正文中，并合并生成一个如图3-95所示的新文档。

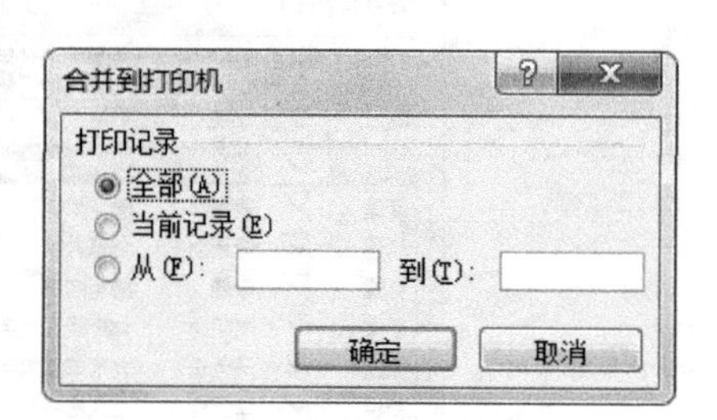

图3-94　合并到打印机

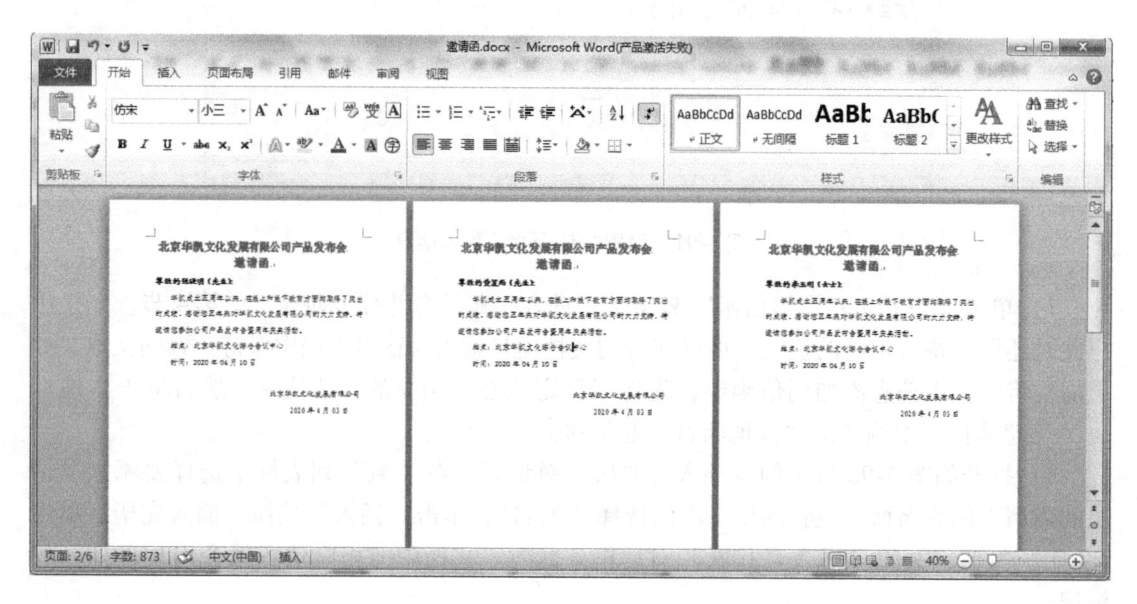

图3-95　批量生成的文档

3.8.4　习题

一、选择题

1. 张老师是某高校的招生办工作人员，现在需要使用Word的邮件合并功能，给今年录取到艺术系的江西籍新生每人发送一份录取通知书，其中录取新生的信息保存在“录取新生.txt”文件中，文件中包含考生号、姓名、性别、录取院系和考生来源省份等信息。以下最优的操作方法是（　　）。

A. 张老师可以打开“录取新生.txt”文件，找出所有江西籍录取到艺术系的新生保存到一个新文件中，然后使用这个新文件作为数据源，使用Word的邮件合并功能，生成每位新生的录取通知书

B. 张老师可以打开“录取新生.txt”文件，将文件内容保存到一个新的Excel文件中，使用Excel文件的筛选功能找出所有江西籍录取到艺术系的新生，然后使用这个新文件作为数据源，使用Word的邮件合并功能，生成每位新生的录取通知书

C. 张老师可以直接使用“录取新生 . txt”文件作为邮件合并的数据源，在邮件合并的过程中使用“排序”功能，设置排序条件，先按照“录取院系升序，再按照考生来源省份升序”，得到满足条件的考生生成录取通知书

D. 张老师可以直接使用“录取新生 . txt”文件作为邮件合并的数据源，在邮件合并的过程中使用“筛选”功能，设置筛选条件“录取院系等于艺术系，考生来源省份等于江西省”，将满足条件的考生生成录取通知书

2. 在 Word 2010 中，邮件合并功能支持的数据源不包括（　　）。

A. PowerPoint 演示文稿　　B. HTML 文件

C. Word 数据源　　D. Excel 工作表

二、填空题

1. 在 Word 2010 中，邮件合并可以将一个________与一个________结合起来，最终生成一系列输出文档。

2. 在 Word 2010 中，邀请函分为________和________两部分，可以使用邮件合并功能实现。

三、判断题

1. 在 Word 2010 中，利用向导进行邮件合并的过程比较繁琐，适合不太熟悉邮件合并程序的新手使用，当对邮件合并流程熟练掌握后，可以直接进行邮件合并。(　　)

2. Word 2010 中，在进行邮件合并时，可能需要设置一些条件来对最终的合并结果进行控制，如只输出某些符合条件的记录。(　　)

3.8.5 习题答案

一、选择题

1. D

解析：本题考查 Word 中的邮件合并功能，由于题目中要求只给“艺术系”和“江西籍”的新生发放录取通知书，所以在邮件合并的过程中需要使用筛选功能，设置筛选条件为录取院系等于艺术系，考生来源省份等于江西省。因此本题正确答案为 D。

2. A

解析：在 Word 中，邮件合并功能支持的数据源包括 Office 地址列表、Excel 工作表、Outlook 联系人列表、Word 数据源、Access 数据库、HTML 文件，不包括 PowerPoint 演示文稿。因此本题正确答案为 A。

二、填空题

1. 主文档，数据源　　2. 固定不变的内容，变化的内容

三、判断题

1. 对。　　2. 对。

3.9 综合测试题

一、选择题

1. 在 Word 2010 文档中，每一个段落都有自己的段落标记，段落标记位于（　　）。

A. 段落的首部　　　　　　　　　　　　B. 段落的结尾处
C. 段落的中间位置　　　　　　　　　　D. 段落中，但用户找不到的位置

2. 在 Word 2010 文档窗口中显示有页号、节号、页数、总页数等信息的是（　　）。
A. 标题栏　　B. 功能区　　C. 工作区　　D. 状态栏

3. 在 Word 2010 文档窗口中，若选定的文本块中包含有几种字体的汉字，则功能区的字体文本框中显示（　　）。
A. 空白　　　　　　　　　　　　　　B. 第一个汉字的字体
C. 系统默认字体：宋体　　　　　　　D. 文本块中使用最多的文字字体

4. 在 Word 2010 中，文档不能打印的原因不可能是没有（　　）。
A. 连接打印机　　　　　　　　　　　B. 设置打印机
C. 经过打印预览查看　　　　　　　　D. 安装打印驱动程序

5. 在 Word 2010 编辑状态下，对于选定的文字不能进行的设置是（　　）。
A. 加下画线　　B. 加着重号　　C. 动态效果　　D. 自动版式

6. 在 Word 2010 编辑状态下，若光标位于表格外右侧的行尾处，按 <Enter> 键（回车键），结果为（　　）。
A. 光标移到下一列　　　　　　　　　B. 光标移到下一行，表格行数不变
C. 插入一行，表格行数改变　　　　　D. 在本单元格内换行，表格行数不变

7. 在 Word 2010 编辑状态下，若要进行选定文本行间距的设置，应选择的操作是单击（　　）按钮。
A. "页面布局"→"页面设置"→"分栏"
B. "开始"→"段落"→"行和段落间距"
C. "页面布局"→"页面设置"→"分隔符"
D. "开始"→"段落"→"中文版式"

8. 设定打印纸张大小时，应当使用的是（　　）。
A. "文件" 选项卡中的 "打印" 命令
B. "页面布局" 选项卡 "页面设置" 组中的 "纸张大小" 按钮
C. "开始" 选项卡 "样式" 组中的 "更改样式" 按钮
D. "页面布局" 选项卡 "页面设置" 组中的 "页边距" 按钮

9. 下列有关 Word 2010 格式刷的叙述中，正确的是（　　）。
A. 格式刷只能复制纯文本的内容
B. 格式刷只能复制字体格式
C. 格式刷只能复制段落格式
D. 格式刷既可以复制字体格式也可复制段落格式

10. 在使用 Word 2010 时，要把文章中所有出现的 "学生" 两字都改成以粗体显示，可以选择（　　）功能。
A. 样式　　B. 改写　　C. 替换　　D. 粘贴

11. 在 Word 2010 的编辑状态下，当前正编辑一个新建文档 "文档 1"，当执行 "文件" 菜单中的 "保存" 命令后（　　）。
A. "文档 1" 被存盘　　　　　　　　B. 弹出 "另存为" 对话框，供进一步操作

C. 自动以“文档1”为名存盘　　D. 不能以“文档1”存盘

12. 在 Word 2010 编辑状态下，不可以进行的操作是（　　）。

A. 对选定的段落进行页眉、页脚设置　　B. 在选定的段落内进行查找、替换

C. 对选定的段落进行拼写和语法检查　　D. 对选定的段落进行字数统计

13. 在 Word 2010 的编辑状态下，为文档设置页码，可以使用（　　）选项卡中的命令。

A. “开始”　　B. “文件”　　C. “引用”　　D. “插入”

14. 在 Word 2010 中，若要计算表格中某行数值的总和，可使用的统计函数是（　　）。

A. SUM()　　B. TOTAL()　　C. COUNT()　　D. AVERAGE()

15. 要将文档中选定的文字移动到指定的位置去，首先对它进行的操作是单击（　　）。

A. “开始”选项卡“剪贴板”组中的“复制”按钮

B. “开始”选项卡“编辑”组中的“替换”按钮

C. “开始”选项卡“剪贴板”组中的“剪切”按钮

D. “开始”选项卡“剪贴板”组中的“粘贴”按钮

16. 在 Word 2010 中“打开”文档的作用是（　　）。

A. 将指定的文档从内存中读入，并显示出来

B. 为指定的文档打开一个空白窗口

C. 将指定的文档从外存中读入，并显示出来

D. 显示并打印指定文档的内容

17. 在 Word 2010 的编辑状态下，要在文档中添加符号☆，应该使用（　　）选项卡中功能按钮。

A. “文件”　　B. “开始”　　C. “引用”　　D. “插入”

18. 在 Word 2010 编辑状态下打开了一个文档，对文档做了修改，进行关闭文档操作后（　　）。

A. 文档被关闭，并自动保存修改后的内容

B. 文档不能关闭，并提示出错

C. 文档被关闭，修改后的内容不能保存

D. 弹出对话框，并询问是否保存对文档的修改

19. 在 Word 2010 的编辑状态下，打开文档“ABC”，修改后另存为“ABD”，则文档 ABC（　　）。

A. 被文档 ABD 覆盖　　B. 被修改未关闭

C. 未修改被关闭　　D. 被修改并关闭

20. 在 Word 2010 编辑状态下，先打开 d1. doc 文档，再打开 d2. doc 文档，则（　　）。

A. d1. doc 文档窗口遮盖了 d2. doc 文档的窗口

B. 打开了 d2. doc 文档的窗口，d1. doc 文档的窗口被关闭

C. 打开的 d2. doc 文档的窗口遮盖了 d1. doc 文档的窗口

D. 两个窗口并列显示

二、填空题

1. Word 2010 文档中两行之间的间隔叫作__________。

2. 在 Word 2010 中，如果要为选定的文档内容加上波浪下画线，可使用“开始”选项卡中的________组。

3. 在 Word 2010 中，与打印机输出完全一致的显示视图称为________视图。

4. 在 Word 2010 窗口的工作区中闪烁的垂直条表示________。

5. 在 Word 2010 中，按 <Ctrl + Home> 组合键操作可以将光标移动到________。

6. 如果要将 Word 2010 文档中的一个关键词改变为另一个关键词，可以使用“开始”选项卡________组中的“替换”按钮。

7. 在 Word 2010 中，要选定指针所在段落，可用鼠标________该段落。

8. 在 Word 2010 中，快捷键________与功能区中的“粘贴”按钮功能相同。

9. 在 Word 2010 中，如果要对文档内容（包括图形）进行编辑，都要先________操作对象。

10. 在 Word 2010 中，在选定文档内容之后，单击“复制”按钮，是将选定的内容复制到________。

11. 在 Word 2010 文档编辑区中，要删除插入点右边的字符，应该按 <________> 键。

12. 在 Word 2010 中将页面正文的底部空白部分称为________。

13. 在 Word 2010 中将页面正文的顶部空白部分称为________。

14. 在 Word 2010 文档编辑过程中，如果先选定了文档内容，再按住 <Ctrl> 键并拖动鼠标至另一位置，即可完成选定文档内容的________操作。

15. 在 Word 2010 中，________是一系列的预制的排版命令，利用它进行排版可以节省时间，提高效率。

16. 在 Word 2010 中，要选定几块不连续的文字区域，可以在选定第一块的基础上结合 <________> 键来完成。

17. 在使用 Word 2010 时，要把文档中所有出现的“祖国”两字都改成以粗体显示，可以使用________功能。

18. 在 Word 2010 中，复制文本内容可以使用的快捷键为 <________>。

19. 在 Word 2010 的表格中，当改变了某个单元格中值的时候，计算结果________改变。

20. 在 Word 2010 中，“格式刷”________复制艺术文字式样。

三、判断题

1. 在 Word 2010 中，批注是对个别术语的注释，其内容位于整个文档的末尾。(　　)

2. 在 Word 2010 中，除打印文档外，还可以打印文档的一些属性信息。(　　)

3. Word 2010 为用户提供了 5 种分栏类型：一栏、两栏、三栏、偏左和偏右，如果这些分栏类型依然无法满足需求，可以在文档中设定自定义分栏。(　　)

4. 文本的字形包括粗体、斜体、下画线和删除线等多种效果。(　　)

5. 在 Word 2010 表格中，公式中的单元格表达式与 Excel 2010 的表达方法一样，如用 A1、A2、B1、B2 等标识单元格。(　　)

6. 在 Word 2010 表格中，当改变了某个单元格中值的时候，计算结果也会随之改变。(　　)

7. 如果要调整文档中其中一页的页边距，第一步就是选定这一页的文本。(　　)

8. 在文档中需调整已输入的公式内容，按公式编辑器按钮，即可进入公式编辑器进行

调整。(   )

9. 拆分窗口是指把一个窗口拆分成两个，且把文档也拆分成两部分。(   )

10. 在窗口编辑的页面视图状态下，选项卡也是可以或显示或隐藏的。(   )

11. 在 Word 2010 中，“格式刷”可以复制一种样式到多个不连续段落。(   )

12. Word 2010 的“查找和替换”功能只可以替换文字，不可以替换格式。(   )

13. Word 2010 中的“替换”命令与 Excel 2010 中的“替换”命令，功能完全相同。(   )

14. 在用 Word 2010 编辑文本时，若要删除文本中某段内容，可选定该段文本，再按 <Delete>键。(   )

15. 在 Word 2010 中已经打开多个文档，则将当前活动文档切换成其他文档只要单击“视图”菜单中所要切换的文档名即可。(   )

16. 在 Word 2010 中，要选定几块不连续的文字区域，可以在选定第一块的基础上结合 <Ctrl>键来完成。(   )

17. 在 Word 2010 编辑状态下，当前输入的文字显示在文件尾部。(   )

18. 在 Word 2010 中，将“计算机的应用能力考试”改为“计算机应用能力考试”，需执行的操作为：插入点在“的”的后面，再按删除 <Delete>键。(   )

19. 在 Word 2010 中，为了将光标快速定位于文档开头处，可用 <Ctrl + PageUp>组合键。(   )

20. 在 Word 2010 的“页面视图”状态下，功能区都可以根据用户编辑的要求或显示或隐藏。(   )

四、简答题

1. 在 Word 2010 中，什么是分节符？什么是分页符？

2. Word 2010 的“形状”命令中，包含了许多图形类型，请说出其中的 5 种以上。

3. 在 Word 2010 中有几种视图模式？

4. 在 Word 2010 中，段落格式的设置包括哪些方面（说出 4 种以上）？并描述段落缩进的类型有哪些。

五、实操题

在指定文件夹下打开 Word 模练 009. docx，按要求完成下列操作。

1）将标题段文字（“为什么水星和金星都只能在一早一晚才能看见?”）设置为三号仿宋、加粗、居中，并为标题段文字添加红色方框，段后间距设置为 0. 5 行。

2）给文中所有“轨道”一词添加波浪下画线；将正文各段文字（“除了我们……开始减小了。”）设置为五号、楷体；各段落左、右各缩进 1 字符；首行缩进 2 字符。将正文第三段（“我们知道……开始减小了。”）分为等宽的两栏，栏间距为 1. 62 字符，栏间加分隔线。

3）设置页面颜色为浅绿色；为页面添加黄色（标准色）阴影边框；在页面底端插入“普通数字 3”样式页码，并将起始页设置为“3”。

3.10 综合测试题答案

一、选择题

1. B 2. D 3. A 4. C 5. D 6. C 7. B 8. B 9. D 10. C

11. B　12. A　13. D　14. A　15. C　16. C　17. D　18. D　19. C　20. C

二、填空题

1. 行距　2. 字体　3. 页面　4. 插入点　5. 文档的开头　6. 编辑
7. 三击　8. <Ctrl+V>　9. 选定　10. 剪贴板　11. <Delete>（或删除）
12. 页脚　13. 页眉　14. 复制　15. 样式　16. <Ctrl>　17. 替换
18. <Ctrl+C>　19. 不会　20. 可以

三、判断题

1. 错，批注位于文档右侧的空白处。　2. 对。　3. 对。
4. 对。　5. 对。　6. 错，不会。
7. 错，不需要选定该页文本，可先在该页前后增加分节符。
8. 错，只有当该公式是用公式编辑器编辑的才可以。
9. 错，文档不会拆分为二。　10. 错，选项卡不可隐藏。　11. 对。
12. 错。　13. 错。　14. 对。　15. 错。　16. 对。　17. 错。
18. 错，插入点在“的”的前面。　19. 错，应该用<Ctrl+Home>组合键。
20. 对。

四、简答题

1. 分节符是指为表示某一节的结束而插入的标记，显示为包含有“分节符”字样的双虚线，分节符包含节的格式设置元素，如页边距、页面方向、页眉页脚等。

分页符是分页的一种符号，上一页结束以及下一页开始的位置。分页符又包括人工分页符和自动分页符：当文档填满一页后，Word 会自动插入一个分页符，这便是自动分页符；若是人为地添加分页符，便是人工分页符。

2. Word 的“形状”命令中包含了许多图形类型：线条、连接符、基本形状、箭头总汇、流程图、星与旗帜、标注。

3. 有页面视图、阅读版式视图、Web 版式视图、大纲视图、草稿视图 5 种视图模式。

4. 对于段落格式的设置包括段落缩进、行距、间距、对齐方式、段落边框和底纹等；段落缩进包括左缩进、右缩进、首行缩进和悬挂缩进。

五、实操题

操作步骤：

1）双击打开 Word 模练 009. docx 文档。选定标题段，单击“开始”选项卡“字体”组右下角的对话框启动器按钮，弹出“字体”对话框；在“字体”选项卡中分别设置字体格式；再单击“开始”选项卡“段落”组右下角的对话框启动器按钮，弹出“段落”对话框，按要求分别进行设置居中、段间距；再单击“开始”选项卡“段落”组中的“下框线”按钮，在弹出的下拉列表中选择“边框和底纹”命令来设置段文字加框。

2）选定正文各段，单击“开始”选项卡“编辑”组中的“替换”按钮，弹出“查找和替换”对话框；在“查找内容”文本框中输入“轨道”，在“替换为”文本框中输入“轨道”；单击“更多”按钮，再单击“格式”按钮，在弹出的列表中选择“字体”选项，弹出“查找字体”对话框。设置“下画线线型”为“波浪线”。再单击“全部替换”按钮即可。

3）按照题目要求分别在“开始”功能区的“字体”和“段落”组，设置字体和段落格式。

4）选定正文第三段，单击“页面布局”选项卡“页面设置”组中的“分栏”按钮，在弹出的下拉列表中选择“更多分栏”命令，弹出“分栏”对话框；选择“预设”选项区域中的“两栏”图标，在“间距”数值框中输入“1.62 字符”，选中“栏宽相等”复选框，选中“分隔线”复选框，单击“确定”按钮。

5）在“页面布局”选项卡“页面背景”组中，分别单击“页面颜色”和“页面边框”按钮，分别设置页面颜色和边框。

6）单击“插入”选项卡“页眉和页脚”组中的“页码”按钮，在弹出的下拉列表中选择“页面底端”→“普通数字 3”选项；再单击“页码”按钮，在弹出的下拉列表中选择“设置页码格式”命令，弹出“页码格式”对话框；选中“起始页码”单选按钮，并在其后的数值框中输入“3”，单击“确定”按钮。

7）保存所编辑的文档。

第4章　电子表格软件 Excel 2010

4.1　Excel 2010 简介

电子表格软件 Excel 2010 是 Office 2010 套装软件中的成员之一。Excel 2010 以直观的表格形式供用户编辑操作。用户只要通过简单的操作就能快速制作出一张精美的表格，并能以多种形式的图表方式来表现数据表格，它还能对数据表进行诸如计算、排序、检索和分类汇总等操作。因此，Excel 2010 被广泛应用在财会管理、税收、经济分析和成绩分析等多个领域。

4.1.1　实训案例

启动 Excel 2010 新建一个 Excel 工作簿，在快速访问工具栏中增加“新建”“打开”“快速打印”和“更多”命令，如图 4-1 所示。

1. 案例分析

本案例主要涉及的知识点如下。

1）启动 Excel 2010。

2）使用快速访问工具栏。

3）自定义快速访问工具栏。

4）退出 Excel 2010。

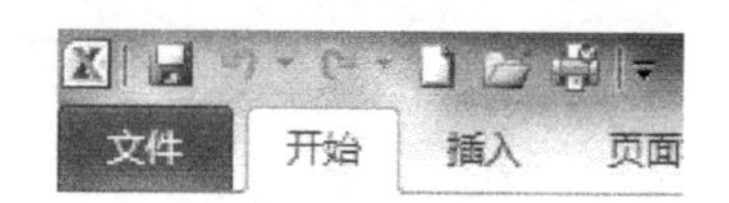

图 4-1　快速访问工具栏

2. 实现步骤

1）单击“开始”菜单，选择“所有程序”→“Microsoft Office”→“Microsoft Office Excel 2010”命令启动 Excel 2010。

2）单击“文件”选项卡，选择“选项”命令，打开“Excel 选项”对话框，在左边列表框中选择“快速访问工具栏”选项，如图 4-2 所示。

3）在“常用命令”下拉列表框中选择“新建”命令，单击“添加”按钮将其添加到“自定义快速访问工具栏”下拉列表框中。

4）重复步骤 3)，在“常用命令”下拉列表框中选择“打开”命令，单击“添加”按钮将其添加到“自定义快速访问工具栏”下拉列表框中。

5）重复步骤 3)，在“常用命令”下拉列表框中选择“快速打印”命令，单击“添加”按钮将其添加到“自定义快速访问工具栏”下拉列表框中，然后单击“确定”按钮。

6）单击窗口右上角的“关闭”按钮，退出 Excel 2010。

4.1.2　Excel 2010 的启动和退出

1. 启动 Excel 2010

方法 1：利用“开始”菜单启动 Excel 2010。

图 4-2 “Excel 选项”对话框

单击“开始”按钮，选择“所有程序”→“Microsoft Office”→“Microsoft Office Excel 2010”命令，即可启动 Excel 2010。

方法 2：利用快捷方式图标。

若桌面上有 Excel 2010 快捷方式图标，双击该图标即可启动 Excel 2010。

方法 3：通过 Excel 2010 文件启动。

双击文件扩展名为 . xlsx 的文件，即可启动 Excel 2010 并打开该文件。

2. 退出 Excel 2010

下列 4 种方法均可退出 Excel 2010。

方法 1：单击 Excel 2010 窗口标题栏最左端的“Excel 控制按钮”图标，然后单击“关闭”按钮。

方法 2：单击 Excel 2010 窗口标题栏最右端的“关闭”按钮。

方法 3：双击 Excel 2010 窗口标题栏最左端的“Excel 控制按钮”图标。

方法 4：在 Excel 2010 窗口标题栏上右击，在弹出的快捷菜单中选择“关闭”命令。

4.1.3 Excel 2010 的工作界面

启动 Excel 2010 后即可打开 Excel 2010 窗口，如图 4-3 所示。Excel 2010 窗口主要由选项卡、快速访问工具栏、标题栏、名称框和数据编辑区、工作表区和状态栏等部分组成。

下面分别对 Excel 2010 窗口中的各组成部分进行简单介绍。

1. 标题栏

标题栏位于 Excel 2010 窗口的最顶端，主要用于显示程序名及文件名。在标题栏最右端有一组窗口控制按钮。单击“最小化”按钮可使 Excel 2010 窗口缩小成 Windows 任务栏中

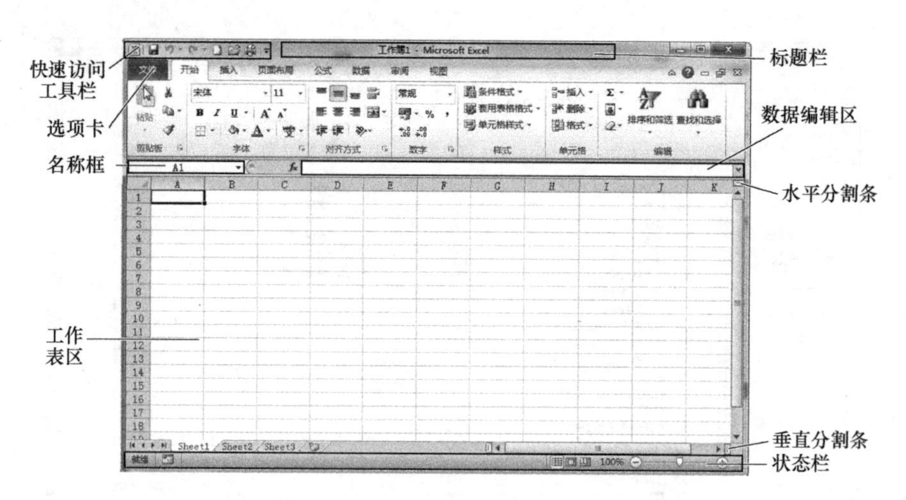

图 4-3　Excel 2010 窗口

的一个任务按钮；单击“最大化”按钮可使 Excel 2010 窗口最大化成整个屏幕，此时“最大化”按钮改变为“还原”按钮；单击“还原”按钮使 Excel 2010 窗口恢复到原来窗口大小，此时，“还原”按钮又改变为“最大化”按钮；单击“关闭”按钮，如果同时打开有多个文件时，则关闭当前的文档窗口，否则就关闭 Excel 2010 窗口，退出 Excel 2010 程序。

2. 快速访问工具栏

快速访问工具栏是一个可自定义的工具栏，包含了一组独立于当前所显示的选项卡的命令，这使得用户在操作时不需要切换选项卡，直接到“快速访问工具栏”中找已添加的命令来完成操作即可。默认情况下，“快速访问工具栏”上只有保存、撤销和恢复 3 个按钮。可根据需要灵活地在“快速访问工具栏”中添加或删除一些常用的命令，方法是单击“快速访问工具栏”右侧的“自定义快速访问工具栏”按钮，在弹出的菜单中选择需要的命令即可进行该命令的添加。

3. 选项卡

选项卡是用户界面的一个按任务分组命令的组件，显示的是一些使用频率最高的命令。在 Excel 2010 的选项卡中，主要包括文件、开始、插入、页面布局、公式、数据、审阅和视图 8 个选项卡。

4. 名称框和数据编辑区

名称框显示的是当前单元格（或区域）的地址或名称。数据编辑区用来输入或编辑当前单元格的值或公式，其左边有 f_x 按钮，用于对输入数据的确认、取消和编辑函数。

5. 工作表区

工作表区主要由行号、列标和工作表标签组成，可以在工作表的单元格中输入不同的数据类型，是最直观显示所有输入内容的区域。

6. 状态栏

状态栏位于窗口的底部，用于显示当前命令或操作的有关信息。例如，在单元格输入数据时，状态栏显示“输入”，完成输入后，状态栏显示“就绪”。另外，在状态栏上还可以调整页面的显示比例。

4.1.4 工作簿的基本操作

所谓工作簿是指在 Excel 环境中用来处理工作数据的文件。一个工作簿就是一个 Excel 文件（其扩展名为 . xlsx），其中可以含有一个或多个表格（称为工作表）。它像一个文件夹，把相关的表格或图表存放在一起，便于处理。例如，新华书店的图书销售量统计表、图书销售额统计表及相应的统计图等可以存放在同一个工作簿中。

一个工作簿最多可以含有 255 个工作表，一个新工作簿默认有 3 个工作表，分别命名为 Sheet1、Sheet2、Sheet3。工作表的名字可以修改，工作表的个数也可以增减。

1. 新建工作簿

常用的创建新工作簿的方法有如下两种。

方法 1：每次启动 Excel 2010 时，系统自动创建一个新工作簿，默认的文件名为 Book1. xlsx。用户保存工作簿时可换成合适的文件名再保存。

方法 2：单击“文件”选项卡，在弹出的菜单中选择“新建”命令，然后选择“空白工作簿”命令，即可创建一个新的工作簿。

2. 打开工作簿

要打开已经存在的 Excel 文件，可以单击“文件”选项卡，在弹出的菜单中选择“打开”命令，这时弹出“打开”对话框，在“查找范围”下拉列表框中选择工作簿文件所在的文件夹，并单击要打开的工作簿文件，然后单击“打开”按钮，就可以打开一个工作簿。

另外，还可以单击“快速访问工具栏”上的“打开”按钮，也可弹出“打开”对话框，同样也可以打开一个工作簿。

3. 保存工作簿

创建工作簿文件并编辑后，需要将其保存在磁盘上。常用的保存方法有以下两种。

方法 1：单击“文件”选项卡，在弹出的菜单中选择“保存”命令，若工作簿文件是新建的，则弹出“另存为”对话框，其形式与 Word 中的“另存为”对话框类似。若工作簿文件不是新建的，则按原来的路径和文件名存盘，不会弹出“另存为”对话框。

方法 2：单击“快速访问工具栏”上的“保存”按钮，若工作簿文件是新建的，则弹出“另存为”对话框，操作方法同上。否则，自动按原来的路径和文件名存盘。

4.1.5 习题

一、选择题

1. Excel 2010 的功能不包括（　　）。

A. 计算　　B. 排序、检索　　C. 文档编辑　　D. 分类汇总

2. 在 Excel 2010 中，工作簿是指（　　）。

A. 操作系统

B. 不能有若干类型的表格共存的单一电子表格

C. 图表

D. 在 Excel 环境中用来处理工作数据的文件

3. 启动 Excel 2010 的方法不包括（　　）。

A. 双击文件扩展名为 . xlsx 的文件　　B. 利用“开始”菜单启动

C. 利用快捷方式启动　　　　　　　　　D. 在桌面空白处右击启动

二、填空题

1. 创建 Excel 2010 新工作簿常用的方法之一是单击“文件”选项卡，在弹出的菜单中选择“新建”命令，然后选择“＿＿＿＿＿”，即可创建一个新的工作簿。

2. 在 Excel 2010 中，新创建的工作簿最多能有＿＿＿＿＿个工作表。

三、判断题

1. Excel 2010 中工作表的名字可以修改，个数也可以增减。(　　)

2. 在 Excel 2010 中，选项卡是用户界面的一个按任务分组命令的组件，显示的是一些不经常使用的命令。(　　)

四、实操题

将 Excel 2010 的自定义设置导出为一个文件进行存放。

4.1.6　习题答案

一、选择题

1. C　2. D　3. D

二、填空题

1. 空白工作簿　2. 255

三、判断题

1. 对。　2. 错，应该是显示使用频率很高的命令。

四、实操题

操作步骤：

1）选择“文件”选项卡，打开后台视图，执行“选项”命令，打开“Excel 选项”对话框。

2）切换到“自定义功能区”选项卡，单击“导入/导出”下拉按钮，选择“导出所有自定义设置”命令。

3）在打开的“保存文件”对话框中设置保存路径及文件名，即可完成操作。

4.2　工作表的建立与编辑

4.2.1　实训案例

创建一个计算机动画技术成绩单，如图 4-4 所示。

1. 案例分析

本案例主要涉及的知识点如下。

1）Excel 2010 的启动。

2）工作簿的新建。

3）单元格的选定及数据的输入。

4）数据的自动填充。

5）工作簿的保存。

学号	姓名	性别	考试成绩	实验成绩	总成绩
991001	李新	男	74	81	
991002	王文辉	男	87	90	
991003	张磊	男	65	92	
991004	郝心怡	女	86	88	
991005	王力	男	92	80	
991006	孙英	女	78	78	
991007	张在旭	男	50	68	
991008	金翔	男	72	96	
991009	杨海东	男	91	98	
991010	黄立	女	85	99	
991011	王春晓	女	78	82	
991012	陈松	男	69	72	
991013	姚林	男	89	69	
991014	张雨涵	女			
991015	钱民	男	66	78	
991016	高晓东	男	74	76	
991017	张平	女	81	82	
991018	李英	女	60	98	
991019	黄红	女	68	98	
991020	王林	男	69	68	

图 4-4　计算机动画技术成绩单

2. 实现步骤

1）单击“开始”按钮，选择“所有程序”→“Microsoft Office”→“Microsoft Office Excel 2010”命令，即可启动 Excel 2010。

2）在 A1: F1 单元格分别输入“学号”“姓名”“性别”“考试成绩”“实验成绩”和“总成绩”。

3）在 A2 单元格中输入 991001，选定 A2 单元格，拖动填充柄至 A21 单元格释放鼠标。

4）在 B2: B21 单元格中输入每名学生的姓名；在 D2: D21 单元格中输入每名学生的考试成绩；在 E2: E21 单元格中输入每名学生的实验成绩。

5）单击“快速访问工具栏”上的“保存”按钮，将保存位置设为“桌面”，保存的文件名为“成绩单”。

4.2.2　输入数据

1. 输入数据的方法

Excel 2010 提供了在单元格或数据编辑区中输入数据的方法。输入数据的操作方法如下。

方法 1：单击目标单元格，使之成为当前单元格，在单元格中输入或修改数据，完成输入后按 <Enter> 键即可。

方法 2：单击目标单元格，使之成为当前单元格，然后单击数据编辑区，在数据编辑区中输入数据，编辑栏的左边会出现“ × ”和“√”按钮。其中“ × ”按钮的功能是取消刚输入的数据，“√”按钮的功能是确认输入的数据并存入当前单元格。

2. 输入文本

文本包括汉字、英文字母、数字、符号及其组合。每一个单元格中最多可输入 32767 个字符，单元格中只能显示 1024 个字符，而数据编辑栏中可以显示全部 32767 个字符。

如果要在单元格中输入硬回车，可按 <Alt + Enter> 键。

若将一个数字作为一个文本，如电话号码、产品代码等，输入时应在数字前加上一个单引号或将数字用双引号括起来，前面加一个“ = ”，例如，将 123456 作为文本处理，可输入“'123456”，也可输入“ = "123456" ”。

在单元格中输入文本后，文本会在单元格中自动左对齐。

3. 输入数值

输入数值时，默认形式为常规表示法，如34,102.56等。当长度超过单元格宽度时自动转换成科学计数法表示，例如，在单元格D3中输入“123456789123”，则显示为“1.23457E+11”。数值在单元格中自动右对齐。

输入数值时可出现数字0、1、…、9和+、-、( )、E、e、%、$。例如，+10、-1.23、1,234、1.23E-2、$134、30%、(123)等。其中，1,234中的逗号“,”表示分节号，30%表示0.3，(123)表示-123。输入分数数据时必须在分数前加0和空格。如在单元格E3中输入“0□2/3”（□表示空格），则显示“2/3”，若直接输入“2/3”，则显示“2月3日”。

4. 输入日期和时间

若输入的数据符合日期或时间的格式，则Excel将以日期或时间存储数据。

（1）输入日期　用户可以用如下形式输入日期（以2019年10月1日为例）。

19/10/1或2019/10/01；2019-10-1；01-OCT-19；1/OCT/19

（2）输入时间　用户可按如下形式输入时间（以19点15分为例）。

19:15；7:15PM；19时15分；下午7时15分

其中，PM或P表示下午，AM或A表示上午。

（3）日期与时间组合输入　例如，2009-10-01 19:15，输入时在日期与时间之间用空格分隔。

4.2.3 自动填充数据

对于相邻单元格中要输入相同数据或按某种规律变化的数据时，用户可以用Excel的智能填充功能实现快速输入。在当前单元格的右下角有一小黑块，称为填充柄。

1. 填充相同数据

对时间和日期数据，按住<Ctrl>键并拖动当前单元格填充柄，所经之处均自动填充该单元格的内容。对字符串或纯数值数据应直接拖动填充柄。

例如，在当前单元格A5中输入“训练基地”，将鼠标指针移到填充柄，此时，指针呈十状，拖动它向右直到单元格E5，释放鼠标左键。B5:E5单元格区域均填充了“训练基地”，如图4-5所示。

	A	B	C	D	E
1					
2					
3					
4					
5	训练基地	训练基地	训练基地	训练基地	训练基地
6					
7	一月	二月	三月	四月	五月

图4-5　自动填充数据示例

2. 填充已定义的序列数据

在单元格A7中输入“一月”，拖动填充柄向右直到单元格E7，释放鼠标左键，A7:E7

单元格区域依次填充了“一月”“二月”…“五月”，如图 4-5 所示。

4.2.4 查找和替换

查找与替换是编辑处理过程中经常执行的操作，在 Excel 中除了可查找和替换文字外，还可查找和替换公式和批注。执行查找和替换的操作步骤如下。

单击“开始”选项卡“编辑”组中的“查找和选择”按钮，在弹出的下拉列表中选择“查找”命令，弹出如图 4-6 所示的“查找和替换”对话框。在“查找内容”文本框中输入要查找的内容，然后选择“搜索”方式和“查找范围”，单击“查找下一个”按钮即可开始查找工作。当找到匹配的内容后，单元格指针就会指向该单元格。如果要进行替换操作，可在“查找和替换”对话框中单击“替换”选项卡，在“替换为”文本框中输入要替换的内容，单击“替换”按钮来进行替换操作，如果不想替换找到的文本，可单击“查找下一个”按钮继续查找，如果需要将所有找到的文本都替换为新的文本，可单击“全部替换”按钮。

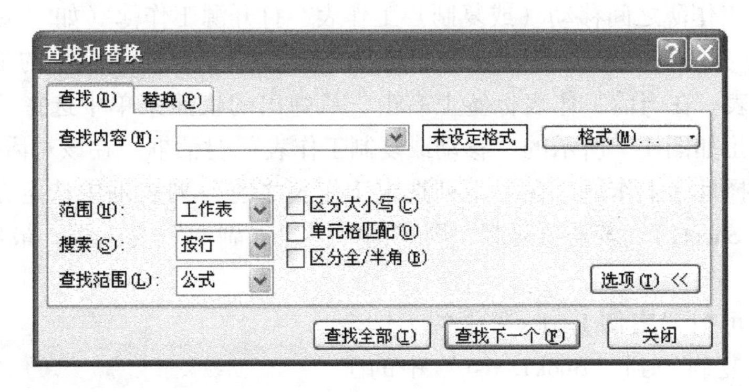

图 4-6 “查找和替换”对话框

若想进行其他内容的查找，可单击“开始”选项卡“编辑”组中的“查找和选择”按钮，从弹出的下拉列表中选择“公式”或“批注”等命令，则可进行公式或批注的查找。

4.2.5 工作表的编辑

新建立的工作簿默认有 3 个工作表。用户可以选择对某个工作表进行重命名、复制、移动、隐藏和分割等操作。

1. 选定工作表

在编辑工作表前，必须先选定它，使之成为当前工作表。

选定工作表的方法是：单击目标工作表标签，则该工作表成为当前工作表，其名字以白底显示。若目标工作表未显示在工作表标签行，可以通过单击工作表标签滚动按钮，使目标工作表标签出现并单击它。

有时需要同时对多个工作表进行操作，如删除多个工作表等，这就需要选定多个工作表，操作方法如下。

（1）选定多个相邻的工作表　单击这几个工作表中的第一个工作表标签，然后，按住 <Shift> 键并单击这几个工作表中的最后一个工作表标签。此时这几个工作表标签均以白底显示，工作簿标题出现“[工作组]”字样。

（2）选定多个不相邻的工作表　按住<Ctrl>键并单击每一个要选定的工作表标签。

2. 工作表重命名

为了直观地表达工作表的内容，往往不采用默认的工作表名 Sheet1、Sheet2 和 Sheet3，而是重新给工作表命名。为工作表重命名的方法是：双击要重命名的工作表标签，然后进行修改或输入新的名字。

3. 工作表的移动和复制

在实际工作中，有时会遇到两张十分相似的表格。若已经制作好其中的一张表格，则另一张表格可用复制表格，适当编辑个别不同点的方法来完成，以提高效率。有时工作表在工作簿中的次序可能需要调整，有的工作表可能需要归类到另一工作簿，这就要移动和复制工作表，具体操作方法如下。

（1）在同一工作簿中移动（或复制）工作表　单击要移动（或复制）的工作表标签，沿着标签行拖动（或按住<Ctrl>键拖动）工作表标签到目标位置。

（2）在不同工作簿之间移动（或复制）工作表　打开源工作簿（如“案例 1. xlsx”）和目标工作簿（如“Book1. xlsx”），单击源工作簿中要移动（或要复制）的工作表标签，使之成为当前工作表。在当前工作表标签上右击，从弹出的快捷菜单中选择“移动或复制工作表”命令，弹出如图 4-7 所示的“移动或复制工作表”对话框。在该对话框的“工作簿”下拉列表框中选择目标工作簿，在“下列选定工作表之前”列表框中选定在目标工作簿中的插入位置（如 Sheet1）。若需要复制，则应选中“建立副本”复选框，最后单击“确定”按钮。

按上述步骤可把“案例 1. xlsx”中的工作表 Sheet3 移动（或复制）到“Book1. xlsx”中的工作表 Sheet1 之前。为了与原工作表 Sheet3 相区别，刚移来的 Sheet3 名字变成 Sheet3(2)。

图 4-7　“移动或复制工作表”对话框

4. 插入工作表

一个工作簿默认有 3 个工作表，有时不够用，可用如下方法插入新工作表。

1）单击某工作表标签（如 Sheet3），新工作表将插在该工作表之前。

2）在工作表标签上右击，从弹出的快捷菜单中选择“插入”命令，然后选择“工作表”命令即可。

新插入的工作表 Sheet4 出现在 Sheet3 之前，且成为当前工作表。若要同时插入多个工作表，可选定多个工作表，然后执行上面的操作。

5. 删除工作表

1）单击要删除的工作表标签，使之成为当前工作表。

2）在工作表标签上右击，从弹出的快捷菜单中选择“删除”命令即可。

6. 工作表的分割

对于较大的表格，由于屏幕大小的限制，看不到全部单元格。若要在同一屏幕查看相距甚远的两个区域的单元格，可以对工作表进行横向或纵向分割，以便查看或编辑同一工作表不同部分的单元格。

在工作簿窗口的垂直滚动条的上方有“水平分割条”（如图 4-3 所示），当鼠标指针移到此处时，呈上下双箭头状；在水平滚动条的右端有“垂直分割条”，当鼠标指针移到此处时，呈左右双箭头状。

（1）水平分割工作表　鼠标指针移到“水平分割条”，上下拖动“水平分割条”到合适位置，则把原工作簿窗口分成上下两个窗口。每个窗口有各自的滚动条，通过移动滚动条，两个窗口在“行”的方向可以显示同一工作表的不同部分。

（2）垂直分割工作表　鼠标指针移到“垂直分割条”，左右拖动“垂直分割条”到合适位置，则把原工作簿窗口分成左右两个窗口。两个窗口在“列”的方向可以显示同一工作表的不同部分。

4.2.6　习题

一、选择题

1. Excel 2010 的工作界面不包括（　　）。

A. 标题栏　　B. 状态栏　　C. 工作表区　　D. 演示区

2. 在 Excel 2010 中，工作簿是指（　　）。

A. 操作系统

B. 不能有若干类型的表格共存的单一电子表格

C. 图表

D. 在 Excel 环境中用于存储和处理工作数据的文件

3. 首次进入 Excel 2010 打开的第一个工作簿的名称默认为（　　）。

A. 文档 1　　B. 工作簿 1　　C. Sheet1　　D. 未命名

二、填空题

1. Excel 2010 工作表中最基本组成单位是__________，可以存放数值、变量、字符、公式等数据。

2. 在 Excel 2010 中，新创建的工作簿默认有__________个工作表。

三、判断题

1. Excel 2010 中的工作簿是工作表的集合。（　　）

2. 在 Excel 2010 中，用 <Shift> 键或 <Ctrl> 键可以选定多个单元格，但活动单元格的数目只能有一个。（　　）

四、实操题

1. 打开指定文件夹下的“Excel 模练 001. xlsx”文件，将 Sheet1 工作表命名为“商品销售情况表”。

2. 在指定文件夹下创建 Excel 工作簿，并在 Sheet1 工作表中输入如图 4-8 所示的数据，将该工作簿命名为 Excel. xlsx。

1）在 A1: E1 单元格区域填入 1 月 ~5 月。

2）在 A2: E2 单元格区域全部填入数字 100。

3）在 A3: E3 单元格区域填入数字 100 ~104。

	A	B	C	D	E	F	G	H
1	1月	2月	3月	4月	5月			
2	100	100	100	100	100			
3	100	101	102	103	104			
4	102	104	106	108	110	一共分为五队		
5	一队	二队	三队	四队	五队			
6								
7								
8								
9								

图 4-8　学员队就餐人数工作表

4）在 A4: E4 单元格区域填入数字 102 ~ 110。

5）自定义序列：一队、二队、三队、四队、五队，并且填入 A5: E5 单元格区域。

6）给 E5 单元格插入批注，内容为“一共分为五个队”，设置为黑体、12 磅。

3. 打开指定文件夹中的工作簿“Excel 模练 002. xlsx”。在“选修课程成绩单”工作表中完成下列操作。

1）查找系别中的“信息”，替换为“信息工程”。

2）将课程名称中的“多媒体技术”全部换成红色字。

3）给课程名称中的“人工智能”全部加上黄色底纹。

4. 打开指定文件夹中的工作簿“Excel 模练 003. xlsx”。在“大学生情况调查表”工作表中完成下列操作。

1）在第 4 行和第 5 行前插入两行。

2）在 D6 单元格处插入一个单元格，D6 单元格内容下移。

3）把“大学生情况调查表”工作表的 A1 单元格命名为标题。

4.2.7　习题答案

一、选择题

1. D　2. D　3. B

二、填空题

1. 单元格　2. 3

三、判断题

1. 对。　2. 对。

四、实操题

1. 操作步骤：

1）打开工作簿。打开“计算机”或“资源管理器”，按路径打开“上机实验指导\Excel”文件夹，双击“Excel 模练 001. xlsx”文件。

2）选定 Sheet1 工作表标签。双击要更改的工作表标签，则当前工作表的名称“Sheet1”成反显状态。

3）进行重命名。在呈反显状态的工作表标签上直接输入要更改的名称“商品销售情况表”，再单击工作表内任意单元格即可完成。

2. 操作步骤：

1）选定 A1 单元格为当前单元格，在 A1 单元格中输入数据“一月”，移动指针至 A1 单元格填充柄处，当出现“十”形状填充柄时，拖动指针至 E1 单元格处。

2）选定 A2: E2 单元格区域，输入“100”，按组合键 <Ctrl + Enter>，即可完成填充；或先在 A2 单元格中输入“100”，将指针移动至 A2 单元格填充柄处，当出现“十”形状填充柄时，拖动指针至 E2 单元格处。

3）先在 A3 单元格中输入“100”，移动指针至 A3 单元格填充柄处，当出现“十”形状填充柄时，按 <Ctrl> 键的同时拖动指针至 E3 单元格处。

4）先在 A4 单元格中输入“102”，选定 A4: E4 单元格区域，单击“开始”选项卡“编辑”组中的“填充”按钮，在打开的下拉列表中选择“序列”命令，弹出“序列”对话框，选择“序列产生在”为“行”，“类型”选择为“等差序列”，“步长值”设为“2”，单击“确定”按钮。

5）完成序列的填充分为以下两步。

① 自定义序列。单击“文件”选项卡中的“选项”命令，弹出“Excel 选项”对话框；单击左侧导航栏中的“高级”命令，在右侧“使用 Excel 时采用的高级选项”中选“常规”组最下方的“编辑自定义列表”按钮，弹出“自定义序列”对话框；在“自定义序列”对话框的“输入序列”文本框里依次输入“一队”，按 <Enter> 键，输入“二队”，按 <Enter> 键，输入“三队”，按 <Enter> 键，输入“四队”，按 <Enter> 键，输入“五队”；单击最右侧的“添加”按钮，即可完成序列的自定义。也可先在 Excel 工作表中的五个连续的单元格里输入如图 4-8 所示的数据“一队、二队、三队、四队、五队”（可以是行，也可以是列），选择“一队、二队、三队、四队、五队”所在的单元格区域，然后再执行如上的操作打开“自定义序列”对话框，单击该对话框底部的“从单元格导入”文本栏右侧的“导入”按钮，即可完成序列的自定义。

② 序列的填充。在规定的单元格 A5 中先输入“一队”，移动指针至 A5 单元格填充柄处，当出现“十”形状填充柄时，拖动指针至 E5 单元格处。

6）选定 E5 单元格，单击“审阅”选项卡“批注”组中的“新建批注”按钮。在弹出的批注文本框中输入“一共分为五队”，然后在任意单元格处单击。

7）选择“文件”菜单下的“保存”命令或单击“快速启动工具栏”中的“保存”按钮，在弹出的“另存为”对话框中保存本工作簿为 Excel. xlsx。

3. 操作步骤：

该题主要考查找与替换操作，操作步骤如下。

1）打开指定文件夹中的工作簿“Excel 模练 002. xlsx”；选定“选修课程成绩单”工作表的工作区域，单击“开始”选项卡“编辑”组中的“查找和选择”按钮，在其下拉菜单中选“替换”命令，在弹出的“查找和替换”对话框中切换到“查找”选项卡，在“查找内容”文本框中输入“信息”，再切换到“替换”选项卡，在“替换内容”文本框中输入“信息工程”，单击对话框下方的“全部替换”按钮，弹出查找替换相关信息的确认对话框，单击“确定”按钮，关闭“查找和替换”对话框。

2）选定“选修课程成绩单”工作表的工作区域，单击“开始”选项卡“编辑”组中的“查找和选择”按钮，在其下拉菜单中选“替换”命令，弹出“查找和替换”对话框；

切换到“查找”选项卡，在“查找内容”文本框中输入“多媒体技术”；再切换到“替换”选项卡，在“替换为”文本框中输入“多媒体技术”；单击右侧的“选项”按钮，在弹出的“替换”选项卡中单击“替换为”最右侧的“格式”按钮，弹出“替换格式”对话框；在该对话框中切换到“字体”选项卡，设置字体颜色为“红色”；返回“查找和替换”对话框，单击“全部替换”按钮，弹出查找替换相关信息的确认对话框，单击“确定”按钮；关闭“查找和替换”对话框。

3）选定“选修课程成绩单”工作表的工作区域，单击“开始”选项卡“编辑”组中的“查找和选择”按钮，在其下拉菜单中选“替换”命令，弹出“查找和替换”对话框；切换到“查找”选项卡，在“查找内容”文本框中输入“人工智能”；再切换到“替换”选项卡，在“替换为”文本框中输入“人工智能”，单击右侧的“选项”按钮，在弹出的“替换”选项卡中单击“替换为”最右侧的“格式”按钮，弹出“替换格式”对话框；在该对话框中切换到“格式”选项卡，设置背景颜色为“黄色”；返回“查找和替换”对话框，单击“全部替换”按钮，弹出查找替换相关信息的确认对话框，单击“确定”按钮；关闭“查找和替换”对话框。

4. 操作步骤：

1）选定第4行和第5行，右击，在弹出的快捷菜单里选择“插入”命令，即可完成在第4行和第5行前插入两行。或者单击“开始”选项卡“单元格”组中的“插入”按钮在弹出的下拉菜单中选择“插入工作表行”命令，也可完成上述操作。

2）选定D6单元格，使其成为当前单元格，单击“开始”选项卡“单元格”组中的“插入”按钮在弹出的下拉菜单中选择“插入单元格”命令，在弹出的“插入”对话框中选中“活动单元格下移”单选按钮，单击“确定”按钮。

3）选定A1单元格为当前单元格，在名称框中输入“标题”，按<Enter>键即可完成命名。

4.3 工作表的格式化

工作表的内容固然重要，但工作表肯定要供别人浏览，其外观修饰也不可忽视。Excel提供了丰富的格式化命令，能解决数字如何显示、文本如何对齐、字形字体的设置以及边框、颜色的设置等格式化问题。

4.3.1 实训案例

在4.2.1实训案例的基础上，给成绩单添加标题、考试成绩和实验成绩所占的百分比等信息。设置标题的字体、字号和对齐方式，给表格添加边框线。给成绩小于60分的单元格设置背景图案，最后结果如图4-9所示。

1. 案例分析

本案例主要涉及的知识点如下。

1）行的插入。

2）合并单元格。

3）设置字体格式。

	A	B	C	D	E	F
1	计算机动画技术成绩单					
2			考试:	80%	实验:	20%
3	学号	姓名	性别	考试成绩	实验成绩	总成绩
4	991001	李新	男	74	81	75
5	991002	王文辉	男	87	90	88
6	991003	张磊	男	65	92	70
7	991004	郝心怡	女	86	88	86
8	991005	王力	男	92	80	90
9	991006	孙英	女	78	78	78
10	991007	张在旭	男	50	68	54
11	991008	金翔	男	72	96	77
12	991009	杨海东	男	91	98	92
13	991010	黄立	女	85	99	88
14	991011	王春晓	女	78	82	79
15	991012	陈松	男	69	72	70
16	991013	姚林	男	89	69	85
17	991014	张雨涵	女			0
18	991015	钱民	男	66	78	68
19	991016	高晓东	男	74	76	74
20	991017	张平	女	81	82	81
21	991018	李英	女	60	98	68
22	991019	黄红	女	68	98	74
23	991020	王林	男	69	68	69
24						
25						
26						
27	成绩分析					
28	应考人数	实考人数	缺考人数	0~59	60~79	80~100
29						
30	各分数段占百分比:					
31	平均分:		最高分:		最低分:	

图 4-9 格式化后的成绩单

4）设置单元格边框。

5）设置条件格式。

2. 实现步骤

1）双击打开“桌面”上的“成绩单”工作簿，选定前两行，右击，在弹出的快捷菜单中选择“插入”命令，在选定行的上方插入两行。

2）在 A1 单元格中输入“计算机动画技术成绩单”，选定 A1: F1 这 6 个单元格，单击“开始”选项卡“对齐方式”组中的“合并后居中”按钮；然后在“开始”选项卡“字体”组中设置字体为“黑体”、字号为“20”。

3）在 C2、D2、E2 和 F2 单元格中分别输入“考试:”“0. 8”“实验:”和“0. 2”。

4）选定 D2: F2 单元格，右击，在弹出的菜单中选择“设置单元格格式”命令，弹出“单元格格式”对话框，切换到“数字”选项卡，选择“分类”列表中的“百分比”选项。

5）在 A27 单元格中输入“成绩分析”，合并 A27: F27 单元格，同时使文本居中对齐。

6）在 A28: F28 单元格区域中分别输入“应考人数”“实考人数”“缺考人数”“0 ~ 59”、“60 ~ 79”和“80 ~ 100”，在 A30 单元格中输入“各分数段占百分比”，合并 A30 至 C30 单元格。

7）在 A31、C31 和 E31 单元格中分别输入“平均分:”“最高分:”和“最低分:”。

8）选定 A3: F23 单元格区域，右击，选择“设置单元格格式”命令，弹出“单元格格式”对话框，切换到“边框”选项卡，设置“线条样式”为双线，单击“外边框”按钮，设置“线条样式”为单线，单击“内部”按钮，然后单击“确定”按钮。

9）选定 A27: F31 单元格区域，仍然设置“外边框”为双线，“内部”为单线。

10）选定 D4: F23 单元格区域，单击“开始”选项卡“样式”组中的“条件格式”按钮，在弹出的列表中选择“突出显示单元格规则”→“小于”命令，弹出“小于”对话框，在第一个文本框中输入“60”，在后面的下拉列表框中选择“浅红色填充”，单击“确定”按钮。

4.3.2 设置单元格格式

若单元格从未输入过数据，则该单元格为常规格式，输入数据时，Excel 会自动判断数据并格式化。例如，输入“￥1234”，系统会格式化为“￥1,234”；输入“2/5”，系统会格式化为“2 月 5 日”；输入“0□2/5”（□表示空格），则显示分数“2/5”。

1. 设置数值格式

选定要格式化的单元格区域，右击，在弹出的快捷菜单中选择“设置单元格格式”命令，弹出如图 4-10 所示的“设置单元格格式”对话框。

在该对话框“数字”选项卡的“分类”列表框中选择“数值”类型，在右侧窗格可以设置单元格中数值的表示形式。可以设置小数位数（如 1）及负数显示的形式（如 -1234，(1234) 或用红色表示的 1234 等），同时可以在“示例”区域看到该格式显示的实际情况。

2. 日期/时间格式化

在单元格中可以用各种格式显示日期或时间，例如，当前单元格中的“2019 年 7 月 1 日”也可以显示为“二〇一九年七月一日”。改变日期或时间显示格式的操作方法如下。

1）选定要设置日期/时间格式的单元格区域，右击，在弹出的快捷菜单中选择“设置单元格格式”命令，打开如图 4-10 所示的“设置单元格格式”对话框。

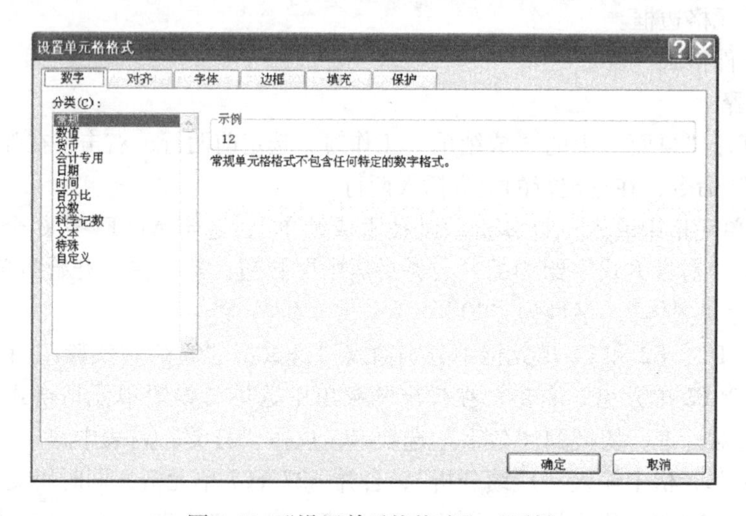

图 4-10 “设置单元格格式”对话框

2）在“数字”选项卡的“分类”列表框中选择“日期”（或“时间”）选项。

3）在右侧窗格的“类型”列表框中选择一种日期（或时间）格式，如“二〇一九年七月一日”。

4）单击“确定”按钮。

用同样的方法能使单元格中的“13:20”变成“下午一时二十分”。

3. 将数字格式转化为文本格式

Excel 软件可以将单元格中的内容由数字格式转化为文本格式，操作方法如下。

1）选定要转换格式的单元格区域，右击，在弹出的快捷菜单中选择“设置单元格格式”命令，弹出如图 4-10 所示的“设置单元格格式”对话框。

2）切换到“数字”选项卡，在“分类”列表框中选择“文本”选项。

3）单击“确定”按钮。

4. 将数字格式转化为邮政编码格式

Excel 软件可以将单元格中的内容由数字格式转化为邮政编码格式，操作方法如下。

1）选定要转换格式的单元格区域，右击，在弹出的快捷菜单中选择“设置单元格格式”命令，弹出如图 4-10 所示的“设置单元格格式”对话框。

2）切换到“数字”选项卡，选择“分类”列表框中的“特殊”选项，在右边的“类型”列表框中选择“邮政编码”格式。

3）单击“确定”按钮。

5. 将数字格式转化为中文数字格式

Excel 软件可以将单元格中的内容由数字格式转化为中文数字格式，操作方法如下。

1）选定要转换格式的单元格区域，右击，在弹出的快捷菜单中选择“设置单元格格式”命令，弹出如图 4-10 所示的“设置单元格格式”对话框。

2）切换到“数字”选项卡，选择“分类”列表框中的“特殊”选项，在右边的“类型”列表框中选择“中文小写数字”或“中文大写数字”格式。

3）单击“确定”按钮。

6. 设置单元格数据对齐方式

选定要设置对齐方式的单元格区域，右击，在弹出的快捷菜单中选择“设置单元格格式”命令，弹出如图 4-10 所示的“设置单元格格式”对话框。

在该对话框的“对齐”选项卡中可以设置单元格中数据的水平对齐方式和垂直对齐方式，还可以设置多个单元格的合并，在“方向”选项区域还可以设置文本按照某种角度来显示。

7. 标题居中

表格的标题通常在一个单元格中输入，在该单元格中居中对齐是无意义的，而应该按表格的宽度跨单元格居中，这就需要先对表格宽度内的单元格进行合并，然后再居中，操作方法如下。

选定包括标题所在单元格在内的表格宽度的若干单元格，单击“开始”选项卡“对齐方式”组中的“合并后居中”按钮 合并后居中，这样表格宽度所占据的标题行的单元格首先合并成一个大的单元格，标题内容居于这个单元格的中央。

8. 边框设置

Excel 工作表中显示的灰色网格线不是实际表格线，要在表格中增加实际表格线（加边框）才能打印出表格线，操作方法如下。

选定要设置边框的单元格区域，右击，在弹出的快捷菜单中选择“设置单元格格式”命令，弹出如图 4-10 所示的“设置单元格格式”对话框。

在该对话框的“边框”选项卡中可以对选定的单元格设置边框，还可以设置边框的颜色和线型。

9. 底纹设置

单元格区域可以增加底纹图案和颜色以美化表格，操作方法如下。

选定要加图案和颜色的单元格区域，右击，在弹出的快捷菜单中选择“设置单元格格式”命令，弹出如图4-10所示的“设置单元格格式”对话框。

在该对话框的“填充”选项卡中选择背景色或图案颜色即可为单元格区域增加底纹。

4.3.3 调整行高和列宽

在新建的工作簿中，工作表的行高和列宽都是采用默认值。如果输入的数据较多、较大，超出了标准的行高和列宽，就无法将所有内容全部显示，此时就需要对行高和列宽进行调整。

1. 调整行高

（1）鼠标拖动法　将鼠标指针移到需要调整行高的行号下边线上，指针呈![]形状后，上下拖动鼠标，即可改变行高。

（2）菜单命令法　单击需要调整行高的行号选定该行，右击，从弹出的快捷菜单中选择“行高”命令，弹出如图4-11所示的“行高”对话框，在该对话框中输入所需要的行高值，然后单击“确定”按钮。

（3）最合适的行高　将鼠标指针移到需要调整行高的行号下边线上，指针呈![]形状后，双击，就可将该行设置为“最适合的行高”。

2. 调整列宽

（1）鼠标拖动法　将鼠标指针移到需要调整列宽的列标右边线上，指针呈![]形状后，左右拖动鼠标，即可改变列宽。

（2）菜单命令法　单击需要调整列宽的列标，选定该列，右击，从弹出的快捷菜单中选择“列宽”命令，弹出如图4-12所示的“列宽”对话框，在该对话框中输入所需要的列宽值，然后单击“确定”按钮。

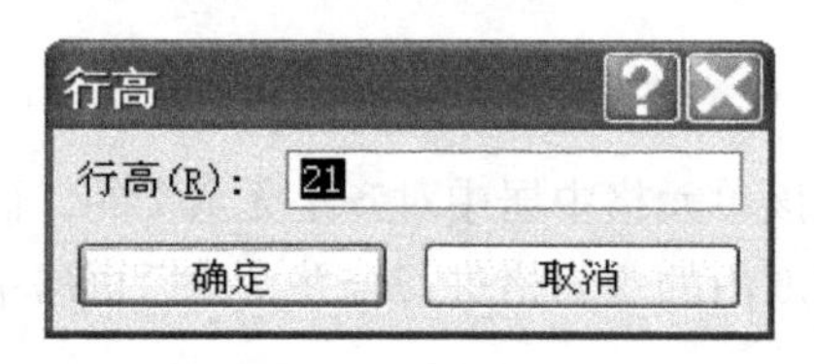

图4-11　“行高”对话框

图4-12　“列宽”对话框

（3）最合适的列宽　将鼠标指针移到需要调整列宽的列标右边线上，指针呈![]形状后，双击，就可将该行设置为“最适合的列宽”。

4.3.4 调整格式

1. 使用条件格式与格式刷

（1）条件格式　运用条件格式可以使工作表中不同的数据以不同的格式显示，也就是可以根据某种条件来决定数值的显示格式。例如，学生成绩中小于60的成绩用红色显示，条件格式的定义方法如下。

1）选定要使用条件格式的单元格区域（如B1:C2）。

2）单击“开始”选项卡“样式”组中的“条件格式”按钮，在弹出的下拉列表中选择“突出显示单元格规则”→“小于”命令，弹出如图4-13所示的“小于”对话框。

图4-13 “小于”对话框

3）在“小于”对话框的第一个文本框中输入数值“60”，在后面的下拉列表框中选择“红色文本”。

4）单击“确定”按钮。

（2）格式刷 Excel中还可以用更简单的方法来复制单元格格式，格式的复制可以使用“格式刷”来实现，操作方法如下。

1）选定被复制格式的单元格，然后单击“开始”选项卡“剪贴板”组中的“格式刷”按钮。

2）选定目标单元格，即可将格式复制到目标单元格中。

2. 套用表格格式

对已经存在的工作表，可以套用系统定义的各种格式来美化表格，操作方法如下。

1）选定要套用格式的单元格区域。

2）单击“开始”选项卡“样式”组中的“套用表格格式”按钮，从弹出的列表中选择一种格式即可。

4.3.5 工作表的页面设置与打印

1. 页面设置

在“页面布局”选项卡的“页面设置”组中可以设置页边距、页眉/页脚、纸张方向和纸张大小等。

（1）设置页边距 单击“页面设置”组中的“页边距”按钮，在弹出的列表中可以选择“普通”“宽”或者“窄”选项，如果需要设置页边距的其他值，可以选择“自定义边距”命令进行设置。

（2）设置页眉/页脚 页眉是指打印页顶部出现的文字，而页脚则是打印页底部出现的文字。通常，把工作簿名称作为页眉，页码作为页脚，当然也可以自定义成其他。设置页眉和页脚的操作方法如下。

单击“页面设置”组中的“页边距”按钮，在弹出的列表中选择“自定义边距”命令，弹出如图4-14所示的“页面设置”对话框，在该对话框的“页眉/页脚”选项卡中可以设置页眉和页脚，还可以选择奇偶页不同的页眉和页脚。

（3）设置纸张方向 单击“页面设置”组中的“纸张方向”按钮，在弹出的列表中可以选择“纵向”或“横向”。“纵向”表示从左到右按行打印，“横向”表示将数据旋转90°打印。

(4) 设置纸张大小　单击“页面设置”组中的“纸张大小”按钮，在弹出的列表中可以选择纸张的规格（如A4、Letter等）。如果需要设置其他的纸张规格，可以在列表中选择“其他纸张大小”命令进行设置。

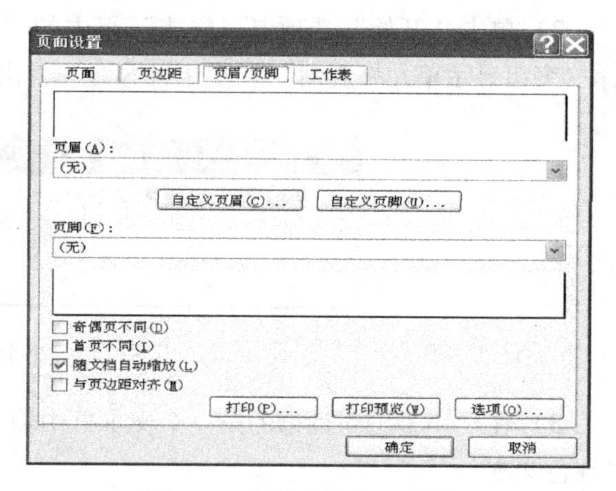

图4-14　“页面设置”对话框

2. 打印预览

选择“文件”→“打印”命令，打开“打印预览”窗口，如图4-15所示。窗口的中间部分显示的是“打印属性”的设置，在区域可以设置“打印范围”和“打印份数”等。窗口右侧以整页形式显示了工作表的首页，其形式就是实际打印的效果。在下方显示了当前的页号和总页数。

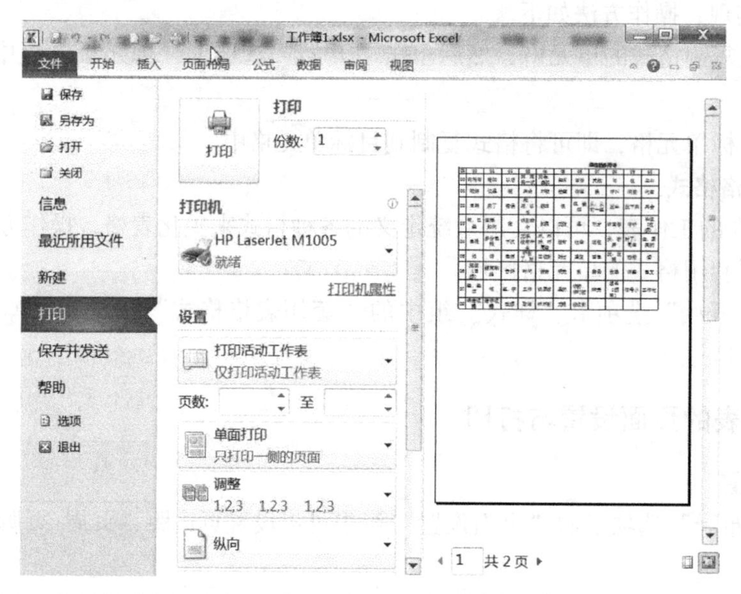

图4-15　“打印预览”窗口

对“打印预览”感到满意后，就可正式打印了。

单击“打印预览”窗口的“打印”按钮，开始打印，这时会弹出“打印”对话框，如图4-16所示。

图4-16　“打印”对话框

4.3.6　习题

一、选择题

1. 在Excel 2010中，选定第3和第4两行，然后进行插入行操作，下面正确的表述是（　　）。

A. 在行号2和3之间插入两个空行　　B. 在行号3和4之间插入两个空行

C. 在行号4和5之间插入两个空行　　D. 在行号3和4之间插入一个空行

2. 在 Excel 2010 中，有关行高的表述，下面说法中错误的是（　　）。

A. 整行的高度是一样的

B. 在不调整行高的情况下，系统默认设置行高自动以本行中最高的字符为准

C. 行增高时，该行各单元格中的字符也随之自动提高

D. 一次可以调整多行的行高

3. 在 Excel 2010 的工作表中，以下操作不能实现的是（　　）。

A. 调整单元格高度　　B. 插入单元格

C. 合并单元格　　D. 拆分单元格

二、填空题

1. 在 Excel 2010 中，如果输入的数据位数太长，一个单元格放不下时，数据将自动转换为__________来表示。

2. 在 Excel 2010 中，如果单元格宽度不够，无法以规定格式显示数值时，此时单元格将用__________符号填满。只要加大单元格宽度，数值即可显示出来。

三、判断题

1. 在 Excel 2010 中，利用格式刷复制的仅仅是单元格的格式，不包括内容。（　　）

2. 在 Excel 2010 中，如果在工作表中插入一行，则工作表中的总行数将会增加一个。（　　）

四、实操题

1. 打开指定文件夹中的工作簿“Excel 模练 004. xlsx”，按要求对此工作表完成如下操作。

1）将表中各字段名的字体设为楷体、12 号、斜体。

2）将所有数据的显示格式设置为带千位分隔符的数值，保留两位小数。

2. 打开指定文件夹中的工作簿“Excel 模练 005. xlsx”，按要求对此工作表完成如下操作。

1）将工作表 Sheet1 中的 A1: D1 单元格区域合并为一个单元格，内容居中。

2）将所有数据的显示格式设置为带千位分隔符的数值，保留两位小数。

3. 打开指定文件夹中的工作簿“Excel 模练 006. xlsx”，按要求对“销售数量统计表”工作表完成如下操作。

1）合并 A1: E1 单元格区域，且内容水平居中；合并 A7: C7 单元格区域，且内容靠右对齐。

2）在 A2: A6 单元格区域设置图案为 6. 25% 灰色的单元格底纹。

3）在 E3: E6 单元格区域设置数字分类为百分比，保留小数点后两位。

4）将 A1: E7 单元格区域设置样式为黑色细单实线的内部和外部边框。

5）将 D3: D6 单元格区域数值大于或等于 10 000 的字体设置成“绿色”。

6）将该工作表区域套用表格样式里的“表格样式浅色 11”的样式。

4. 3. 7　习题答案

一、选择题

1. A　2. C　3. D

二、填空题

1. 科学记数法　2. ############

三、判断题

1. 对。　2. 错，总行数不变。

四、实操题

1. 操作步骤：

1）要对各字段名的字体格式进行设置，打开工作簿“Excel 模练 004. xlsx”后，在 Sheet1 工作表中完成以下几个操作步骤。

① 选定字段。打开 Sheet1 工作表后，单击 A1 单元格，此时 A1 单元格显示有黑色边框，按住 <Shift> 键，单击 G1 单元格，则 A1: G1 单元格区域被选定。

② 使用“开始”选项卡中的“字体”组设定字体、字号与字形。单击“字体”下拉列表框右侧的下拉按钮显示所有的字体，选择“楷体 GB2312”字体，然后单击“字号”下拉列表框右侧的下拉按钮，选择所需的字号“12”，最后单击“倾斜”按钮完成设置。

2）设置数据显示格式，与设置单元格字体格式类似，都通过“设置单元格格式”对话框完成。

① 选定要格式化的单元格区域。这里选定 B2: F5 单元格区域。

② 打开“设置单元格格式”对话框。单击“开始”选项卡“单元格”组中的“格式”按钮，在弹出的列表中选择“设置单元格格式”命令，弹出“设置单元格格式”对话框。

③ 设置数字格式。切换到“数字”选项卡，在“分类”列表框中选择“数值”选项，选中“使用千位分隔符”复选框，当方框中显示“√”，表明选中使用千位分隔符；接着在“小数位数”的数值框中输入“2”，表示保留两位小数。

注意：Excel“开始”选项卡中“字体”组的操作与 Word 等其他 Office 软件类似，可以设置选中文本的字体、字形、字号、下画线、颜色等属性。

2. 操作步骤：

1）打开文件，选定工作表 Sheet1 中的 A1: D1 单元格区域，单击“开始”选项卡“对齐方式”组中的“合并并居中”按钮，将 A1: D1 单元格区域合并为一个单元格，且内容居中。

2）选定所有单元格，右击，在弹出的快捷菜单中选“设置单元格格式”命令，弹出“设置单元格格式”对话框，切换到“数字”选项卡，在“分类”列表框中选择“数值”选项，然后选中“使用千位分隔符”复选框，接着在“小数位数”的数值框中输入“2”，表示保留两位小数。

3. 操作步骤：

1）选定 A1: E1 单元格区域，右击，在弹出的快捷菜单中选择“设置单元格格式”命令；在弹出的对话框中切换到“对齐”选项卡，选择“水平对齐”方式为“居中”，选择“文本控制”方式为“合并单元格”，单击“确定”按钮。选定 A7: C7 单元格区域，重复以上操作，选择“水平对齐”方式为“靠右”，选择“文本控制”方式为“合并单元格”，单击“确定”按钮。

2）选定 A2: A6 单元格区域，右击，在弹出的快捷菜单中选择“设置单元格格式”命令，在弹出的对话框中切换到“填充”选项卡，选择“单元格底纹”为无颜色，“图案”

为“6.25%灰色”，单击“确定”按钮。

3）选定 E3:E6 单元格区域，右击，在弹出的快捷菜单中选择“设置单元格格式”命令，在弹出的对话框中切换到“数字”选项卡，选择“分类”为“百分比”，“小数点位数”为“2”，单击“确定”按钮。

4）选定 A1:E7 单元格区域，右击，在弹出的快捷菜单，选择“设置单元格格式”命令，在弹出的对话框中切换到“边框”选项卡，设置“外边框”和“内部”，“线条”样式为细单实线，颜色为“黑色”，单击“确定”按钮。

5）选定 D3:D6 单元格区域，单击“开始”选项卡“样式”组中的“条件格式”按钮，在弹出的列表中选择“突出显示单元格规则”→“其他规则”命令，在弹出的“新建格式规则”对话框里设置“只为满足以下条件单元格设置格式”，第一个文本框选择“单元格值”，第二个选择“大于或等于”，第三个输入“10000”；单击“格式”按钮，在弹出的“设置单元格格式”对话框中切换到“填充”选项卡，将背景色设置为“绿色”，单击“设置单元格格式”对话框中“确定”按钮，再单击“新建格式规则”对话框中的“确定”按钮。

6）选定工作表所有的数值区域，单击“开始”选项卡“样式”组中的“套用表格格式”按钮，在弹出的列表中选择“浅色”→“表格样式浅色 11”选项。

4.4 公式和函数

到目前为止，工作表中的数据均以原来的面目出现，与普通表格相比，看不出什么优越性。在实际工作中，除了在表格中输入原始数据外，还要进行统计计算（如小计、合计、平均等），并把计算结果也反映在表格中。Excel 提供各种统计计算功能，用户根据系统提供的运算符和函数构造计算公式，系统将按计算公式自动进行计算。特别是当有关数据修改后，Excel 会自动重新计算，这就显出 Excel 的优越性了。

4.4.1 实训案例

将 4.3.1 实训案例中的成绩表进一步完善一下，求出每个学生的总成绩，并统计出应考人数、实考人数和缺考人数，以及各分数段占总人数的百分比，最后求出最高分、最低分和平均分。

1. 案例分析

本案例主要涉及的知识点如下。

1）公式的使用。

2）公式的复制。

3）单元格的引用。

4）函数的使用。

2. 实现步骤

1）选定 F4 单元格，在该单元格中输入公式“=D4*$D$2+E4*$F$2”，按 <Enter> 键确认。

2）选定 F4 单元格，拖动填充柄将公式复制到 F5:F23 单元格区域。

3）选定 A29 单元格，输入函数“=COUNT（E4:E23）”，按<Enter>键确认。

4）选定 B29 单元格，输入函数“=COUNT（D4:D23）”，按<Enter>键确认。

5）选定 C29 单元格，输入公式“=A29-B29”，按<Enter>键确认。

6）选定 D29 单元格，输入函数“=COUNTIF（F3:F23,"<60"）”，按<Enter>键确认。

7）选定 E29 单元格，输入公式“=COUNTIF（F3:F23,"<80"）-D29”，按<Enter>键确认。

8）选定 F29 单元格，输入公式“=COUNTIF（F3:F23,"<=100"）-D29-E29”，按<Enter>键确认。

9）选定 D30 单元格，输入公式“=D29/$A$29”，按<Enter>键确认，并将该公式复制到 E30:F30 单元格区域。

10）选定 B31 单元格，输入函数“=AVERAGE（F4:F23）”，按<Enter>键确认。

11）选定 D31 单元格，输入函数“=MAX（F4:F23）”，按<Enter>键确认。

12）选定 F31 单元格，输入函数“=MIN（F4:F23）”，按<Enter>键确认。

经过计算后的成绩单如图 4-17 所示。

	A	B	C	D	E	F
1	计算机动画技术成绩单					
2			考试：	80%	实验：	20%
3	学号	姓名	性别	考试成绩	实验成绩	总成绩
4	991001	李新	男	74	81	75
5	991002	王文辉	男	87	90	88
6	991003	张磊	男	65	92	70
7	991004	郝心怡	女	86	88	86
8	991005	王力	男	92	80	90
9	991006	孙英	女	78	78	78
10	991007	张在旭	男	50	68	54
11	991008	金翔	男	72	96	77
12	991009	杨海东	男	91	98	92
13	991010	黄立	女	85	99	88
14	991011	王春晓	女	78	82	79
15	991012	陈松	男	69	72	70
16	991013	姚林	男	89	69	85
17	991014	张雨涵	女		80	16
18	991015	钱民	男	66	78	68
19	991016	高晓东	男	74	76	74
20	991017	张平	女	81	82	81
21	991018	李英	女	60	98	68
22	991019	黄红	女	68	98	74
23	991020	王林	男	69	68	69
24						
25						
26						
27	成绩分析					
28	应考人数	实考人数	缺考人数	0~59	60~79	80~100
29	20	19	1	2	11	7
30	各分数段占百分比：			0.1	0.55	0.35
31	平均分：	74	最高分：	92	最低分：	16

图 4-17 计算后的成绩单

4.4.2 使用公式

举例说明：若要计算 A1:C1 单元格区域中数据的和并存放在 D1 单元格中，可以先单击 D1 单元格，在 D1 单元格中输入公式“=A1+B1+C1”，并按<Enter>键。D1 单元格中出现求和的计算结果。若选定 D1，则数据编辑区出现 D1 单元格中的公式“=A1+B1+C1”。

1. 公式形式

输入的公式形式为：

=表达式

其中，表达式由运算符、常量、单元格地址、函数及括号等组成，不能包括空格。例如，“=A1*D2+100”和“=SUM(A1:D1)/C2”是正确的公式，而“A1+A2+A3”是错误的，因为其前面缺少一个“=”。

2. 运算符

用运算符把常量、单元格地址、函数及括号等连接起来就构成了表达式。常用的运算符有算术运算符、字符连接符和关系运算符三类。运算符具有优先级，例如，3+4*5，应先做乘法后做加法，因为乘法优先级高于加法。表 4-1 按优先级从高到低的顺序列出各运算符及其功能。

表 4-1 常用运算符及其功能

运 算 符	功 能	举 例
-	负号	-3，-A1
%	百分数	5%（即 0.05）
^	乘方	5^2（即 5^2）
*、/	乘、除	5*3，5/3
+、-	加、减	5+3，4-3
&	字符串连接	"CHINA"&"2000"（即"CHINA2000"）
=、<> >、>= <、<=	等于、不等于 大于、大于等于 小于、小于等于	5=3 的值为假，5<>3 的值为真 5>3 的值为真，5>=3 的值为真 5<3 的值为假，5<=3 的值为假

3. 创建公式

在单元格中创建公式的操作方法如下。

1）单击选定要输入公式的单元格。

2）在单元格中先输入一个“=”号。

3）输入公式的内容。

4）输入完成后，按 <Enter> 键或单击数据编辑区中的“√”按钮。

例如，在 B6 单元格中输入公式“=B2+B3+B4+B5”，计算结果显示在 B6 单元格中。当更改了单元格 B2 的数据时，B6 单元格中的计算结果会自动更新。

4. 修改公式

输入公式后，有时需要修改。修改公式可以在数据编辑区进行，操作方法如下。

1）单击选定公式所在的单元格。

2）单击数据编辑区中公式需修改处，然后进行增、删、改等编辑工作（如把“=A3+B3+C3”改为“=A3+B3-C3”）。修改时，系统随时计算修改后的公式，并把结果显示在“计算结果”单元格中。

3）修改完毕后，单击“√”按钮（若单击“取消”按钮或“×”按钮，则刚进行的修改无效，恢复到修改前的状态）。

5. 自动求和按钮的使用

在“开始”选项卡“编辑”组中有一个自动求和按钮Σ ▾，利用该按钮可以对工作表中所选定的单元格进行自动求和、平均值、统计个数、最大值和最小值的快速计算。操作方法如下。

1）选定要求和的数值所在的行或者列中与数值相邻的单元格，包括存放结果的单元格。

2）单击“自动求和”按钮，或者选择列表中的其他命令，即可完成自动计算。

4.4.3 使用函数

Excel 提供了 11 类函数，每一类有若干个不同的函数。例如，“常用函数”类中有 SUM、AVERAGE、MAX 等函数。单击自动求和按钮Σ 实际上是调用 SUM 函数。可以认为函数是常用公式的简写形式。函数可以单独使用，如“ = SUM（D1: D6）”，也可以出现在公式中，如“ = A1 * 3 + SUM（D1: D4）”。合理使用函数将大大提高计算效率。

1. 函数的形式

函数的形式如下：

函数名([参数1][,参数2……])

函数的结构以函数名开始，后面紧跟左圆括号，然后是以逗号分隔的参数和右圆括号。上述形式中的方括号表示方括号内的内容可以不出现。所以函数可以有一个或多个参数，也可以没有参数，但函数名后的一对圆括号是必需的。

2. 函数的使用

下面以输入公式“ = A4 + B4 * AVERAGE（C4: D4）”为例，说明如何使用数据编辑区的插入函数按钮：

1）单击存放该公式的单元格（如 E4），使之成为当前单元格。

2）单击数据编辑区，输入“ = A4 + B4 * ”。

3）单击数据编辑区左侧的“插入函数”按钮。

4）弹出“插入函数”对话框，对话框有各种函数的列表，如图 4-18 所示。从列表中选择“AVERAGE”函数，公式中出现该函数及系统预测的求平均值的区域，若给定的区域不正确，单击该处并修改成 C4: D4。

5）单击“确定”按钮。

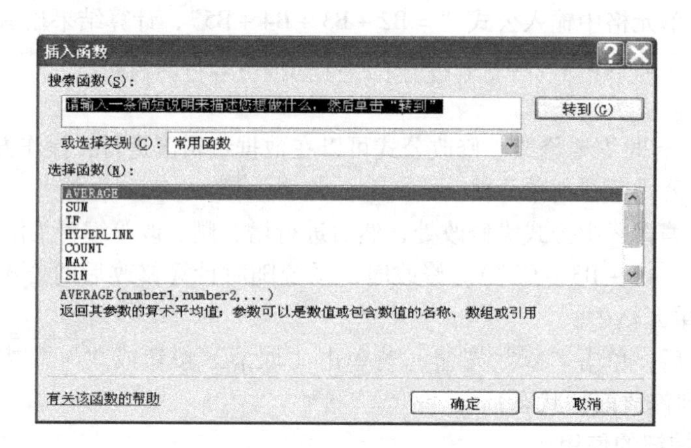

图 4-18 “插入函数”对话框

3. 常用函数介绍

在提供的众多函数中有些是经常使用的，下面介绍几个常用函数。

(1) SUM(A1,A2,…)

功能：求各参数的和。A1,A2,…等参数可以是数值或含有数值的单元格的引用。

(2) AVERAGE(A1,A2,…)

功能：求各参数的平均值。A1,A2,…等参数可以是数值或含有数值的单元格的引用。

(3) MAX(A1,A2,…)

功能：求各参数中的最大值。

(4) MIN(A1,A2,…)

功能：求各参数中的最小值。

(5) COUNT(A1,A2,…)

功能：求各参数中数值型数据的个数。参数的类型不限。

例如，有函数“=COUNT(12,D1:D3,"CHINA")”，若 D1:D3 单元格区域中存放的是数值，则函数的结果是 4，若 D1:D3 单元格区域中只有一个单元格存放的是数值，则结果为 2。

(6) ABS(A1)

功能：求出相应参数的绝对值。

(7) IF(P,T,F)

其中，P 是能产生逻辑值（TRUE 或 FALSE）的表达式，T 和 F 是表达式。

功能：若 P 为真（TRUE），则取 T 表达式的值；否则，取 F 表达式的值。

例如：IF(6>5,10,-10) 的结果为 10。

IF 函数可以嵌套使用，最多可嵌套 7 层。例如，单元格 E2 存放某学生的考试平均成绩，则其成绩的等级可表示为：

IF(E2>89,"A",IF(E2>79,"B",IF(E2>69,"C",IF(E2>59,"D","E"))))

(8) SUMIF(range,criteria,sum_range)

功能：根据指定条件对若干单元格求和。

其中，range 为用于条件判断的单元格区域；criteria 为确定哪些单元格将被相加求和的条件，其形式可以为数字、表达式或文本，例如，条件可以表示为 32、"32"、">32" 或"apples"；sum_range 是需要求和的实际单元格。

(9) COUNTIF(range,criteria)

功能：计算区域中满足给定条件的单元格的个数。

其中，range 为需要计算其中满足条件的单元格数目的单元格区域；criteria 为确定哪些单元格将被计算在内的条件，其形式可以为数字、表达式或文本，例如，条件可以表示为 32、"32"、">32" 或"apples"。

(10) RANK(number,ref,order)

功能：返回一个数字在数字列表中的排位。数字的排位是其大小与列表中其他值的比值（如果列表已排过序，则数字的排位就是它当前的位置）。

其中，number 为需要找到排位的数字；ref 为数字列表数组或对数字列表的引用（ref 中的非数值型参数将被忽略）；order 为一数字，指明排位的方式。

4.4.4 单元格的引用

在公式中经常要引用某一单元格或单元格区域中的数据，这时的引用方法有 3 种：相对引用、绝对引用和混合引用。

1. 相对引用

相对引用指向相对于公式所在单元格相应位置的单元格。在复制公式时，系统并非简单地把单元格中的公式原样照搬，而是根据公式的原来位置和复制的目标位置推算出公式中单元格地址相对原位置的变化。

例如，公式“=C4+D4+E4”原位置在单元格 F4，目标位置在 F5，相对于原位置，目标位置的列号不变，而行号要增加 1。所以复制的公式中单元格地址列号不变，行号由 4 变成 5，则 F5 中的公式是“=C5+D5+E5”。

2. 绝对引用

绝对引用指向工作表中固定位置的单元格，它的位置与包含公式的单元格无关。其表示形式是在普通地址前加 $，如 $D$1。

例如，单元格 F4 中的公式为“=$C$4+$D$4+ $E$4”，复制到单元格 F5，则单元格 F5 中的公式依然为“=$C$4+$D$4+$E$4”。

3. 混合引用

混合引用是指公式中既有相对引用，又有绝对引用。

例如，单元格 F4 中的公式为“= $C$4+D$4+$E4”，复制到单元格 G5，则单元格 G5 中的公式为“=$C$4+E$4+$E5”，公式中，C4 不变，D4 变成 E4（列标变化），E4 变成 E5（行号变化）。

4.4.5 错误值的综述

在单元格中输入或编辑公式后，有时会出现诸如“#####!”或“#VALUE!”的错误信息，令初学者莫名其妙和茫然不知所措。其实，出错是难免的，关键是要弄清出错的原因和如何纠正这些错误。表 4-2 列出的是几种常见的错误信息和出错原因。

表 4-2 错误信息和出错原因

错误信息	出错原因
#####!	公式所产生的结果太长，该单元格容纳不下，或者单元格的日期或时间格式产生了一个负值
#DIV/0!	公式中出现被零除的现象
#N/A	在函数或公式中没有可用数值
#NAME?	在公式中使用了 Microsoft Excel 不能识别的文本
#NULL!	试图为两个并不相交的区域指定交叉点
#NUM!	公式或函数中某个数值有问题
#REF!	单元格引用无效
#VALUE!	使用错误的参数或运算对象类型，或者自动更正公式功能不能更正公式

4.4.6 习题

一、选择题

1. 在 Excel 2010 中，使用 $D$1 引用工作表 D 列第 1 行的单元格，这称为对单元格的（　　）。

A. 绝对引用　　B. 相对引用　　C. 混合引用　　D. 交叉引用

2. 在 Excel 2010 中，当某一单元格中显示的内容为“#NAME”时，它表示（　　）。

A. 使用了 Excel 不能识别的文本　　B. 公式中的名称有问题

C. 在公式中引用的无效的单元格　　D. 无意义

二、填空题

1. 在 Excel 2010 中，公式被复制到其他单元格，公式中参数的地址不发生变化，这种引用叫作__________。

2. 在 Excel 2010 中，相对地址与绝对地址混合使用，称为__________。

三、判断题

1. 在一个 Excel 2010 单元格中输入“=AVERAGE（A1:B2,B1:C2）”，则该单元格显示的结果是（B1+B2）/2 的值。（　　）

2. 在 Excel 2010 单元格引用中，单元格地址不会随位移的方向与大小而改变的称为相对引用。（　　）

3. 在 Excel 2010 中，常用函数之一 SUM(A1,A2,…）的功能是求各参数的平均值。（　　）

四、实操题

1. 打开指定文件夹中的工作簿“Excel 模练 007. xlsx”，按要求对“销售单”工作表完成如下操作。

1）计算 A001 型号产品 3 个月的销售总和（置 E3 单元格）。

2）计算 A001、A002、A003、A004 这 4 个型号产品各自 3 个月的销售总和（置 E3: E6 单元格区域）。

3）计算 A001、A002、A003、A004 这 4 个型号产品每个月的销售合计（置 B7: D7 单元格区域）。

4）计算一月份和三月份销售 4 种产品的平均数量（置 E7 单元格）。

5）利用公式计算各型号产品 3 个月销售的平均数量（置 F3: F6 单元格区域，保留小数位数为“0”）。

2. 打开指定文件夹中的工作簿“Excel 模练 008. xlsx”，按要求对 Sheet1 工作表完成如下操作。

1）计算“同比增长”列的内容，同比增长 =(07 年销量 -06 年销量)/06 年销量，百分比型，保留小点后 2 位。

2）用 IF 函数自动在“备注”列中填写信息，如果同比增长高于或等于 20%，在“备注”列内给出信息“较快”，否则内容空白。

3. 打开“上机实验指导 \ Excel”文件夹中的工作簿“Excel 模练 009. xlsx”，按要求对

Sheet1 工作表完成如下操作。

1）计算“本月用数”（本月用数 = 本月抄数 - 上月抄数）。

2）计算“实缴金额”（实缴金额 = 本月用数 × 实际单价）。

4. 打开指定文件夹中的工作簿“Excel 模练 010. xlsx”，按要求对 Sheet1 工作表完成如下操作。

1）计算数字照相机各地区总销售量。

2）计算数字照相机各地区销售在总销售量中所占比例（百分比型，保留小数点后 2 位）。

3）计算数字照相机各地区的销售排名（利用 RANK 函数，升序排列）。

4.4.7 习题答案

一、选择题

1. A　2. A

二、填空题

1. 绝对引用　2. 混合引用

三、判断题

1. 对。　2. 错，应该是绝对引用。　3. 错，应该是求和。

四、实操题

1. 操作步骤：

打开工作簿“Excel 模练 007. xlsx”后，在“销售单”工作表中完成以下几个步骤。

1）选定 B3: E3 单元格区域，单击“公式”选项卡“函数库”组中的“自动求和”下拉按钮，在下拉列表中选择“求和”命令，计算结果显示在 E3 单元格。此时，单击 E3 单元格，数据编辑区显示公式“ = SUM(B3: D3)”。

2）单击 E3 单元格，将光标放在 E3 单元格的右下角填充柄位置，当指针变成实心的细十字时，按下鼠标左键，拖动至 E6 单元格，此时，单击 E3: E6 单元格区域任一单元格均有求和公式显示，即可求得各型号产品各自 3 个月的销售总和。

3）选定 B3: D7 单元格区域，单击“公式”选项卡“函数库”组中的“自动求和”下拉按钮，在下拉列表中选择“求和”命令，计算结果显示在 B7: D7 任一单元格。

4）选定 E7 单元格，单击“公式”选项卡“函数库”组中的“自动求和”下拉按钮，在下拉列表中选择“平均值”命令，此时，E7 单元格有公式出现，选定 B3: B6 单元格区域，按下 <Ctrl> 键，选定 D3: D6 单元格区域，单击编辑栏上的“√”按钮，结果显示在 E7 单元格。

5）选定 F3 单元格，在数据编辑区输入公式“ = (B3 + C3 + D3)/3”，单击编辑栏上的“√”按钮或按 <Enter> 键，结果就显示在 F3 单元格内；用鼠标拖动 F3 单元格的自动填充柄至 F6 单元格，释放鼠标，计算结果显示在 F3: F6 单元格区域；当有小数位时，选定 F3: F6 单元格区域，单击“开始”选项卡“数字”组中的“设置数字格式”按钮，在弹出的“设置单元格格式”对话框中切换到“数字”选项卡，在“数值”选项区域中设置小数位数为“0”。

2. 操作步骤：

1）选定 D3 单元格，在数据编辑区输入公式“ = (B3 - C3)/C3”，单击编辑栏上的“√”按钮或按 <Enter> 键，结果就显示在 D3 单元格内；用鼠标拖动 D3 单元格的自动填充柄至

D14 单元格，释放鼠标，计算结果显示在 D3: D14 任一单元格；选定 D3: D14 单元格区域，单击“开始”选项卡“数字”组中的“设置数字格式”按钮，在弹出的“设置单元格格式”对话框中切换到“数字”选项卡，在“百分比”选项区域中设置小数位数为“2”。

2）选定 E3 单元格，单击“公式”选项卡“函数库”组中的“插入函数”按钮（或单击编辑栏上的“插入函数”按钮），在弹出的“插入函数”对话框中选择“IF 函数”（找 IF 函数可以在“插入函数”对话框中“搜索函数”文本框中输入“IF”搜索或在“或选择类别”文本框中选“全部”，在“选择函数”列表框中找到“IF”）；在弹出的“函数参数”对话框中有 IF 函数所需要的参数设置，在“Logical_test”文本框中输入逻辑判断公式“D3 >=20%”，在“Value_if_ture”文本框中输入逻辑判断公式“较快”，在“Value_if_false”文本框中输入逻辑判断公式“”，单击“确定”按钮；用鼠标拖动 E3 单元格的自动填充柄至 E14 单元格，释放鼠标，计算结果显示在 E3: E14 单元格区域。

3. **操作步骤：**

1）选定 D3 单元格，在数据编辑区输入公式“ = C3 - B3”，单击编辑栏上的“√”按钮或按 <Enter> 键，结果显示在 D3 单元格内；用鼠标拖动 D3 单元格的自动填充柄至 D14 单元格，释放鼠标，计算结果显示在 D3: D14 单元格区域。

2）选定 F3 单元格，在数据编辑区输入公式“ = D3 * E3”，单击编辑栏上的“√”按钮或按 <Enter> 键，结果显示在 F3 单元格内；用鼠标拖动 F3 单元格的自动填充柄至 F14 单元格，释放鼠标，计算结果显示在 F3: F14 单元格区域。

4. **操作步骤：**

1）选定 B3: J3 单元格区域，单击“公式”选项卡“函数库”组中的“自动求和”下拉按钮，在下拉列表中选择“求和”命令，计算结果显示在 J3 单元格，此时，单击 J3 单元格，数据编辑区显示公式“ =SUM(B3: I3)”。

2）选定 B4 单元格，在数据编辑区输入公式“ = B3/$J$3”，单击编辑栏上的“√”按钮或按 <Enter> 键，结果显示在 B4 单元格内；用鼠标拖动 B4 单元格的自动填充柄至 I4 单元格，释放鼠标，计算结果显示在 B4: I4 单元格区域；选定 B4: I4 单元格区域，单击“开始”选项卡“数字”组中的“设置数字格式”按钮，在弹出的“设置单元格格式”对话框中切换到“数字”选项卡，在“百分比”选项区域中设置小数位数为“2”。

3）选定 B5 单元格，单击“公式”选项卡“函数库”组中的“插入函数”按钮（或单击编辑栏上的“插入函数”按钮），弹出“插入函数”对话框，在“或选择类别”文本框中选“全部”，在“选择函数”项中找到“RANK”单击确定；在弹出的“函数参数”对话框中有 RANK 函数所需要的参数设置，在“Number”文本框中单击右上方的箭头，直接单击 B3 单元格（要排名的数据项）；在“Ref”文本框中输入“ $B$3:$I $3”（数据项所在的单元格区域，该区域是固定的要绝对引用）；在“Order”文本框中输入“”或非 0 值（选定排序方式，0 或忽略表示降序，非 0 值表示升序），单击“确定”按钮；用鼠标拖动 B5 单元格的自动填充柄至 I5 单元格，释放鼠标，计算结果显示在 B5: I5 单元格区域。

4.5 数据处理

按数据库方式管理工作表是 Excel 的重要功能，Excel 在数据管理方面提供了排序、检索、数据筛选、分类汇总等数据库管理功能。另外，Excel 还提供了许多专门用于数据库统计计算的数据库函数。

4.5.1 实训案例

对 4.4.1 实训案例中的成绩单进行排序、筛选以及分类汇总操作。

1. 案例分析

本案例主要涉及的知识点如下。

1）数据的排序。

2）数据的筛选。

3）数据的分类汇总。

2. 实现步骤

1）将 4.4.1 实训案例中“计算机动画技术成绩单”中的成绩部分复制到一个新的工作表中，并将工作表命名为“排序的成绩单”。

2）在“排序的成绩单”工作表中，选择 A1:F21 单元格区域，单击“数据”选项卡“排序和筛选”组中的“排序”按钮，弹出“排序”对话框；在“主要关键字”下拉列表框中选定“总成绩”项，在“次序”下拉列表框中选择“降序”项；单击“添加条件”按钮，在添加的“次要关键字”下拉列表框中选定“考试成绩”项，在“次序”下拉列表框中选择“降序”项；选中“数据保护标题”复选框，使该行排除在排序之外；单击“确定”按钮。排序后的工作表如图 4-19 所示。

	A	B	C	D	E	F
1	学号	姓名	性别	考试成绩	实验成绩	总成绩
2	991009	杨海东	男	91	98	92
3	991005	王力	男	92	80	90
4	991002	王文辉	男	87	90	88
5	991010	黄立	女	85	99	88
6	991004	郝心怡	女	86	88	86
7	991013	姚林	男	89	69	85
8	991017	张平	女	81	82	81
9	991011	王春晓	女	78	82	79
10	991006	孙英	女	78	78	78
11	991008	金翔	男	72	96	77
12	991001	李新	男	74	81	75
13	991016	高晓东	男	74	76	74
14	991019	黄红	女	68	98	74
15	991012	陈松	男	69	72	70
16	991003	张磊	男	65	92	70
17	991020	王林	男	69	68	69
18	991015	钱民	男	66	78	68
19	991018	李英	女	60	98	68
20	991007	张在旭	男	50	68	54
21	991014	张雨涵	女		80	16

图 4-19 “排序”结果

3）将 4.4.1 实训案例中“计算机动画技术成绩单”中的成绩部分复制到一个新的工作表中，并将工作表命名为“筛选后的成绩单”。

4）在“筛选后的成绩单”工作表中，选定 A1:F21 单元格区域，单击“数据”选项卡“排序和筛选”组中的“筛选”按钮；单击“总成绩”下拉按钮，在下拉列表中选择“数字筛选”菜单中的“自定义筛选”命令，弹出“自定义自动筛选方式”对话框；在第一个下拉列表框中选择“大于”项，在第二个下拉列表框中输入 80；单击“确定”按钮。筛选出总成绩大于 80 的记录，如图 4-20 所示。

	A	B	C	D	E	F
1	学号	姓名	性别	考试成绩	实验成绩	总成绩
3	991002	王文辉	男	87	90	88
5	991004	郝心怡	女	86	88	86
6	991005	王力	男	92	80	90
10	991009	杨海东	男	91	98	92
11	991010	黄立	女	85	99	88
14	991013	姚林	男	89	69	85
18	991017	张平	女	81	82	81

图 4-20　筛选结果

5）将 4. 4. 1 实训案例中“计算机动画技术成绩单”中的成绩部分复制到一个新的工作表中，并将工作表命名为“分类汇总的成绩单”。

6）在“分类汇总的成绩单”工作表中，选定 A1: F21 单元格区域，先将数据表按性别排序；然后单击“数据”选项卡“分级显示”组中的“分类汇总”按钮，弹出“分类汇总”对话框；设置“分类字段”为“性别”，“汇总方式”为“平均值”，“选定汇总项”为“总成绩”；单击“确定”按钮。汇总出男同学和女同学的平均成绩，如图 4-21 所示。

	A	B	C	D	E	F
1	学号	姓名	性别	考试成绩	实验成绩	总成绩
2	991001	李新	男	74	81	75
3	991002	王文辉	男	87	90	88
4	991003	张磊	男	65	92	70
5	991005	王力	男	92	80	90
6	991007	张在旭	男	50	68	54
7	991008	金翔	男	72	96	77
8	991009	杨海东	男	91	98	92
9	991012	陈松	男	69	72	70
10	991013	姚林	男	89	69	85
11	991015	钱民	男	66	78	68
12	991016	高晓东	男	74	76	74
13	991020	王林	男	69	68	69
14			**男 平均值**			76
15	991004	郝心怡	女	86	88	86
16	991006	孙英	女	78	78	78
17	991010	黄立	女	85	99	88
18	991011	王春晓	女	78	82	79
19	991014	张雨涵	女		80	16
20	991017	张平	女	81	82	81
21	991018	李英	女	60	98	68
22	991019	黄红	女	68	98	74
23			**女 平均值**			71.25
24			**总计平均值**			74.1

图 4-21　分类汇总结果

4. 5. 2　数据排序

有些数据表需要按某字段值的大小进行排序。例如，对工资表按工资或奖金从高到低排序，以便从中得到有用的信息。排序所依据的字段称为关键字，有时关键字不止一个，例如，对工资表按工资从高到低排序，若工资相同时，则奖金少的记录排在前面。这里，实际上有两个关键字，以前一个关键字（“工资”）为主，称为“主要关键字”，而后一个关键字（“奖金”）仅当主要关键字无法决定排列顺序时才起作用，故称为“次要关键字”。实现排序的方法如下。

1. 用排序工具排序

选定单元格区域，单击“数据”选项卡“排序和筛选”组中的“升序”按钮或“降序”按钮，即可对指定的区域进行排序。

2. 用“排序”对话框

选定单元格区域，单击“数据”选项卡“排序和筛选”组中的“排序”按钮，弹出“排序”对话框，如图4-22所示。在“主要关键字”下拉列表框和“次序”下拉列表框中进行相应的选择；如果需要使用“次要关键字”，可单击“添加条件”按钮，在添加的“次要关键字”下拉列表框中和“次序”下拉列表框中进行设置；最后，单击“确定”按钮即可。

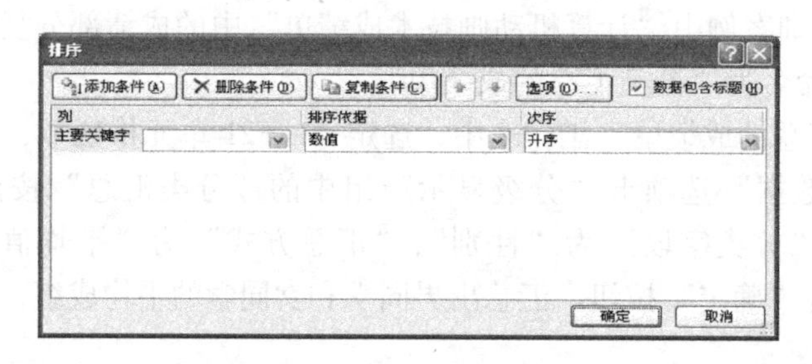

图4-22 “排序”对话框

4.5.3 数据筛选

在数据表中，有时参加操作的只是一部分记录，为了加快操作速度，往往把那些与操作无关的记录隐藏起来，使之不参加操作，把要操作的数据记录筛选出来作为操作对象，以减小查找范围，提高操作速度。例如，在4.5.1实训案例中要查找分数高于80分的女生，若从全体学生中查找，要搜索20个记录；若按性别为女的条件筛选记录，则只需搜索8个记录，搜索范围减少一半以上，速度要快得多。筛选数据的方法有3种：自动筛选、自定义条件筛选和高级筛选。

1. 自动筛选

选定数据区域的任意单元格，单击“数据”选项卡“排序和筛选”组中的“筛选”按钮。此时，数据表的每个字段名旁边出现下拉按钮。单击下拉按钮，将弹出下拉列表，在下拉列表中选定要显示的项，在工作表中就可以看到筛选后的结果。

2. 自定义条件筛选

选定数据区域的任意单元格，单击“数据”选项卡“排序和筛选”组中的“筛选”按钮。此时，数据表的每个字段名旁边出现下拉按钮。单击下拉按钮，将弹出下拉列表，在下拉列表中选择“数字筛选”中的“自定义筛选”命令，弹出“自定义自动筛选方式”对话框，如图4-23所示。在该对话框中单击第1行第1个下拉列表框后的下拉按钮，在弹出的下拉列表中选择运算符，在第1行第2个下拉列表框中选择或输入运算对象；用同样

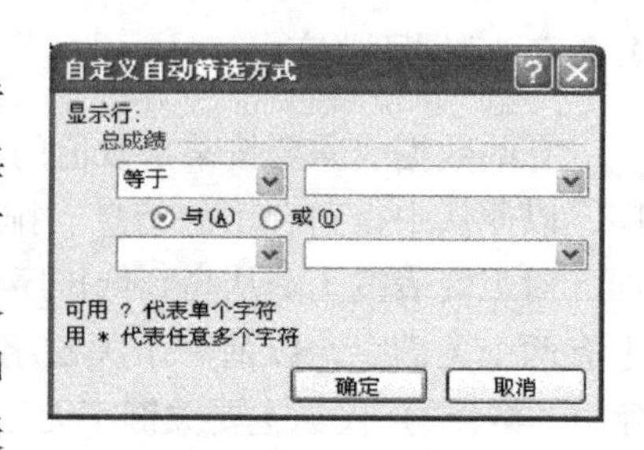

图4-23 “自定义自动筛选方式”对话框

的方法还可以在第 2 排的下拉列表框中指定第 2 个条件。由中间的单选按钮确定这两个条件的关系：“与”表示两个条件必须同时成立，“或”表示两个条件之一成立即可。单击“确定”按钮，就可得到筛选结果。

3. 高级筛选

在自动筛选中，筛选条件可以是一个，也可以用自定义指定两个条件，但只能针对一个字段。如果筛选条件涉及多个字段，用自动筛选实现较麻烦（需分多次实现），而用高级筛选就能一次完成。高级筛选的操作方法如下。

（1）构造筛选条件　在数据表前插入若干空行作为条件区域，空行的个数以能容纳条件为限。根据条件，在相应字段的上方输入字段名，并在刚输入的字段名下方输入筛选条件。用同样方法构造其他筛选条件。多个条件的“与”和“或”关系用如下方法实现。

1）“与”关系的条件出现在同一行。例如，表示条件“性别为女与总成绩大于 80”，如图 4-24 所示。

2）“或”关系的条件不能出现在同一行。例如，表示条件“性别为女或总成绩大于 80”，如图 4-25 所示。

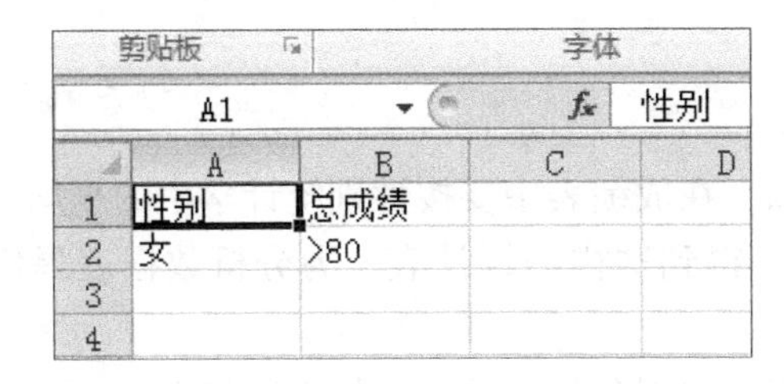

图 4-24　“与”关系条件示意图

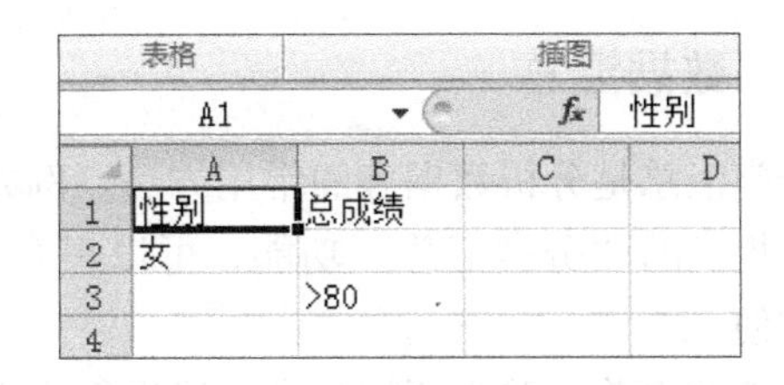

图 4-25　“或”关系条件示意图

（2）执行高级筛选　以筛选条件“性别为女与总成绩大于 80”为例。

1）在数据表前插入 3 个空行作为条件区域。在第 1 行“性别”列输入“性别”，在其下方单元格中输入“女”，在第 1 行“总成绩”列输入“总成绩”，在其下方单元格中输入“ >80”，如图 4-26 所示。

2）单击数据表中任意单元格，然后单击“数据”选项卡“排序和筛选”组中的“高级”按钮，弹出“高级筛选”对话框，如图 4-27 所示。

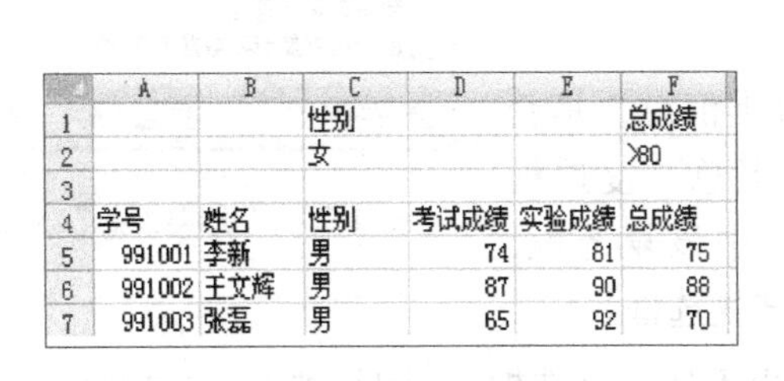

	A	B	C	D	E	F
1			性别			总成绩
2			女			>80
3						
4	学号	姓名	性别	考试成绩	实验成绩	总成绩
5	991001	李新	男	74	81	75
6	991002	王文辉	男	87	90	88
7	991003	张磊	男	65	92	70

图 4-26　构造筛选条件

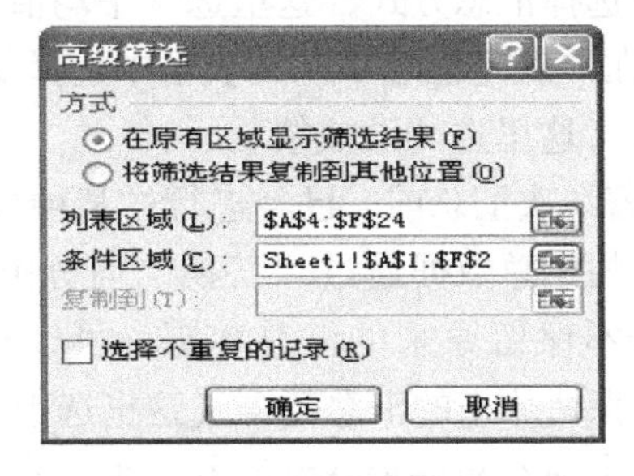

图 4-27　“高级筛选”对话框

3）在“方式”选项区域中选择筛选结果的显示位置，这里选中“在原有区域显示筛选结果”单选按钮。在“列表区域”地址框中指定数据区域（一定要包含字段名的行），可以直接输入“ $A$4:$F$26”，也可以单击右侧的折叠按钮，然后在数据表中选定数据区域。用同样的方法在“条件区域”地址框中指定条件区域（$A$1:$F$2）。

4）单击“确定”按钮。结果如图4-28所示，原有数据被高级筛选结果所代替。

	A	B	C	D	E	F
1			性别			总成绩
2			女			>80
3						
4	学号	姓名	性别	考试成绩	实验成绩	总成绩
8	991004	郝心怡	女	86	88	86
14	991010	黄立	女	85	99	88
21	991017	张平	女	81	82	81

图4-28 高级筛选结果

（3）在指定区域显示筛选结果 若想保留原有数据，使筛选结果在其他位置显示，可以在“执行高级筛选”步骤3）中，选中“将筛选结果复制到其他位置”单选按钮，并在“复制到”地址框中指定显示结果区域的左上角单元格地址（如$A$28），则高级筛选的结果在指定位置显示。

4.5.4 数据汇总

分类汇总是分析数据表的常用方法。例如，在成绩表中要按性别统计学生的平均分，使用系统提供的“分类汇总”功能，可以很容易得到这样的统计表，为分析数据表提供了极大的方便。

在汇总之前，首先要按分类字段进行排序。实现分类汇总的操作方法如下。

1）按分类字段（如性别）进行排序。

2）单击“数据”选项卡“分级显示”组中的“分类汇总”按钮，弹出“分类汇总”对话框，如图4-29所示。

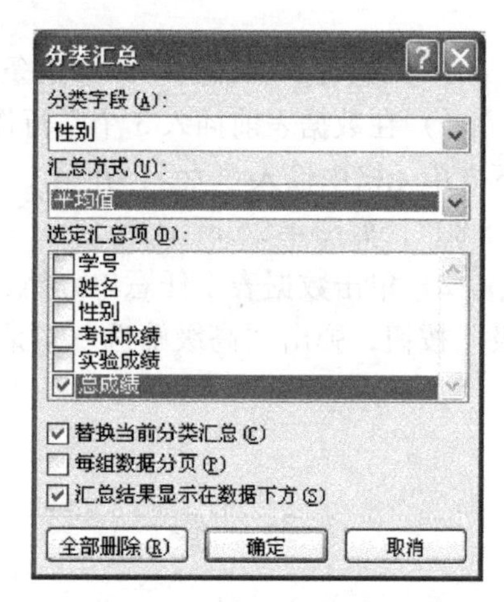

图4-29 “分类汇总”对话框

3）单击“分类字段”下拉列表框的下拉按钮，在下拉列表中选择分类字段（这里选择“性别”）。

4）单击“汇总方式”下拉列表框的下拉按钮，在下拉列表中选择汇总方式（这里选“平均值”）。

5）在“选定汇总项”列表框中选择要汇总的一个或多个字段（这里选“总成绩”）。

6）若本次汇总前，已经进行过某种分类汇总，是否保留原来的汇总数据通过“替换当前分类汇总”复选框设置，若不保留原来的汇总数据，可以选中该复选框，否则，将保留原来的汇总数据（这里选中该复选框）。

若选中“每组数据分页”复选框（这里不选该复选框），则每类汇总数据将独占一页。

若选中“汇总结果显示在数据下方”复选框（这里选中该复选框），则每类汇总数据将出现在该类数据的下方。否则，将出现在该类数据的上方。

7）单击“确定”按钮。

4.5.5 习题

一、选择题

1. 在数据分类汇总时，首先进行的操作是（　　）。

A. 排序　　B. 筛选　　C. 合并　　D. 记录

2. 排序所依据的字段称为（　　）。

A. 关键字　　B. 字　　C. 段　　D. 记录单

二、填空题

1. 筛选数据的方法有 3 种：________________、自定义条件筛选和________________。

2. 在 Excel 2010 中，分类汇总之前，须将工作表中某一列先进行________________操作，然后再对该列进行分类汇总。

三、判断题

1. 对 Excel 2010 数据表中的数据进行数据汇总前，首先要按照分类字段进行排序操作。（　　）

2. 在数据表中，有时参加操作只是一部分记录，为了加快操作速度，往往把那些与操作无关的记录隐藏起来，使之不参加操作，把要操作的数据记录筛选出来作为操作对象，这时需要用到 Excel 2010 数据汇总功能。（　　）

四、实操题

1. 打开指定文件夹中的工作簿 Excel 模练 011. xlsx，按要求对工作表“大学生情况调查表”完成如下操作。

1）在该表数据清单中增加一条记录。姓名：赵琳，出生年月：1986. 08，籍贯：云南，兴趣：旅游，就业情况：已签订合约，年龄：23。

2）将该表的内容按关键字“年龄”的递增次序进行排序。

3）将该表的内容按主要关键字“就业情况”递增次序，次要关键字“籍贯”的递减次序进行排序。

4）对该表内容进行筛选，条件为：就业情况是否已签订合约。

5）对该表内容进行自动筛选，条件为：年龄大于 21 小于 24。

6）对该表内容进行自动筛选，需同时满足两个条件，条件 1 为年龄大于 21 小于 24，条件 2 为籍贯为云南。

2. 打开指定文件夹中的工作簿 Excel 模练 012. xlsx，按要求对 Sheet1 工作表完成如下操作。

1）对工作表内数据清单的内容按主要关键字“课程名称”的递减次序进行排序；

2）对排序后的内容进行分类汇总，分类字段为“课程名称”，分类方式为最大值，汇总项为“成绩”，汇总结果显示在数据下方。

3. 打开指定文件夹中的工作簿 Excel 模练 013. xlsx，按要求对“销售单 1”和“销售单 2”工作表完成如下操作。

“销售单 1”和“销售单 2”为“1 分店”和“2 分店”4 种型号的产品一月、二月、三月的销售量统计表的数据清单，现需新建工作表，计算出两个分店 4 种型号的产品一月、二月、三月每月销售量的和。

4.5.6　习题答案

一、选择题

1. A　2. A

二、填空题

1. 自动筛选　高级筛选　2. 排序

三、判断题

1. 对。　2. 错，应该是数据筛选。

四、实操题

1. **操作步骤**：打开指定文件夹中的工作簿“Excel 模练 011. xlsx”后，在“大学生情况调查表”工作表中完成以下几个操作步骤。

1）选定数据清单的数据区域，在“数据”选项卡中选择“记录单”命令（“记录单”命令默认不在功能区，需要从“所有工具”中添加到“快速访问工具栏”，具体方法是：单击“文件”→“选项”→“快速访问工具栏”→“所有命令”命令，从列表中找到“记录单”命令，单击“添加到”按钮，即可添加到右侧的“快速访问工具栏”列表框中，最后单击“确定”按钮即可），弹出该工作表的“记录单”对话框；单击“新建”按钮，在字段名右侧的文本框中输入数据，再次单击“新建”或“关闭”按钮，记录单增加完成（只能在尾部增加记录）。

2）选定 F2 单元格（年龄），单击“数据”选项卡中“排序和筛选”组的“升序”按钮即可完成排序。

3）选定数据清单的数据区域，单击“数据”选项卡中“排序和筛选”组中的“排序”按钮，弹出“排序”对话框；在“主要关键字”下拉列表框中选择“就业情况”，设为“升序”；单击“添加条件”，在“次要关键字”下拉列表框中选择“籍贯”，设为“降序”；如果在选定数据清单时不包含字段标题行，则选中“数据标题”复选框，如果在选定数据清单时包含字段标题行，则选中“包含标题”；最后，单击“确定”按钮即可。

4）选定数据清单的数据区域，单击“数据”选项卡“排序和筛选”组中的“筛选”按钮，此时，工作表数据清单的列标题全部变为下拉列表框；打开“就业情况”下拉列表框，选择“已签订合约”即可。

5）选定数据清单的数据区域，单击“数据”选项卡“排序和筛选”组中的“筛选”按钮，此时，工作表数据清单的列标题全部变为下拉列表框；打开“年龄”下拉列表框，选择“自定义”，弹出“自定义筛选方式”对话框；在“年龄”的第一个下拉列表框中选择“大于或等于”，在右侧的下拉列表框中输入“21”；选中“与”单选按钮；在“年龄”的第二个下拉列表框中选择“小于或等于”，在右侧的下拉列表框中输入“24”；单击“确定”按钮。

6）按照 5）的操作筛选满足条件 1 的记录；在条件 1 筛选出的记录清单内，打开“籍贯”下拉列表框，选择“自定义”，在弹出的“自定义筛选方式”对话框中，在“籍贯”的第一个下拉列表框选择“等于”，在右侧的下拉列表框输入“云南”，单击“确定”按钮。

2. 操作步骤：

1）选定 D1 单元格（课程名称），单击“数据”选项卡“排序和筛选”组中的“降序”按钮即可完成排序。

2）单击“数据”选项卡“分级显示”组中的“分类汇总”按钮，弹出“分类汇总”对话框；在该对话框的“分类字段”下拉列表框中选择“课程名称”，在“汇总方式”下拉列表框中选择“最大值”，在“选中汇总项”列表框中选中“成绩”复选框，选中“汇总结果显示在数据下方”复选框；单击“确定”按钮。

3. 操作步骤：

1）在本工作簿中新建工作表“合计销售量”数据清单，数据清单字段名与源数据清单相同，第一列输入产品型号，选定用于存放合并计算结果的单元格区域 B3: D6。

2）单击“数据”选项卡“数据工具”组中的“合并运算”按钮，弹出“合并运算”对话框；在该对话框的“函数”选下拉列表框中选择“求和”，单击“引用位置”右上角的按钮选取销售单 1 中的 B3: D6 单元格区域；单击“添加”按钮，再选取销售单 2 中的 B3: D6单元格区域；单击“添加”按钮（此时，单击“浏览”按钮可以选取不同工作表或工作簿的引用位置）；选中“创建连至源数据的链接”复选框（当源数据变化时，合并计算结果也随之变化）；单击“确定”按钮。

3）合并计算结果并以分类汇总的方式显示，单击左侧的“ + ”按钮，可显示源数据信息。

4.6 数据图表的创建与编辑

图表以图形的方式来表示表格中的数据、数据间的关系以及数据变化的趋势。Excel 可以将工作表中的数据以图表的形式显示，如直方图、折线图、圆饼图等，使得工作表中数据之间的关系和数据的意义更加直观、形象。

4.6.1 实训案例

根据“计算机动画技术成绩单”工作表中的成绩分析创建图表，要求图表能清晰地反映出不同分数段的人数在总人数中的比例。

1. 案例分析

本按钮主要涉及的知识点如下。

1）利用向导创建图表。

2）图表类型的选择。

2. 操作步骤

1）选定创建图表所依据的数据区域 D28: F29。

2）单击“插入”选项卡“图表”组中的“饼图”按钮，在弹出的列表中单击“分离型饼图”类型，即可完成图表的创建，如图 4-30 所示。

4.6.2 创建图表

在 Excel 中对已建立的工作表，可以创建其图表，创建图表的操作方法如下。

1）选定创建图表所依据的数据区域。

2）单击“插入”选项卡“图表”组中需要的图表类型，在弹出的下拉列表中列出了该图表类型的子图表类型。

3）在下拉列表中选择一种子图表类型，即可完成图表的创建。

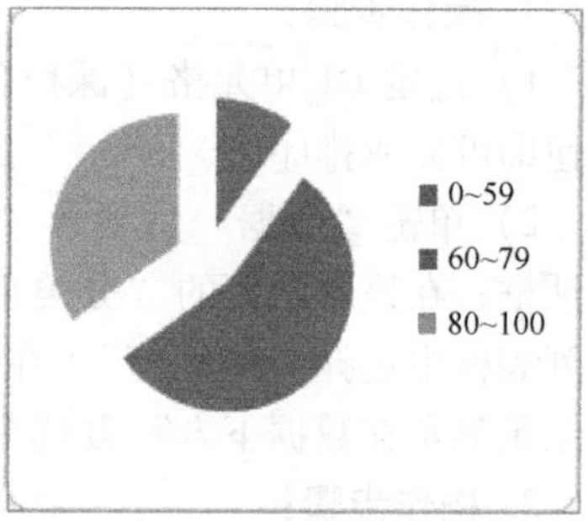

图 4-30 二维分离型饼图

4.6.3 修改图表

图表建立后，有时会发现图表的某些数据有误需要修改，此时可以对图表进行编辑。

1. 修改图表的类型

选定图表后，单击“图表工具-设计”选项卡“类型”组中的“更改图表类型”按钮，弹出如图 4-31 所示的“更改图表类型”对话框，选定需要的图表类型后，单击“确定”按钮完成图表类型的更改。

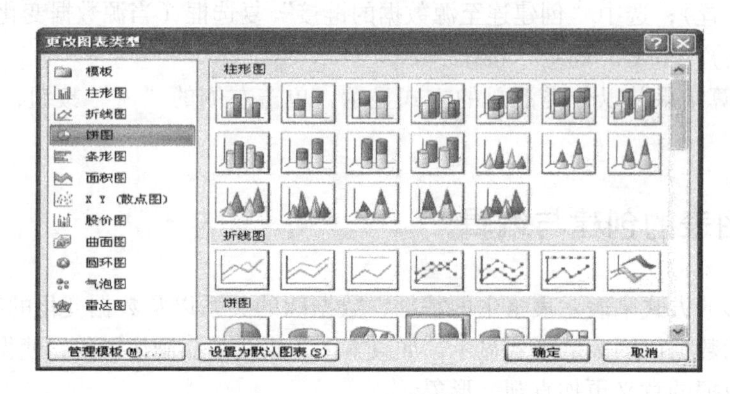

图 4-31 “更改图表类型”对话框

2. 更新图表数据

选定图表后，单击“图表工具-设计”选项卡“数据”组中的“选择数据”按钮，弹出“选择数据源”对话框，如图 4-32 所示。在该对话框的“图表数据区域”地址框中更改数据源即可更新图表数据。

4.6.4 格式化图表

图表建立或修改后，用户可以对图表中的字体格式、图案以及对齐方式等进行设置，使其更具观赏性。

1. 改变图表区背景

1）单击图表，激活它。

2）单击“图表工具-布局”选项卡“背景”组中的“绘图区”按钮，在弹出的下拉列表中选择“其他绘图区选项”命令，在弹出的对话框中选择填充的颜色即可。

2. 设置图表标题格式

1）单击图表，激活它。

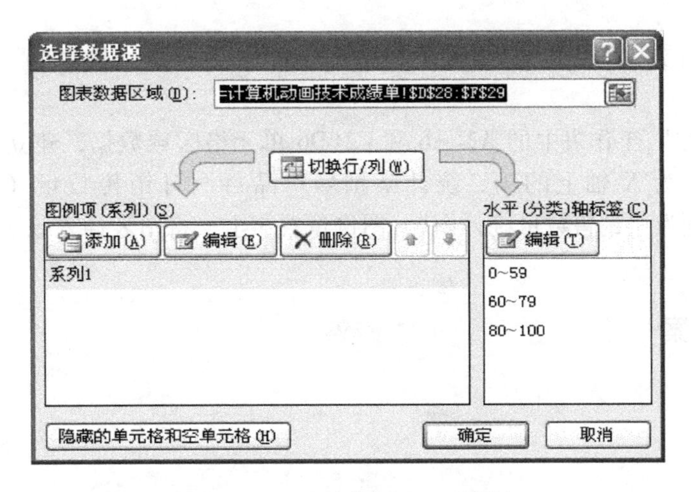

图 4-32 “选择数据源”对话框

2）单击图表工具“布局”选项卡，在“标签”组中单击“图表标题”按钮，在弹出的下拉列表中单击“其他标题选项”按钮，在弹出的对话框进行设置即可。

3. 设置图例格式

1）单击图表，激活它。

2）单击“图表工具-布局”选项卡“标签”组中的“图例”按钮，在弹出的下拉列表中选择“其他图例选项”命令，在弹出的对话框进行设置即可。

4.6.5 习题

一、选择题

1. 在 Excel 2010 中，图表是（　　）。

A. 用户通过“插入”选项卡中的形状绘制的特殊图形

B. 由数据清单生成的用于形象表现数据的图形

C. 由数据透视表派生的特殊表格

D. 一种将表格与图形混排的对象

2. 在 Excel 2010 中，下列能够反映数据的变动情况及变化趋势的图表类型是（　　）。

A. 雷达图　　B. XY 散点图　　C. 饼图　　D. 折线图

二、填空题

1. Excel 提供了__________种标准图标类型，每种图表类型分为多个子类型，可以根据不同的需求，选择图表类型表现数据。

2. Excel 常用的__________类型有柱形图、条形图、折线图、饼图、面积图等。

3. Excel 的__________主要由以下几个部分组成：图表标题、坐标轴与坐标轴标题、图例、绘图区、数据系列、网格线、背景与基底。

三、判断题

1. 在 Excel 2010 中，图表一旦建立，其标题的字体、字形是不可以改变的。（　　）

2. 图表制作完成后，其图表类型可以更改。（　　）

四、实操题

打开指定文件夹中的工作簿 Excel 模练 014. xlsx，按要求对“销售单”工作表完成如下操作。

选定“销售单”工作表中的 A2: A6 和 C2: D6 单元格区域数据，建立“柱形簇状圆柱图”，以“型号”为 X 轴上的项，统计某型号产品每个月销售数量（“系列”产生在“列”），图表标题为“销售数量统计图”，图例位置靠上，将图表插入该工作表 A8: G17 单元格区域内。

4.6.6 习题答案

一、选择题

1. B　2. D

二、填空题

1. 14　2. 图表　3. 图表

三、判断题

1. 错，可以改变。　2. 对。

四、实操题

操作步骤：

1）选定“销售单”工作表中的 A2: A6 和 C2: D6 单元格区域，单击“插入”选项卡“图表”组右下角的对话框启动器按钮，弹出“插入图表”对话框，在图表类型列表框中选择“柱形图”，在子图表类型中选择“簇状圆柱图”，单击“确定”按钮。显示出预设的图表。

2）单击“图表工具-设计”选项卡“数据”组中的“选择数据”按钮，弹出“选择数据源”对话框，在该对话框中单击“切换行/列”按钮，系列产生在“列”（也可产生在“行”，型号作为 X 轴上的项）；在“系列”标签中，选择默认设置（选择其上的其他操作可以修改图表）。

3）单击“图表工具-设计”选项卡“图表布局”组中的“布局 1”按钮，可以在预设图中输入图表标题“销售数量统计图”，在图例位置右击，设置图例“靠上”。

4）如果想移动图表，可以单击“图表工具-设计”选项卡“位置”组中的“移动图表”按钮，将图表设置为“嵌入式图表”或“作为新的工作表”。

5）调整显示工作表的大小，将其插入到 A8: G17 单元格区域内。

4.7 综合测试题

一、选择题

1. 在 Excel 2010 中，单元格地址是指（　　）。

A. 单元格在工作表中的位置　　B. 每一个单元格的大小

C. 单元格所在的工作表　　D. 每一个单元格

2. 在 Excel 2010 中，把鼠标指针指向被选中单元格边框，当指针变成箭头时，拖动鼠标到目标单元格，将完成（　　）操作。

A. 删除　B. 移动　C. 自动填充　D. 复制

3. 在 Excel 2010 中，给当前单元格输入数值型数据时，默认为（　）。

A. 居中　B. 左对齐　C. 右对齐　D. 随机

4. 在 Excel 2010 中，新建一个工作簿后默认的第一张工作表的名称为（　）。

A. Excel1　B. Sheet1　C. Book1　D. 表 1

5. 在 Excel 2010 中，函数 =SUM(10,min(15,max(2,1),3)) 的值为（　）。

A. 10　B. 12　C. 14　D. 15

6. 在 Excel 2010 中，设在 B5 单元格存有一公式为 SUM(B2:B4)，将其复制到 D5 单元格后，公式变为（　）。

A. SUM(B2:B4)　B. SUM(B2:D5)

C. SUM(D5:B2)　D. SUM(D2:D4)

7. 在 Excel 2010 中，已知工作表 B3 单元格与 B4 单元格的值分别为“中国”和“北京”，要在 C4 单元格中显示“中国北京”，正确的公式为（　）。

A. =B3+B4　B. =B3,B4

C. =B3&B4　D. =B3;B4

8. 在 Excel 2010 中，可以打开“替换”对话框的方法是（　）。

A. <Ctrl+F>　B. <F5>　C. <Ctrl+H>　D. <Ctrl+A>

9. 在 Excel 2010 工作簿中，要同时选择多个不相邻的工作表，可以在按（　）键的同时依次单击各个工作表的标签。

A. <Tab>　B. <Alt>　C. <Shift>　D. <Ctrl>

10. 在 Excel 2010 中，计算排名用的函数是（　）。

A. COUNT()　B. MAX()　C. MIN()　D. RANK()

11. 在 Excel 2010 中，某公式中引用了一组单元格（C3:D7,A2,F1），该公式引用的单元格总数为（　）。

A. 4　B. 8　C. 12　D. 16

12. 在 Excel 2010 中，用 <Shift> 或 <Ctrl> 键选定多个单元格后，活动单元格的数目是（　）。

A. 一个单元格　B. 所选的单元格总数

C. 所选单元格的区域数　D. 用户自定义的个数

13. 在 Excel 2010 的单元格内输入日期时，年、月、分隔符可以是（　）。

A. “\”或“-”　B. “/”或“-”

C. “/”或“\”　D. “.”或“|”

14. 在 Excel 2010 中，以下选项引用函数正确的是（　）。

A. =(SUM)A1:A5　B. =SUM(A2,B3,B7)

C. =SUM A1:A5　D. =SUM(A10,B5:B10:28)

15. 在 Excel 2010 中，以下说法正确的是（　）。

A. 在公式中输入"=$A5+$A6"表示对 A5 和 A6 的列地址的绝对引用

B. 在公式中输入"=$A5+$A6"表示对 A5 和 A6 的行、列地址的相对引用

C. 在公式中输入"=$A5+$A6"表示对 A5 和 A6 的行、列地址的绝对引用

D. 在公式中输入" = $A5 + $A6"表示对 A5 和 A6 的行地址的绝对引用

16. 在 Excel 2010 中，需要返回一组参数的最大值，则应该使用函数（　　）。

A. MAX( )　　B. LOOKUP( )

C. HLOOKUP( )　　D. SUM( )

17. 在 Excel 2010 中，可以实现清除格式的菜单或快捷键是（　　）。

A. < Ctrl + C >

B. < Ctrl + V >

C. < Delete >

D. “开始”选项卡“编辑”组中的“清除”按钮

18. 在 Excel 2010 中，若 A1: A5 命名为 xi，数值分别为 10、7、9、27 和 2，C1: C3 命名为 axi，数值为 4、18 和 7，则 AVERAGE(xi,axi) 等于（　　）。

A. 10.5　　B. 22.5　　C. 14.5　　D. 42

19. 在 Excel 2010 中，单元格 F3 的绝对地址表达式为（　　）。

A. $F3　　B. #F3　　C. $F $3　　D. F#3

20. 在 Excel 2010 中，工作簿与工作表之间的正确关系是（　　）。

A. 一个工作表中可以有 3 个工作簿　　B. 一个工作簿里只能有 1 个工作表

C. 一个工作簿最多有 25 列　　D. 一个工作簿里可以有多个工作表

二、填空题

1. 在 Excel 2010 中，每个单元格有一个地址，由__________与__________组成。

2. 在 Excel 2010 中，活动单元格是__________的单元格，活动单元格粗黑边框显示。

3. 在 Excel 2010 中，单击工作表左上角的__________，则整个工作表被选中。

4. 在 Excel 2010 中，公式总是以__________开头。

5. 在 Excel 2010 中，在数据编辑区的左边显示 3 个工具按钮：__________、取消、插入函数。

6. 在 Excel 2010 中要查看公式的内容，可单击单元格，在__________内显示出该单元格的公式的完整内容。

7. 在 Excel 2010 中选中一个单元格后，在该单元格的右下角有一个黑色小方块，就是__________。

8. 在 Excel 2010 中，公式被复制到其他单元格，公式中参数的地址发生相应的变化，这种引用叫作__________。

9. 在 Excel 2010 中，文档默认是以__________为单位存储的。

10. 在 Excel 2010 中，单元格内数据对齐方式的默认方式为：文字靠__________对齐，数值靠__________对齐。

11. 在 Excel 2010 中，常用运算符包括__________、__________、关系运算符。

12. 在 Excel 2010 中，连接运算符是“&”，其功能是把两个__________连接起来。

13. 在 Excel 2010 中，函数的一般格式为：< 函数名 >（< 参数表 >）。其中，参数表中各参数间用__________分隔。

14. 选定多个单元格的方法是：按下 <__________> 键，依次单击目标单元格。

15. 选定连续的单元格的方法是：将鼠标指针指向目标区域的第一个单元格或最后一个

单元格，按下鼠标左键并拖动到最后一个单元格或第一个单元格；或先选定目标区域的第一个单元格或最后一个单元格，按下 < __________ >键，再将鼠标指针移动选中最后一个单元格或第一个单元格。

16. 在 Excel 2010 中还可以用更简单的方法来复制单元格格式，格式的复制可以使用__________来实现。

17. __________是指包含一组相关数据的系列工作表数据行。

18. 绝对引用指引用工作表中固定位置的单元格，它的位置与包含公式的单元格无关。其表示形式是在普通地址前加__________符号。

19. 在 Excel 中函数 SUM(A1,A2,…) 的功能是__________。

20. 在 Excel 中函数 AVERAGE(A1,A2,…) 的功能是__________。

三、判断题

1. Excel 2010 窗口主要由选项卡、快速访问工具栏、标题栏、名称框和数据编辑区、工作表区和状态栏等部分组成。(　　)

2. 在 Excel 2010 中，若只需打印工作表的部分数据，应先把它们复制到一张单独的工作表中。(　　)

3. 在 Excel 2010 中，“文件”菜单中的“打印”命令和快速访问工具栏上的“打印”按钮具有完全等效的功能。(　　)

4. 在 Excel 2010 中，在使用函数进行运算时，如果不需要参数，则函数后面的括号可以省略。(　　)

5. 在 Excel 2010 中，第一次存储一个文件时，单击“保存”按钮还是“另存为”按钮没有区别。(　　)

6. 在 Excel 2010 中，“视图”选项卡中的“新建窗口”与“文件”菜单中的“新建”命令功能相同。(　　)

7. 在 Excel 2010 中，数据以图形方式显示在图表中，图表与生成它们的工作表数据相链接，当修改工作表数据时图表肯定会更新。(　　)

8. 若 Excel 2010 工作簿设置为只读，对工作簿的更改一定不能保存在同一个工作簿文件中。(　　)

9. Excel 2010 单元格中可输入公式，但单元格真正存储的是其计算结果。(　　)

10. Excel 2010 中新建的工作簿里都只有 3 张工作表。(　　)

11. 将公式输入到单元格后，单元格内中会显示出计算的结果。(　　)

12. 在 Excel 2010 工作表中，若在单元格 C1 中存储一公式“ = A$4”，将其复制到 H3 单元格后，公式仍为“ = A$4”。(　　)

13. 在一个单元格中输入“ = AVERAGE(B1: B3)”，则该单元格显示的结果必是（B1 + B2 + B3)/3 的值。(　　)

14. Excel 2010 中的表格可以选择插入行或列。(　　)

15. Excel 2010 没有提供表之间的数据复制功能。(　　)

16. Excel 2010 的公式只能计算数值型的单元格。(　　)

17. 在 Excel 2010 中，一个新建的工作簿默认只有 1 个工作表。(　　)

18. 在 Excel 2010 中，一次可以调整多行的行高。(　　)

19. 在 Excel 2010 中，单击列号 D，按 <Delete> 键，可以删除 D 列。(　　)

20. 在 Excel 2010 工作簿中，要同时选定多个不相邻的工作表，可以在按住 <Shift> 键的同时依次单击各个工作表的标签。(　　)

四、简答题

1. 简述 Excel 2010 的窗口组成。

2. 简述工作簿和工作表的定义。

3. Excel 2010 中批注的作用是什么？如何为单元格添加批注？

4. 简述 Excel 2010 中相对引用和绝对引用的定义。

5. 在 Excel 2010 中如何对工作簿设置保护？

五、实操题

1. 在指定文件夹下打开工作簿 Excel 模练 015. xlsx，按要求完成如下操作：

1）将工作表 Sheet1 的 A1: G1 单元格合并为一个单元格，内容水平居中；计算工资总额；计算工程师的人均工资结果存放在 C12 单元格中（利用 SUMIF 函数和 COUNTIF 函数）；按工资总额从高到低进行排名（利用 RANK 函数）；将工作表命名为“职工工资情况表”。

2）选取“职工编号”和“工资总额”两列数据（不包括“工程师人均工资”行）建立“柱形圆柱图”（系列产生在“列”），图标题为“职工工资情况图”，清除图例，插入到工作表的 A13: G27 单元格区域内；另存到指定文件夹下，并命名为“Excel 模练 016. xlsx”。

2. 在指定文件夹下打开工作簿 Excel 模练 017. xlsx，按要求完成如下操作：

1）将工作表 Sheet1 的 A1: C1 单元格合并为一个单元格，内容水平居中；计算“人数”列“总计”行的项及“所占百分比”列（所占百分比 = 人数/总计，“所占百分比”字段为百分比型，保留小数点后 2 位）；将工作表命名为“师资情况表”。

2）选取“职称”和“所占百分比”两列数据（不包括“总计”行）建立“分离型圆环图”（系列产生在“列”），图标题为“师资情况图”；图例靠右，数据标志为“百分比”；将图插入到表的 A8: E20 单元格区域内；另存为指定文件夹下，命名为“Excel 模练 018. xlsx”。

3. 在指定文件夹下打开工作簿 Excel 模练 019. xlsx，按要求完成如下操作。对工作表“图书目录”内数据清单的内容按主要关键字“作者”的递增次序和次要关键字“图书编号”的递增次序进行排序；对排序后的内容进行分类汇总，分类字段为“作者”，汇总方式为“计数”，汇总项为“作者”，汇总结果显示在数据下方；工作表名不变，另存指定文件夹下命名为“Excel 模练 020. xlsx”。

4. 在指定文件夹下打开工作簿 Excel 模练 021. xlsx，按要求完成如下操作：

1）将工作表 Sheet1 的 A1: F1 单元格合并为一个单元格，内容水平居中；计算“上升案例数”列的内容（上升案例数 = 去年案例数 × 上升比率）；如果上升比率高于 2%，在“备注”列内给出信息“较快”，否则内容空白（利用 IF 函数）；将工作表命名为“案例数发生统计表”。

2）选取“地区”和“上升案例数”两列数据建立“三维簇状柱形图”（系列产生在“列”），图标题为“发案率统计图”，图例位置靠右，设置图表背景墙和基底颜色为浅黄色，将图插入到表的 A7:E20 单元格区域内，另存在指定文件夹下，并命名为“Excel 模练 022. xlsx”。

4.8 综合测试题答案

一、选择题

1. A　2. B　3. C　4. B　5. B　6. D　7. C　8. C　9. D　10. D

11. C　12. A　13. B　14. B　15. A　16. A　17. D　18. A　19. C　20. D

二、填空题

1. 行号，列标　2. 当前　3. 行列交汇处　4. =(或等号)　5. 确定

6. 数据编辑区　7. 填充柄　8. 相对引用　9. 工作簿　10. 左，右

11. 算术运算符，字符连接符　12. 字符串（或文本）

13. “，”（或逗号）　14. Ctrl　15. Shift　16. 格式刷　17. 数据清单

18. $　19. 求各参数的和　20. 求各参数的平均值

三、判断题

1. 对。　2. 错，可以设置打印区域。　3. 错，不一样。　4. 错，不能省略。

5. 对。　6. 错，不同。　7. 对。　8. 对。

9. 错，显示的是结果，真正存储的还是公式。

10. 错，默认有 3 张表，可以添加。

11. 对。　12. 错，变为“=F$4”。　13. 对。　14. 对。

15. 错，有。　16. 错，如日期型也可。

17. 错，有 3 个。　18. 对。　19. 错，不能删除。

20. 错，是按 <Ctrl> 键。

四、简答题

1. Excel 2010 窗口主要由标题栏、选项卡、快速访问工具栏、名称框、数据编辑区、工作表区、状态栏、滚动条以及控制按钮等组成。

2. 工作簿是 Excel 默认文档类型，它是独立文件，主要用来存储和计算数据。

工作表是显示在工作簿窗口中的表格，一个工作簿可以包含一个或多个工作表，每个工作表有一个名字，显示在工作表标签上，默认情况下通常有 3 张工作表，即 Sheet1、Sheet2、Sheet3。

3. 批注是用户对单元格内容进行区分的注释。要对单元格添加批注，可进行的操作是：首先选定要添加批注的单元格，然后单击“审阅”选项卡“批注”组中的“新建批注”按钮，在弹出的批注文本框中输入要添加的内容即可。

4. 相对引用是指公式中引用的单元格地址会随着公式所在单元格位置的变化而变化。在复制公式时，系统并非简单地把单元格中的公式原样照搬，而是根据公式的原来位置和复制的目标位置推算出公式中单元格地址相对原位置的变化。

绝对引用是指工作表中固定位置的单元格，其表示形式是在普通单元格地址的行号和列标前加$，如$D$1。

5. 对工作簿设置保护，可按照以下步骤进行。

1）单击“审阅”选项卡“更改”组中的“保护工作簿”按钮，打开“保护结构和窗口”对话框。

2）在该对话框中选择要保护的内容（选中“结构”或“窗口”复选框），在“密码”文本框中输入密码。

3）设置完毕，单击“确定”按钮。

4）在弹出的“确认密码”对话框进一步确认输入的密码，单击“确定”按钮即可。

五、实操题

1. 操作步骤：

1）选定工作表Sheet1的A1:G1单元格区域，单击“开始”选项卡“对齐方式”组中的“合并后居中”按钮。选定C3:F3单元格区域；单击“公式”选项卡“函数库”组中的“自动求和”下拉按钮，在下拉列表中选择“求和”命令，计算结果显示在F3单元格；此时，单击J3单元格，数据编辑区显示公式“=SUM(C3:E3)”；选定F3单元格，将鼠标放在该单元格填充柄上，拖动填充柄至F11单元格。选定C12单元格，输入“=”，单击“公式”选项卡“函数库”组中的“插入函数”按钮（或单击数据编辑区前的“插入函数”按钮），弹出“插入函数”对话框；在“或选择类别”下拉列表框中选择“全部”，在“选择函数”列表框中选择“SUMIF”函数；在弹出的“函数参数”对话框中有SUMIF函数所需要的参数设置，在“Range”文本框中单击右侧的折叠按钮，直接选定B3:B11单元格区域（要进行计算的单元格区域），在“Criteria”文本框中输入“"工程师"”（以数字、表达式或文本形式定义的条件），在“Sum_range”文本框中单击右侧的折叠按钮，直接选定F3:F11单元格区域（要进行计算的单元格区域）；单击“确定”按钮，完成所有工程师工资的求和；再除以工程师的个数，用COUNTIF函数计算；选定C12单元格，单击数据编辑区，输入“/”后，单击数据编辑区前的“插入函数”按钮，弹出的“插入函数”对话框；在“或选择类别”文本框中选择“全部”，在“选择函数”列表框中选择“COUNTIF”函数，单击“确定”按钮；在弹出的“函数参数”对话框中有COUNTIF函数所需要的参数设置，在“Range”文本框中单击右侧的折叠按钮，直接选定B3:B11单元格区域（要计算非空单元格数目的区域），在“Criteria”文本框中输入“"工程师"”（以数字、表达式或文本形式定义的条件），单击“确定”按钮。

2）略

2. 略

3. 略

4. 操作步骤：

1）选定工作表Sheet1的A1:F1单元格区域，单击“开始”选项卡“对齐方式”组中的“合并后居中”按钮；选定E3单元格，单击数据编辑区，输入“=”，单击A地区“去年案例数”对应的单元格C3，再输入“*”，单击A地区“上升比率”对应的单元格D3，单击数据编辑区前的“√”按钮确定公式输入；选定E3单元格，将光标放在该单元格填充柄上，拖动填充柄至E6单元格，完成各地区的“上升案例数”计算。选定F3单元格，输入“=”，单击“公式”选项卡“函数库”组中的“插入函数”按钮（或单击数据编辑区前的“插入函数”按钮），弹出“插入函数”对话框；在“或选择类别”下拉列表框中选择“全部”，在“选择函数”列表框中选择“IF”函数，单击“确定”按钮；在弹出的

“函数参数”对话框中有 IF 函数所需要的参数设置，在“Logical_test”文本框中输入逻辑判断公式“D3 >2%”，在“Value_if_ture”文本框中输入逻辑判断公式“较快”，在“Value_if_false”文本框中输入逻辑判断公式“”，单击“确定”按钮；用鼠标拖动 F3 单元格的自动填充柄至 F6 单元格，释放鼠标，计算结果显示在 F3: F6 单元格区域。

2）略

第 5 章　演示文稿制作软件 PowerPoint 2010

5.1　PowerPoint 2010 简介

PowerPoint 2010 是 Office 2010 办公系列软件的重要组件之一，是专门用于制作和演示多媒体电子幻灯片的软件。由它创作出的文稿可以集文字、图形、图像、声音以及视频剪辑等多媒体元素于一体，以便在不同的应用领域进行播放演示，来充分表达各类信息内容。

5.1.1　实训案例

新建一个空白演示文稿，在其中输入“PowerPoint 2010 简介”，并观察演示文稿在不同视图模式中的表现形式，最后以“演示——标题”命名保存。

1. 案例分析

本案例主要涉及以下知识点。

1）启动 PowerPoint 2010 应用程序，创建空白演示文稿。

2）输入文字内容。

3）在演示文稿的各种视图模式之间切换。

4）保存并关闭演示文稿。

2. 实现步骤

1）依次选择“开始”→“所有程序”→“Microsoft Office”→“Microsoft Office PowerPoint 2010”命令，即可启动 PowerPoint 2010。此时，应用程序会自动创建一个名为“演示文稿1”的空白演示文稿，如图 5-1 所示。

图 5-1　空白演示文稿

2）单击“单击此处添加标题”占位符，输入标题文字“PowerPoint 2010 简介”。

3）单击“视图”选项卡，可看到当前视图模式为“普通视图”，如图 5-2 所示。依次单击“幻灯片浏览”“备注页”和“阅读视图”视图模式按钮，可看到幻灯片的不同视图效果，如图 5-3 ~ 图 5-5 所示。

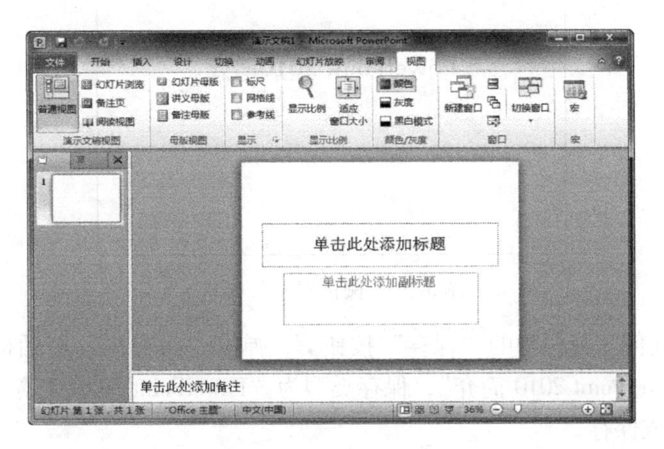

图 5-2 “普通视图”模式

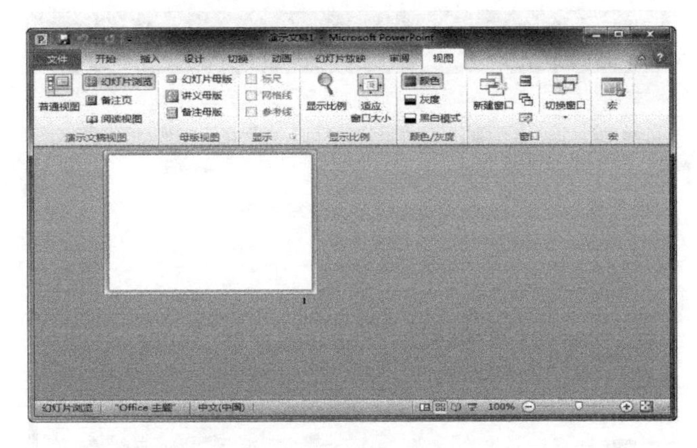

图 5-3 “幻灯片浏览”模式

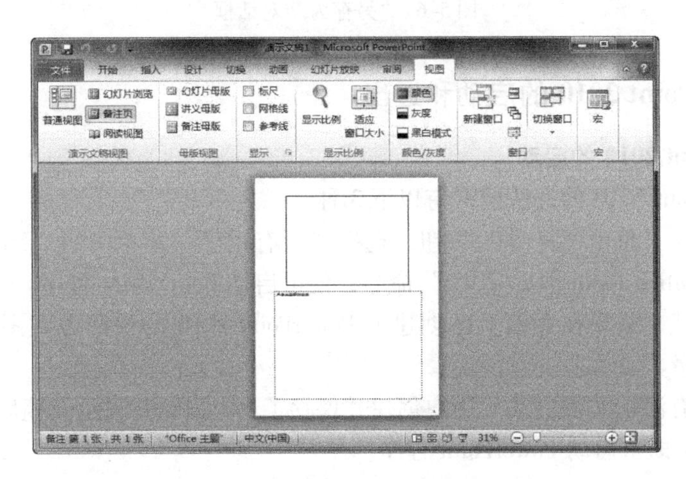

图 5-4 “备注页”模式

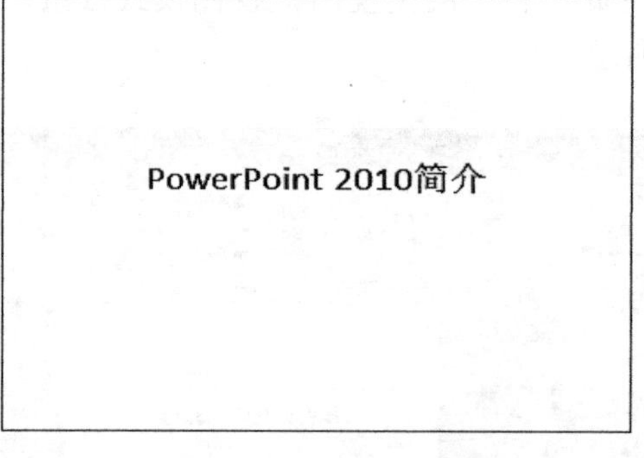

图 5-5 “阅读视图”模式

4）单击快速访问工具栏中的“保存”按钮，弹出“另存为”对话框，如图 5-6 所示，输入文件名为“PowerPoint 2010 简介”，保存类型为“PowerPoint 演示文稿（*.pptx）”，单击“保存”按钮，完成保存。

5）单击窗口右上角的“关闭”按钮，关闭当前演示文稿。

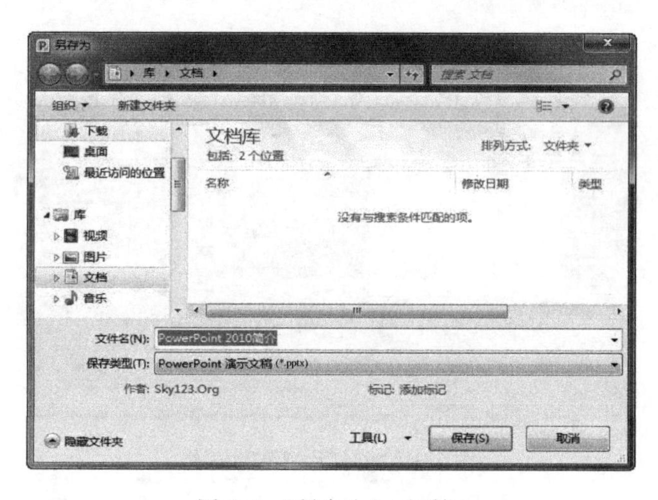

图 5-6 “另存为”对话框

5.1.2 PowerPoint 2010 的启动和退出

1. PowerPoint 2010 的启动

启动 PowerPoint 2010 的方法通常有以下 3 种。

（1）常规方法　单击“开始”按钮，选择“所有程序”菜单中的“Microsoft Office”项里的“Microsoft Office PowerPoint 2010”命令，便可启动 PowerPoint 程序。

（2）快捷方式　如果在桌面上已创建了 PowerPoint 2010 的快捷方式图标，那么双击此图标即可启动程序。

（3）通过现有演示文稿启动　用户创建并保存了 PowerPoint 演示文稿后，通过双击该演示文稿文件的图标即可启动 PowerPoint 程序。

2. PowerPoint 2010 的退出

如果完成对 PowerPoint 2010 的操作，就可以退出该应用程序，以释放更多的空间供其他应用程序使用。退出 PowerPoint 2010 的常用方法与退出 Word 和 Excel 的方法类似，有以下 3 种。

方法 1：单击“文件”选项卡，在弹出的菜单中选择“退出”命令。

方法 2：单击 PowerPoint 2010 窗口标题栏右端的关闭按钮。

方法 3：按 <Alt + F4> 组合键退出。

5.1.3 PowerPoint 2010 的工作界面

PowerPoint 虽然是 Office 办公软件的组件之一，但却具有独特的工作界面和视图模式。要想更好地利用 PowerPoint 制作幻灯片，就应该了解其工作界面的组成。PowerPoint 的工作界面中除了具有其他 Office 组件所共有的标题栏、选项卡和状态栏等组成部分之外，还包括幻灯片编辑窗格、幻灯片/大纲窗格和备注窗格等组成部分，如图 5-7 所示。

图 5-7 PowerPoint 工作界面

1. 幻灯片编辑窗格

该窗格位于工作界面的中间，用于显示和编辑幻灯片，是整个演示文稿的核心，所有幻灯片都是在编辑窗格中制作完成的。

2. 幻灯片/大纲窗格

该窗格位于幻灯片编辑窗格的左侧，用于显示演示文稿的幻灯片数量及位置，通过它可以方便地掌握演示文稿的结构。它包括“幻灯片”和“大纲”两个选项卡，单击不同的选项卡可分别在幻灯片窗格和大纲窗格之间切换。

3. 备注窗格

该窗格位于幻灯片编辑窗格的下方。在其中输入内容，可供演讲者查阅该幻灯片信息，以及在播放演示文稿时为幻灯片添加说明和注释。

其他组成部分与 Word 和 Excel 的类似，这里不再赘述。

5.1.4 PowerPoint 2010 的视图模式

为了便于编辑或播放演示文稿，PowerPoint 2010 提供了普通视图、幻灯片浏览视图、阅读视图和备注页视图 4 种视图方式，以满足不同的操作需求。若要改变演示文稿的视图模式，可单击工作界面右下角视图栏中的视图切换按钮，或通过“视图”选项卡中的命令切换到相应视图。

1. 普通视图

普通视图是 PowerPoint 2010 的默认视图，在该视图中可调整幻灯片总体结构及编辑单张幻灯片中的内容，还可以在备注窗格中添加演讲者备注。

2. 幻灯片浏览视图

在这种视图下，按幻灯片序号顺序显示演示文稿中全部幻灯片的缩略图，从而可以看到全部幻灯片连续变化的过程；可以复制、删除幻灯片，调整幻灯片的顺序，设置幻灯片切换效果和预设动画，但不能对单个幻灯片的内容进行编辑、修改。

3. 阅读视图

在此种视图模式下，可将演示文稿设置成与窗口大小相适应的幻灯片放映查看。如果要更改演示文稿，可随时从阅读视图切换至其他视图，也可按 <Esc> 键随时退出该视图模式。

4. 备注页视图

此视图模式下，用来建立、编辑演示者对每一张幻灯片的备注信息，不能编辑幻灯片中的具体内容，只能为备注页添加信息。

5.1.5 习题

一、选择题

1. 在 PowerPoint 2010 中，演示文稿是以（　　）为扩展名的文件。

A. .ppt　　B. .pptx　　C. .doc　　D. .docx

2. 启动 PowerPoint 2010 后，默认的视图模式是（　　）。

A. 备注页　　B. 幻灯片浏览

C. 普通视图　　D. 阅读视图

3. 下列的操作中，不能关闭 PowerPoint 2010 演示文稿的操作是（　　）。

A. 单击“文件”选项卡，打开后台视图，选择“退出”命令

B. 按 <Alt + F4> 组合键退出

C. 单击 PowerPoint 2010 窗口标题栏右端的关闭按钮

D. 通过按 <Esc> 键退出

二、填空题

1. PowerPoint 的工作界面中除了具有其他 Office 组件所共有的标题栏、功能选项卡和状态栏等组成部分之外，还包括__________、幻灯片/大纲窗格和备注窗格等组成部分。

2. 在__________视图模式下，可以在 PowerPoint 同一窗口显示多张幻灯片，并在幻灯片下方显示编号。

5.1.6 习题答案

一、选择题

1. B 2. C 3. D

二、填空题

1. 幻灯片编辑窗格 2. 幻灯片浏览视图

5.2 演示文稿的基本操作

5.2.1 实训案例

将 PowerPoint 2010 内置的主题应用于 5.1.1 实训案例中制作的幻灯片，将其保存在 E 盘根目录下，命名为“演示”，最后将该演示文稿关闭。

1. 案例分析

本案例主要涉及以下的知识点。

1）打开已有的演示文稿。

2）利用主题创建演示文稿。

3）保存演示文稿。

4）关闭演示文稿。

2. 实现步骤

1）在“资源管理器”窗口中找到 5.1.1 实训案例中制作的演示文稿“PowerPoint 2010 简介”，直接双击打开该演示文稿。

2）在“设计”选项卡“主题”组中选择“跋涉”主题，如图 5-8 所示，即完成相应主题的演示文稿的创建。

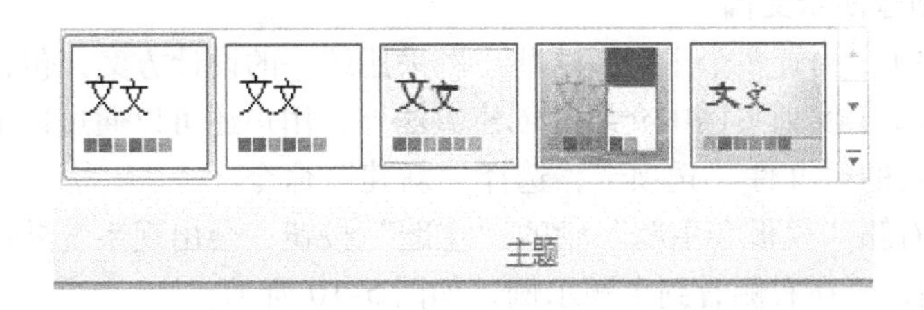

图 5-8 内置主题

3）演示文稿编辑完成后，选择“文件”选项卡中的“另存为”命令，在弹出的“另存为”对话框中，将文件命名为“演示 . pptx”，选择保存路径为 E 盘根目录，单击“保存”按钮。

4）单击窗口右上角的“关闭”按钮将演示文稿关闭。

5.2.2 演示文稿的打开

打开已存在的演示文稿，通常有以下 3 种方法。

方法1：在“资源管理器”或“计算机”窗口中直接双击文件打开演示文稿。

方法2：启动PowerPoint 2010应用程序，选择“文件”选项卡中的“打开”命令，弹出“打开”对话框，如图5-9所示。选定盘符，打开保存演示文稿的文件夹，选定要打开的文稿，然后单击“打开”按钮。

方法3：如果目标文档是近期打开过的，还可以在“文件”选项卡的“最近所用文件”列表中找到并直接打开。

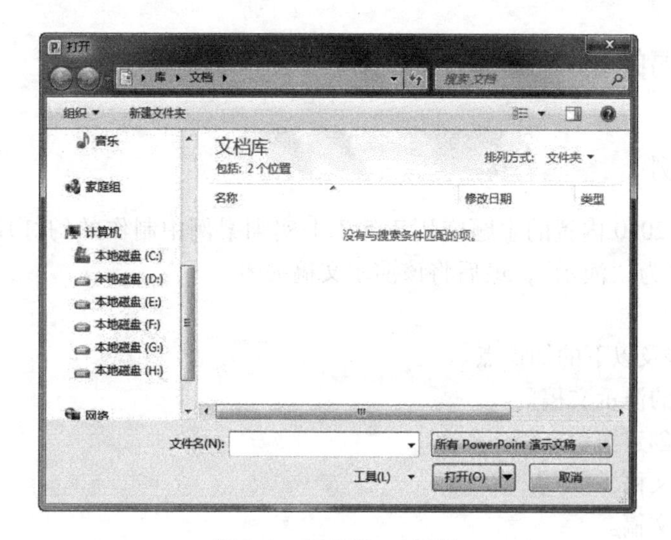

图5-9 “打开”对话框

5.2.3 演示文稿的创建

在PowerPoint 2010中，用户可以根据需要使用多种方法创建不同形式的演示文稿，不仅可以如5.2.1实训案例所示根据主题创建演示文稿，也可以根据设计模板等创建演示文稿。

1. 根据主题创建演示文稿

PowerPoint 2010中内置多个主题，这些主题采用统一的设计方案，包括背景、文本及段落格式等。除了5.2.1实训案例中介绍的创建方法外，用户还可以通过以下步骤完成。

1）单击左上角的“文件”选项卡，选择“新建”命令。

2）单击窗口右侧“模板和主题”中的“主题”按钮，会出现系统默认的主题列表，选择其中的某一主题，可在右侧看到主题示例，如图5-10所示。

3）单击“创建”按钮后，即可创建相应主题的演示文稿。

2. 根据样本模板创建演示文稿

PowerPoint 2010中除了各种主题，还有多种设计模板。模板是一种以特殊格式保存的演示文稿，一旦应用了一种模板后，幻灯片的背景图形、配色方案等就都已经确定了，可以使制作幻灯片的过程更加简单快捷。

1）单击左上角的“文件”选项卡，选择“新建”命令。

2）单击窗口右侧“可用的模板和主题”中的“样本模板”按钮，会出现样本模板列表，选择其中的某一模板，可在右侧看到模板示例，如图5-11所示。

3）单击“创建”按钮后，即可创建相应模板样式的演示文稿。

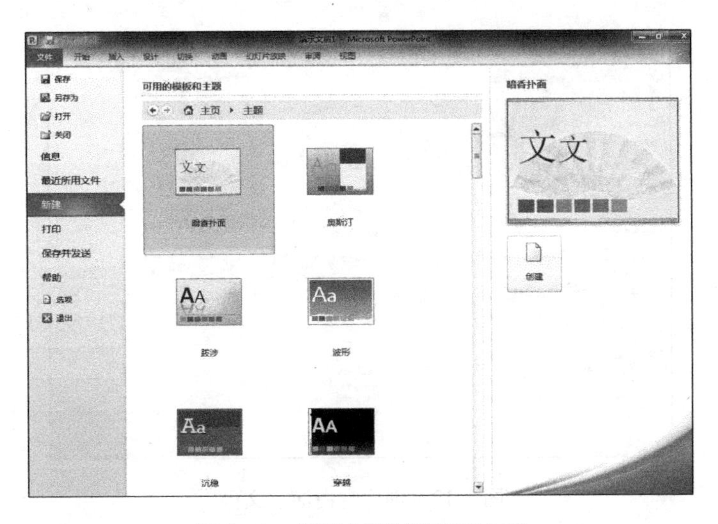

图 5-10　根据主题创建演示文稿

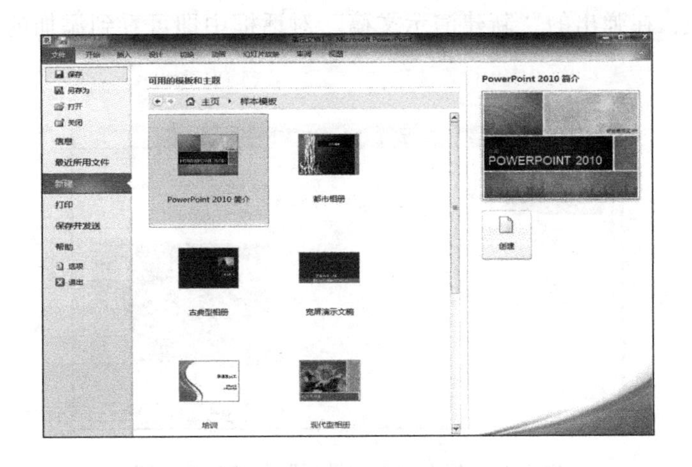

图 5-11　根据样本模板创建演示文稿

3. 创建空白演示文稿

“空白演示文稿”不带任何设计模板，作者可以发挥自己的创造性，设计出具有自己特色和风格的演示文稿。空白演示文稿的创建可通过启动 PowerPoint 2010 应用程序完成，或者通过“文件”选项卡中的“新建”命令，在弹出的“可用的模板和主题”窗口中单击“空白演示文稿”按钮，如图 5-12 所示。

4. 根据“我的模板”创建演示文稿

用户可以将已有演示文稿作为模板保存起来，以便以后重复使用，操作步骤如下。

1）打开已有演示文稿。

2）单击“文件”选项卡，选择“另存为”命令，弹出“另存为”对话框。

3）在“保存类型”下拉列表框中选择“PowerPoint 模版（＊. potx）”选项，此时在对话框的“保存位置”下拉列表框中会自动打开“Templates”文件夹。

4）为设计模板命名。单击“保存”按钮，打开的演示文稿就被添加到模板中。

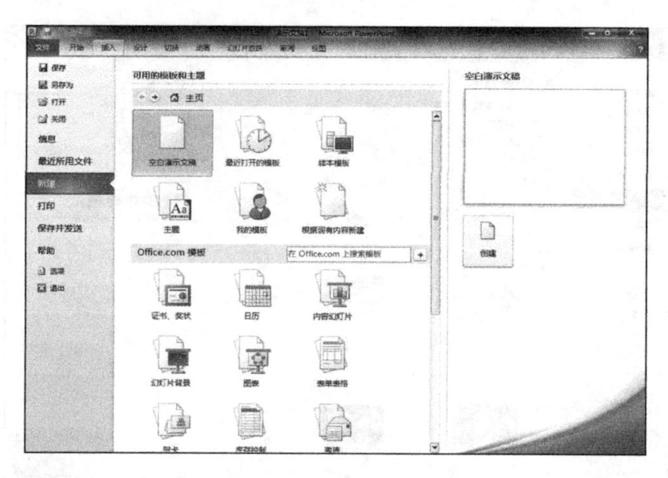

图 5-12　创建空白演示文稿

5）当用户要使用该模板时，选择“新建”命令后，在“可用模板和主题”窗口中单击“我的模板”按钮，在弹出的“新建演示文稿”对话框中即可看到添加的模板，如图 5-13 所示。

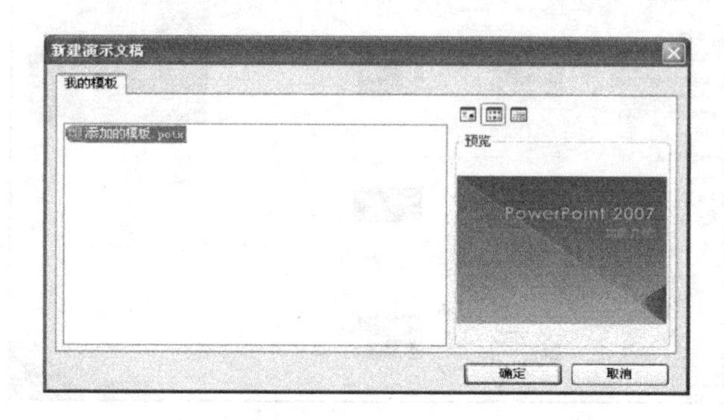

图 5-13　根据“我的模板”创建演示文稿

6）选择新添加的模板，单击“确定”按钮即可。

5. 根据现有内容创建演示文稿

选择“文件”选项卡中的“新建”命令，在窗口右侧的“可用的模板和主题”中单击“根据现有内容新建”按钮，在弹出的对话框中选择相应的演示文稿即可。

5.2.4　演示文稿的保存

将演示文稿保存到磁盘上，可以使用以下两种方法实现。

方法 1：第一次保存演示文稿时，可单击快速访问工具栏中的“保存”按钮，或选择“文件”选项卡中的“保存”命令，弹出“另存为”对话框，分别指定保存文件的文件夹，填入文件名，保存类型选为“演示文稿”，单击“保存”按钮。

方法 2：如果保存已保存过的演示文稿，单击快速访问工具栏中的“保存”按钮，可再次保存演示文稿中所做的修改。

5.2.5　演示文稿的关闭

编辑完演示文稿之后就要将其关闭，有以下5种方法可关闭文档。

方法1：选择“文件”选项卡中的“关闭”命令。

方法2：单击窗口右上角的“关闭”按钮。

方法3：双击控制按钮。

方法4：按 <Ctrl + F4>组合键。

方法5：按 <Ctrl + W>组合键。

5.2.6　习题

一、选择题

1. 在 PowerPoint 2010 中，“视图”这个名词表示（　　）。

A. 一种图形　　B. 显示幻灯片的方式

C. 编辑演示文稿的方式　　D. 一张正在修改的幻灯片

2. PowerPoint 2010 选项卡的名称不包括（　　）。

A. 文件　　B. 开始　　C. 打包　　D. 视图

3. 下列的操作中，不能打开 PowerPoint 2010 演示文稿的操作是（　　）。

A. 双击 PowerPoint 的演示文稿名

B. 单击 PowerPoint 的演示文稿名

C. 右击 PowerPoint 文件名，选择“打开”命令

D. 选择“文件”选项卡中的“打开”命令

4. 在 PowerPoint 2010 中，下列不能显示幻灯片中所插入图片对象的视图方式是（　　）。

A. 大纲视图　　B. 幻灯片浏览视图

C. 幻灯片视图　　D. 幻灯片放映

5. 在 PowerPoint 2010 中，在（　　）视图方式下能实现在一屏显示多张幻灯片。

A. 幻灯片视图　　B. 大纲视图

C. 幻灯片浏览视图　　D. 备注页视图

二、填空题

1. PowerPoint 2010 有普通视图、________________、备注页视图和阅读视图4种视图方式。

2. 在 PowerPoint 2010 中，能够观看演示文稿的整体实际播放效果的视图模式是______________。

三、判断题

1. 在 PowerPoint 2010 中，备注页视图用来建立、编辑演示者对每一张幻灯片的备注信息，不能编辑幻灯片的内容。（　　）

2. 在 PowerPoint 2010 中，可以同时选定几个演示文稿一次全部打开。（　　）

3. 在 PowerPoint 2010 中，按 <Shift + F4>组合键可以关闭演示文稿。（　　）

5.2.7 习题答案

一、选择题

1. B 2. C 3. B 4. A 5. C

二、填空题

1. 幻灯片浏览视图 2. 幻灯片放映视图

三、判断题

1. 对。 2. 对。 3. 错，应按 <Ctrl + F4>组合键。

5.3 幻灯片的基本编辑

5.3.1 实训案例

利用内置的“PowerPoint 2010 简介”模板新建演示文稿。将 5.2.1 实训案例中的幻灯片复制到该演示文稿中，使其成为第一张幻灯片，并调整标题和副标题的位置。把第二张幻灯片的版式改为“空白”版式，保存并关闭演示文稿。

1. 案例分析

本案例主要涉及以下知识点。

1）利用模板创建演示文稿。

2）幻灯片的复制和删除。

3）调整幻灯片中占位符的位置。

4）设置幻灯片的版式。

2. 实现步骤

1）启动 PowerPoint 2010 后，选择“文件”选项卡中的“新建”命令。

2）单击窗口右侧“样本模板”列表中的“PowerPoint 2010 简介”模板，单击“创建”按钮，即可创建相应的演示文稿，如图 5-14 所示。

图 5-14 利用样本模板创建演示文稿

3）打开 5.2.1 实训案例中创建的演示文稿“演示.pptx”。

4）在“演示.pptx”左侧的幻灯片窗格中选定幻灯片缩略图，右击，在弹出的快捷菜单中选择“复制”命令。

5）切换到新建的演示文稿，在幻灯片窗格中选中第一张幻灯片，右击，从弹出的快捷菜单中选择“粘贴”命令，即可将“演示.pptx”中的幻灯片复制到当前幻灯片之后，如图 5-15 所示。

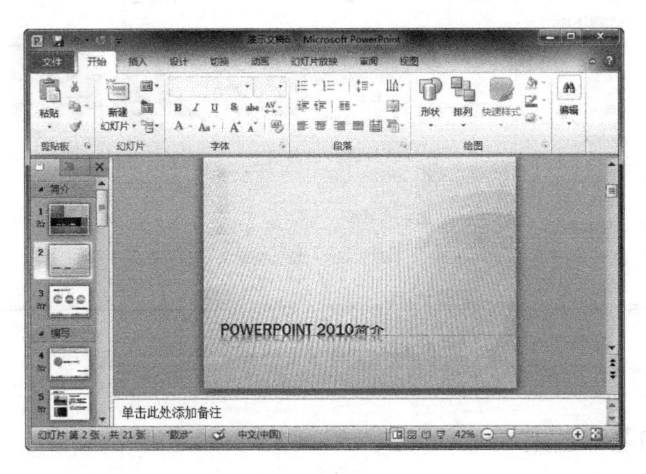

图 5-15 复制幻灯片

6）在幻灯片窗格中选定第一张幻灯片，右击，从弹出的快捷菜单中选择“删除幻灯片”命令，使“演示.pptx”中的幻灯片成为当前演示文稿的第一张幻灯片。

7）单击标题文字“PowerPoint 2010 简介”，将出现标题文字占位符的虚线框。按住鼠标左键拖动标题占位符的边框至幻灯片中央适合的位置后松手，即可实现标题文字位置的改变，如图 5-16 所示。用同样的办法可将副标题也移动到适合的位置。

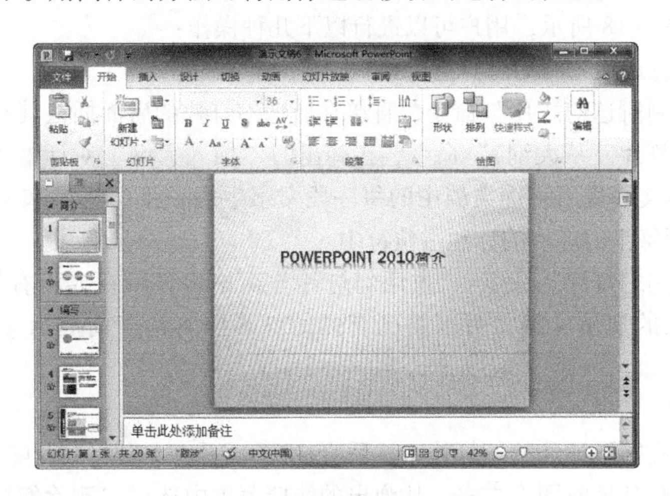

图 5-16 调整占位符的位置

8）选定第二张幻灯片，右击，在弹出的快捷菜单中选择“版式”级联菜单，如图 5-17 所示，单击其中的“空白”版式，即可完成当前幻灯片版式的设置。

9）单击快速访问工具栏中的“保存”按钮，将演示文稿以原文件名保存。

10）单击窗口右上角的“关闭”按钮，关闭当前演示文稿。

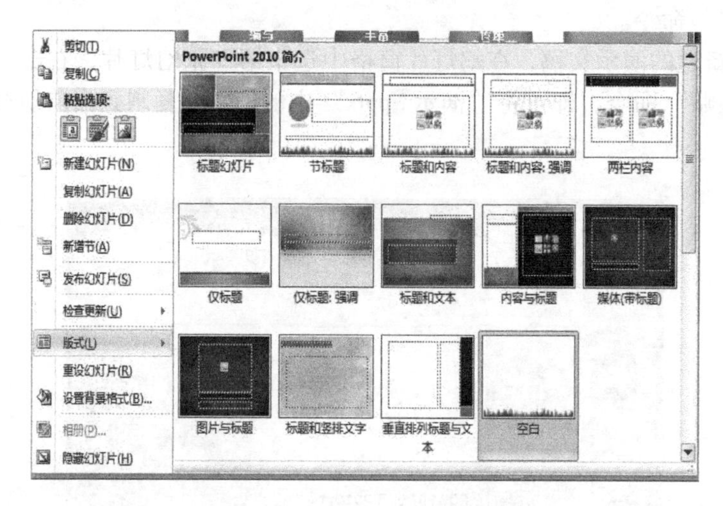

图 5-17 “版式”级联菜单

5.3.2 幻灯片的基本操作

1. 插入幻灯片

在幻灯片窗格中，确定需要插入新幻灯片的位置，选定该位置前一张幻灯片，然后选用以下方法之一就可完成幻灯片的插入。

方法 1：右击选定的幻灯片，从弹出的快捷菜单中选择“新建幻灯片”命令。

方法 2：单击“开始”选项卡“幻灯片”组中的“新建幻灯片”按钮。

方法 3：单击“开始”选项卡“幻灯片”组中的“新建幻灯片”下拉按钮，弹出“Office 主题”列表，如图 5-18 所示，用户可以进行以下几种操作：

1）选择一种特定版式的幻灯片进行插入。

2）选择“复制所选幻灯片”命令，直接在所选幻灯片的后面插入其幻灯片副本。

3）选择“幻灯片（从大纲）”命令，在弹出的“插入大纲”对话框中，选择某一个大纲类文档后，演示文稿将用所选文档中的每一段文字生成一张“标题和文本”版式的幻灯片，文字被插入到每张幻灯片的标题占位符中。

4）选择“重用幻灯片”命令，“重用幻灯片”窗格将显示在界面右侧，单击“浏览”按钮，选择要插入的演示文稿，可以将已有的幻灯片插入到当前演示文稿中，如图 5-19 所示。

2. 删除幻灯片

方法 1：先选定需要删除的幻灯片，然后直接按 <Delete> 键将其删除。

方法 2：在幻灯片缩略图上右击，从弹出的快捷菜单中选择“删除幻灯片”命令。

3. 复制幻灯片

方法 1：在选定幻灯片上右击，从弹出的快捷菜单中选择“复制幻灯片”命令，即可将选中的幻灯片复制到当前幻灯片之后。

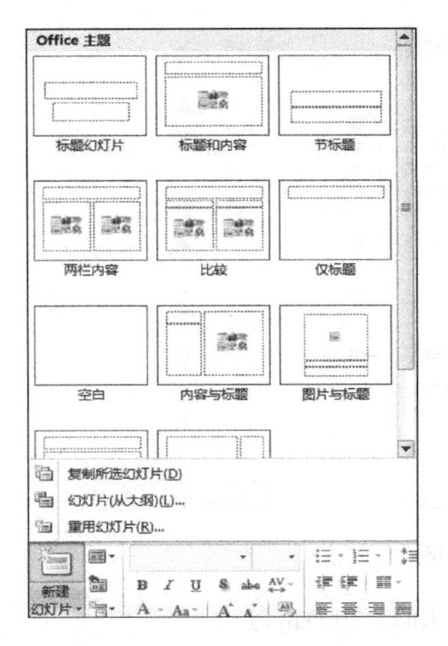

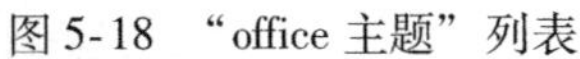
图 5-18　“office 主题”列表

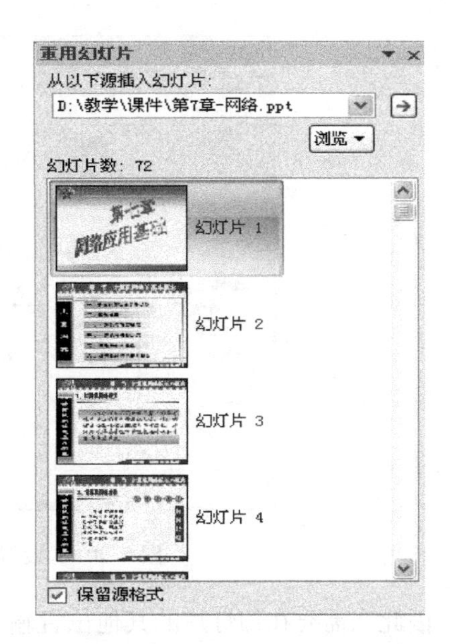

图 5-19　“重用幻灯片”窗格

方法 2：在选定幻灯片上右击，从弹出的快捷菜单中选择“复制”命令。然后在目标位置上右击，选择快捷菜单中的“粘贴”命令，即可将幻灯片复制到目标位置。

方法 3：在幻灯片浏览视图下，按住 <Ctrl> 键不放，按住鼠标左键将选定的幻灯片拖动到目标位置后释放鼠标，也可实现幻灯片的复制。

4. 移动幻灯片

（1）鼠标拖动法　在幻灯片窗格中选定一个或多个需要移动的幻灯片，然后按住鼠标左键将其拖至目标位置释放鼠标即可。此方法适于在同一演示文稿中进行幻灯片的移动。

（2）菜单命令法　在普通视图下，选定一个或多个需要移动的幻灯片，右击，从弹出的快捷菜单中选择“剪切”命令，然后在目标位置上右击，从弹出的快捷菜单中选择“粘贴”命令。此方法适于在不同演示文稿中进行幻灯片的移动。

5.3.3　文本的基本操作

1. 文本的输入

在 PowerPoint 2010 中，文本的输入位置主要有文本占位符和文本框。

（1）文本占位符　在新建的幻灯片中常会出现含有“单击此处添加标题”和“单击此处添加文本”等提示性文字的虚线文本框，这类文本框就是文本占位符。

在占位符中输入文本时，用户只需单击占位符，将指针插入其中，然后输入需要的文本即可。

在对占位符进行设置时，用户可以通过占位符四周的 8 个控制点调整其大小；也可以拖动占位符的边框调整其位置；还可以在占位符上右击，从弹出的快捷菜单中选择“设置形状格式”命令，调整其形状格式，包括占位符的填充和线条颜色、线型、阴影、三维格式、三维旋转等，如图 5-20 所示。

（2）文本框　由于幻灯片中的文本占位符和所选择的版式有关，其数量和位置通常是

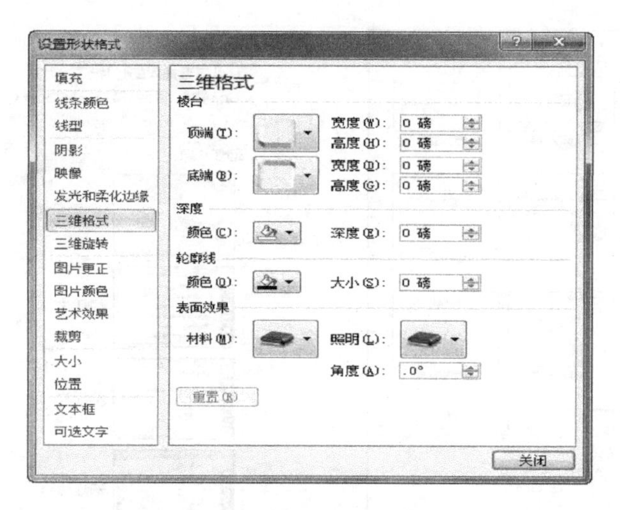

图 5-20 “设置形状格式”对话框

固定的，因此当需要在幻灯片的其他位置输入文本时，用户可以通过绘制文本框来完成。

1）单击“插入”选项卡“文本”组中的“文本框”下拉按钮，从弹出的下拉列表中选择“横排文本框”或“垂直文本框”命令，如图 5-21 所示。

2）将鼠标指针放在要添加文本的位置，按住鼠标左键不放，拖至需要的大小，释放鼠标即可生成一个文本框。此时，指针处于文本框中，用户可直接输入文本。

图 5-21 “文本框”下拉列表

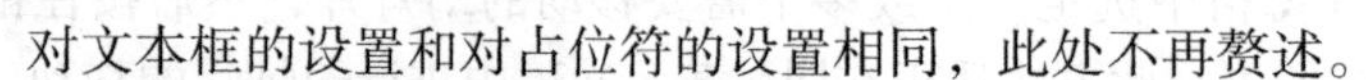

对文本框的设置和对占位符的设置相同，此处不再赘述。

2. 文本的编辑与格式化

在 PowerPoint 2010 中，文本的编辑与格式化的操作与 Word 基本相同，具体参见第 3 章的相关内容。

5.3.4 幻灯片的外观设置

1. 版式的设置与应用

幻灯片版式是指一张幻灯片中的文本和图像等元素的布局方式，它定义了幻灯片上要显示内容的位置和格式设置信息。幻灯片的版式由多个占位符构成。PowerPoint 2010 提供了多种内置的版式，用户可以根据内容来选择不同的版式。具体操作步骤如下。

1）单击要设置版式的幻灯片，使其成为当前幻灯片。

2）单击“开始”选项卡“幻灯片”组中的“版式”下拉按钮，弹出如图 5-22 所示的下拉列表。

3）单击选定的版式，所选幻灯片就会按新选定的版式调整布局。

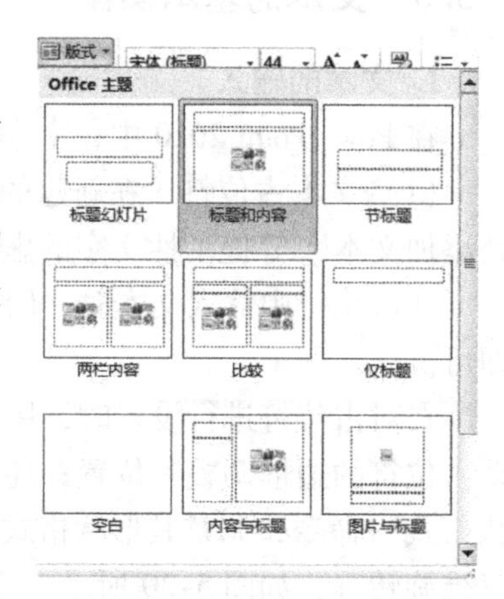

图 5-22 “版式”下拉列表

如果用户对 PowerPoint 2010 提供的内置版式不满意，也可以通过调整占位符的位置，设计符合自己需求的版式。

2. 主题的设置与应用

（1）内置主题的应用

1）应用于新建演示文稿　用户可以用内置主题直接新建演示文稿，在创建的演示文稿中，每张幻灯片都将具有所选主题的风格样式。具体操作过程参见 5.2.3 小节中“根据主题创建演示文稿”部分。

2）应用于已创建的演示文稿　对已创建的演示文稿应用内置主题，可以选定“设计”选项卡“主题”组中的某一主题，右击，将弹出如图 5-23 所示的快捷菜单。选择“应用于选定幻灯片”命令，即可使当前幻灯片主题更改为选定的主题；若选择“应用于所有幻灯片”命令，则所有幻灯片主题更改为选定的主题。当演示文稿中多张幻灯片具有不同的主题时，快捷菜单中会出现“应用于相应幻灯片”命令，选择该命令，则演示文稿中与当前幻灯片主题相同的所有幻灯片都更改为选定的主题。

（2）内置主题的设置　如果对 PowerPoint 2010 提供的内置主题不满意，用户可以通过修改已有主题的颜色、字体或效果，设计出符合自己要求的主题。在“主题”组的右侧有 3 个下拉按钮，分别用于设置主题的颜色、字体和效果，如图 5-24 所示。

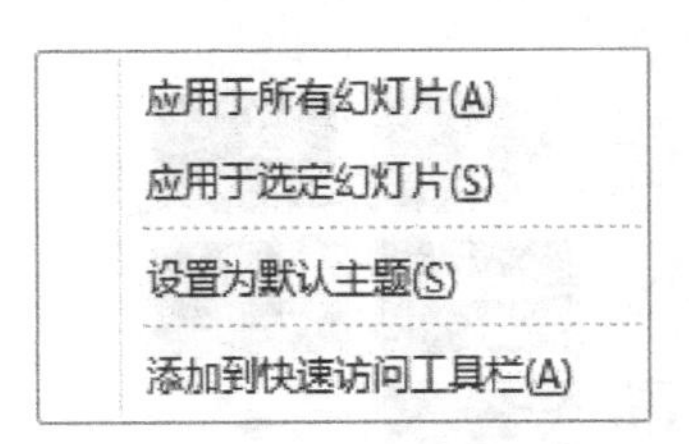

图 5-23　主题快捷菜单

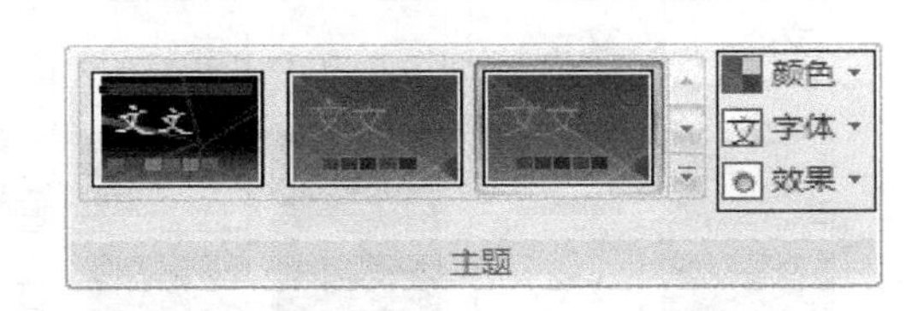

图 5-24　主题组中的颜色、字体和效果下拉按钮

单击“颜色”下拉按钮，会弹出如图 5-25 所示的主题颜色列表，在列表中选择某一组主题颜色，即可改变当前演示文稿中相应幻灯片的主题颜色。选择列表最下方的“新建主题颜色”命令，弹出“新建主题颜色”对话框，如图 5-26 所示。在该对话框中，可对不同的主题选项的颜色进行修改，然后将修改后的主题颜色命名，单击“保存”按钮，该主题颜色会出现在列表的“自定义”区域中。

主题字体和主题效果的修改方法与主题颜色相同。

为了便于以后使用修改后的主题，可以将其进行保存，具体操作方法如下。

单击主题预览区的下拉按钮，弹出“所有主题”下拉列表，如图 5-27 所示，选择“保存当前主题”命令，将弹出如图 5-28 所示的“保存当前主题”对话框。输入主题名称，单击“保存”按钮，即可将主题保存在相应的系统文件夹中。

主题保存后，在“所有主题”下拉列表的“自定义”区域中会出现该主题选项，以便用户以后使用。

3. 背景的设置

如果不想使用主题中的背景样式，用户可以根据需要自己设置幻灯片的背景颜色、填充效果等内容。

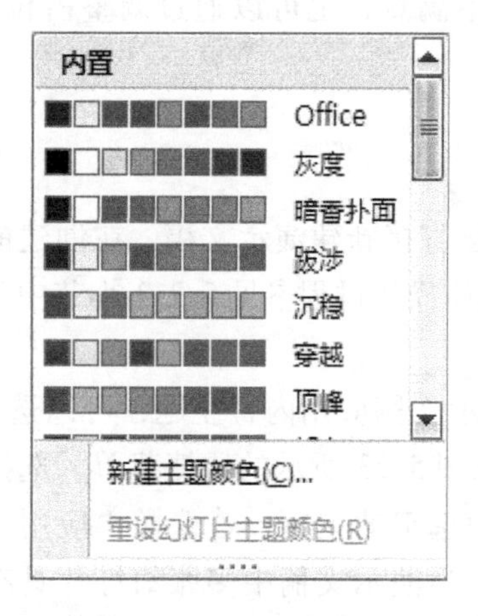

图 5-25　主题颜色列表　　　　图 5-26　“新建主题颜色”对话框

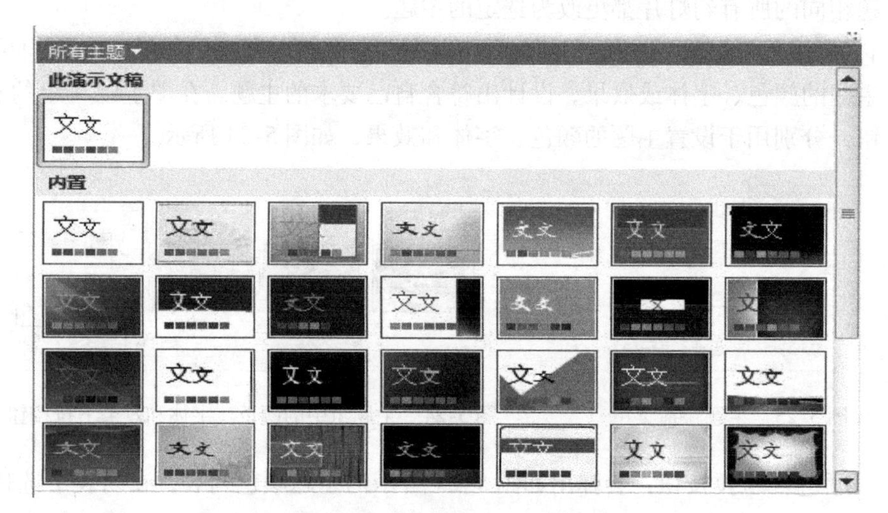

图 5-27　“所有主题”下拉列表

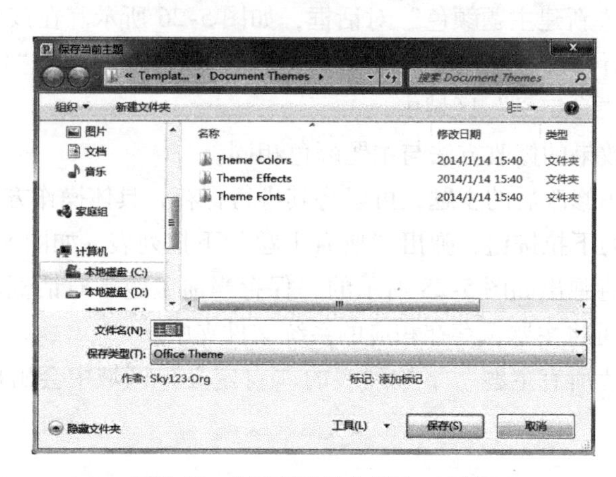

图 5-28　“保存当前主题”对话框

（1）使用预设背景样式　单击“设计”选项卡“背景”组中的“背景样式”下拉按

钮，弹出下拉列表，如图 5-29 所示。在该下拉列表中选择任意一种预设样式，即可将其应用到所有幻灯片。如果想将其应用到当前幻灯片，可选定所需背景样式右击，在弹出的快捷菜单中选择“应用于所选幻灯片”命令即可。

（2）自定义背景样式

1）选择“背景样式”下拉列表中的“设置背景格式”命令，弹出“设置背景格式”对话框，如图 5-30 所示。

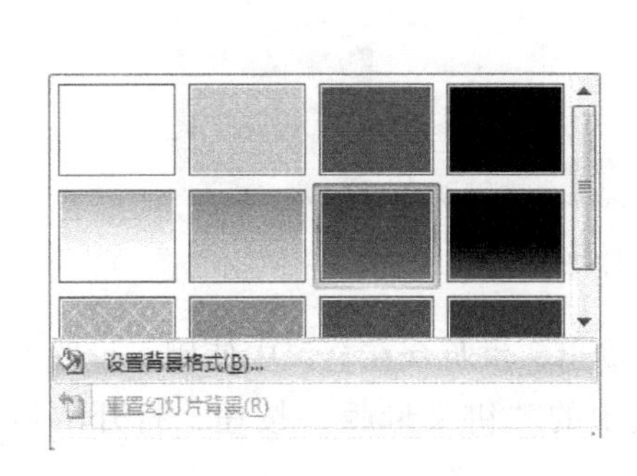

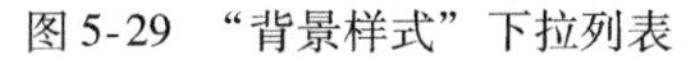

图 5-29 “背景样式”下拉列表

图 5-30 “设置背景格式”对话框

2）单击左侧的“填充”选项卡，在右侧窗格中可以将某种颜色、纹理或图片等填充效果设置为幻灯片的背景。

3）若在第 2）步选择图片作为幻灯片的背景，并且想对图片做进一步的设置，可以单击对话框左侧的“图片”选项卡，在右侧窗格中可以对图片进行着色、亮度和对比度的设置。

4. 幻灯片母版的设置

幻灯片母版可以对创建完成的演示文稿在排版和外观上做整体调整，使所创建的演示文稿有统一的外观。在幻灯片母版上设置的字体格式、背景效果和插入图片等内容将在演示文稿中的每一张幻灯片上反映出来。

PowerPoint 2010 中的幻灯片母版由两个层次组成：“主母版”和“版式母版”。

“主母版”是对演示文稿中幻灯片共性的设置，“主母版”中的设置会体现在所有“版式母版”中；“版式母版”则是对演示文稿中幻灯片个性的设置。

（1）设置幻灯片母版

1）单击“视图”选项卡“母版视图”组中的“幻灯片母版”按钮，打开“幻灯片母版”窗口，如图 5-31 所示。此时在左窗格中以树形结构显示幻灯片母版的缩略图，其中不同的树代表应用不同主题的幻灯片母版，树根为“主母版”，树枝为“版式母版”。当鼠标指针放在幻灯片母版缩略图上时，可以显示该母版已被应用于哪些幻灯片。

2）在“主母版”中设置幻灯片的共性内容，如文本及对象格式、占位符格式及位置、主题和背景等。设置方法与在普通视图中的设置方法一样。

3）在“版式母版”中设置幻灯片的个性内容。在统一风格后，为了使演示文稿的外观样式更丰富，可以单击“母版版式”组中的“插入占位符”下拉按钮，从弹出的下拉列表中选择相应的占位符，将其插入到幻灯片中来改变幻灯片的版式，或者通过“编辑主题”组和“背景”组对幻灯片的主题和背景进行修改。

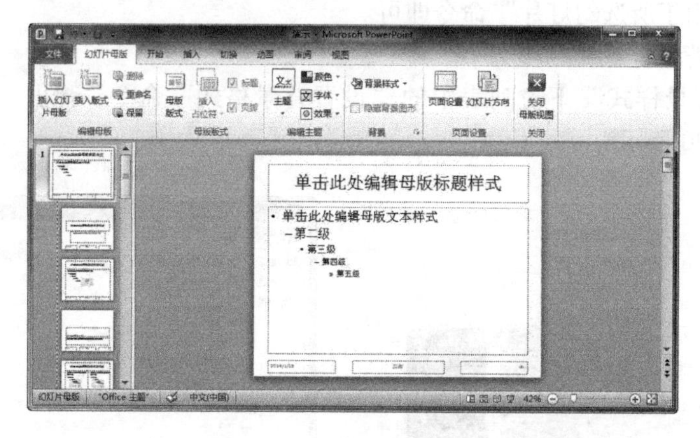

图 5-31 “幻灯片母版”窗口

（2）讲义母版的设置　讲义主要用于打印输出，供听众在会议中使用，设置方法如下。

1）单击“视图”选项卡“母版视图”组中的“讲义母版”按钮，打开“讲义母版”窗口，如图 5-32 所示。

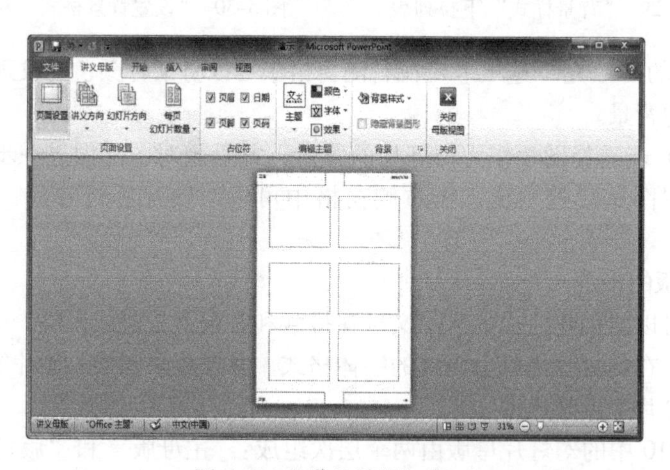

图 5-32 “讲义母版”窗口

2）通过“页面设置”组中的“每页幻灯片数量”下拉按钮，设置每页纸上打印的幻灯片的张数和位置。

3）在页眉和页脚区，用户可以直接在其中输入相应的内容。

4）在“背景”组与“编辑主题”组中，用户可以设置讲义的背景和主题，方法和在普通视图下对幻灯片的设置一样。

5）讲义母版设置完成后，单击“关闭母版视图”按钮，退出讲义母版的编辑。

（3）备注母版的设置　备注页同样应用于打印输出，便于听众参考。备注页的设置主要通过“备注母版”选项卡来设置。单击“视图”选项卡“母版视图”组中的“备注母版”按钮，打开“备注母版”窗口，如图 5-33 所示。在这里可以对备注页的页面、占位符、主题和背景进行设置。

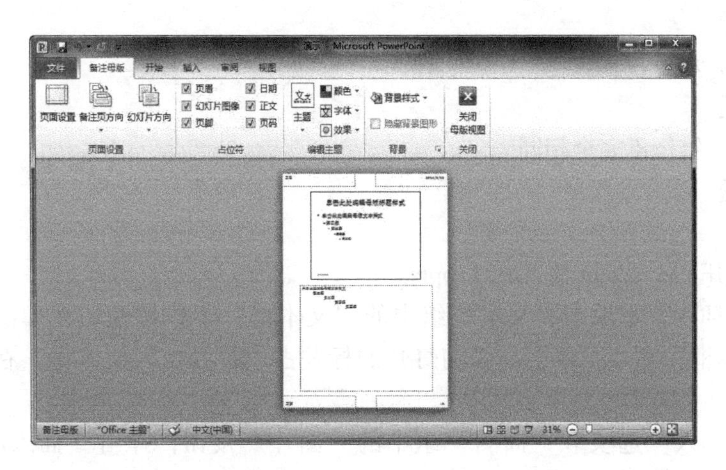

图 5-33 “备注母版” 窗口

5.3.5 习题

一、选择题

1. PowerPoint 幻灯片中的文本和图像等元素的布局方式称作（　　），它定义了幻灯片上要显示内容的位置和格式设置信息。

A. 模板　　B. 母版　　C. 版式　　D. 主题

2. 在 PowerPoint 2010 中，编辑幻灯片内容时，首先应当（　　）。

A. 选定编辑对象　　B. 选择“开始”选项卡

C. 单击工具栏按钮　　D. 选择“幻灯片放映”选项卡

二、填空题

1. 在 PowerPoint 2010 中，向幻灯片插入图片，应该选择＿＿＿＿＿＿选项卡中的“图片”按钮。

2. PowerPoint 2010 的文本框有＿＿＿＿＿＿和＿＿＿＿＿＿两种类型。

三、判断题

1. 在 PowerPoint 2010 中，在备注与讲义里可使用的页眉和页脚选项包括日期、时间和幻灯片编号等。（　　）

2. PowerPoint 2010 中的“字体”对话框与 Word 2010 中的“字体”对话框完全相同。（　　）

四、实操题

在指定文件夹下打开“PowerPoint 模练 001. pptx”，在第一张幻灯片的标题占位符处输入“形势报告会”；在第二张幻灯片的左上角插入图片 001. jpg；把编辑好的演示文稿保存为“PowerPoint 模练答 001. pptx”。

5.3.6 习题答案

一、选择题

1. C　2. A

二、填空题

1. 插入 2. 水平，垂直

三、判断题

1. 对。 2. 错，不完全相同。

四、实操题

操作步骤：

1）双击打开 PowerPoint 模练 001. pptx。

2）单击“插入”选项卡“文本”组中的“文本框”下拉按钮，在弹出的下拉列表中选择“横排文本框”命令，在第一张幻灯片的标题占位符处插入文本框，在文本框内输入“形势报告会”。

3）单击“插入”选项卡“插图”组中的“图片”按钮，弹出“插入图片”对话框，在目标文件夹中找到要添加的图片插入即可。通过拖动鼠标调整图片大小，并移动到相应位置。

4）保存所编辑的演示文稿。

5.4 幻灯片的高级编辑

5.4.1 实训案例

对 5.3.1 实训案例中的演示文稿做如下操作。

1）将第 1 张幻灯片中的文字换成艺术字，并进行相应设置。

2）在第 3 张幻灯片中插入图片，并调整其大小。

1. 案例分析

本案例主要涉及以下知识点。

1）在幻灯片中插入艺术字并对其进行设置。

2）在幻灯片中插入图片并对其进行设置。

2. 实现步骤

1）打开 5.3.1 实训案例中的演示文稿，选定第 1 张幻灯片中的标题文字。

2）单击“插入”选项卡“文本”组中的“艺术字”下拉按钮，弹出艺术字样式下拉列表，如图 5-34 所示。在下拉列表中选择第 5 行第 2 列位置的艺术字样式，则幻灯片中插入该艺术字样式的标题。使用同样方法插入艺术字样式为第 4 行第 2 列样式的副标题，如图 5-35 所示。

3）删除原标题和副标题所在的占位符。

4）选定标题占位符中的艺术字，在“开始”选项卡的“字体”组中，将字号改为“60”。再选定副标题占位符中的文字，将其字号改为“54”，并用鼠标拖动占位符边框，调整其尺寸和位置。

5）选定第 3 张幻灯片，单击“插入”选项卡“插图”组中的“图片”按钮，从弹出的“插入图片”对话框中找到素材文件夹中的“红色玫瑰 . jpg”图片，如图 5-36 所示，单击“打开”按钮。

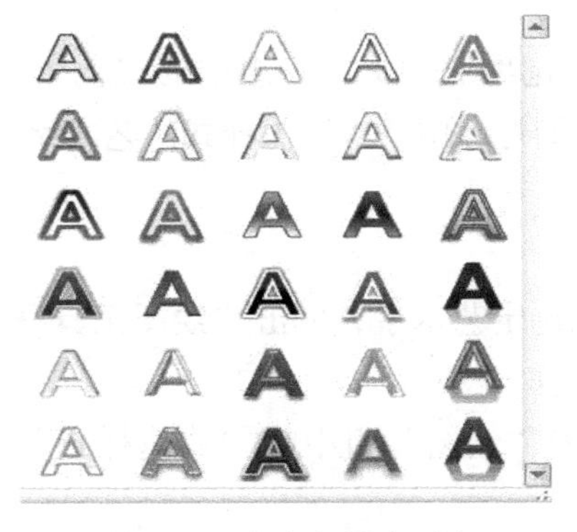

图 5-34 艺术字样式列表

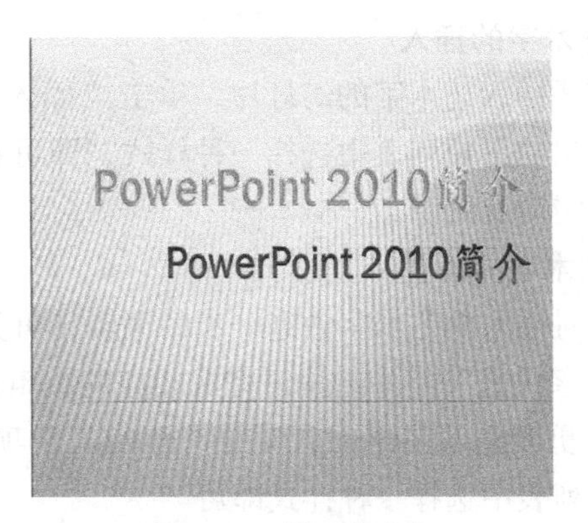

图 5-35 插入艺术字

图 5-36 “插入图片”对话框

6）在第 3 张幻灯片中，拖动“红色玫瑰 . jpg”图片周围的控制点，将其调整到合适的大小与位置，如图 5-37 所示。

图 5-37 调整图片的大小和位置

5.4.2 艺术字的编辑

艺术字使文本在幻灯片中更加突出，能给幻灯片增加视觉冲击效果。

1. 艺术字的插入

选定要插入艺术字的幻灯片，单击“插入”选项卡“文本”组中的“艺术字”下拉按钮，在弹出的下拉列表中选择一种样式，即可在幻灯片中插入所需样式的艺术字，具体步骤见5.4.1实训案例。

2. 艺术字的设置

若想对插入的艺术字做进一步的编辑，可先选定艺术字，单击“绘图工具-格式”选项卡“艺术字样式”组中的按钮完成相应的编辑操作。

（1）更改艺术字样式　单击“开始”选项卡“绘图”组中的“快速样式”下拉按钮，在弹出的列表中选择一种样式即可。

（2）更改艺术字的填充色　单击“艺术字样式”组内的“文本填充”下拉按钮，在弹出的颜色列表中选择合适的颜色即可，也可以选择列表最下方的渐变颜色或纹理进行填充，如图5-38所示。

（3）修改艺术字的轮廓　单击“绘图工具-格式”选项卡“艺术字样式”组中的“文本轮廓”下拉按钮，在弹出的颜色列表中选择合适的颜色作为艺术字的轮廓颜色。通过列表下方的“粗细”和“虚线”两个级联菜单可以设置艺术字的轮廓线型，如图5-39所示。

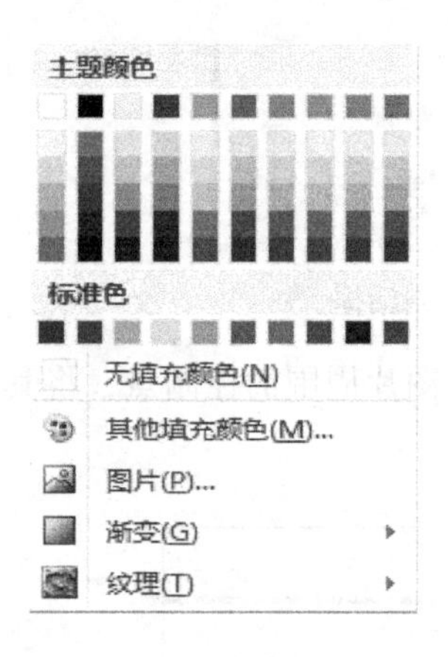

图5-38　“文本填充”下拉列表

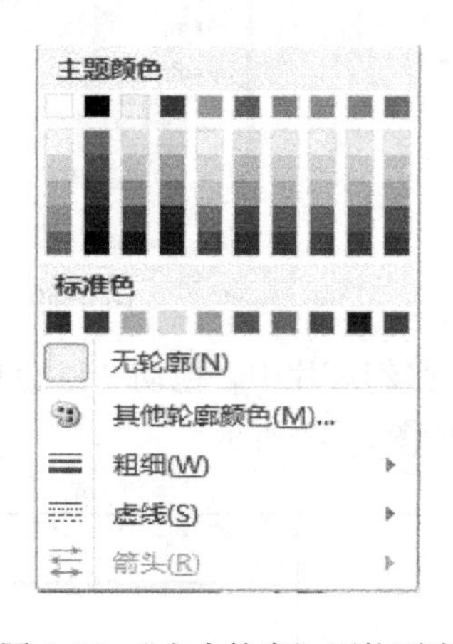

图5-39　“文本轮廓”下拉列表

（4）修改艺术字的艺术效果　单击“绘图工具-格式”选项卡“艺术字样式”组内的“文字效果”下拉按钮，弹出如图5-40所示的下拉列表，在其中可以对艺术字的阴影、映像、发光和三维效果等内容进行设置。

（5）修改艺术字的其他格式　单击“绘图工具-格式”选项卡“艺术字样式”组右下角的对话框启动器按钮，弹出“设置文本效果格式”对话框，如图5-41所示，在其中可以对阴影、三维效果和文字方向等内容进行详细的设置。

5.4.3　表格与图片的编辑

1. 表格与图表的编辑

当幻灯片中的数据信息比较多时，如果只用文字很难表达清楚，而表格与图表可以将数据表达的更直观、形象，利于观众理解数据之间的关系。

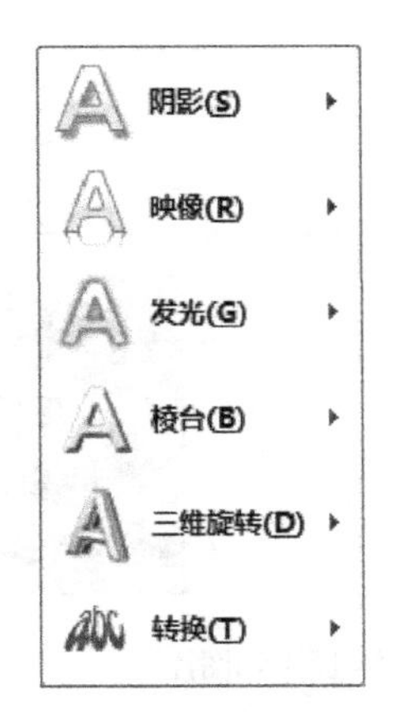

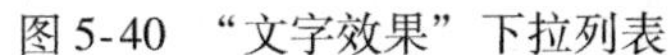
图 5-40 “文字效果”下拉列表

图 5-41 “设置文本效果格式”对话框

在 PowerPoint 2010 中对表格及图表的各种操作与在 Word、Excel 中的操作基本相同，具体方法参见相关章节。

2. 图片的插入

图片被广泛应用于各种类型的幻灯片中，是幻灯片制作中非常重要的元素，它可以使幻灯片的内容更加丰富多彩、生动形象。在 PowerPoint 2010 中，图片主要包括程序自带的剪贴画和外部图片文件。

(1) 剪贴画的插入

1) 单击需要插入剪贴画的幻灯片。

2) 单击“插入”选项卡“图像”组中的“剪贴画”按钮，弹出“剪贴画”任务窗格，单击“搜索”按钮，如图 5-42 所示，单击所需图片即可完成插入操作。

(2) 外部图片的插入 具体步骤见 5. 4. 1 实训案例。

3. 图片的设置

(1) 调整图片的大小和位置

1) 单击图片，利用图片周围的 8 个控制点，可以调整图片的大小，拖动图片到其他地方可以改变它的位置。

2) 选定图片并右击，从弹出的快捷菜单中选择“大小和位置”命令，弹出“设置图片格式”对话框，如图 5-43 所示，在“大小”和“位置”选项卡中分别设置图片的大小和位置属性。

图 5-42 “剪贴画”任务窗格

3) 单击图片，通过“绘图工具-格式”选项卡中的“大小”组来调整图片的高度和宽度。单击“大小”组右下角的对话框启动器按钮，也可以弹出“设置图片格式”对话框。

(2) 剪裁图片 单击图片，在“绘图工具-格式”选项卡“大小”组里的“剪裁”按钮，此时图片周围出现 8 个剪裁控制点，拖动控制点可以将图片剪裁为合适的大小，如图 5-44 所示。

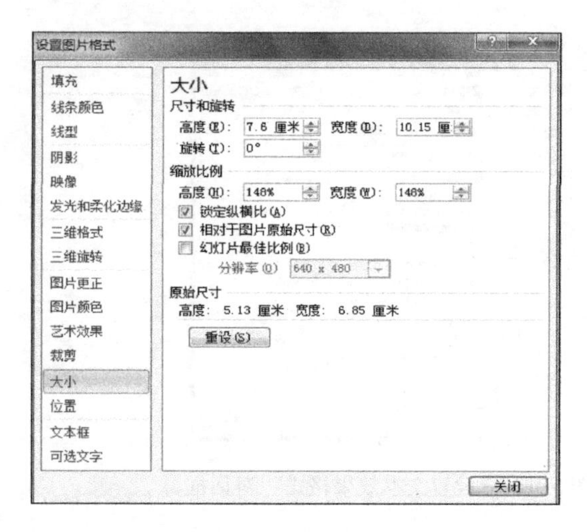

图5-43 “设置图片格式”对话框

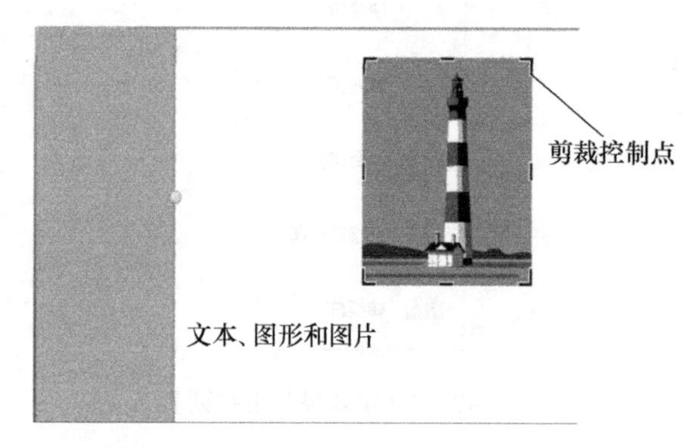

图5-44 剪裁图片

（3）旋转图片

1）单击图片，拖动图片上方的绿色旋转按钮，进行图片方向的调整。

2）单击“绘图工具-格式”选项卡“排列”组中的“旋转”下拉按钮，在下拉列表中选择相应的命令进行设置。

（4）调整图片属性　首先选定要设置的图片，然后在“绘图工具-格式”选项卡“调整”组中可以对图片的亮度、对比度等属性进行设置。

（5）设置图片样式　如果想要对图片添加边框等效果，可以通过“绘图工具-格式”选项卡中的“图片样式”组进行设置，如图5-45所示。在其中选择所需样式，即可将其应用于图片。若想对图片的形状、边框颜色及线型和三维效果等做进一步的修饰，可单击样式栏右侧的“图片边框”“图片效果”和“图片版式”下拉按钮进行设置。

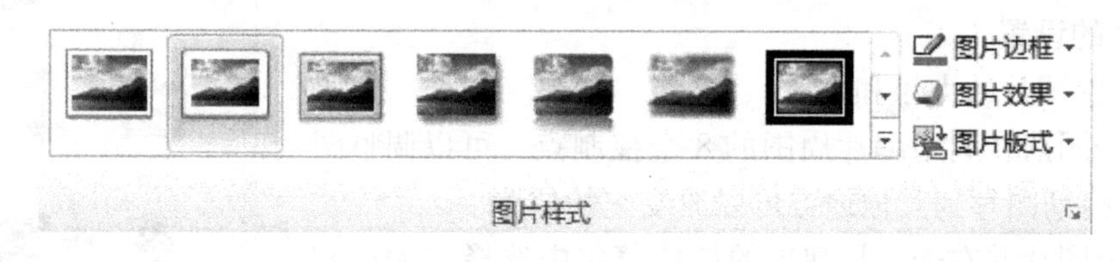

图5-45 “图片样式”组

（6）改变图片叠放顺序和图片组合　当幻灯片中含有多张图片时，可以通过“开始”选项卡“绘图”组中的“排列”下拉按钮，在弹出的下拉列表中选择“置于顶层”和“置于底层”等命令，调整图片的叠放顺序，如图5-46所示。

如果想要将多张图片组合成为一个整体，可以先选定需要组合的图片，然后在“排列”列表中选择“组合对象”下的“组合”命令即可。组合后的多张图片就如同一张图片一样，相对位置不会发生改变。

若需要修改其中某张图片，必须先选择“组合对象”中的“取消组合”命令，解除图片的组合，修改完后再重新组合。

（7）对齐方式的设置　在幻灯片中插入的图片需要以某种对齐方式进行组织，其方法是：选定图片，单击“开始”选项卡“绘图”组中的“排列”下拉按钮，在下拉列表中的“对齐”级联菜单中选择所需的对齐方式即可。

排列对象
置于顶层(R)
置于底层(K)
上移一层(F)
下移一层(B)
组合对象
组合(G)
取消组合(U)
重新组合(E)
放置对象
对齐(A)
旋转(O)
选择窗格(P)...

图 5-46 “排列”下拉列表

5.4.4 声音和影片的编辑

在幻灯片中除了可以插入图片、表格等元素，还可以插入声音和影片等多媒体元素，使听众在视觉和听觉上具有更直观的感受。

1. 声音的插入

1）单击需要插入声音的幻灯片。

2）单击“插入”选项卡“媒体”组中的“音频”下拉按钮，弹出如图 5-47 所示的下拉列表。

3）在该下拉列表中列出了插入声音的来源，从中选择声音的正确来源及位置，并将其插入。

4）插入操作完成后，幻灯片的编辑区域中出现一个小喇叭形状的图片框，图片框的下方是播放控制器，如图 5-48 所示，用户还可以选定该音频做进一步修改和设置。

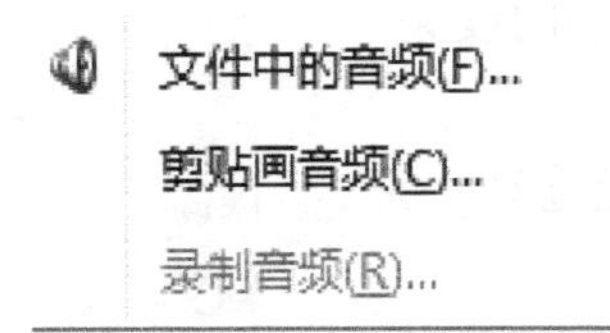

图 5-47 “插入音频方式”下拉列表

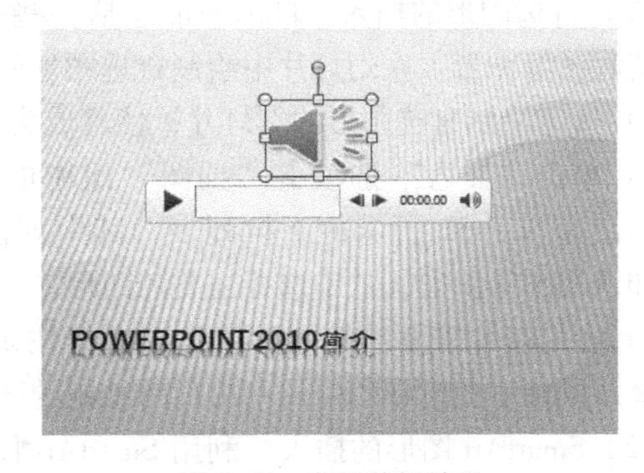

图 5-48 音频剪辑效果

2. 声音的设置

在插入声音之后，除了幻灯片中会出现声音的图标，PowerPoint 2010 窗口还会多出“音频工具”浮动选项卡，如图 5-49 所示。其中，“音频工具-格式”选项卡主要用于声音图标的设置，内容与图片编辑的内容相同；“音频工具-播放”选项卡主要对插入的声音进行音量、循环播放和播放方式（单击播放还是自动播放）等内容的设置。

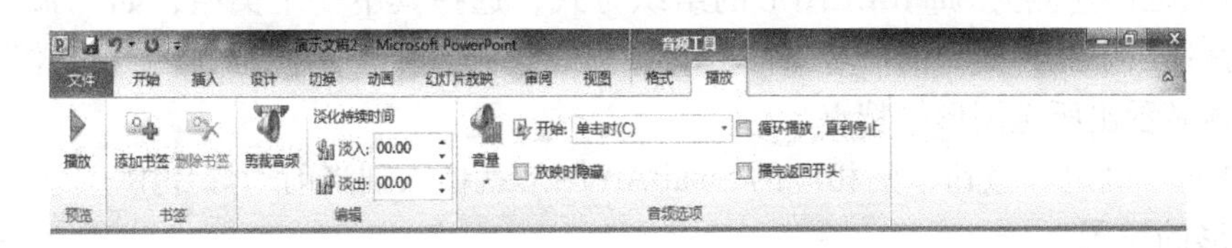

图 5-49 “音频工具”浮动选项卡

3. 影片的插入

PowerPoint 2010 支持的影片文件类型包括 Windows Media 文件、Windows 视频文件、影

片文件、Windows Media Video 文件、动态 GIF 文件和 MPEG 格式的文件。在幻灯片中插入影片的具体步骤如下。

1）选定插入影片的幻灯片，使其成为当前幻灯片。

2）单击“插入”选项卡“媒体”组中的“视频”按钮，弹出如图 5-50 所示的下拉列表。

3）在下拉列表中列出了插入视频的来源，从中选择视频的正确来源及位置，并将其插入。

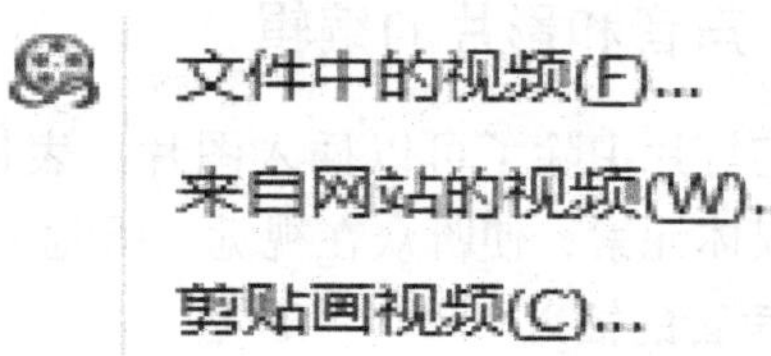

文件中的视频(F)...

来自网站的视频(W)...

剪贴画视频(C)...

图 5-50 “插入视频方式”下拉列表

4. 影片的设置

和插入声音一样，插入影片文件后，幻灯片中会出现影片的图片框，图片框的下方是播放控制器，用户还可以选定该视频做进一步的修改和设置。

5.4.5 图形对象的编辑

1. 图形的插入

（1）自选图形的插入　自选图形包括一些基本的线条、矩形、圆形、箭头、星形、标注和流程图等图形。在幻灯片中绘制自选图形的操作步骤如下。

1）选定绘制自选图形的幻灯片，使其成为当前幻灯片。

2）单击“插入”选项卡“插图”组中的“形状”下拉按钮，弹出如图 5-51 所示的下拉列表，其中列出了基本的线条、形状和流程图等图形，从中选择需要的图形。

3）在幻灯片需要绘制图形的范围内按住鼠标左键拖动，完成后释放鼠标，此时在幻灯片中出现所绘制的图形。

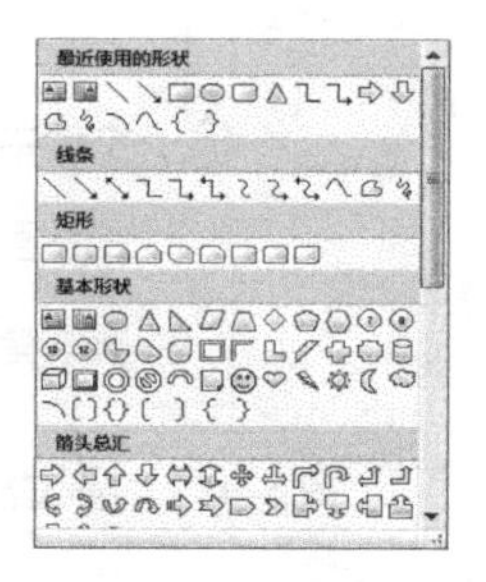

图 5-51 “形状”下拉列表

（2）SmartArt 图形的插入　利用 SmartArt 图形，用户可以轻松地绘制出各种组织结构及流程图，将要点转变成图形，让抽象的事物更直观可见。在幻灯片中插入 SmartArt 图形可通过以下操作步骤实现。

1）选定绘制图形的幻灯片，使其成为当前幻灯片。

2）单击“插入”选项卡“插图”组中的“SmartArt”按钮，弹出如图 5-52 所示的“选择 SmartArt 图形”对话框。

3）对话框的左侧为 SmartArt 图形的组织方式，选择其中一个类型，如“流程”，则对话框中间就列出了此种类型的所有 SmartArt 图形，选择其中一种图形，如“齿轮”，则对话框的最右侧显示出所选图形的特点。

4）单击“确定”按钮，则相应的 SmartArt 图形就插入到当前幻灯片中。

2. 图形的设置

（1）自选图形的设置

1）添加文本。选定要添加文本的图形，单击“绘图工具-格式”选项卡“插入形状”组中的“文本框”按钮，在弹出的下拉列表中选择要添加的文本框样式。此时在图形中出现闪烁的光标，用户输入相应文字即可。

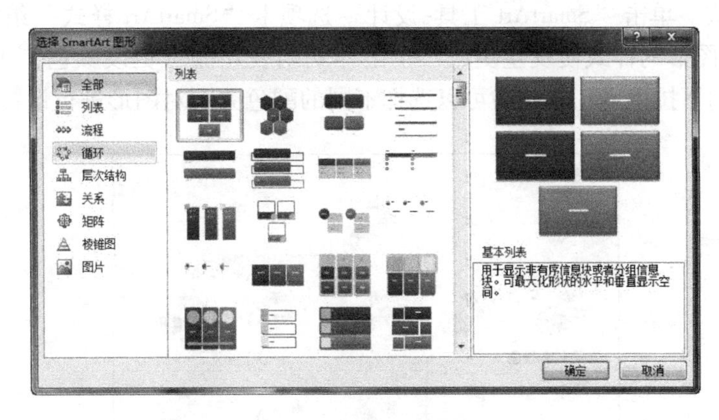

图 5-52　“选择 SmartArt 图形”对话框

2）更改图形样式。选定相应图形，单击“绘图工具-格式”选项卡“形状样式”组中某一样式即可将其应用于所选图形。通过“形状样式”组中的“形状填充”“形状轮廓”和“形状效果”按钮，还可以对图形进行填充颜色或纹理图片、增加轮廓和改变三维样式的设置。

3）其他设置。对自选图形的大小、位置、对齐方式、旋转和叠放层次等内容的设置和图片的相应操作类似，此处就不再赘述。

（2）SmartArt 图形的设置

1）更改布局。插入 SmartArt 图形后，PowerPoint 2010 窗口会出现“SmartArt 工具”浮动选项卡（包括“设计”和“格式”选项卡），其中“SmartArt 工具-设计”选项卡中的“布局”组主要用于对 SmartArt 图形的布局进行更改，如图 5-53 所示，在其中单击某种布局即可应用于所选的 SmartArt 图形上。

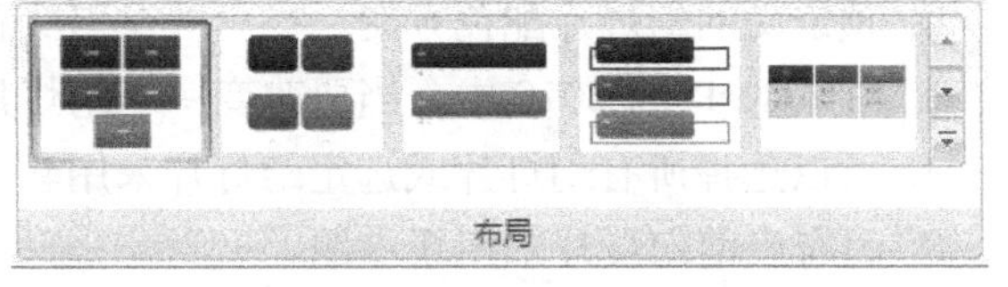

图 5-53　“布局”组

2）文本的添加。单击“SmartArt 工具-设计”选项卡“创建图形”组中的“文本窗格”按钮，则 SmartArt 图形就会显示文本窗格，如图 5-54 所示，在文本窗格中依次输入相应的文字即可。

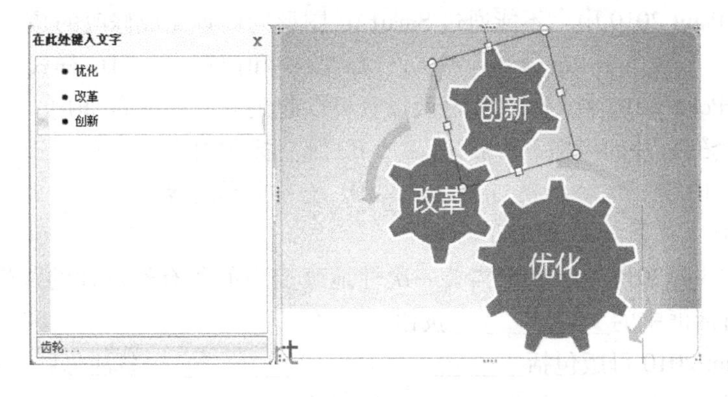

图 5-54　SmartArt 图形的文本窗格

3）更改样式。单击“SmartArt 工具-设计”选项卡“SmartArt 样式”组中的某种样式，则相应 SmartArt 图形的样式便发生更改。单击样式列表左侧“更改颜色”下拉按钮，弹出如图 5-55 所示的下拉列表，在其中可以选择不同的配色方案对图形进行设置。

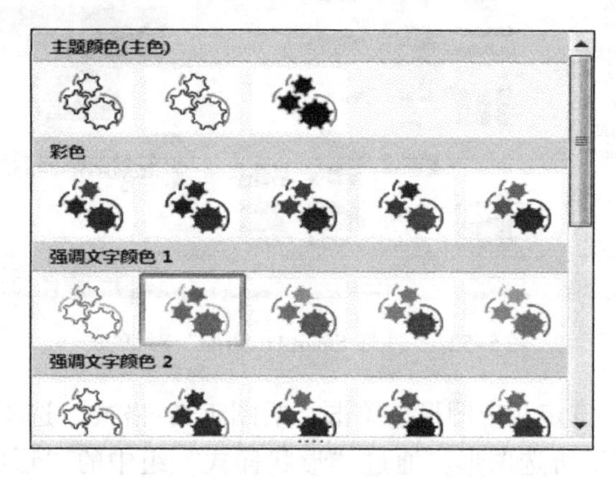

图 5-55　SmartArt 图形的颜色方案下拉列表

4）大小和位置。通过拖动 SmartArt 图形四周的控制点可以改变图形的大小，拖动控制点以外的图形部分可以改变图形的位置。

5.4.6　习题

一、选择题

1. PowerPoint 2010 的“主题”包含（　　）。

A. 预定义的幻灯片版式　　B. 预定义的幻灯片背景颜色

C. 预定义的幻灯片配色方案　　D. 预定义的幻灯片样式和配色方案

2. 在 PowerPoint 2010 中，当要改变一个幻灯片的主题时（　　）。

A. 可以选择所有幻灯片或选定幻灯片采用新主题

B. 只有当前幻灯片采用新主题

C. 所有的剪贴画均丢失

D. 除已加入的空白幻灯片外，所有的幻灯片均采用新主题

3. 在 PowerPoint 2010 中，不能通过 SmartArt 图形的设置完成修改的是（　　）。

A. 亮度　　B. 布局　　C. 大小和位置　　D. 样式

4. 在 PowerPoint 2010 中，幻灯片母版设置可以起到（　　）的作用。

A. 统一整套幻灯片的风格　　B. 统一标题内容

C. 统一图片内容　　D. 统一页码内容

二、填空题

1. 在 PowerPoint 2010 中，如果需要一次性地改变当前所有幻灯片的背景，应选择“设置背景格式”对话框中的＿＿＿＿＿＿＿按钮。

2. PowerPoint 2010 母版包括＿＿＿＿＿＿＿、＿＿＿＿＿＿＿、备注母版 3 种类型。

三、判断题

1. 在 PowerPoint 2010 中，幻灯片母版由两个层次组成：“主母版”和“版式母版”。

“主母版”的设置会体现在主要“版式母版”中。(　　)

2. 在 PowerPoint 2010 中，幻灯片背景为红色，强调文字为绿色，字体颜色为白色，若不喜欢，选择“设计”选项卡中的主题可实现同时调整。(　　)

四、实操题

1. 打开指定文件夹下的“PowerPoint 模练 002. pptx”，在幻灯片母版的左下角添加日期 2016/8/1，日期设置为 20 磅字，并保存为“PowerPoint 模练答 002. pptx”。

2. 打开指定文件夹下的“PowerPoint 模练 003. pptx”，在第 1 张幻灯片标题处输入字母“EPSON”，文本设置为 54 磅、加粗；为每张幻灯片的背景填充预设为“碧海青天”，底纹样式为“线性对角”；并保存为“PowerPoint 模练答 003. pptx”。

5.4.7　习题答案

一、选择题

1. D　2. A　3. A　4. A

二、填空题

1. 全部应用　2. 幻灯片母版，讲义母版

三、判断题

1. 错，“主母版”的设置会体现在所有“版式母版”中。　2. 对。

四、实操题

1. **操作步骤：**

1）双击打开指定的演示文稿“PowerPoint 模练 002. pptx”。

2）单击“视图”选项卡“演示文稿视图”组中的“幻灯片母版”按钮。

3）在幻灯片左下角日期栏中输入日期。在“开始”选项卡“字体”组中设置字号为 20 磅。

4）保存已编辑的演示文稿。

2. **操作步骤：**

1）双击打开指定的演示文稿“PowerPoint 模练 003. pptx”。

2）单击第 1 张幻灯片的标题占位符，输入字母“EPSON”。选定文本框，在“开始”选项卡“字体”组中设置文字格式。

3）单击“设计”选项卡“背景”组中的“背景样式”按钮，在下拉列表中选择“设置背景格式”命令，打开“设置背景格式”对话框，依次设置“渐变填充”和“预设颜色”，单击“碧海青天”图标，设置“方向”，最后单击“全部应用”按钮即可。

4）保存已编辑的演示文稿。

5.5　幻灯片的动态效果设置

5.5.1　实训案例

对 5.4.1 实训案例中的演示文稿进行动画设置，具体要求如下。

1）设置第 1 张幻灯片的切换方式为从全黑淡出，速度为快速。

2）标题进入方式为切入并闪烁一次，速度为中速。

3）副标题进入方式为渐入，速度为中速。

4）将第 3 张幻灯片中的图片和标题的进入方式设为擦除，两者的动画效果同时播放。

1. 案例分析

本案例主要涉及以下知识点。

1）设置幻灯片的切换方式。

2）设置幻灯片中文本、图片等对象的动画效果。

2. 实现步骤

1）选定第 1 张幻灯片，使其成为当前幻灯片。

2）单击“切换”选项卡“切换到此幻灯片”组中的“切换方案”下拉按钮，弹出如图 5-56 所示的“切换方案”下拉列表。

3）在该下拉列表中选择“细微型”组中的“淡出”切换效果。

4）单击右侧“效果选项”，弹出“淡出”切换方式的切换效果下拉列表，选择“全黑”切换效果，即可完成该幻灯片切换方式的设置。

5）选定标题，单击“动画”选项卡“动画组”中的“动画样式”按钮，弹出“动画样式”下拉列表，如图 5-57 所示。

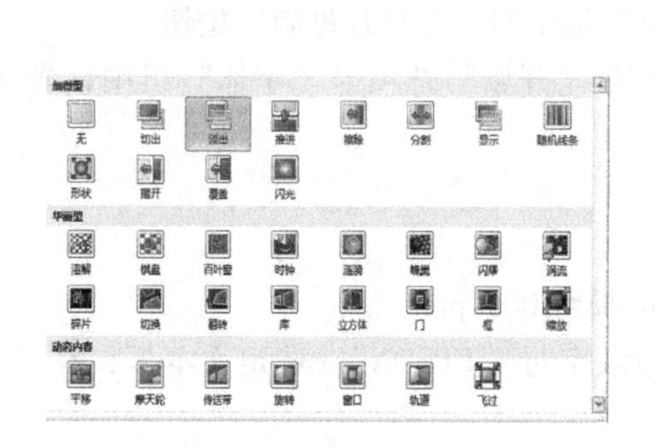

图 5-56 “切换方案”下拉列表

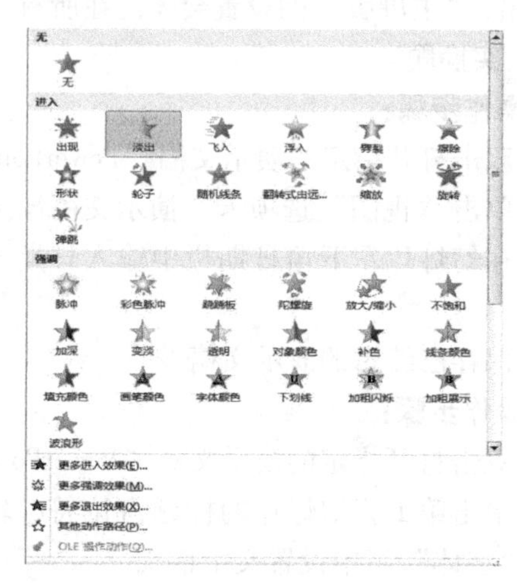

图 5-57 “动画样式”下拉列表

6）在“动画样式”下拉列表中选择“更多进入效果”→“切入”命令，然后单击“确定”按钮。单击“动画”组中右下角的图标，打开“切入”对话框，在“计时”选项卡中选择“期间”为“中速”，如图 5-58 所示。用同样的方法添加标题的强调动画“闪烁”效果。在“计时”选项卡中选择“开始”为“与上一动画同时”，调整标题动画与图片动画同时播放。

7）重复步骤 6)，设置副标题的进入方式为渐入，速度为中速。

8）选定第 3 张幻灯片中的图片，打开“添加进入效果”对话框，选择“擦除”效果，单击“确定”按钮。用同样的方法将该张幻灯片在“高级动画”组中单击“添加动画”按钮，将进入方式设置为“擦除”效果。

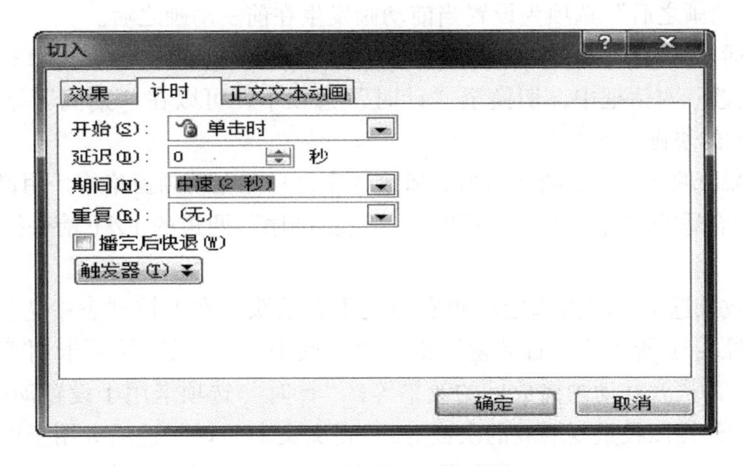

图 5-58 “切入”对话框

5.5.2 设置动画效果

使用 PowerPoint 2010 提供的动画功能，用户可以为幻灯片中的文字、图片、图形、表格、公式、艺术字以及声音、视频等各种对象设置动画效果，控制它们在幻灯片放映时显示的顺序和方式，包括进入动画、强调动画、退出动画和动作路径动画等。图 5-59 所示为“效果选项”下拉列表。

1. 动画效果的添加

1）选定要设置动画的对象。

2）单击“动画”选项卡“动画”组中的“动画样式”按钮，弹出“动画样式”下拉列表。

3）在该下拉列表中选择一种动画效果进行设置。

若要使文本或对象在放映时以某种效果进入幻灯片，则选择“进入”类型中的某种效果；若要为幻灯片上的文本或对象添加某种强调效果，则选择“强调”类型中的某种效果；若要为文本或对象添加某种效果以使其在某一时刻离开幻灯片，则选择“退出”类型中的某种效果；若要使文本或对象在放映时以特定路径进行移动，则选择“动作路径”类型中的某种效果。

为所选文本或对象添加了动画效果后，在动画窗格的动画列表中会显示出所有添加到该对象的动画效果。

图 5-59 “效果选项”下拉列表

2. 动画效果的设置

（1）更改或删除已有的动画效果　若要更改进入效果，在“动画样式”下拉列表中选择“更多进入效果”命令，从级联菜单中选择需要更改的效果选项即可。其他效果的更改方式相同。若选择“无”命令则可以删除选定的动画效果。

（2）设置开始方式　单击“动画”选项卡“计时”组中的“开始”按钮，可以设置启动动画效果的方式，主要有“单击时”“与上一动画同时”和“上一动画之后”3 种。“单击时”选项为默认的动画触发方式，“与上一动画同时”选项为设置当前动画和前一动画同时发生，“上一动画之后”选项为设置当前动画发生在前一动画之后。

（3）设置播放速度　在“动画”选项卡“动画”组中，单击右下角按钮，在弹出的“翻转式由远及近”对话框中，切换至“计时”选项卡，可以在“期间”下拉列表框中设置动画播放速度的快慢。

（4）调整播放顺序　若要调整动画的播放顺序，只需在动画窗格中，用鼠标向上或向下拖动相应动画至合适的位置即可；或者单击“重新排序”两边的上/下箭头按钮，如图 5-60 所示。

（5）设置效果选项　单击选定动画右边的下拉箭头，在下拉列表中选择“效果选项”命令，弹出如图 5-61 所示的“百叶窗”对话框。其中，“效果”选项卡用于设置动画的属性、动画放映时的声音和动画播放后的效果等；“计时”选项卡用于设置动画的开始方式、延迟时间、速度快慢以及重复播放的次数等；“正文文本动画”选项卡用于设置文本的放映方式，主要有“作为一个对象”“所有段落同时”和“按照某级段落”。

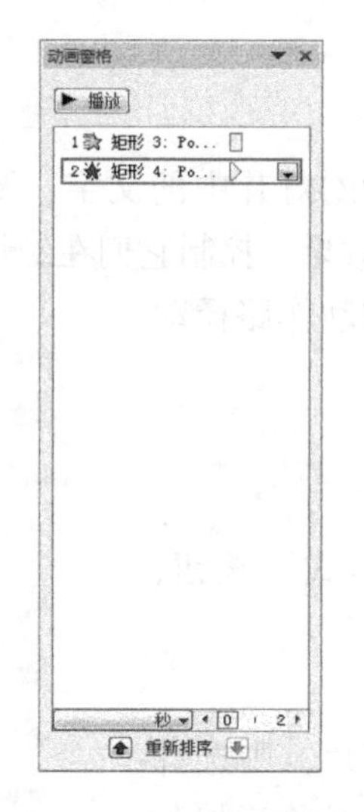

图 5-60　调整播放顺序

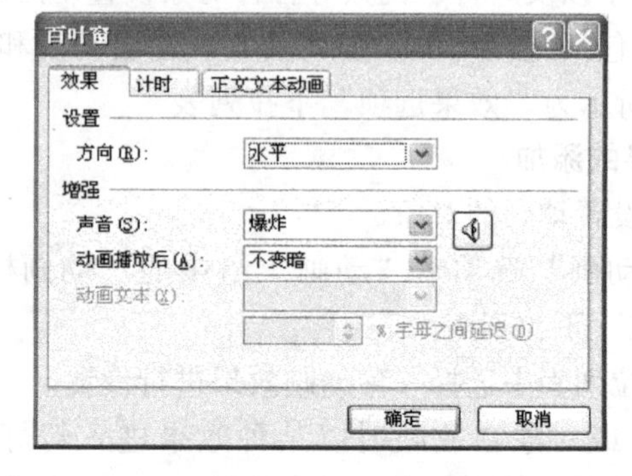

图 5-61　“百叶窗”对话框

（6）编辑动作路径　在幻灯片中选定需要编辑顶点的动作路径控制线，右击，弹出如图 5-62 所示的快捷菜单。从快捷菜单中选择“编辑顶点”命令，此时在路径控制线上出现编辑顶点。将鼠标指针指向某个编辑顶点，按住鼠标左键，将其拖动到合适的位置释放鼠标即可。

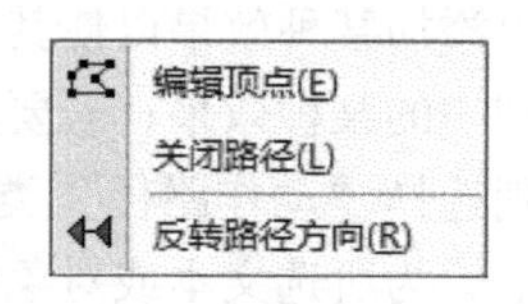

图 5-62　编辑动作路径

如果要添加编辑顶点，则在路径控制线上右击，从弹出的快捷菜单中选择“添加顶点”命令即可。编辑完成之后，在控制线之外的任意位置单击，即可退出路径顶点的编辑状态。

3. 绘制与设置动作按钮

1）选定需要绘制按钮的幻灯片为当前幻灯片。

2）单击到“插入”选项卡“插图”组中的“形状”下拉按钮，在下拉列表中选择动作按钮中的“开始”按钮。

3）在幻灯片的合适位置单击，弹出“动作设置”对话框，如图 5-63 所示。若想在单击动作按钮时跳转到某张幻灯片，则选中“超链接到”单选按钮，在其下拉列表框中选择相应的幻灯片；若想在单击动作按钮时运行某个应用程序，则选中“运行程序”单选按钮，单击“浏览”按钮选择程序的可执行文件；若想通过动作按钮控制幻灯片中插入的声音或影片，则选中“无动作”单选按钮。这里以动作按钮控制影片为例进行设置。

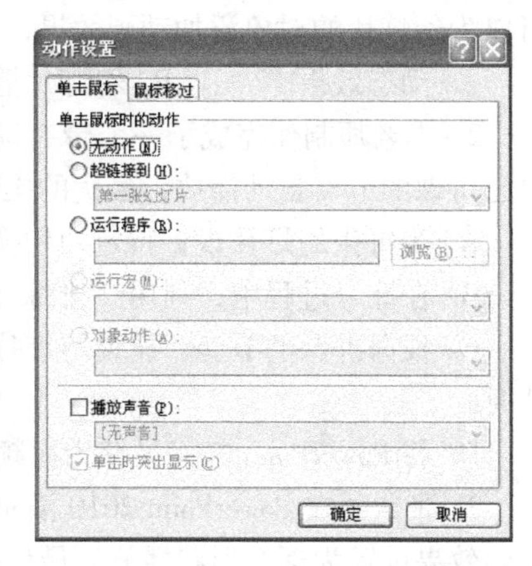

图 5-63 “动作设置”对话框

4）单击插入的影片对象，单击“动画”选项卡“高级动画”组中的“添加动画”按钮，选择“播放”命令。

5）单击“触发”按钮，选择相应的动作按钮设置即可。

6）用类似方法添加“结束”和“暂停”按钮。

添加完动作按钮，就可以在放映幻灯片时通过按钮来控制影片的播放、暂停和结束，对演示文稿的控制更加从容。

5.5.3 幻灯片的切换

幻灯片的切换方式指的是演示文稿在放映时，从一个幻灯片转换到另一个幻灯片时屏幕显示的变化情况。为幻灯片添加、设置切换效果，可以使幻灯片的转换过程显得更加自然、顺畅，同时独特的切换效果也能够吸引观众的注意力。

1. 设置切换效果

幻灯片切换效果的设置步骤具体参见 5.5.1 实训案例中的操作步骤 1）~4）。

2. 设置切换声音

单击“切换”选项卡“计时”组中的“声音”下拉按钮，在下拉列表中选择一种声音，即可在上一张幻灯片过渡到当前幻灯片时播放该声音。

3. 设置切换方式

系统默认的换片方式为手动切换，即“单击鼠标时”。若希望幻灯片自动切换，则可以选中“设置自动换片时间”复选框，并设置自动切换的时间间隔，如图 5-64 所示。

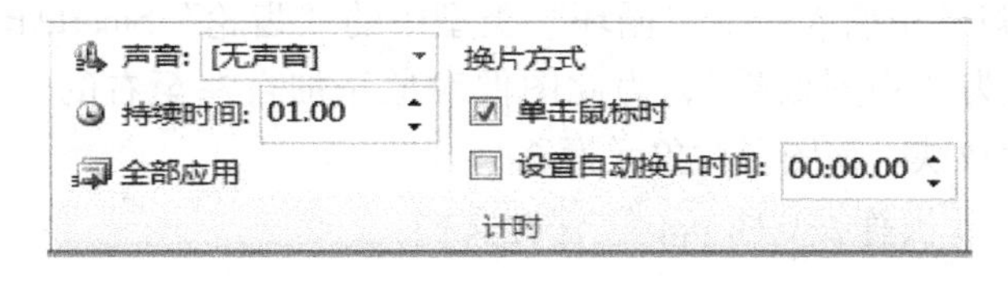

图 5-64 设置幻灯片的切换方式

5.5.4 习题

一、选择题

1. PowerPoint 2010 提供了用户和幻灯片之间的交互功能，通过（　　）的设置，用户可以为幻灯片的对象添加动画效果，也可以为每张幻灯片设置放映时的切换效果。

A. 动态效果　　B. 幻灯片播放　　C. 图形属性　　D. 文件共享

2. 李老师制作完成了一个带有动画效果的 PowerPoint 教案，她希望在课堂上可以按照自己讲课的节奏自动播放，最优的操作方法是（　）。

A. 为每张幻灯片设置特定的切换持续时间，并将演示文稿设置成自动播放

B. 在练习过程中，利用“排练计时”功能记录适合的幻灯片切换时间，然后播放即可

C. 根据讲课的节奏，设置幻灯片中每一个对象的动画时间，以及每张幻灯片的自动换片时间

D. 将 PowerPoint 教案另存为视频文件

3. 张老师在 PowerPoint 2010 演示文稿中插入了一个 SmartArt 图形，他希望将该图形的动画效果设置为逐个形状播放，最优的操作方式是（　）。

A. 为该 SmartArt 图形选择一个动画类型，然后再进行适当的动画效果的设置

B. 只能将该 SmartArt 图形作为一个整体设置动画效果，不能分开制定

C. 现将该 SmartArt 图形取消组合，然后再为每个图形依次设置动画

D. 先将该 SmartArt 图形转换为形状，取消组合，再为每个形状依次设置动画

二、填空题

1. PowerPoint 2010 的动画效果设置中，如果对预设的动作路径不满意，用户可以根据需要__________。

2. 在对 PowerPoint 2010 演示文档中的图形、文本、图表等对象添加动画效果后，可以打开“动画窗格”，单击动画效果右侧下三角按钮，在下拉列表中单击“__________”命令设置该动画的效果和计时等内容。

三、判断题

1. 在 PowerPoint 2010 中，幻灯片的切换方式指的是演示文稿在放映时，从一个幻灯片转换到另一个幻灯片时屏幕显示的变化情况。（　　）

2. 在 PowerPoint 2010 中，系统默认的换片方式为根据设置的时间自动切换。（　　）

四、实操题

在指定文件夹下打开“PowerPoint 模练 004. pptx”，按要求完成下列操作：

1）使用“极目远眺”主题修饰全文，将全部幻灯片的切换方案设置成“擦除”，效果选项为“自顶部”。

2）在第一张幻灯片中插入一个“循环”类型中的“齿轮”SmartArt 图形对象，设置颜色为“彩色”、样式为“强烈效果”，为此图像对象添加自左至右的“擦除”进入动画效果，并要求在幻灯片放映时该图形对象元素逐个显示。

3）以“PowerPoint 模练答 004. pptx”保存文档。

5.5.5　习题答案

一、选择题

1. A　2. B　3. A

二、填空题

1. 自定义路径动画　2. 效果选项

三、判断题

1. 对。 2. 错，默认方式是手动切换，即“单击鼠标时”。

四、实操题

操作步骤：

1）双击打开“PowerPoint 模练 004. pptx”演示文稿，单击“设计”选项卡→“主题”组→“其他”下拉按钮，在展开的主题库中选择“极目远眺”。

2）选中第一张幻灯片，单击“切换”选项卡→“切换到此幻灯片”组→“其他”下拉按钮，在展开的效果样式库中选择“细微型”下的“擦除”，单击“效果选项”按钮，从弹出的下拉列表中选择“自顶部”，再单击“计时”组中的“全部应用”按钮。

3）单击“插入”选项卡→SmartArt 按钮，在弹出的“选择 SmartArt 图形”对话框的左侧单击“循环”命令，在对话框中间选择“齿轮”，单击“确定”按钮。在自动切换的“设计”选项卡中更改该 SmartArt 图形颜色为“彩色”、样式为“强烈效果”。

4）选中该 SmartArt 图形，单击“动画”选项卡→“添加动画”按钮，打开内置动画列表，在列表进入动画效果一栏中选择“擦除”效果，单击“效果选项”命令，在下拉菜单中设置方向为“自左侧”，再次单击“效果选项”命令，在下拉菜单中选择“逐个”选项。

5）保存演示文稿。

5.6 演示文稿的放映与打印

5.6.1 实训案例

播放 5.5.1 实训案例中的演示文稿，使其从第 3 张幻灯片开始顺序放映，最后以纯黑白的样式打印备注页。

1. 案例分析

本案例主要涉及以下知识点。

1）从指定页放映演示文稿。

2）按备注页打印演示文稿。

2. 实现步骤

1）打开演示文稿。

2）在幻灯片窗格中选定第 3 张幻灯片。

3）单击“幻灯片放映”选项卡“开始放映幻灯片”组中的“从当前幻灯片开始”按钮，则演示文稿从第 3 张幻灯片开始顺序放映。

4）放映结束后，选择“文件”选项卡下拉菜单中的“打印”命令，在“设置”选项区域中的“整页幻灯片”下拉列表中选择“备注页”选项，在“颜色”下拉列表中选择“纯黑白”选项，单击“打印”按钮进行打印。

5.6.2 演示文稿的放映设置

制作完演示文稿的内容、动画和切换方式后，最后一步便是演示文稿的放映。在放映时，为了达到较好的演示效果，需要对演示文稿进行放映设置，主要内容包含以下几方面。

1. 创建自定义放映

通过“自定义放映”的创建，用户可以将演示文稿中的幻灯片进行不同的组合，从而在同一个演示文稿中，能够针对不同的观众放映不同的幻灯片。创建“自定义放映”的具体操作步骤如下。

1）单击“幻灯片放映”选项卡“开始放映幻灯片”组中的“自定义幻灯片放映”下拉按钮，从弹出的下拉列表中选择“自定义放映”命令，弹出如图5-65所示的对话框。在该对话框中可以对已建立的某个自定义放映进行“编辑”“删除”和“复制”等操作。

2）单击对话框中的“新建”按钮，弹出如图5-66所示的“定义自定义放映”对话框。

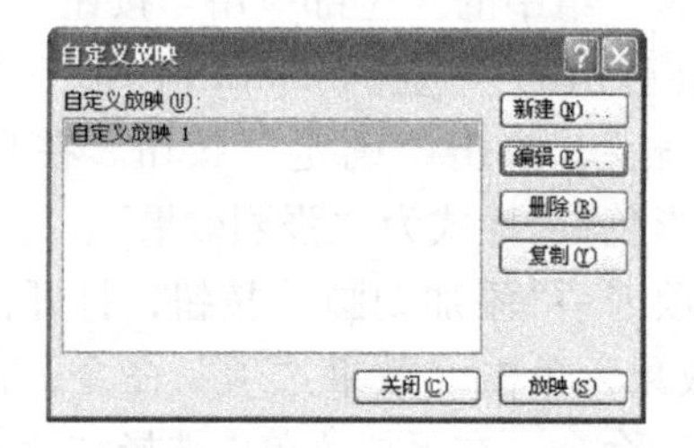

图5-65 “自定义放映”对话框

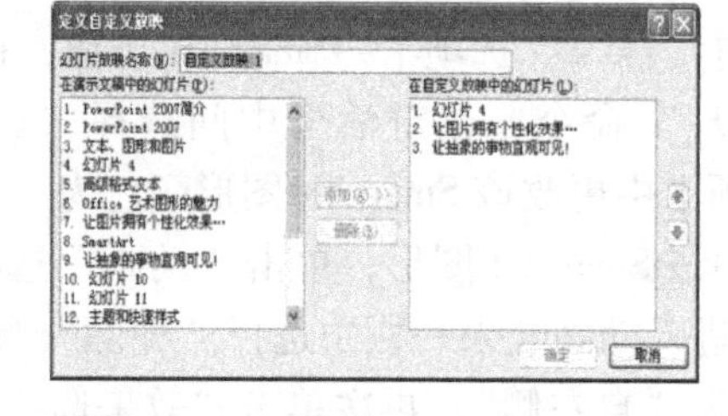

图5-66 “定义自定义放映”对话框

3）在“在演示文稿中的幻灯片”列表框中，选择需要放映的幻灯片的标题，并单击“添加”按钮将其添加到“在自定义放映中的幻灯片”列表框中，在这里可以对所选幻灯片进行放映顺序的调整，如果想取消某张幻灯片的放映，还可以将其从这个列表框中删除。

4）重复步骤3)，直至添加完所有需要放映的幻灯片。

5）在“幻灯片放映名称”文本框中输入自定义放映的名称，单击“确定”按钮，返回“自定义放映”对话框。

6）单击该对话框中的“放映”按钮，将看到定义放映的幻灯片。

2. 设置放映方式

单击“幻灯片放映”选项卡“设置”组中的“设置幻灯片放映”按钮，弹出“设置放映方式”对话框，如图5-67所示。

在“放映类型”选项区域中有3种类型可供选择。

(1) 演讲者放映（全屏幕） 系统默认的播放方式，多用于讲课、做学术报告等场合，供演讲者自行播放演示文稿。

(2) 观众自行浏览（窗口） 它是一种较小规模的幻灯片放映方式。放映时，演示文稿会出现在一个可缩放的窗口中。在此窗口中观众不能用鼠标来切换播放的幻灯片，但可以通过滚动条下方的“下一张幻灯片”按钮 或“上一张幻灯片”按钮来浏览所有幻灯片。

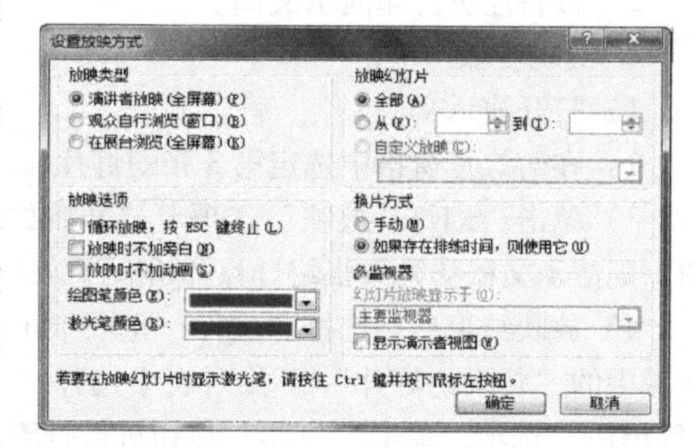

图5-67 “设置放映方式”对话框

(3) 在展台浏览（全屏幕） 它是一种自动运行放映演示文稿的方式，不能用鼠标激活任何菜单，放映只能依赖计时方式来切换幻灯片，放映结束后自动返回第一张重新放映，直

至按 <Esc> 键结束放映。

在“放映选项”选项区域中，可以进行以下内容的设置。

(1) 循环放映，按 <Esc> 键终止　该设置会使幻灯片连续循环播放，直至按 <Esc> 键结束。

(2) 放映时不加旁白　在幻灯片放映中不播放任何旁白。

(3) 放映时不加动画　在幻灯片放映过程中不带动画效果，适合快速浏览。

(4) 绘图笔颜色　即在幻灯片放映过程中添加墨迹注释时的绘图笔颜色。

(5) 激光笔颜色　即在幻灯片放映过程中显示激光笔时，激光点的颜色。若要在幻灯片放映时显示激光笔，按住 <Ctrl> 键并按下鼠标左键即可。

在“放映幻灯片”选项区域中，可以设置放映全部幻灯片或者有选择地进行播放。

在“换片方式”选项区域中，若想通过鼠标或键盘进行切换，则选中“手动”单选按钮，否则选中另一个单选按钮。

3. 幻灯片放映

在计算机上放映演示文稿的操作方法有如下两种。

(1) 使用功能区按钮

1) 打开拟放映的演示文稿。

2) 单击“幻灯片放映”选项卡“开始放映幻灯片”组中的“从头开始”按钮，则演示文稿从第1张幻灯片开始顺序播放。若单击“从当前幻灯片开始”按钮，则演示文稿从当前所选幻灯片开始播放。

(2) 使用视图栏按钮

1) 打开拟放映的演示文稿。

2) 单击“视图栏”中的“幻灯片放映”按钮，则无论演示文稿处于何种视图下，总是从当前的幻灯片开始放映。

在幻灯片放映过程中，用户可以单击“幻灯片放映”视图左下角的一个隐约可见的按钮，或者直接在“幻灯片放映”视图的任意处右击，就可打开“控制放映”菜单。在“控制放映”菜单中，用户可以对幻灯片进行翻页、定位、自定义播放以及为幻灯片添加墨迹注释等操作。

5.6.3 演示文稿的打印

演示文稿除了在本地计算机上播放外，还可以对其进行打印输出。在打印演示文稿之前，为了达到预想的效果，一般要进行页面和打印参数的设置。

1. 页面设置

1) 单击“设计”选项卡“页面设置”组中的“页面设置”按钮，弹出“页面设置”对话框，如图5-68所示。

2) 在“幻灯片大小”下拉列表框中选择相适应的大小和纸张，也可以通过宽度和高度这两个数值框定义幻灯片的大小。

3) 在“幻灯片编号起始值”数值框中输入幻灯片的起始编号。

4) 在“方向”选项区域中可以设置幻灯片、备注、讲义和大纲以纵向或横向进行显示。

2. 打印预览

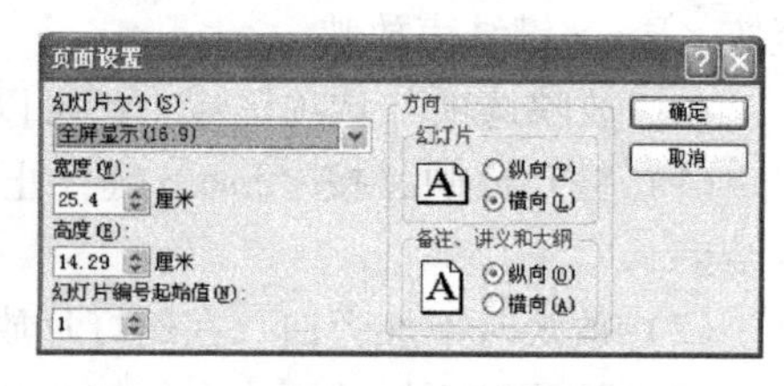

图 5-68 “页面设置”对话框

1）单击“文件”选项卡，从其下拉列表中选择“打印”命令，弹出如图 5-69 所示的“打印设置”窗口。

2）在“打印机”下拉列表框中选定所使用的打印机。

3）在“设置”下拉列表框中，从“打印全部幻灯片”“打印所选幻灯片”“打印当前幻灯片”和“自定义范围”等选项中选择一项，对所有幻灯片、当前选定幻灯片和连续或不连续的多张幻灯片进行打印。

4）在“幻灯片”列表框中，用户可以选择打印整页幻灯片、备注页、大纲或讲义。

5）如果第 4）步选择打印讲义，则在“讲义”选项区域中，可以设置每页纸中打印几张幻灯片及其排列顺序。

6）在“份数”数值框中确定需要打印的份数。

7）单击“打印设置”窗口的“打印”按钮开始打印。窗口右侧以整页形式显示了幻灯片的首页，其形式就是实际的打印效果。在下方显示了当前的页号和总页数。对“打印预览”感到满意后，就可正式打印了。

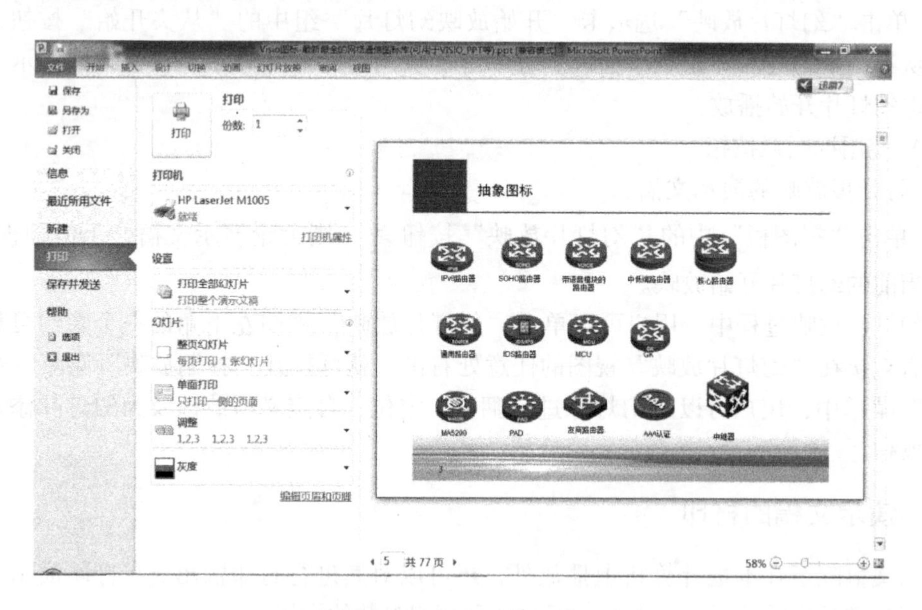

图 5-69 “打印预览”窗口

5.6.4 习题

一、选择题

1. 在 PowerPoint 2010 中，通过“动画”选项卡中的（　　）命令，可以为幻灯片对象设置动画和声音。

A. 预览　　B. 效果选项　　C. 添加动画　　D. 播放设置

2. 在 PowerPoint 2010 中，下列说法正确的是（　　）。

A. 幻灯片中的每一个对象都只能使用相同的动画效果

B. 各个对象的动画的出现顺序是固定的，不能随便调整

C. 任何一个对象都可以使用不同的动画效果，各个对象都可以以任意顺序出现

D. 上面三种说法都不正确

3. 在 PowerPoint 2010 中，如果将演示文稿打印输出，在打印演示文稿之前，为了达到预想的效果，一般要进行（　　）的设置。

A. 复制　　B. 页面和打印参数

C. 移动　　D. 缩放

二、填空题

1. PowerPoint 2010“打印内容”下拉列表中，用户可以选择打印幻灯片、__________、备注页或大纲。

2. 在 PowerPoint 2010 中，可以为幻灯片中的文字、形状和图形等对象设置动画效果，设计的方法是在“动画”选项卡中选择进入效果、__________、__________、其他动作路径或无动画效果等。

三、判断题

1. PowerPoint 2010 可以从本演示文稿的任意一张幻灯片开始顺序放映。(　　)

2. 在 PowerPoint 2010 中，对某个对象只能应用一种自定义动画效果。(　　)

3. 在 PowerPoint 2010 中，在备注页模式中添加的备注内容无法打印出来。(　　)

四、实操题

在指定文件夹下打开“PowerPoint 模练 005. pptx”，按要求完成下列操作。

1）使用“暗香扑面”主题修饰全文，将全部幻灯片的切换方案设置成“擦除”，效果选项为“自顶部”。

2）在第 1 张幻灯片前插入一张版式为“空白”的新幻灯片，在水平为 5. 3cm，自左上角，垂直为 8. 2cm，自左上角的位置处插入样式为“填充-无，轮廓-强调文字颜色 2”的艺术字“数据库原理与技术”，文字效果为“转换-弯曲-双波形 2”；第 4 张幻灯片的版式改为“两栏内容”；第 2 张幻灯片主标题输入“数据模型”；第 3 张幻灯片的文本设置为 27 磅字；移动第 2 张幻灯片，使之成为第 4 张幻灯片。

3）以“PowerPoint 模练 005. pptx”保存文档。

5. 6. 5　习题答案

一、选择题

1. C　2. C　3. B

二、填空题

1. 讲义　2. 强调效果，退出效果

三、判断题

1. 对。　2. 错，可以设置多种动画效果。　3. 错，能打印。

四、实操题

操作步骤：

1）双击打开“PowerPoint 模练 005. pptx”演示文稿，单击“设计”选项卡“主题”组

中的“其他”下拉按钮，在展开的主题库列表中选择“暗香扑面”。

2）选定第1张幻灯片，单击“切换”选项卡“切换到此幻灯片”组中的“其他”下拉按钮，在展开的效果样式库列表中选择“细微型”下的“擦除”，单击“效果选项”按钮，从弹出的下拉列表中选择“自顶部”，再单击“计时”组中的“全部应用”按钮。

3）在普通视图下单击第1张幻灯片上方，单击“开始”选项卡“幻灯片”组中的“新建幻灯片”下拉按钮，在弹出的下拉列表中选择“空白”。

4）单击“插入”选项卡“文本”组中的“艺术字”按钮，在弹出的下拉列表中选择样式为“填充-无，轮廓-强调文字颜色2”，在文本框中输入“数据库原理与技术”；选定艺术字文本框，右击，在弹出的快捷菜单中选择“大小和位置”命令，弹出“设置形状格式”对话框，根据题目要求设置，单击“关闭”按钮；单击“格式”选项卡“艺术字样式”按钮，在弹出的下拉列表中选择“转换”，在选择“弯曲”下的“双波形2”。

5）选定第4张幻灯片，单击“开始”选项卡“幻灯片”组中的“版式”按钮，在弹出的下拉列表中选择“两栏内容”命令。

6）在第2张幻灯片主标题中输入“数据类型”。

7）选定第3张幻灯片的文本，在“开始”功能区的“字体”组中的“字号”文本框中输入“27”。在普通视图下，按住鼠标左键，拖动第2张幻灯片到第4张幻灯片。

8）保存演示文稿。

5.7 综合测试题

一、选择题

1. 幻灯片中占位符的作用是（　　）。

A. 表示文本长度　　　　B. 限制插入对象的数量

C. 表示图形大小　　　　D. 为文本、图形预留位置

2. 要在PowerPoint 2010演示文稿中新增一张幻灯片，下列操作中正确的是（　　）。

A. 选择“插入”选项卡中的“图片”命令

B. 单击“开始”选项卡中的“重设”按钮

C. 使用<Ctrl+M>组合键

D. 选择“开始”选项卡中的“新建幻灯片”命令

3. 在PowerPoint 2010中，想在一个屏幕上同时显示两个演示文稿并进行编辑，实现方法是（　　）。

A. 无法实现

B. 打开一个演示文稿，单击“插入”选项卡“图像”组中的“屏幕截图”按钮

C. 打开两个演示文稿，单击“视图”选项卡“窗口”组中的“全部重排”按钮

D. 打开两个演示文稿，单击“视图”选项卡“显示比例”组中的“适应窗口大小”按钮

4. 在PowerPoint 2010中，下列各命令中，可以在计算机屏幕上从头放映演示文稿的是（　　）。

A. “开始”选项卡“幻灯片”组中的“新建幻灯片”

B. “幻灯片放映”选项卡“开始放映幻灯片”组中的“从头开始”

C. “插入”选项卡“图像”组中的“屏幕截图”

D. “视图”选项卡“演示文稿视图”组中的“幻灯片浏览”

5. PowerPoint 2010 的幻灯片可以（　　）。

A. 在计算机屏幕上放映　　B. 在投影仪上放映

C. 打印成幻灯片使用　　D. 以上三种均可以完成

6. 在 PowerPoint 2010 中，为建立图表而输入数字的区域是（　　）。

A. 边距　　B. 数据表　　C. 大纲　　D. 图形编译器

7. PowerPoint 2010 中的图表是用于（　　）。

A. 可视化地显示数字　　B. 可视化地显示文本

C. 可以说明一个进程　　D. 可以显示一个组织的结构

8. 在 PowerPoint 2010 中，对幻灯片的重新排序、幻灯片间定时和过渡、加入和删除幻灯片以及演示文稿整体构思都特别有用的视图是（　　）。

A. 幻灯片视图　　B. 大纲视图

C. 幻灯片浏览视图　　D. 备注页视图

9. 在 PowerPoint 2010 中，要隐藏某个幻灯片，操作方法是（　　）。

A. 单击“开始”选项卡中的“隐藏幻灯片”按钮

B. 单击“视图”选项卡中的“隐藏幻灯片”按钮

C. 单击该幻灯片，选择“隐藏幻灯片”命令

D. 选定该幻灯片，右击，选择“隐藏幻灯片”命令

10. 在 PowerPoint 2010 中，演示文稿的作者必须非常注意演示文稿的两个要素。这两个要素是（　　）。

A. 内容和设计　　B. 内容和模板

C. 内容和视觉效果　　D. 问题和解决方法

11. 使用 PowerPoint 2010 中“开始”选项卡“绘图”组中的“排列”按钮（　　）。

A. 只能排列文本　　B. 只能排列图形对象

C. 能排列文本和图形对象　　D. 能排列幻灯片

12. 在 PowerPoint 2010 中，如果要从一张幻灯片“溶解”到下一张幻灯片，应使用“切换”选项卡“切换到此幻灯片”组中的（　　）。

A. 随机线条　　B. 闪光　　C. 溶解　　D. 棋盘

13. PowerPoint 2010 的“视图”按钮在（　　）中。

A. 状态栏　　B. 幻灯片大纲空格

C. 垂直滚动条　　D. 标题栏

14. 在 PowerPoint 2010 中，下列选项不能实现新建演示文稿的是（　　）。

A. 打包功能　　B. 空演示文稿　　C. 设计模板　　D. 现有内容

15. 在 PowerPoint 2010 中，在“幻灯片”视图窗格中，在状态栏中出现了“幻灯片 2/7”的文字，则表示（　　）。

A. 共有 7 张幻灯片，目前只编辑了 2 张

B. 共有 7 张幻灯片，目前显示的是第 2 张

C. 共编辑了七分之二张的幻灯片

D. 共有 9 张幻灯片，目前显示的是第 2 张

16. 在一张纸上最多可以打印（　　）张幻灯片。

A. 3　　B. 12　　C. 6　　D. 9

17. 在 PowerPoint 2010 中，幻灯片通过大纲形式创建和组织（　　）。

A. 标题和正文　　B. 标题和图形

C. 正文和图片　　D. 标题、正文和多媒体信息

18. 在幻灯片母版设置中，可以起到（　　）的作用。

A. 统一整套幻灯片的风格　　B. 统一标题内容

C. 统一图片内容　　D. 统一页码内容

19. 在“空白幻灯片”中，下列不能被直接插入的对象是（　　）。

A. 文本框　　B. 艺术字　　C. 文本　　D. Word 表格

20. 当新插入的剪贴画遮挡住原来的对象时，下列说法不正确的是（　　）。

A. 可以调整剪贴画的大小

B. 可以调整剪贴画的位置

C. 只能删除这个剪贴画，更换大小合适的剪贴画

D. 调整剪贴画的叠放次序，将被遮挡的对象提前

二、填空题

1. PowerPoint 2010 在放映时，若要中途退出播放状态，应按<____________>键。

2. 在 PowerPoint 2010 中，为每张幻灯片设置切换声音效果的方法是使用“切换”选项卡“计时”组的__________下拉列表框。

3. PowerPoint 2010 可以按讲义的格式打印演示文稿，每个页面最多可以包含__________张幻灯片。

4. PowerPoint 2010 演示文稿放映类型有__________、观众自行浏览（窗口）、在展台放映（全屏幕）3 种类型。

5. PowerPoint 2010 选择录制旁白使用到的选项卡是__________选项卡。

6. PowerPoint 2010 更改幻灯片的板式，使用到的选项卡是__________选项卡。

7. 在 PowerPoint 2010 中，动画事件开始有__________、__________、上一动画之后 3 种方式。

8. PowerPoint 2010 普通视图包含 3 种窗格：幻灯片编辑窗格、________和________。

9. PowerPoint 2010 创建演示文稿有根据__________创建演示文稿、根据__________创建演示文稿、创建空演示文稿、根据我的模板创建演示文稿、根据现有内容创建演示文稿多种方式。

10. PowerPoint 的母版有____________________种类型。

11. PowerPoint 2010 可利用模板来创建新的演示文稿，模板的扩展名为__________。

12. 在默认的状态下，新建演示文稿的快捷键是<__________________>。

13. 在 PowerPoint 2010 中，对幻灯片的重新排序、幻灯片间定时和过渡、加入和删除幻灯片以及演示文稿整体构思都特别有用的视图是__________。

14. PowerPoint 2010 选择排练计时使用到的选项卡是__________选项卡。

15. 用 PowerPoint 2010 应用程序所创建的用于演示的文件称为__________。

16. 在 PowerPoint 2010 中，为建立图表而输入数字的区域是____________________。

17. 在 PowerPoint 2010 中，__________视图方式不能显示幻灯片中所插入图片对象。

18. 在 PowerPoint 2010 中选择新建文件，单击演示文稿可以创建________________演示文稿。

19. PowerPoint 2010 提供了 5 种创建新演示文稿的基本方式，分别为创建空白演示文稿、根据样本模板创建、使用我的模板、使用 Office. com 模板、根据________________创建。

20. 在 PowerPoint 2010 中，在____________________视图下不能编辑幻灯片的内容。

三、判断题

1. 在 PowerPoint 2010 中，在磁盘上有一个 TEST. rtf 的文本文件，可以作为 PowerPoint 2010 的大纲文件使用。(　　)

2. 在 PowerPoint 2010 中，利用 PowerPoint 2010 编辑菜单中的复制、粘贴命令不能实现整张幻灯片的复制。(　　)

3. 在 PowerPoint 2010 中，幻灯片放映时不显示备注页下添加的备注内容。(　　)

4. PowerPoint 2010 的旋转工具只能旋转图形对象。(　　)

5. 在 Word 2010 中可以使用标尺来控制文本缩进量，PowerPoint 2010 也可以像 Word 2010 一样使用标尺来实现此功能。(　　)

6. PowerPoint 2010 对齐方式一共包括左、右、居中对齐 3 种方式。(　　)

7. 在 PowerPoint 2010 中，当在一张幻灯片中将某文本行降级时，目的在于降低该行重要性。(　　)

8. PowerPoint 2010 打印输出内容包括幻灯片、讲义、备注页和大纲视图。(　　)

9. PowerPoint 2010 幻灯片的页面可设置为 35mm 幻灯片。(　　)

10. 在 PowerPoint 2010 演示文稿中，不可以直接将 Excel 2010 创建的图表插入到幻灯片中。(　　)

11. PowerPoint 2010 放映幻灯片时可以在幻灯片上写写画画。(　　)

12. PowerPoint 2010 中，通过标尺上的工具可以添加制表符。(　　)

13. 在 PowerPoint 2010 中，要隐藏某个幻灯片，应使用“视图”选项卡中的“隐藏幻灯片”按钮。(　　)

14. 在 PowerPoint 2010 中，幻灯片浏览视图能够方便地实现幻灯片的插入和复制。(　　)

15. PowerPoint 2010 的视图按钮在“格式”工具栏中。(　　)

16. 在 PowerPoint 2010 中，*. potx 文件是模板文件类型。(　　)

17. PowerPoint 2010 的标尺功能包括显示幻灯片尺寸和显示缩进刻度线标记。(　　)

18. 在 PowerPoint 2010 中，选择新建文件，单击演示文稿可以进入内容向导。(　　)

19. 幻灯片中的文本、形状、表格、图形和图片等对象都可以作为创建超链接起点。(　　)

20. 在 PowerPoint 2010 幻灯片中不仅可以插入剪贴画，还可以插入外部的图片文件。(　　)

四、简答题

1. 在 PowerPoint 2010 中根据样本模板创建演示文稿与根据现有内容创建演示文稿的区别是什么？

2. PowerPoint 2010 演示文稿和幻灯片的概念是什么？

3. PowerPoint 2010 文本框里面的文本有几种对齐方式？它们分别是什么？

五、实操题

在指定文件夹下打开“PowerPoint 模练 006. pptx”，将第 3 张幻灯片版式改为“标题和竖排文字”，把第 3 张幻灯片调整成整个演示文稿的第 2 张幻灯片。第 3 张幻灯片的对象动画效果设置为“进入”“盒状”“放大”。全部幻灯片的切换效果都设置成“百叶窗”，一张幻灯片背景填充纹理设置为“水滴”。把编辑好的演示文稿保存为“PowerPoint 模练 006. pptx”。

5.8 综合测试题答案

一、选择题

1. D　2. D　3. C　4. B　5. D　6. B　7. A　8. C　9. D　10. A
11. C　12. C　13. A　14. A　15. B　16. D　17. A　18. A　19. C　20. C

二、填空题

1. Esc　2. 声音　3. 9　4. 演讲者放映（全屏幕）　5. 幻灯片放映　6. 开始
7. 单击时，与上一动画同时　8. 幻灯片/大纲窗格，备注窗格
9. 主题，样本模板　10. 3　11. . potx　12. Ctrl + N
13. 幻灯片浏览视图　14. 幻灯片放映　15. 演示文稿　16. 数据表
17. 大纲　18. 空白　19. 主题　20. 幻灯片浏览

三、判断题

1. 对。　2. 错，能。　3. 对。　4. 错，也可对文本框进行旋转。　5. 对。
6. 错，还有其他对齐方式。　7. 错，是使该行缩进一个大纲层。　8. 对。
9. 对。　10. 错，可以。　11. 对。　12. 对。
13. 错，右击该幻灯片，选择“隐藏幻灯片”命令。　14. 对。
15. 错，在状态栏中。　16. 对。　17. 错，不包括显示幻灯片尺寸的功能。
18. 错，会创建空白演示文稿。　19. 对。　20. 对。

四、简答题

1. 根据样本模板创建演示文稿，就是利用系统提供的样本模板创建演示文稿，其中包含很多种模板供用户选择。根据现有内容创建演示文稿是由系统提供演示文稿的主题及结构，协助用户迅速地创建好演示文稿。

2. 运用 PowerPoint 2010 做出来的东西叫作演示文稿，它是一个文件；而演示文稿中的每一页就叫作幻灯片，每张幻灯片都是演示文稿中既相互独立又相互联系的内容。

3. 文本的对齐方式有 5 种，分别是左对齐、居中、右对齐、分散对齐和两端对齐。

五、实操题

操作步骤：

1）双击打开“PowerPoint 模练 006. pptx”。

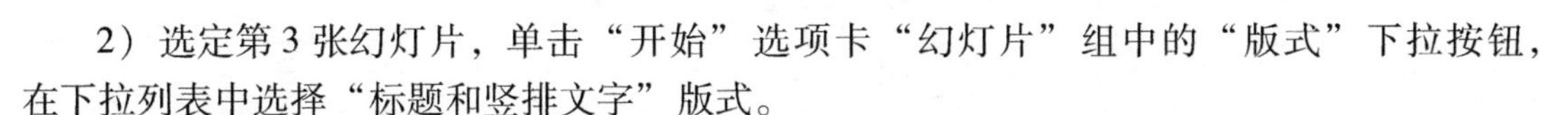

2）选定第3张幻灯片，单击“开始”选项卡“幻灯片”组中的“版式”下拉按钮，在下拉列表中选择“标题和竖排文字”版式。

3）选定第3张幻灯片，右击，在弹出的快捷菜单中选择“剪切”命令，将鼠标指针移动到第1张和第2张幻灯片之间，右击，在弹出的快捷菜单中选择“粘贴”命令。

4）选定第3张幻灯片的对象部分，单击“动画”选项卡“动画”组中列表框右侧“其他”下拉按钮，在展开的效果样式库中选择“更多进入效果”命令，弹出“更改进入效果”对话框。在“基本型”选项区域中选择“盒状”，单击“确定”按钮。在“动画”组中，单击“效果选项”按钮，在下拉列表中设置方向为“放大”。

5）按住<Ctrl>键选定所有幻灯片，单击“切换”选项卡“切换到此幻灯片”组中列表框右侧“其他”下拉按钮，在展开的效果样式库的“华丽型”选项区域中选择“百叶窗”效果。

6）选定第1张幻灯片，单击“设计”选项卡“背景”组中的“背景样式”按钮，在下拉列表中选择“设置背景格式”命令，弹出“设置背景格式”对话框，单击“填充”选项卡，选中“图片或纹理填充”单选按钮，在“纹理”下拉列表框中选择“水滴”，再单击“关闭”按钮。

7）保存编辑的演示文稿。

第6章　计算机网络基础及简单应用

6.1　计算机网络基础知识

计算机技术与通信技术的飞速发展成就了今天的网络世界。人们的生活、工作、学习与沟通越来越依赖于计算机网络，它已渐渐成为人们生活的一部分。计算机网络从产生到今天的辉煌只经历了短短几十年，并将继续发展变化。我们应掌握计算机网络的基本知识，了解计算机网络的发展历程，在学习中不断提高对计算机网络的认识，使之真正成为攀登科学高峰的一个“助力器”。

6.1.1　计算机网络的发展与定义

1. 计算机网络的发展

第1代计算机网络实际上是以单个计算机为中心的远程联机系统。1946年，世界上第一台计算机诞生，当时的计算机是以“计算中心”的服务模式来进行工作的，计算机技术和通信技术并没有什么关系。直到1954年，一种能发送数据并接收数据的终端设备被制造出来后，人们才首次使用这种终端设备通过电话线路将数据发送给远方的计算机，计算机和通信技术开始结合。

第2代计算机网络是多台主机通过通信线路连接起来为用户提供服务，产生所谓计算机—计算机网络，这种计算机网络于20世纪60年代后期开始兴起。

第3代计算机网络是开放式标准化网络。1984年，ISO（国际标准化组织）正式颁布开放系统互联参考模型（ISO/OSI）；而从1983年被美国国防部正式规定其为网络的标准起，TCP/IP逐步发展成为事实上的国际标准。计算机开始与通信结合，计算中心的服务模式逐渐让位于计算机网络的服务模式。实践表明，计算机网络的产生与发展对人类社会的发展产生了深远的影响。

第4代计算机网络是从20世纪90年代至今的互联网与信息高速公路阶段。计算机网络在此阶段飞速发展。其主要特征是：计算机网络普及化，协同计算能力的发展以及互联网（Internet）的盛行，至此，计算机的发展已经完全与网络融为一体，充分体现了“网络就是计算机”的口号。

下一代网络（NGN）已经出现在技术的地平线上，尽管对下一代网络仍然存在较大的争议，但对其的技术研究步伐一直在持续推进。NGN是基于分组的网络，使用多种宽带能力和QoS保证传送质量，采用分层的全开放的网络，是以业务驱动的网络，其具有多媒体化、个性化和多样化的基本特征，计算机（或移动终端）可以自由接入到不同的业务提供商，并支持通用移动性。

2. 计算机网络的定义

1970年，在美国信息处理学会上给出了计算机网络的最初定义，把计算机网络定义为

“用通信线路互连起来，能够相互共享资源（硬件、软件和数据等），并且各自具备独立功能的计算机系统的集合”。这一定义说明计算机网络的目的是为了实现资源共享。

随着分布式处理技术的发展，为了强调用户的透明性，即用户感觉不到多个计算机存在，把计算机网络定义为“使用一个网络操作系统来自动管理用户任务所需的资源，使整个网络像一个大的计算机系统一样对用户是透明的”。如果不具备这种透明性，需要用户熟悉资源情况，确定和调用资源，则认为这种网络是计算机通信网而不是计算机网络。

目前普遍采用的计算机网络定义是：计算机网络是用通信线路将分散在不同地点并具有独立功能的多台计算机系统互连，按照网络协议实现远程信息处理，并实现资源共享的信息系统。网络协议是区别计算机网络与一般计算机互连系统的重要标志。

6.1.2 计算机网络的分类

由于计算机网络自身的特点，对其划分也有多种形式。下面介绍几种常见的分类方法。

1. 按网络覆盖的地理范围分类

（1）局域网　通常安装在一个建筑物内或一群建筑物内，其规模相对较小，通信线路不长，距离在几十米至数千米，采用单一的传输介质。网络内的用户往往是处于相对集中区域内的群体，如一家公司、一个学校和一个社区，构成的局域网可以按其用户群体和功能继续细化分为企业网、校园网和社区网等类型。局域网将在6.2节详细介绍。

（2）城域网　通常覆盖一个地区或一个城市，地域范围为几十千米至数百千米。城域网通常采用不同的硬件、软件和通信传输介质来构成。

（3）广域网　广域网又称远程网，能跨越大陆、海洋，甚至形成全球性的网络。广域网使用的主要技术为存储转发技术。

（4）接入网　又称本地接入网或居民接入网，是局域网和城域网之间的桥接区。接入网提供多种高速接入技术，使用户接入到Internet的瓶颈得到某种程度上的解决。局域网、城域网、广域网和接入网的关系如图6-1所示。

2. 按网络的使用者分类

（1）公用网　一般由国家机关或行政部门组建，是供大众使用的网络。例如，电信公司建设的各种公用网，就是为所有用户提供服务的。

（2）专用网　由某个单位或公司组建的，专门为本单位或部门服务的网络。例如，军事部门、铁路部门和电力部门的计算机网络等属于专用网。

3. 按传输介质分类

（1）有线网　传输介质采用有线介质连接的网络称为有线网，常用的有线传输介质有双绞线、同轴电缆和光纤。

（2）无线网　采用无线介质连接的网络称为无线网。目前无线网主要采用3种技术：微波通信、红外线通信和激光通信。这3种技术都是以大气为介质的。其中，微波通信用途最广，卫星网就是一种特殊形式的微波通信，它利用地球同步卫星作中继站来转发微波信号，一颗同步卫星可以覆盖地球表面的1/3以上，3颗同步卫星就可以覆盖地球上全部通信区域。

4. 按拓扑结构分类

按拓扑结构分类，计算机网络可分为总线型、星形、环形、树形和网形。详细内容

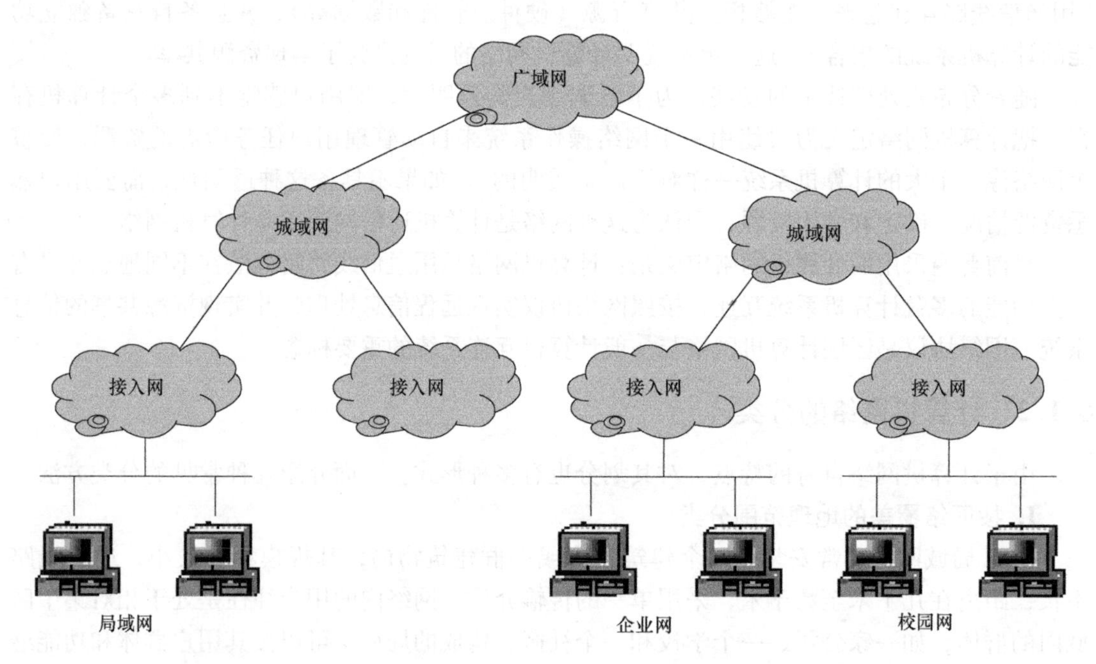

图 6-1　局域网、城域网、广域网和接入网的关系

见第 6. 1. 4 小节中的详细介绍。

5. 按网络交换功能分类

按网络交换功能分类，计算机网络可分为线路交换网络、报文交换网络、分组交换网络和混合交换网络。

6. 1. 3　计算机网络的功能

计算机网络是一个复合系统，它是由各自具有自主功能而又通过各种通信手段链接起来以便进行信息交换、资源共享或协同工作的计算机组成的。计算机网络的功能是为用户提供交流信息的途径，提供人机通信手段，让用户可以实现远程信息处理，还可以在本地或跨地域共享资源。

1. 资源共享

资源包括硬件资源（如大型存储器、外设等）、软件资源（如语言处理程序、服务程序和应用程序）和数据信息（包括数据文件、数据库和数据库软件系统）。资源共享是指在网络上的用户可以部分或全部地享受这些资源，从而大大提高系统资源的利用率。

2. 信息传送与集中处理

信息传送可用来实现计算机之间或计算机与终端之间各种数据信息的传输。利用这一功能，可将地理位置分散的生产单位或业务部门通过计算机网络连接起来，进行集中的控制与管理。

3. 均衡负荷与分布处理

网络中的计算机一旦发生故障，它的任务就可以由其他的计算机代为处理，这样网络中的各台计算机可以通过网络彼此互为后备机，系统的可靠性大大提高。当网络中的某台计算机任务过重时，网络可以将新的任务转交给其他较空闲的计算机去完成，也就是均衡各计算机的负载，提高每台计算机的可用性。对于大型的综合问题的处理，通过一定的算法可以将任务交给不同的计算机来完成，从而达到均衡使用网络资源，实现分布处理的目的。

4. 综合信息服务

计算机网络可以向全社会提供各种信息、知识和服务，让分布在不同地理位置的计算机用户能够互相通信、交流信息。用户可以依托计算机网络传输数据、声音、图像和视频等多媒体信息，向用户提供综合性的信息服务。

6.1.4 计算机网络的拓扑结构

计算机网络的拓扑结构就是网络中通信线路和站点（计算机或设备）的几何排列形式。在计算机网络中，将计算机终端抽象为点，将通信介质抽象为线，形成点和线组成的图形，称之为网络拓扑图。任何一种网络系统都规定了它们各自的网络拓扑结构。通过网络之间的相互连接，可以将不同拓扑结构的网络组合起来，构成一个集多种结构为一体的互联网络。

1. 总线型拓扑结构

总线型拓扑结构采用一条公共总线作为传输介质，各个节点都接在总线上。总线的长度可使用中继器来延长。总线型拓扑结构如图 6-2 所示。

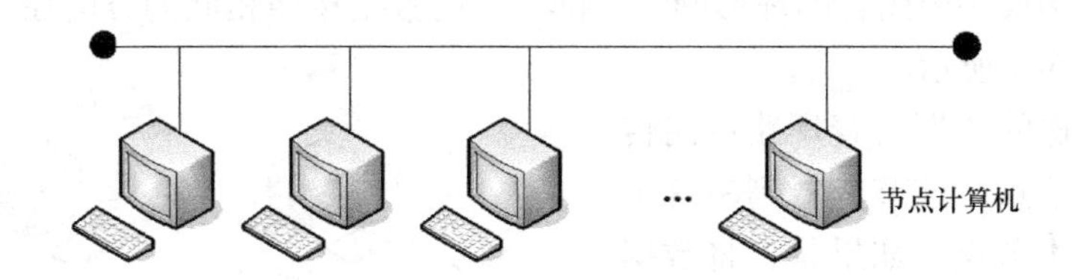

图 6-2 总线型拓扑结构

各个节点将依据一定的规则分时地使用总线来传输数据。发送节点发送的数据总是沿总线向两端传播，总线上各个节点都能接收到这个数据，并判断是否发送给本节点，若是则保留数据，否则将数据丢弃。因为整个网络公用一条电缆，因此给任何一个节点的信号都必须在总线上传输，属于“广播式”传输。

优点：总线型网络结构简单、灵活，安装方便，易于扩充，成本低，是一种具有弹性的体系结构。

缺点：存在网络竞争，实时性较差，可靠性不高，易产生冲突问题，总线的任何一点故障都会导致网络瘫痪。

2. 星形拓扑结构

星形拓扑结构也称集中型结构，它由一个中心节点和分别与它单独连接的其他节点组成，任意两个节点的通信都必须通过这个中心节点。中心节点应具有数据处理和转接功能。星形拓扑结构如图 6-3 所示。

在星形结构的网络中，可采用集中式访问控制和分布式访问控制两种策略。

1）在基于集中式访问控制策略的网络中，中心节点既是网络交换设备又是网络控制设备，由它控制各个节点的网络访问。一个端点在传送数据之前，首先向中心节点发出传输请求，经过中心节点允许后才能传送数据。

2）在基于分布式访问控制策略的网络中，中心节点主要是网络交换设备，采用存储—转发机制为网络节点提供传输路径和转发服务。另外，中心节点还可以根据需要将一个节点发来的数据同时转发给其他所有节点，从而实现“广播式”传播。

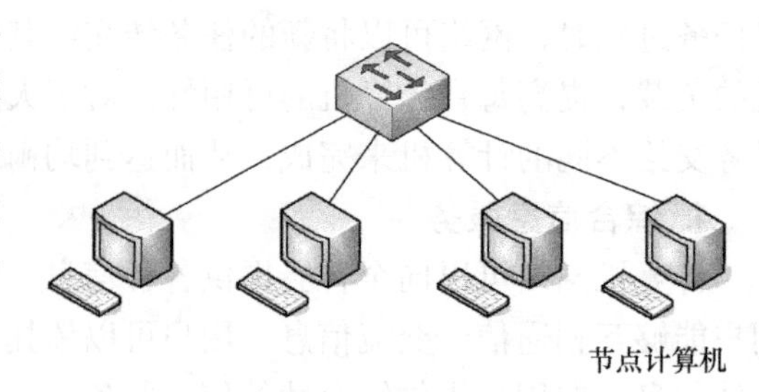

图 6-3　星形拓扑结构

采用集中式控制，容易提供服务，容易重组网络；每个节点与中心点都有单独的连线，因此即便中心节点与某一节点的连线断开，也只影响该节点，对其他节点没有影响，即局部的连接失败并不影响全局。

优点：星形网络结构简单，容易建网，便于管理。节点故障容易排除、隔离。只要增加交换机，就可增加新的节点。

缺点：属于集中控制，对中心节点的依赖性很强，若中心节点故障，则整个网络就会停止工作；通信线路利用率不高；中心节点负荷太重，网络可靠性较低。

3. 环形拓扑结构

环形拓扑结构又称分散型结构，各个节点通过中继器连入网络，中继器之间通过点对点链路连接，使之构成一个闭合的环形网络，网络上的数据按照相同的方向在环路上传播。环形拓扑结构如图 6-4 所示。

发送节点发送的数据沿着环路单向传播，每经过一个节点，该节点要判断这个数据是否发送给本节点，如果是，将数据复制，然后将原始数据继续传送给下一节点。数据遍历各个节点后，由发送节点将数据从环路上取下。

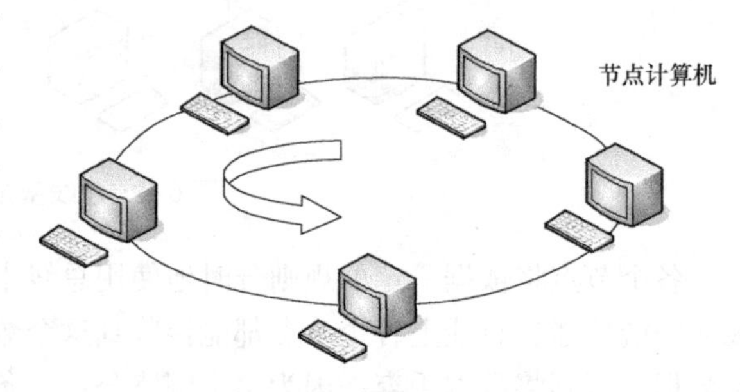

图 6-4　环形拓扑结构

优点：结构简单，传输延时确定，网络覆盖面积较大，简化路径的选择控制，增加了网络的可靠性。

缺点：当一个节点出故障时，整个网络瘫痪；对故障的诊断困难，环路的维护和管理都比较复杂。

4. 树形拓扑结构

树形拓扑结构又称分级的集中式网络，该结构中的任何两个用户都不能形成回路，每条通信线路必须支持双向传输。树形拓扑结构如图 6-5 所示。

在这种网络中有一个根节点，根节点向下是枝节点和叶节点。树形结构中低层计算机的功能和应用有关，一般都具有明确定义的和专业化很强的任务；而高层计算机具备通用功能，以便协调系统的工作，如数据处理、命令执行和综合处理等。

优点：每个链路支持双向传输，节点扩充方便灵活，可以较充分地利用计算机的资源。

缺点：当层次结构过多时，数据要经过多级传输，系统的响应时间较长，高层节点负荷较重。

5. 网形拓扑结构

网形拓扑结构是一种无规定的连接方式，其中每个节点均可能与任何节点相连。网形拓

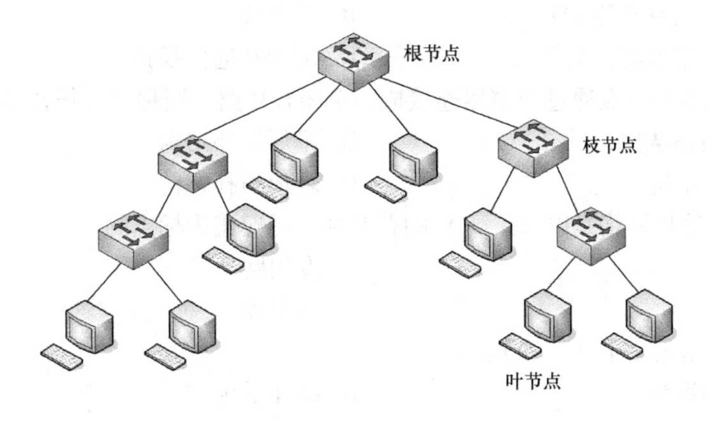

图 6-5 树形拓扑结构

扑结构如图 6-6 所示。

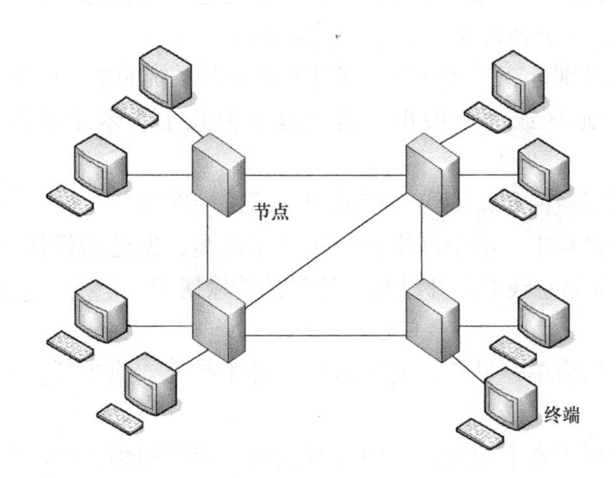

图 6-6 网形拓扑结构

网形拓扑结构分为全连接网形和不完全连接网形两种。在全连接网形结构中，每一个终端通过节点和网中其他节点均有链路连接；在不完全连接网形结构中，两节点之间不一定有直接链路连接，它们之间的通信依靠其他节点转接。

优点：节点之间路径较多，可减少碰撞和阻塞；可靠性高，局部故障不影响整个网络的正常工作。

缺点：网络机制复杂，必须采用路由选择算法和流量控制方法。

6.1.5 习题

一、选择题

1. 计算机网络最突出的优点是（　　）。

A. 资源共享和快速信息传输　　B. 高精度的计算和邮件收发

C. 运算速度快和快速传送信息　　D. 存储容量大和计算精度高

2. 计算机网络构成的硬件中不包括以下的（　　）。

A. 计算机（或移动终端）　　B. 防火墙

C. 集线器、路由器、交换机　　D. 网卡和通信线路

3. 若网络的各个节点通过中继器连接成一个闭合环路，则称这种拓扑结构为（　　）。

A. 总线型拓扑结构　　B. 星形拓扑结构

C. 树形拓扑结构　　D. 环形拓扑结构

4. 第四代计算机网络是以（　　）的普及和广泛应用为标志的。

A. 接入网　　B. 专用网

C. Internet　　D. 服务器

5. 计算机网络是一个（　　）。

A. 信息管理系统　　B. 编译系统

C. 网络购物系统　　D. 在协议控制下的多机互联系统

二、填空题

1. 计算机网络从诞生至今几十年的时间内发展迅速，目前已使得计算机的发展完全与网络的发展融为一体，充分体现了__________的口号。

2. __________是区别计算机网络与一般计算机互联系统的重要标志。

3. 通常覆盖一个地区或一个城市，地域范围为几十千米至数百千米的计算机网络是__________。

4. __________是局域网和城域网（广域网）的桥接网络。

5. 在网络的拓扑结构中，整个网络都公用一条电缆，发送给任何一个节点的信号都必须在总线上传输，这就是总线型拓扑结构，信号的传输属于__________式传输。

三、判断题

1. 总线型拓扑结构简单、灵活，安装方便，易于扩充，成本低，是一种具有弹性的体系结构。（　　）

2. 星形拓扑结构属于集中控制，对中心节点的依赖性很强，中心节点故障会导致网络停止工作。（　　）

3. 计算机网络按照地理分布范围分为局域网、城域网、广域网和接入网。（　　）

4. NGN 是指下一代网络，现在国际上已有统一的标准和定义。（　　）

5. 计算机网络是用通信线路将分散在不同地点的并具有独立功能的多台计算机系统互连，按照网络协议实现远程信息处理，仅能对数据资源共享的信息网络。（　　）

6.1.6　习题答案

一、选择题

1. A　2. B　3. D　解析：环形网的拓扑结构特点之一就是闭合性。

4. C　5. D

二、填空题

1. 网络就是计算机　2. 网络协议　3. 城域网　4. 接入网　5. 广播

三、判断题

1. 对。　2. 错，星形拓扑结构采用的是集中控制。　3. 对。

4. 错，还存在较大的争议

5. 错。不仅是对数据资源，对包括软、硬件资源，数据资源在内的所有资源均可实现共享。

6.2　局域网

6.2.1　局域网概述

1. 局域网的概念

局域网是指传输距离有限，传输速率较高，以共享网络资源为主要目的的网络系统。局域网是共享介质的广播式分组交换网。在局域网中，所有计算机都连接到共享的传输介质上，任何计算机发出的数据包都会被其他计算机接收到。局域网可以通过数据通信网或专用的数据电路，与其他局域网、数据库或处理中心等相连接，构成一个大范围的信息处理系统。

2. 局域网的特点

一般来说，局域网有以下几个特点。

1）覆盖较小的物理范围，一般在几十米到数千米。

2）有较高的通信带宽，数据传输率高。

3）拓扑结构简单，系统容易配置和管理。

4）数据传输可靠，误码率较低。

5）一般仅为一个单位或部门控制、管理和使用。

3. 局域网的组成

局域网由网络硬件和网络软件两部分组成。网络硬件用于实现局域网的物理连接，为连接在局域网上的计算机之间的通信提供物理信道和实现局域网间的资源共享。网络软件主要用于控制并具体实现信息的传送和网络资源的分配与共享。

局域网硬件设备包括网络服务器、网络工作站、网卡、交换机、路由器、防火墙、传输介质等。

网络软件包括网络系统软件和网络应用软件。网络系统软件是控制和管理网络运行、提供网络通信和网络资源分配的网络软件，包括网络操作系统、网络协议和网络通信软件等。网络应用软件是为应用目的开发并为用户提供实际应用功能的软件。

4. 局域网的类型

按照局域网配置可以将局域网分为对等网络模式和客户机/服务器（C/S）网络模式。

（1）对等网络模式　对等网络又称为工作组，网络中的所有计算机有相同的功能，地位平等，没有主从之分。任何一台计算机既可以作为服务器，设定共享资源供其他计算机使用，又可以作为工作站。对等网络实现简单，但功能有限，只能实现简单的资源共享，安全性能较差。

（2）C/S 网络模式　C/S 是一种基于服务器的网络模式，网络中存在一台或多台服务器，用于控制和管理网络资源或提供各种网络服务。在 C/S 网络模式中，服务器是网络的核心，客户机是网络的基础，客户机依靠服务器获取网络资源。

6.2.2 简单局域网组网示例

要求：将10台使用Windows 7操作系统的计算机连接成一个简单的局域网。

1. 硬件组成

1）一台服务器和若干工作站。

2）10Mbit/s、100Mbit/s或10/100Mbit/s自适应网卡。

3）若干长度的非屏蔽双绞线，端接头为RJ-45。

4）交换机，根据需要可选择的接口数为8、16、24、48。

2. 制作非屏蔽双绞网线

1）用压线钳上的剥线刀在距网线顶部2cm处绕线割一圈，将绝缘线剥下，露出4对双绞线（非屏蔽双绞线包括4对线，用不同颜色的塑料外套区分）。目前使用的接口标准有两种：T568A和T568B。

T568A的排线顺序为：绿白、绿、橙白、蓝、蓝白、橙、棕白、棕。

T568B的排线顺序为：橙白、橙、绿白、蓝、蓝白、绿、棕白、棕。

2）按照T568B的排线顺序将8条细线拢好，用剥线刀剪齐并插入到RJ-45接头中，尽量将芯线顶到接头的前端。

3）检查芯线的排列顺序正确后，将RJ-45接头插入压线钳中的压接槽，用力压紧即可。

网线另一端做法相同。

3. 安装网卡并设置

以PCI网卡为例，安装步骤如下。

1）将网卡插入主板的PCI插槽中固定好，装配好其他配件并用网线连接到交换机。

2）启动计算机后操作系统会自动检测到新硬件——网卡。可以根据系统安装向导完成网卡驱动程序的安装；也可以在Windows7操作系统启动后打开“控制面板”窗口，双击“添加硬件”图标，根据“添加硬件向导”的提示完成网卡驱动程序的安装。

3）添加网络协议。

① 选择“开始”→“设置”→“控制面板”命令，在“控制面板”窗口中单击“网络和共享中心”超链接，然后在“网络和共享中心”界面双击“网络连接”图标，弹出“网络连接”对话框。

② 在“网络连接”对话框中选择“属性”命令，显示如图6-7所示的“本地连接 属性”对话框。

③ 在“网络”选项卡中单击“安装”按钮，将弹出如图6-8所示的“选择网络功能类型”对话框，在网络组件列表中选择“协议”项，单击“添加”按钮，弹出“选择网络协议”对话框。在该对话框中，用户可以根据需要选择网络协议类型，单击“确定”按钮，则该类型的网络协议装入系统中。

4）设置IP地址。

在Internet的TCP/IP体系中，IP地址是给每一个使用TCP/IP的计算机分配的一个唯一的32位地址。IP地址是一个层次化的地址，既能表示主机的地址，也表现出这个主机所在网络的网络地址，如图6-9所示。通常将一个IP地址按每8位（1B）分为4段，段与段之间用“.”隔开。为了便于应用，IP 地址的每个段用十进制表示。IP 地址是每台计算机在计算机网络中的唯一标识。

图 6-7 “本地连接 属性”对话框

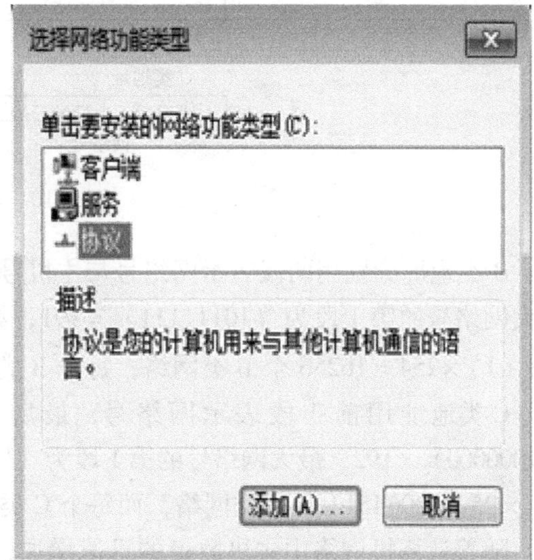

图 6-8 “选择网络功能类型”对话框

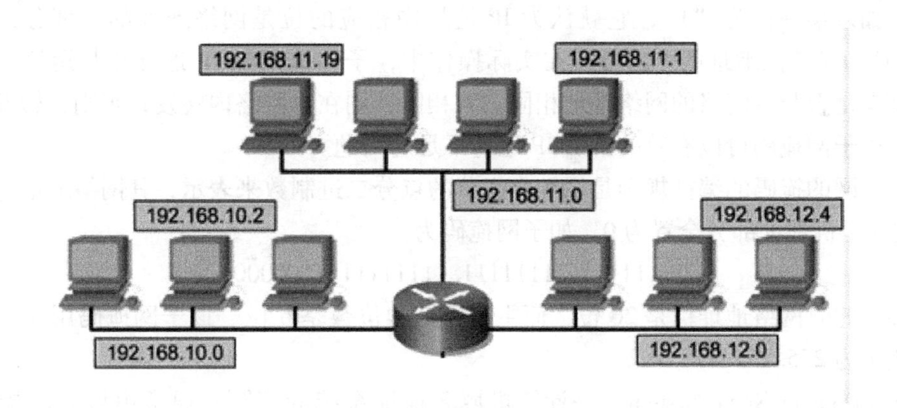

图 6-9 网络地址

为了便于对计算机的 IP 地址进行管理，IP 地址分为 5 类，即 A ~ E 类。A 类用于大型网络，B 类用于中型网络，C 类用于局域网等小型网络，D 类地址是一种组播地址，E 类地址保留以后使用。在网络中广泛使用的是 A、B 和 C 类地址，这些地址均由网络号和主机号两部分组成。规定每一组都不能用全 0 和全 1，通常全 0 表示本身网络的 IP 地址，全 1 表示网络广播的 IP 地址。为了区分类别 A、B 和 C，它们的最高位分别为 0、10、110，如图 6-10 所示。

A 类地址用第 1 段表示网络号，后 3 段表示主机号。网络号最小数为 00000001，即 1；最大数为 01111111，即 127。全世界共有 127 个（1 ~ 127）A 类网络，其主机号有 3 段 24 位，去掉全 0 与全 1，每个网络可以有 2^{24} = 16777214 台计算机。

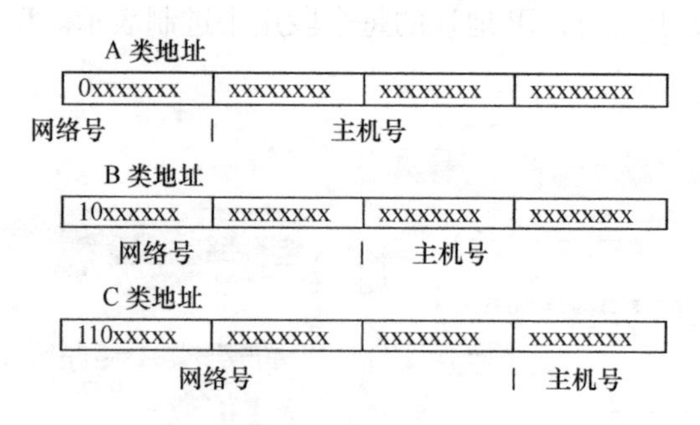

图 6-10 IP 地址编码

B 类地址分别用两段表示网络号与主机号。最小网络号的第 1 段为 $(10000000)_2=128$，最大网络号的第 1 段为 $(10111111)_2=191$，第 2 段为 $256-2=254$。故全世界共有 $(191-128+1)\times254=16256$ 个 B 类网络，每个 B 类网络可以有 $2^{16}-2=65534$ 台主机。

C 类地址用前 3 段表示网络号，最后一段表示主机号。最小网络号的第 1 段为 $(11000000)_2=192$，最大网络号的第 1 段为 $(11011111)_2=223$。故全世界共有 $(223-192+1)\times254\times254=2064512$ 个 C 类网络，而每个 C 类网络可以有 254 台主机。

随着计算机网络中主机数量的迅速增加，出现了 IP 地址不足的问题。于是，人们提出了利用子网掩码来切分子网的思想。

子网掩码用于表示一个 IP 地址中哪些位表示网络，哪些位表示主机。子网掩码的基本思想是：如果某一位为“1”，它就认为 IP 地址中相应的位是网络地址的一部分；如果是“0”，则认为是节点地址的一部分。在实际操作中，子网掩码与 IP 地址相与运算，判断与操作的结果是否与本网络的网络地址相同。若相同，则在本网络内转发；否则，转发至其他网络。使用子网掩码可以有效的解决 IP 地址不足的问题。

一个子网的掩码的编排规则是用 4 个字节的点分二进制数来表示，其网络地址部分全置为 1，它的主机地址部分全置为 0。如子网掩码为

11111111. 11111111. 11111111. 11000000

可知，此时网络地址位是 26 位，而主机地址的位数是 6 位。该子网掩码用 4 个点分十进制数表示为 255. 255. 255. 192。

DNS（Domain Name System）是计算机域名地址系统的缩写，通常由域名解析器和域名服务器组成。域名解析器指把域名指向网站空间 IP，即将域名解析成 IP 地址，让人们通过注册的域名可以方便地访问到网站的服务；域名服务器是指保存有该网络中所有主机的域名和对应的 IP 地址，具有将域名转换为 IP 地址功能的服务器。设置计算机地址信息中 DNS 服务器地址可以最大限度地提升计算机与网络的交换速度，提高网络的访问速度。

假设计算机地址信息配置如下：IP 地址为 192. 168. 0. 1，子网掩码为 255. 255. 255. 0，默认网关地址为 192. 168. 0. 254，首选 DNS 服务器地址为 210. 44. 128. 100，备用 DNS 服务器的地址为 218. 56. 57. 58。

如上例，在 Windows 7 操作系统中配置 IP 地址的步骤如下。

① 在“本地连接 属性”对话框的项目列表中选择“Internet 协议版本 4（TCP/IPv4）”

单击“属性”按钮，弹出“Internet 协议版本 4（TCP/IPv4）属性”对话框，如图 6-11 所示。

② 选中“使用下面的 IP 地址”单选按钮，在“IP 地址”文本框中输入 192.168.0.1，在“子网掩码”文本框中输入 255.255.255.0，在“默认网关”文本框中输入 192.168.0.254.

③ 选中“使用下面的 DNS 服务器地址”单选按钮，在其下分别输入首选 DNS 服务器和备用 DNS 服务器地址。

④ 单击“确定”按钮关闭对话框，使设置生效。

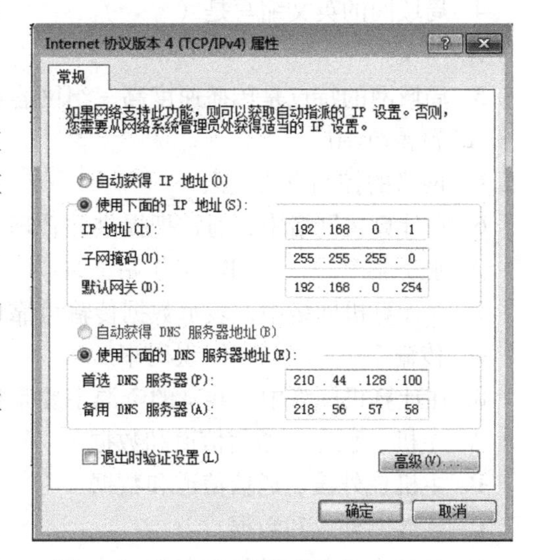

图 6-11 “Internet 协议版本 4（TCP/IPv4）属性”对话框

4. 总体设计

（1）网络规划　使用 Windows 7 操作系统，有许多连接计算机或创建网络的方法。对于当前示例局域网来说，可以使用交换机和双绞线连接成星形拓扑。除计算机外，还需要其他硬件：一个多余 8 端口的交换机、10 块 PCI 总线网卡，双倍于计算机总数的 RJ-45 接头以及非屏蔽双绞线。

（2）布线　按照交换机和计算机的物理位置铺设 10 根双绞线，如果计算机分布在不同的房间，还需要考虑布线槽和信息插座，要求安排合理、美观。同一楼层不同房间的连接称为水平布线，楼层之间的连接称为垂直布线。布线完成后按照 T568B 的线序标准制作两端的 RJ-45 接头，双绞线的一端插入交换机的网络接口，另一端分别插入各计算机的网卡相应接口内。

（3）安装网卡及网卡驱动，设置网络协议　依次为 10 台计算机安装网卡和网卡驱动程序，安装完成后分别设置预先准备好的隶属于同一网段的 IP 地址。例如，设置计算机 IP 地址分别为 192.168.0.11 ~ 192.168.0.20，并设置子网掩码为 255.255.255.0。

（4）测试局域网通信是否正常　网络配置好后，测试网络是否畅通的一个简单方法是：通过网上邻居查找计算机，若在当前计算机上能查找到其他计算机，则表示网络是通畅的。

6.2.3 习题

一、选择题

1. 下列不属于网络拓扑结构形式的是（　　）。

A. 星形　　B. 环形　　C. 总线型　　D. 分支

2. 计算机网络系统具有丰富的功能，其中最重要的是通信和（　　）。

A. 资源共享　　B. 提高可靠性　　C. 防治病毒　　D. 提高运算速度

3. 计算机网络按其覆盖的范围，可划分为（　　）。

A. 以太网和移动通信网　　B. 电路交换网和分组交换网

C. 局域网、城域网和广域网　　D. 星形结构、环形结构和总线型结构

4. 局域网的英文缩写是（　　）。

A. WAN　　B. LAN　　C. MAN　　D. Internet

5. 局域网的特点是传播速度高、组网容易、管理方便、成本低、（　　）、使用灵活。

A. 覆盖范围广　　B. 误码率低

C. 网络的控制方式复杂　　D. 可靠性强

6. 在计算机网络中，通常把提供并管理共享资源的计算机称为（　　）。

A. 服务器　　B. 工作站　　C. 网关　　D. 网桥

7. 在计算机网络中，表示数据传输可靠性的指标是（　　）。

A. 传输率　　B. 误码率　　C. 信息容量　　D. 频带利用率

8. 在计算机网络中，共享的资源主要是指（　　）。

A. 主机、程序、通信信道和数据

B. 主机、外设、通信信道和数据

C. 软件、外设和数据

D. 软件、硬件、数据和通信信道

9. 计算机网络是由负责信息处理并向全网提供可用资源的资源子网和负责信息传输的（　　）子网组成。

A. 服务　　B. 联络　　C. 通信　　D. Intranet

10. 在一所大学中，每个系都有自己的局域网，则连接各个系的校园网是（　　）。

A. 广域网　　B. 局域网　　C. 城市网　　D. 这些局域网不能互联

11. 在Internet上，每个网络和每台主机都被分配一个地址，该地址由数字表示，数字之间用小数点分开，该地址称为（　　）。

A. TCP 地址　　B. IP 地址

C. WWW 服务器地址　　D. 网络地址

12. 局域网的英文拼写是（　）。

A. Internet　　B. Wide Area Network

C. Window NT　　D. Local Area Network

13. 计算机网络最突出的优点是（　　）。

A. 精度高　　B. 内存容量大　　C. 运算速度快　　D. 共享资源

14. 典型的局域网可以看成由以下3部分组成：网络服务器、工作站与（　　）。

A. IP 地址　　B. 通信设备　　C. TCP/IP　　D. 网卡

15. 计算机网络可分为3类，它们是（　　）。

A. Internet、Intranet、Extranet　　B. 广播式网络、移动网络、点-点式网络

C. X. 25、ATM、B-ISDN　　D. LAN、MAN、WAN

二、填空题

1. 计算机网络系统具有丰富的功能，其中最重要的是通信和__________。

2. 因特网上最基本的通信协议是__________。

3. 局域网是一种在小区域内使用的网络，其英文缩写为__________。

4. 通过网络互连设备将广域网和__________互连起来，就形成了全球范围内的Internet网。

5. 局域网中常用的拓扑结构主要有星形、__________、总线型、树形和网形等。

6. 计算机网络就是用通信线路和__________将分布在不同地点的具有独立功能的多个计算机系统相互连接起来，在网络软件的支持下实现彼此之间的数据通信和资源共享的系统。

7. 在当前的网络系统中，由于网络覆盖面积的大小、技术条件和工作环境不同，通常分为广域网、局域网和__________ 3 种。

8. 城域网的英文简称是__________。

9. WAN 的中文名称是__________。

10. 局域网的传输速率通常可达__________ Mbit/s。

11. 计算机网络按传输介质进行分类可以分为__________和__________。

12. 目前常用的网络连接器主要有__________、中继器、网桥和网关。

13. 将计算机的输出通过数字信道传输的称为__________。

三、判断题

1. 在一间办公室中的计算机互连不能叫计算机网络。(   )

2. 广域网覆盖范围大、传输速率较低，主要的目的是数据通信。(   )

3. 计算机网络最本质的功能是实现数据通信和资源共享。(   )

4. DNS 是指域名服务系统。(   )

5. 第 3 代计算机网络，通信与计算机充分结合后，计算中心的服务模式逐渐让位于计算机网络的服务模式。(   )

6.2.4 习题答案

一、选择题

1. D 2. A 3. C 4. B

5. B

解析：局域网是一种在小范围内使用的网络，其传送距离一般在几千米之内，最大距离不超过 10km。局域网具有传输速率高、误码率低、成本低、组网容易、管理方便、使用灵活等特点。

6. A

解析：服务器是一类在网络中提供服务并管理共享资源的计算机。工作站是一种高性能的计算机。而网关和网桥是网络互连设备，不是计算机。

7. B

解析：计算机网络中用通信中的误码率表示数据传输可靠性，误码率越低说明网络传输可靠性越高。

8. D

解析：软件、硬件、数据和通信信道，计算机网络定义为“用通信线路互相连接起来，能够相互共享资源（硬件、软件和数据等），并且各自具备独立功能的计算机系统的集合”。共享的资源除了软件、硬件和数据外，还应包括连接计算机的通信信道。

9. C

解析：计算机网络主要由通信子网和资源子网组成。

10. B　11. B　12. D　13. D　14. B　15. D

二、填空题

1. 资源共享　2. TCP/IP　3. LAN　4. 局域网　5. 环形
6. 通信设备　7. 城域网　8. MAN　9. 广域网　10. 10～100
11. 有线网，无线网　12. 路由器　13. 数字通信

三、判断题

1. 错，也是计算机网络。　2. 对。　3. 对。　4. 对。　5. 对。

6.3　简单的因特网应用

Internet 是通过路由器将世界不同地区、规模大小不一、类型不同的网络互相连接起来的网络，是一个全球性的计算机互联网络，译为“因特网”，中文全称为“国际互联网”。因特网已经成为人们获取信息的主要渠道，人们习惯每天到一些感兴趣的网站上看新闻、收发电子邮件、下载资料、刷微博、网上购物、与同事朋友在网上交流等。本节将介绍一些常见的因特网应用和使用技巧。

6.3.1　网上漫游

1. 相关概念

(1) 万维网　万维网（World Wide Web，WWW）是一种建立在因特网上的全球性的、动态的、多平台的、超文本超媒体信息查询系统，是因特网上发展最快和使用最广的服务。它使用超文本和链接技术，使用户能以任意的次序自由地从一个文件跳转到另一个文件，浏览或查阅各自所需的信息。

(2) 超文本和超链接　超文本中不仅包含有文本信息，而且还可以包含图形、声音、图像和视频等多媒体信息，因此称之为“超”文本。更重要的是超文本中还包含指向其他网页的链接，这种链接叫作超链接。在一个超文本文件里可以包含多个超链接，它们把分布在本地或远程服务器中的各种形式的超文本文件链接在一起，形成一个纵横交错的链接网。打破传统阅读文本时顺序阅读的方式，用户可以自由跳转网页进行阅读。

(3) 文件传输　文件传输（File Transfer Protocol，FTP）为因特网用户提供在网上传输各种类型的文件的功能，是因特网的基本服务之一。使用 FTP 可以在因特网上将文件从一台计算机传送到另一台计算机，不管这两台计算机的位置距离多远，使用的是什么操作系统，也不管它们以什么方式接入因特网，FTP 都可以实现因特网上两个站点之间文件的传输。FTP 服务分普通 FTP 服务和匿名 FTP 服务两种。普通 FTP 服务向注册用户提供文件传输服务，而匿名 FTP 服务能向任何因特网用户提供核定的文件传输服务。

(4) 浏览器　浏览器是用于浏览 WWW 的工具，安装在用户端的机器上，是一种客户端软件。它是用户与 WWW 之间的桥梁，把用户对信息的请求转换成网络上计算机能够识别的命令。目前较常用的浏览器是 Microsoft 公司的 IE（Internet Explorer）浏览器。

2. 浏览网页

启动 IE 后出现一个窗口，将光标移动到地址栏内输入网页地址，然后按 <Enter> 键，进入页面后即可浏览网页。某一 Web 站点的第一页称为主页或首页，主页上通常都设有类

似目录一样的网站索引，表述网站设有哪些主要栏目、近期要闻等。网页上还有很多链接，单击一个链接就可以从一个页面转到另一个页面，再单击新页面中的链接又能跳转到其他页面。依此类推，就可以沿链接前进。

在浏览中，还可以使用“主页”“前进”“后退”“停止”和“刷新”等按钮。

1）单击“主页”按钮可以返回启动IE时默认显示的Web页面。

2）单击“后退”按钮可以返回到上次访问过的Web页面。

3）单击“前进”按钮可以返回单击“后退”按钮前浏览过的Web页面，可以弹出按钮旁边的下拉列表进行选择。

4）单击“停止”按钮可以终止当前的链接。

5）单击“刷新”按钮可以重新传送该页面的内容。

3. Web页面的保存和阅读

（1）保存Web页面

1）打开要保存的Web页

2）选择“文件”→“另存为”命令，弹出“保存网页”对话框。

3）选择要保存文件的盘符和文件夹。

4）在“文件名”文本框中输入文件名。

5）在“保存类型”下拉列表中，根据需要可以从“网页，全部”“网页，仅HTML”“Web档案，单个文件”和“文本文件”4类中选择一种。文本文件节省空间但只能保存文字信息，不能保存图片等多媒体信息。

6）单击“保存”按钮。

（2）打开已保存的Web页面

1）在IE窗口上选择“文件”→“打开”命令，弹出“打开”对话框。

2）在“打开”对话框中选定所保存的文件路径。

3）单击“确定”按钮，就可以打开指定Web页面。

（3）保存图片文件

1）在图片上右击。

2）在弹出的菜单中选择“图片另存为”命令，弹出“保存图片”对话框。

3）在对话框内选择要保存的路径，输入图片的名称。

4）单击“保存”按钮。

（4）保存音频等文件

1）在超链接文件上右击。

2）在弹出的菜单中选择“目标另存为”命令，弹出“保存”对话框。

3）在对话框内选择要保存的路径，输入要保存的文件的名称。

4）单击“保存”按钮。

4. 收藏夹的使用

在网上浏览网页时，用户总希望将个人喜爱的网页地址保存起来，以备下次使用。IE提供的收藏夹提供了保存Web页面地址的功能。此外使用收藏夹还有两个明显的优点：①收入收藏夹的网页地址可由浏览者给定一个简明的、便于记忆的名字，当鼠标指针指向此名字时，会同时显示对应的Web页面地址，单击该名字便可转到相应的Web页面，省去了输入地址的操作；②收藏夹的机理很像资源管理器，管理、操作都很方便。

个人收藏夹实际上就是文件夹，主要用来保存一些常用 Web 页面地址，单击它们就可以快速地访问这些页面。

若要将正在浏览的网页添加到个人收藏夹，具体步骤如下。

1）单击工具栏中的“收藏夹”按钮，这时会弹出“添加到收藏夹”对话框。

2）在“添加到收藏夹”对话框中输入收藏的名称，确定该网页要存放的文件夹，默认为“收藏夹”文件夹；若要对收藏的网页地址进行分类，可以单击“新建文件夹”按钮，在“收藏夹”文件夹下建立新的文件夹，将该网页地址存放在该文件夹下。

3）单击“确定”按钮即可。

6.3.2 网上信息的搜索

Internet 是一个巨大的全球性网络，信息资源遍布世界各个站点，在如此浩瀚的信息海洋中提取自己感兴趣的内容犹如大海捞针。因此，Internet 上众多的信息搜索工具应运而生。

1. 搜索引擎

搜索引擎是某些网站免费提供的用于查找信息的程序，是一种专门用于定位和访问 Web 网页信息、获取用户希望得到的资源的导航工具。搜索引擎并不是即时搜索整个因特网，搜索的内容是预先整理好的网页索引数据库。为保证用户搜索到最新的网页内容，搜索引擎的大型数据库会定时更新。用户通过搜索引擎的查询结果了解信息所处的站点，再通过单击超链接转接到自己所需的网页上。

当用户在搜索引擎中输入某个关键词（如计算机）并进行搜索后，搜索引擎数据库中所有包含这个关键词的网页都将作为搜索结果列表显示出来。用户可以自己判断需要打开哪些超链接的网页。

常用的搜索引擎有百度、新浪、搜狗、雅虎、谷歌等。

2. 下载文件

Internet 上有大量的免费软件、共享软件、技术报告等信息资料，十分有用。例如，某个软件在使用中发现问题，厂家往往开发一些“补丁”程序，供用户免费下载；又如，著名的杀毒软件 360 杀毒，在发现一种新的病毒后，立即更新病毒数据库文件，用户免费下载安装就可以完成升级。

下载文件的方法依据所使用的工具可以分为两大类：用浏览器下载文件和使用专门下载工具下载文件。

（1）使用 IE 下载文件　使用 IE 直接下载文件的具体步骤如下。

1）启动 IE。

2）在 IE 的地址栏中输入要访问的 FTP 服务器地址。

3）逐级选择目录，直到出现所要的文件。

4）单击所要的文件，IE 会弹出“文件下载”对话框。询问用户如何处理此文件，这时用户有两种选择。如果打算概要浏览文件，可选择“在文件的当前位置打开”；若要下载，则选择“将该文件保存到磁盘”。

5）单击“确定”按钮后，在弹出的“另存为”对话框中输入要存放文件的位置和名字。一般情况下文件名不必修改。

6）单击“保存”按钮，则开始下载。

（2）使用专门的下载工具软件　上面讲述的通过浏览器下载文件的方法简单易用，但在实际应用中，有一个致命的缺陷，就是不支持断点续传。也就是说，若下载文件已经完成了 99%，但由于通信线路故障，被迫中断，则前功尽弃，下次还要从头开始下载（下次还可能发生这样的问题）。因此，大型软件建议用支持断点续传的下载工具下载。

目前常用的下载工具有 FlashGet、GetRight、CuteFTP、WS FTP、AbsoluteFTP、FTPExplore、Crystal FTP、NetVampire、NetAnts、迅雷等。

6.3.3　电子邮件

电子邮件（Email）是利用计算机网络的通信功能实现信件传输的一种技术，是因特网上使用最广泛的一种服务。由于电子邮件通过网络传送实现了信件的收、发、读、写的全部电子化，不但可以收发文本，还可以收发声音、影像，具有方便、快速、不受地域或时间限制、费用低廉等优点，因此很受广大用户欢迎。

1. 电子邮件的收/发

电子邮件系统由邮件服务器端与邮件客户端两部分组成，邮件服务器包括接收邮件服务器和发送邮件服务器。

当用户发出一份电子邮件时，邮件首先被送到收件人的邮件服务器，存放在属于收信人的电子信箱里。所有的邮件服务器都是 24h 工作，随时可以接收或发送邮件，发信人可以随时上网发送邮件，收件人也可以随时连通因特网，打开自己的信箱阅读信件。由此可知，在因特网上收/发电子邮件不受地域或时间的限制，双方的计算机并不需要同时打开。

2. 电子邮件的地址

和通过邮局寄发邮件应写明收件人的地址类似，使用因特网上的电子邮件系统的用户首先要有一个电子信箱，每个电子信箱应有一个唯一可识别的电子邮件地址。任何人可以将电子邮件投递到电子信箱中，而只有电子信箱的主人才有权打开电子信箱，阅读和处理电子信箱中的邮件。

电子邮件地址的统一格式为：收件人邮箱名@邮箱所在的主机域名。

它由收件人用户标识（如姓名或缩写），字符“@”（读作“at”）和电子信箱所在计算机的域名 3 部分组成，地址中间不能有空格或逗号。例如，abc@ sina. com 就是一个名为 abc 的用户在新浪的邮箱。

3. 电子邮件的格式

电子邮件都有两个基本部分：信头和信体。信头相当于信封，信体相当于信件内容。

（1）信头　信头中通常包括如下几项。

- 收件人：收件人电子邮件地址。多个收件人地址之间用分号（;）隔开。
- 抄送：表示同时可接到此邮件的其他人的电子邮件地址。
- 主题：概括描述信件内容的主题，可以是一句话或一个词。

（2）信体　信体就是希望收件人看到的正文内容，有时还可以包含有附件，如照片、音频、文档等文件都可以作为邮件的附件进行发送。

6.3.4 即时通信软件

即时通信（IM）软件有时称为聊天软件，它可以在因特网上进行即时的文字信息、语音信息、视频信息、电子白板等方式的交流，还可以传输各种文件。在个人用户和企业用户的网络服务中，即时通信起到了重要的作用。即时通信软件分为服务器软件和客户端软件，用户只需要安装客户端软件即可。

即时通信软件非常多，常用的客户端软件主要有 QQ 和微信。QQ 是深圳腾讯计算机系统有限公司开发的一款即时通信客户端软件，它是因特网的中文即时通信软件。用户通过 QQ 可以实现与好友的文字、语音和视频即时交流，QQ 还具有网上寻呼、手机短信服务、聊天室、语音邮件、视频电话等功能。

6.3.5 习题

一、选择题

1. Internet 在中国被称为因特网或（　　）。

A. 网中网　　B. 国际互联网

C. 国际联网　　D. 计算机网络系统

2. 下列不属于因特网基本功能的是（　　）。

A. 电子邮件　　B. 文件传输　　C. 远程登录　　D. 实时监测控制

3. FTP 指的是（　　）协议。

A. 文件传输　　B. 用户数据报　　C. 域名服务　　D. 简单邮件传输

4. HTML 的正式名称是（　　）。

A. 主页制作语言　　B. 超文本标记语言

C. Internet 编程语言　　D. WWW 编程语言

5. 因特网上的服务都是基于某一种协议，Web 服务基于（　　）。

A. SNMP　　B. SMTP　　C. HTTP　　D. TELNET 协议

6. 下列叙述正确的是（　　）。

A. 电子邮件只能传输文本

B. 电子邮件只能传输文本和图片

C. 电子邮件能传输文本、图片、程序等

D. 电子邮件不能传输图片

7. 统一资源定位 URL 的格式是（　　）。

A. 协议://IP 地址或域名/路径/文件名

B. 协议://路径/文件名

C. TCP/IP

D. HTTP

8. 下面电子邮件的地址写法正确的是（　　）。

A. qiqi#njue. edu. dn　　B. qiqi@ nottingham. ac. cn

C. qiqi@ 263net　　D. njue. edu. cn#qiqi

9. 关于电子邮件，下列说法错误的是（　　）。

A. 发送电子邮件需要 E-mail 软件支持
B. 发件人必须有自己的 E-mail 账号
C. 收件人必须有自己的邮政编码
D. 必须知道收件人的 E-mail 地址
10. 万维网又称为（　　），是 Internet 中应用最广泛的领域之一。
A. Internet　　B. 城市网
C. 全球信息网　　D. 远程网
11. 将文件从 FTP 服务器传输到客户机的过程称为（　　）。
A. 上载　　B. 下载　　C. 浏览　　D. 计费
12. 如果电子邮件到达时，用户的计算机没有开机，那么电子邮件将（　　）。
A. 退回给发件人　　B. 丢失
C. 过一会对方在重新发送　　D. 保存在 ISP 的主机上
13. 网址中的 http 是指（　　）。
A. 计算机主机名　　B. 文件传输协议　　C. 文本传输协议　　D. TCP/IP
14. 要浏览某教育网页，必须知道（　　）。
A. 网页的作者　　B. 提供网页的单位所在地理位置
C. 网页的设计风格　　D. 网页的 URL 或 IP 地址
15. 通过 WWW 浏览器看到有关企业或个人信息的网站第一个页面称为（　　）。
A. 网页　　B. 统一资源定位器
C. 主页　　D. 网址

二、填空题

1. Internet 的中文全称为__________。
2. 电子邮件地址的统一格式包括两个部分，收件人邮箱名和邮箱所在的主机域名，两者之间用__________符号分隔。
3. 我们在上网时经常使用的一种工具叫__________，它是用于查找信息的程序，是一种专门用于定位和访问 Web 页面信息、获取用户希望得到的资源的导航工具。
4. FTP 为因特网用户提供在网上传输各种类型的文件的功能，是因特网的基本服务之一，其中文名称是__________。
5. __________是利用计算机网络的通信功能实现信件传输的一种技术，是因特网上使用最广泛的一种服务。
6. QQ 和微信都是 IM 软件，即__________软件。
7. 用户要想在网上查询 WWW 信息，必须安装并运行一个被称为__________的软件。

三、判断题

1. Internet 使用的基本协议是 TCP/IP。（　　）
2. 网络协议是通信双方事先约定的通信的语义和语法规则的集合。（　　）
3. Internet 上最基本的通信协议是 IPX。（　　）
4. 一个计算机网络组成包括用户计算机和终端。（　　）
5. 在计算机网络中使用的传输介质只能是有线传输介质。（　　）
6. IP 地址是 Internet 中子网的地址。（　　）

7. TCP/IP 使 Internet 上软件、硬件系统差别很大的计算机之间可以通信。(　　)

8. 电子邮件一次可发送给多个人。(　　)

9. 电子邮件的地址格式与域名相同。(　　)

10. 电子邮件只能传送文本文件。(　　)

11. 必须借助专门的软件才能在网上浏览网页。(　　)

12. 发送电子邮件不是直接发送到接收者的计算机中。(　　)

13. 在发送电子邮件时，即使邮件接收人的计算机未打开，邮件也能成功发送。(　　)

14. 如果需要共享本地计算机上的文件，必须设置网络连接，允许其他人共享本地计算机。设置“允许其他用户访问我的文件”应在“资源管理器”的“文件”菜单中的“共享”命令中进行。(　　)

15. WWW 是 Internet 最受欢迎的超文本信息浏览服务。(　　)

四、实操题

1. 向某公司发送一个应聘的电子邮件，邮箱地址为 abc@ abc. com，并将 Internet 文件夹下的一个“应聘 . docx”文档作为附件一起发出。具体要求如下：

【收件人】abc@ abc. com

【抄送】

【主题】应聘

【函件内容】“我想应聘贵公司某某职位，请审阅。具体简历见附件”。

【注意】“格式”菜单中的“编码”命令中用“简体中文（GB2312）”项。

2. 某模拟网站的主页地址是 http://localhost：65531/ExamWeb/index. htm，打开此主页，浏览“航空知识”页面，查找“水轰 5（SH-5）”内容的页面，并将它以文本的格式保存到考生文件夹中，并命名为“sh5hzj. txt”。

3. 接收来自小明的邮件，将邮件中的附件“Poto. jpg”保存在考生文件夹中，并回复该邮件，主题为“照片已经收到”，正文内容为“收到邮件，照片已看到，祝好。”

4. 在 IE 中用百度搜索“计算机发展史”，打开一个搜索网页，将它保存到考生文件夹中，保存后的文件重命名为“计算机 . htm”。

5. 给李老师发邮件，以附件的方式发送报名参加网络兴趣小组的学生名单。李老师的邮件地址是“liwen@ sina. com”，主题为“网络兴趣小组名单”，正文内容为：李老师，您好！附件里是报名参加网络兴趣小组的同学名单和 Email 联系方式，请查看。并将考生文件夹下的“group. xlsx”添加到邮件附件中发送。

6. 打开 http://localhost/ExzamWeb/car. htm 页面，找到名为“奥迪 A6”的汽车照片，将该照片保存至考生文件夹中，并重命名为“奥迪 . jpg”。

7. 给刘工程师发邮件，刘工程师的邮件地址是“liuhaile@ 163. com”，主题为“Linux 安装”，将 Test. txt 作为附件粘贴到信件中，正文内容为“您好！关于 Linux 安装的一些情况，请查阅附件，收到请回信。此致，敬礼！。”

8. 某模拟网站的主页地址是 http://localhost:65531/ExamWeb/index. htm，打开此主页，浏览“天文小知识”页面，查找“海王星”内容的页面，并将它以文本的格式保存到考生文件夹中，并命名为“haiwxing. txt”。

6.3.6 习题答案

一、选择题

1. B

2. D

解析：因特网的基本功能包括电子邮件、文件传输、远程登录等，不包括实时监测控制。

3. A

4. B

解析：HTML 指的是超文本标记语言。

5. C

解析：Web 网页基本都是用 HTML 语言编写的，它们在超文本传输协议 HTTP 的支持下运行，所以它基于 HTTP。

6. C

解析：电子邮件正文中能传输文本，在附件中可以添加图片、程序等。

7. A

解析：URL 的格式是“协议://IP 地址或域名/路径/文件名”。

8. B

解析：电子邮件的格式为：用户名@主机域名。主机域名采用层次结构，每层域名之间用圆点分隔，自左至右依次为：计算机名、机构名、网络名、最高域名。

9. C　10. C　11. B　12. D　13. C　14. D　15. C

二、填空题

1. 国际互联网　2. @　3. 搜索引擎　4. 文件传输协议

5. 电子邮件（或 Email）　6. 即时通信　7. 浏览器

三、判断题

1. 对。　2. 对。　3. 错，是 TCP/IP。

4. 错，还有服务器、通信设备、通信协议等。

5. 错，可以是无线传输介质。　6. 错，是接入 Internet 的主机地址。　7. 对。

8. 对。　9. 错，不同。　10. 错，也可传输声音和视频等文件。　11. 对。

12. 对。　13. 对。　14. 对。　15. 对。

四、实操题

1. 操作步骤：

1）启动 Outlook 2010，弹出窗口，单击工具栏中的“新邮件”按钮，弹出撰写新邮件的窗口。

2）将光标移到信头的相应位置，在“收件人”文本框中填入“abc@ abc. com”，在“主题”文本框中填入“应聘”。

3）将光标移到信体部分，输入邮件内容“我想应聘贵公司某某职位，请审阅。具体简历见附件”。然后执行“插入”→“文件”命令，打开“插入文件”对话框，将考生文件夹下的文件 abc. docx 添加为附件。

4）在“格式”→“编码”级联菜单中设置编码格式，选择“简体中文（GB2312）”项。

5）单击“发送”按钮，即可发往收件人。

2. 操作步骤：

1）启动 IE，在地址栏输入网址 http://localhost:65531/ExamWeb/index.htm，按 <Enter> 键确认。

2）在打开的主页中查找“航空知识”。在页面中找到“水轰 5（SH-5）”的标题，单击，打开网页。

3）进入网页后，执行“文件”→“另存为”命令，打开“保存网页”对话框，然后选择保存路径，在“文件名”文本框中输入“sh5hzj”，保存类型选择“文本文件（*.txt）”，单击“保存”按钮，即可将它保存到考生文件夹中。

3. 操作步骤：

1）启动 Outlook 2010，单击“发送/接收”按钮，下载完后单击窗口左侧的“收信箱”按钮，在邮件列表中选择小明的邮件并单击，简单地浏览信件。

2）在邮件“附件”中右击附件名称，在打开的快捷菜单中选择“另存为”命令，打开“保存附件”对话框，指定为考生文件夹，单击“保存”按钮。

3）在阅读窗口单击“回复发件人”按钮弹出复信窗口，发件人和收件人地址已经自动填好，将光标移到信头的相应位置，在“主题”中填入“照片已经收到”。将光标移到信体部分，输入邮件内容“收到邮件，照片已看到，祝好。”输入复信内容完毕后单击“发送”按钮。

4. 操作步骤：

1）启动 IE，在地址栏输入网址 http://www.baidu.com，按 <Enter> 键确认。

2）在网页搜索栏中输入“计算机”，单击“百度一下”按钮进行搜索，出现搜索后的界面。

3）选择搜索结果中的一个网页，执行“文件”→“另存为”命令，打开“保存网页”对话框，然后选择保存路径为考生文件夹，文件名采用默认，保存类型选择“网页，全部（*.htm，*.html）”，单击“保存”按钮。然后在考生文件夹中找到刚才保存的文件，右击文件，在快捷菜单中选择“重命名”命令，更名为“计算机.htm”。

5. 操作步骤：

1）启动 Outlook 2010，在功能区中单击“新建电子邮件”按钮，弹出“新邮件”对话框。

2）在收件人文本框中输入“liwen@sina.com”，在主题文本框中输入“网络兴趣小组名单”，在信体区域输入邮件正文内容“李老师，您好！附件里是报名参加网络兴趣小组的同学名单和 Email 联系方式，请查看。”

3）选择“插入”→“文件”命令，打开“插入文件”对话框，将考生文件夹下的文件“group.xlsx”添加为附件。

4）单击“发送”按钮，即可完成邮件的发送。

6. 操作步骤：

1）启动 IE，在地址栏输入网址 http://localhost/ExzamWeb/car.htm，按 <Enter> 键确认。

2）选定“奥迪 A6”的汽车照片，右击，在弹出的快捷菜单中选择“图片另存为”命令，打开“保存图片”对话框，然后选择保存路径为考生文件夹，在文件名文本框中输入“奥迪 . jpg”，选择保存类型为“JPEG（ *. jpg)”，单击“保存”按钮。

7. 操作步骤：

1）启动 Outlook 2010，在功能区中单击“新建电子邮件”按钮，弹出“新邮件”对话框。

2）在收件人文本框中输入“liuhaile@ 163. com”，在主题文本框中输入“Linux 安装”，在信体区域输入邮件正文内容“您好！关于 Linux 安装的一些情况，请查阅附件，收到请回信。此致，敬礼！”。

3）选择“插入”→“文件”命令，打开“插入文件”对话框，将考生文件夹下的文件“Test. txt”添加为附件。

4）单击“发送”按钮，即可完成邮件发送。

8. 操作步骤：

1）启动 IE，在地址栏输入网址 http://localhost:65531/ExamWeb/index. htm，按 <Enter> 键确认。

2）在打开的主页中查找“天文小知识”页面。在页面中找到“海王星”的标题并单击，打开网页。

3）进入网页后，选择“文件”→“另存为”命令，打开“保存网页”对话框，然后选择保存路径为考生文件夹，在“文件名”文本框中输入“海王星”，选择保存类型为“文本文件（ *. txt)”，单击“保存”按钮，即可将它保存到考生文件夹中。

6.4 计算机网络安全与防护

6.4.1 计算机网络安全概述

随着计算机技术的飞速发展和因特网的广泛普及，计算机网络已经成为社会发展的重要保障。由于计算机网络涉及政府、军事、文教等诸多领域，存储、处理和传输多种信息，有些信息性质涉密甚至是国家机密，无可避免受到一些别有用心的人的窃取。计算机网络安全正随着全球信息化程度的加深变得日益重要。

一个常见的网络安全策略模型是 PDRR 模型。PDRR 模型是指 Protection（防护）、Detection（检测）、Response（响应）、Recovery（恢复）这 4 个部分构成了一个动态的安全周期，如图 6-12 所示。

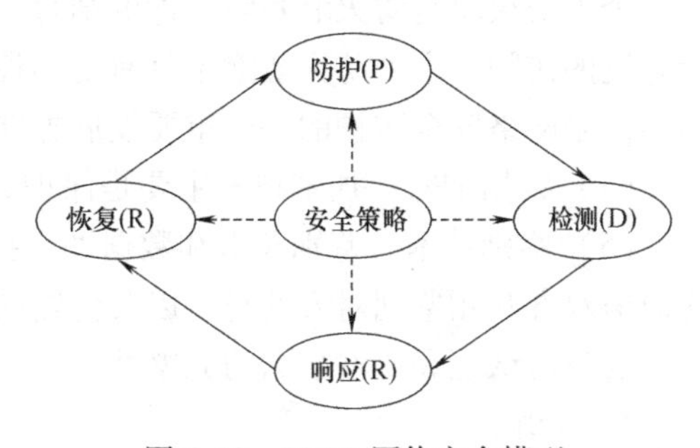

图 6-12 PDRR 网络安全模型

首先是防护。根据系统已知的所有安全问题做出防护措施，如打补丁、访问控制和数据加密等。

其次是检测与响应。攻击者如果穿过了防护系统，检测系统就会检测出入侵者的相关信息，一旦检测出入侵，响应系统开始采取相应的措施。

最后是系统恢复。在入侵事件发生后，把系统恢复到原来的状态。每次发生入侵事件，防护系统都需要更新，保证相同类型的入侵事件不再发生。

这4个方面组成了一个信息安全周期。

1. 防护

网络安全策略PDRR模型最重要的部分就是防护（P）。防护是预先阻止攻击可以发生条件的产生，让攻击者无法顺利入侵，防护可以减少大多数的入侵事件。以下是常用的防护措施。

（1）缺陷扫描　安全缺陷分为两种：允许远程攻击的缺陷和只允许本地攻击的缺陷。允许远程攻击的缺陷是指攻击者可以利用该缺陷，通过网络攻击系统。只允许本地攻击的缺陷是指攻击者不能通过网络利用该缺陷攻击系统。

对于允许远程攻击的安全缺陷，可以用网络缺陷扫描工具去发现。网络缺陷扫描工具一般从系统的外部去观察。另外，它扮演一个黑客的角色，只不过它不会破坏系统。缺陷扫描工具首先扫描系统所开放的网络服务端口，然后通过该端口进行连接，试探提供服务的软件类型和版本号。在这个时候，缺陷扫描工具有两种方法去判断该端口是否构成缺陷：①根据版本号，在缺陷列表中查出是否存在缺陷；②根据已知的缺陷特征，模拟一次攻击，如果攻击可能会成功就停止并认为是缺陷存在（要停止模拟攻击以避免对系统造成损害）。显然方法②的准确性比方法①要好，但是它扫描的速度会很慢。

（2）访问控制及防火墙　访问控制限制某些用户对某些资源的操作。访问控制通过减少用户对资源的访问，从而减少资源被攻击的频率，达到防护系统的目的。例如，只让可信的用户访问资源而不让其他用户访问资源，这样资源受到攻击的概率很小。防火墙是基于网络的访问控制技术，在因特网中已经有着广泛的应用。防火墙技术可以工作在网络层、传输层和应用层，完成不同程度的访问控制。防火墙可以阻止大多数的攻击但不是全部，很多入侵事件通过防火墙所允许的端口（如80端口）进行攻击。

（3）防病毒软件和个人防火墙　病毒就是计算机的一段可执行代码。一旦计算机感染上病毒，这些可执行代码可以自动执行，破坏计算机系统。安装并经常更新防病毒软件会对系统安全起防护作用。防病毒软件根据病毒的特征，检查用户系统上是否有病毒。这个检查可以是定期检查，也可以是实时检查。

个人防火墙是防火墙和防病毒的结合。它运行在用户系统中，并控制其他计算机对这台计算机的访问。个人防火墙除了具有访问控制功能外，还有病毒检测，甚至还有入侵检测的功能，是网络安全防护的一个重要发展方向。

（4）数据加密　加密技术主要是保护数据在存储和传输中的安全。

（5）鉴别技术　鉴别技术和数据加密技术有很紧密的关系。鉴别技术用在安全通信中，使通信双方互相鉴别对方的身份以及传输的数据。鉴别技术保护数据通信的两个方面：通信双方的身份认证和传输数据的完整性。

2. 检测

PDRR模型的第2个环节就是检测（D）。防护系统可以阻止大多数入侵事件的发生，但是不能阻止所有的入侵，特别是那些利用新的系统缺陷、新的攻击手段的入侵。因此安全策略的第2个安全屏障就是检测，如果入侵发生就会被检测出来，这个工具是入侵检测系统（Intrusion Detection System，IDS）。

根据检测环境的不同，IDS 可以分成两种：基于主机的 IDS（Host-based）和基于网络的 IDS（Network-based）。基于主机的 IDS 检测是基于主机上的系统日志、审计数据等信息；基于网络的 IDS 检测则一般侧重于网络流量分析。

根据检测所使用方法的不同，IDS 可以分成两种：误用检测（Misuse Detection）和异常检测（Anomaly Detection）。误用检测技术需要建立一个入侵规则库，它对每一种入侵都形成一个规则描述，只要发生的事件符合某个规则就被认为是入侵。异常检测主要应用于鉴别欺诈性的入侵，通过在线采集合法用户的操作数据，利用这些数据构建常用模式的模型，用这些模型来识别异常操作，鉴别非法用户的入侵。

入侵检测系统一般和应急响应及系统恢复有密切关系。一旦入侵检测系统检测到入侵事件，它就会将入侵事件的信息传给应急响应系统进行处理。

3. 响应

FDRR 模型中的第 3 个环节是响应（R）。响应就是已知一个攻击（入侵）事件发生之后，进行相应的处理。在一个大规模的网络中，响应这个工作都由一个特殊部门负责，那就是计算机响应小组。世界上第一个计算机紧急响应小组（Computer Emergency Response Team，CERT）于 1989 年成立，位于美国卡内基梅隆（CMU）大学的软件研究所（SEI）。从 CERT 建立之后，世界各国以及各机构也纷纷建立自己的计算机响应小组。我国第一个计算机紧急响应小组——中国教育和科研计算机紧急响应组（CCERT），成立于 1999 年，主要服务于我国教育和科研网。

入侵事件的报警可以是入侵检测系统的报警，也可以是通过其他方式的汇报。响应的工作也可以分为两种：一种是紧急响应；另一种是其他事件处理。紧急响应就是当安全事件发生时采取应对措施；其他事件处理主要包括咨询、培训和技术支持。

4. 恢复

恢复是 PDRR 模型中的最后一个环节。恢复是事件发生后，把系统恢复到原来的状态，或者比原来更安全的状态。恢复也可以分为两个方面：系统恢复和信息恢复。

（1）系统恢复　系统恢复是指修补该事件所利用的系统缺陷，不让黑客再次利用这样的缺陷入侵。一般系统恢复包括系统升级、软件升级和打补丁等。系统恢复的另一个重要工作是除去“后门”。一般来说，黑客在第一次入侵时，都是利用系统的缺陷。在第一次入侵成功之后，黑客就在系统打开一些“后门”，如安装一个特洛伊木马程序。所以，尽管系统缺陷已经打补丁，黑客下一次还可以通过“后门”进入系统。

（2）信息恢复　信息恢复是指恢复丢失的数据。数据丢失的原因可能是由于黑客入侵造成的，也可能是由于系统故障、自然灾害等原因造成的。信息恢复就是从备份和归档的数据中恢复原来的数据。信息恢复过程与数据备份过程有很大的关系。数据备份做得是否充分对信息恢复有很大的影响。信息恢复过程的一个特点是有优先级别。直接影响日常生活和工作的信息必须先恢复，这样可以提高信息恢复的效率。

6.4.2　黑客攻防技术

网络黑客（Hacker）一般指的是计算机网络的非法入侵者，他们大都对计算机技术和网络技术非常精通，了解系统的漏洞及其原因所在。有些黑客仅仅是为了验证自己的能力而非法闯入，并不会对信息系统或网络系统产生破坏，但也有很多黑客非法入侵是为了窃取机密的信息、盗用系统资源或出于报复心理而恶意毁坏某个信息系统。为了尽可能地避免受到黑客攻击，有必要先了解黑客常用的攻击手段和方法，然后才能有针对性地进行预防。

1. 黑客的攻击步骤

（1）信息收集　通常黑客利用相关的网络协议或实用程序来收集要攻击目标的详细信息，如目标主机内部拓扑结构、位置等。

（2）探测分析系统的安全弱点　黑客会探测网络上的每一台主机，以寻求系统的安全漏洞或安全弱点，获取攻击目标系统的非法访问权。

（3）实施攻击　在获得了目标系统的非法访问权以后，黑客一般会实施以下攻击。

1）试图毁掉入侵的痕迹，并在受到攻击的目标系统中建立新的安全漏洞和“后门”，以便在先前的攻击点被发现以后能继续访问该系统。

2）在目标系统安装探测器软件，如特洛伊木马程序，用来窥探目标系统的活动，继续收集其感兴趣的一切信息，如账号与口令等敏感数据。

3）进一步提高目标系统的信任等级，以展开对整个系统的攻击。

4）如果黑客在被攻击的目标系统上获得了特许访问权，就可以读取邮件，搜索和盗取私人文件，毁坏重要数据甚至破坏整个网络系统，后果将不堪设想。

2. 黑客的攻击方式

黑客攻击通常采用以下几种典型的攻击方式。

（1）密码破解　通常采用的攻击方式有字典攻击、假登录程序、密码探测程序等来获取系统或用户的口令文件。

1）字典攻击　字典攻击是一种被动攻击，黑客先获取系统的口令文件，然后用黑客字典中的单词一个一个地进行匹配比较，由于计算机速度显著提高，这种匹配的速度也很快，而且由于大多数用户的口令采用的是人名、常见的单词或数字的组合等，所以字典攻击成功率比较高。

2）假登录程序　设计一个与系统登录界面一模一样的程序并嵌入到相关的网页上，以骗取他人的账户和密码。当用户在这个假的登录程序上输入账号和密码后，该程序就会记录下所输入的账号和密码。

3）密码探测程序　一种专门用来探测 NT（NT 的原意是 New Technology，特指微软在 1993 年推出的网络服务器操作系统 Window NT 系列）密码的程序，它能利用各种可能的密码反复模拟 NT 的编码过程，并将所编出来的密码与 Windows 中保存的密码进行比较，如果两者相同就得到了正确的密码。

（2）嗅探与欺骗

1）嗅探。这是一种被动式的攻击，又称为网络监听，就是通过改变网卡的操作模式让它接收流经该计算机的所有信息包，这样就可以截获其他计算机的数据报文或口令，监听只能针对同一物理网段上的主机，对于不在同一网段的数据包会被网关过滤掉。

2）欺骗。这是一种主动式的攻击，即将网络上的某台计算机伪装成另一台不同的主机，目的是欺骗网络中的其他计算机误将冒名顶替者当作原始的计算机而向其发送数据或允许它修改数据。常用的欺骗方式有 IP 欺骗、路由欺骗、DNS（域名系统）欺骗、ARP（地址转换协议）欺骗以及 Web 欺骗等。

（3）系统漏洞　漏洞是指程序在设计、实现和操作上存在错误。由于程序或软件的功能一般都较为复杂，程序员在设计和测试的过程中总有考虑欠缺的地方，绝大部分软件在使用过程中都需要不断地改进与完善。被利用最多的系统漏洞是缓冲区溢出（Buffer Overflow），黑客可以利用这样的漏洞来改变程序的执行流程，转向执行事先编好的黑客程序。

（4）端口扫描　由于计算机与外界通信都必须通过某个端口才能进行，因此黑客可以利用一些端口扫描软件对被攻击的目标计算机进行端口扫描，查看该机器的哪些端口是开放的，由此可以知道与目标计算机能进行哪些通信服务。了解了目标计算机开放的端口服务以后，黑客一般会通过这些开放的端口发送特洛伊木马程序到目标计算机上，利用木马来控制被攻击的目标。

3. 防止黑客攻击的策略

（1）数据加密　加密的目的是保护系统内的数据、文件、口令和控制信息等，同时也可以保护网上传输数据的可靠性，这样即使黑客截获了网上传输的信息包，一般也无法得到正确的信息。

（2）身份验证　通过密码或特征信息等来确认用户身份的真实性，只对确认了的用户给予相应的访问权限。

（3）建立完善的访问控制策略　系统应当设置入网访问权限、网络共享资源的访问权限、目录安全等级控制、网络端口和节点的安全控制、防火墙的安全控制等，通过各种安全控制机制的相互配合，才能最大限度地保护系统免受黑客的攻击。

（4）审计　把系统中和安全有关的事件记录下来，保存在相应的日志文件中。例如，记录网络上用户的注册信息，如注册来源、注册失败的次数等，记录用户访问网络资源等各种相关信息。当遭到黑客攻击时，这些数据可以用来帮助调查黑客的来源，并作为证据来追踪黑客，也可以通过对这些数据进行分析来了解黑客攻击的手段以找出应对的策略。

（5）其他安全防护措施　首先，不随便从 Internet 上下载软件，不运行来历不明的软件，不随便打开陌生人发来的邮件中的附件。其次，要经常运行专门的反黑客软件，可以在系统中安装具有实时检测、拦截和查找黑客攻击程序用的工具软件，经常检查用户的系统注册表和系统启动文件中的自启动程序项是否有异常，做好系统的数据备份工作，及时安装系统的补丁程序等。

6.4.3　防火墙技术

防火墙技术是防止计算机网络存储、传输的信息被非法使用、破坏和篡改的一种常用的计算机网络安全技术，是一种保护计算机网络、防御网络入侵的有效机制。

1. 防火墙的基本原理

防火墙是控制从网络外部访问本网络的设备，通常位于内网与 Internet 的连接处（网络边界），充当访问网络的唯一入口（出口），用来加强网络之间访问控制，防止外部网络用户以非法手段通过外部网络进入内部网络，访问内部网络资源，从而保护内部网络设备。防火墙根据过滤规则来判断是否允许访问请求。

2. 防火墙的作用

防火墙能够提高网络整体的安全性，因而给网络带来了许多好处。防火墙的主要作用有如下几点。

1）保护易受攻击的服务。

2）控制对特殊站点的访问。

3）集中的安全管理。

4）过滤非法用户，对网络访问进行记录和统计。

3. 防火墙的基本类型

根据防火墙所采用的技术可以分为包过滤型防火墙、网络地址转换（NAT）、代理型防火墙、状态检测型防火墙和复合型防火墙等。

（1）包过滤型防火墙　包过滤型防火墙的原理：监视并且过滤网络上流入/流出的IP数据包，拒绝发送可疑的数据包。包过滤型防火墙设置在网络层，可以在路由器上实现包过滤。首先，应建立一定数量的信息过滤表。数据包中都会包含一些特定的信息，如源IP地址、目的IP地址、传输协议类型（TCP、UDP、ICMP等）、源端口号、目的端口号、连接请求方向等。当一个数据包满足过滤表中的规则时，则允许数据包通过，否则便会将其丢弃。

先进的包过滤型防火墙可以判断这一点，它可以提供内部信息以说明所通过的连接状态和一些数据流的内容，把判断的信息同规则表进行比较，在规则表中定义了各种规则来表明是否同意或拒绝包的通过。包过滤型防火墙检查每一条规则直至发现包中的信息与某规则相符。如果没有一条规则能符合，防火墙就会使用默认规则，一般情况下，默认规则就是要求防火墙丢弃该包。其次，通过定义基于TCP或UDP数据包的端口号，防火墙能够判断是否允许建立特定的连接，如Telnet、FTP连接。

优点：简单实用，实现成本较低，在应用环境比较简单的情况下，能够以较小的代价在一定程度上保证系统的安全。

缺点：包过滤技术是一种完全基于网络层的安全技术，无法识别基于应用层的恶意入侵，如图6-13所示。

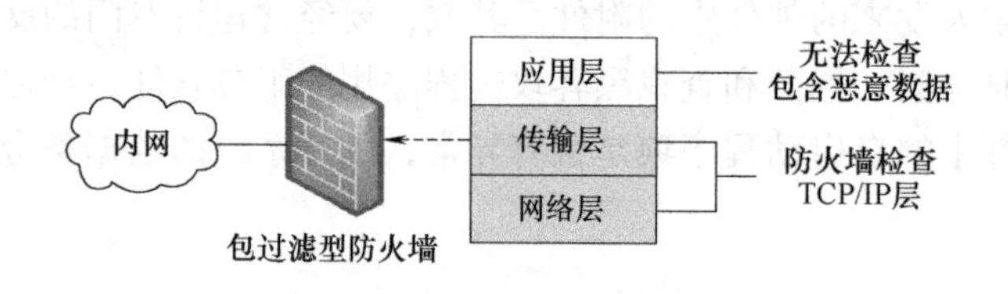

图6-13　包过滤型防火墙

（2）网络地址转换（NAT）　NAT是一种用于把私有IP地址转换成共有IP地址的内部网络访问互联网技术。

当受保护网连接到Internet上时，受保护网用户如要访问Internet，必须使用一个合法的IP地址。但合法Internet的IP地址有限，而且受保护网络往往有自己的一套IP地址规则（非正式IP地址）。网络地址转换器就是在防火墙上装一个合法IP地址集。当内部某一用户要访问Internet时，防火墙动态地从地址集中选一个未分配的地址分配给该用户，该用户即可使用这个合法地址进行通信。同时，对于内部的某些服务器如Web服务器，网络地址转换器允许为其分配一个固定的合法地址。外部网络的用户就可以通过防火墙来访问内部的服务器。这种技术既缓解了少量的IP地址和大量的主机之间的矛盾，又对外隐藏了内部主机的IP地址，提高了安全性。

（3）代理型防火墙　代理型防火墙由代理服务器和过滤器组成。代理服务器位于客户机与服务器之间。从客户机来看，代理服务器相当于一台真正的服务器；而从服务器来看，代理服务器又是一台真正的客户机。当客户机访问服务器时，首先将请求发给代理服务器，代理服务器再根据请求向服务器读取数据，然后再将读来的数据传给客户机。由于代理服务器将内网和外网隔开，从外面只能看到代理服务器，因此外部的恶意入侵很难伤害到内部系统。

优点：安全性较高，可以针对应用层进行侦测和扫描，对付基于应用层的侵入和病毒都十分有效，如图6-14所示。

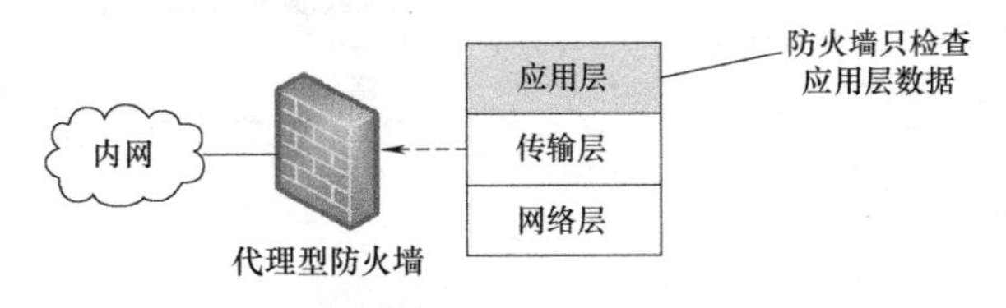

图6-14　代理型防火墙

缺点：对系统的整体性能有较大的影响，而且代理服务器必须针对客户机可能产生的所有应用类型逐一进行设置，大大增加了系统管理的复杂性。

（4）状态检测型防火墙　状态检测型防火墙是第三代网络安全技术，这是目前使用较多的防火墙技术。状态检测型防火墙能够对各层的数据进行主动的、实时的监测。如图6-15所示，在对这些数据加以分析的基础上，状态检测型防火墙能够有效地判断出各层中的非法入侵，既保持了简单的包过滤防火墙的优点，同时对应用是透明的。这种防火墙摒弃了包过滤防火墙仅仅考察进出网络的数据包，不关心数据包状态的缺点，在网络通信中对数据包的状态变化进行检测，规范了网络层和传输层的行为，提供了更安全的解决方案。状态检测型防火墙实现了对传输过程中数据的连接状态的变化，也就是“三次握手”的检测。这种防火墙对数据包中的信息与防火墙规则做比较，如果没有相应规则的允许，防火墙会拒绝此次连接；当发现有一条规则允许，则允许数据包外出并且在状态表中新建一条会话，记录此会话的状态变化。

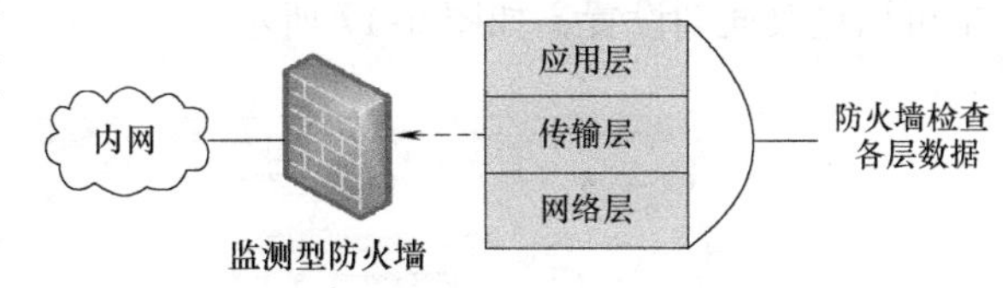

图6-15　状态检测型防火墙

（5）复合型防火墙　复合型防火墙综合了包过滤防火墙以及应用代理防火墙的优点，也是目前应用较为广泛的防火墙技术。复合型防火墙可以根据发来的安全策略进行访问控制。例如，发来的是包过滤策略，则可以针对包头部分进行访问控制；若发来的是代理策略，则可针对报文内容数据进行访问控制。复合型防火墙在综合了包过滤防火墙和代理型防火墙的优点的同时，也对两者的缺点进行了优化，大大提高了在应用实践中的灵活性和安全性。

4. 实例：Windows 7 操作系统中防火墙的配置

在Windows 7操作系统中，默认情况下会启用Windows防火墙。从“控制面板”进入

“系统和安全”界面，可以看到 Windows 防火墙的功能选项。在这里可以直接进行检查防火墙状态和允许程序通过防火墙等功能操作，如图 6-16 所示。

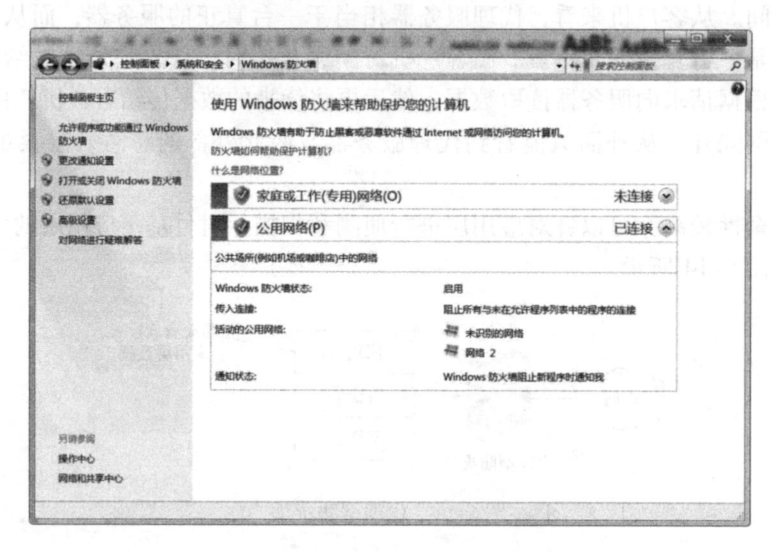

图 6-16 “Windows 防火墙”窗口

（1）打开和关闭 Windows 防火墙　默认情况下已选中“启用 Windows 防火墙”单选按钮。当 Windows 防火墙处于打开状态时，大部分程序都被阻止通过防火墙。另外，在此对话框中可以更改通知设置，如图 6-17 所示。

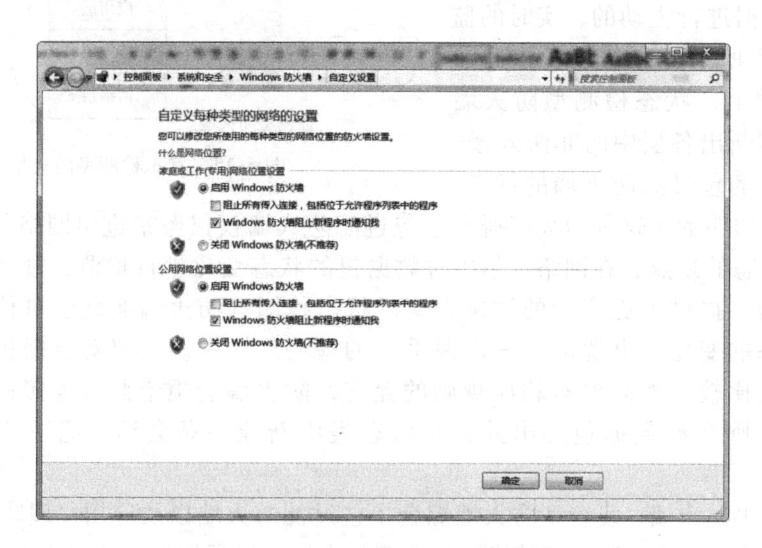

图 6-17　打开和关闭 Windows 防火墙

避免使用“关闭 Windows 防火墙（不推荐）”单选按钮，除非计算机上运行了其他防火墙。因为关闭 Windows 防火墙计算机会更易受到黑客和恶意软件的侵害。

（2）高级设置　在防火墙高级设置窗口中，用户可以设置“入站规则”与“出站规则”，如图 6-18 所示。

图6-18 高级设置窗口

6.4.4 计算机网络病毒及其防治

1. 网络病毒概述

网络病毒实际上是一个笼统的概念。广义上认为，可以通过网络传播，同时破坏某些网络组件（服务器、客户端、交换和路由设备）的病毒就是网络病毒。狭义上认为，局限于网络范围的病毒就是网络病毒，即网络病毒应该是充分利用网络协议及网络体系结构作为其传播途径或机制，同时网络病毒的破坏也应是针对网络的。

Internet 的开放性成为计算机病毒广泛传播的有利途径，Internet 本身的安全漏洞也为产生新的计算机病毒提供了良好的条件，加之一些网络编程软件的广泛运用（如 Java Script、ActiveX）也为将计算机病毒渗透到网络的各个角落提供了方便。近几年兴起并肆虐网络系统的“网络病毒”层出不穷，根据其传播方式的不同可简单分类为：

（1）计算机硬件设备传播　这种计算机病毒利用专用集成电路芯片（ASIC）进行传播。虽然其数量少，但是破坏力极强，如 CHI 病毒。

（2）移动存储设备传播　如通过可移动式硬盘、U 盘、存储卡、CD-ROM 等移动存储设备进行传播，硬盘是数据存储的主要介质，因此也是计算机病毒感染的重灾区。例如，Binder 病毒、Joke 病毒、脚本病毒和宏病毒等。

（3）网络传播　如果发送的数据感染了计算机病毒，接收方的计算机将自动被感染，因此，有可能在很短的时间内感染整个网络中的计算机。例如，冰河播种者（Dropper. BingHe2. 2C）、MSN 射手（Dropper. Worm. Smibag）等后门病毒和破坏性程序病毒等。

2. 网络病毒的特点

网络的主要特征是资源共享。一旦共享资源感染了病毒，网络各节点间信息的频繁传输会将计算机病毒传染到所共享的计算机上，从而形成多种共享资源的交叉感染。病毒的迅速传播、再生、发作，将造成比单机病毒更大的危害，因此网络环境下计算机病毒的防治就显得更加重要了。

网络病毒一般具有以下特点。

（1）传染性　病毒入侵网络主要是通过电子邮件、网络共享、网页浏览、服务器共享目录等方式传播，病毒的传播方式多且复杂。在网络环境下，病毒可以通过网络通信机制，借助于网络线路迅速传输和扩散，特别是通过 Internet，新出现的任何一种病毒可以迅速传播到全球各地。网络范围的站点数量庞大，借助于网络中四通八达的传输线路，病毒可传播到网络的“各个角落”，乃至全球各地。所以，在网络环境下计算机病毒的传播范围非常广。

（2）潜伏性　一个编制精巧的计算机病毒程序，进入系统之后一般不会马上发作，它可以静静地潜伏在磁盘或芯片中几天，甚至几年，一旦时机成熟，得到运行机会，就会四处繁殖、扩散。潜伏性的第二种表现是指，计算机病毒的内部往往有一种触发机制，不满足触发条件时，计算机病毒除了传染外不做什么破坏。触发条件一旦得到满足，有的在屏幕上显示信息、图形或特殊标识，有的则执行破坏系统的操作，如格式化磁盘、删除磁盘文件、对数据文件做加密、封锁键盘以及使系统死锁等。

（3）破坏性　病毒将直接影响计算机和网络的正常运行，轻则降低速度，影响工作效率，重则破坏服务器系统资源，造成网络系统瘫痪，使数据遭到破坏、窜改和删除，网络服务完全瘫痪。计算机中毒后，可能会导致正常的程序无法运行，把计算机内的文件删除或受到不同程度的损坏。通常表现为增、删、改、移。

（4）隐蔽性　计算机病毒具有很强的隐蔽性，有的可以通过病毒软件检查出来，有的根本就查不出来，有的时隐时现、变化无常，这类病毒处理起来通常很困难。病毒一旦在网络环境下传播、蔓延，就很难对其进行控制。在对其采取措施时，往往就可能已经遭到其侵害。

（5）可激活性　病毒因某个事件或数值的出现，诱使病毒实施感染或进行攻击的特性称为可触发性。为了隐蔽自己，病毒必须潜伏，少做动作。如果完全不动，一直潜伏的话，病毒既不能感染也不能进行破坏，便失去了杀伤力。病毒既要隐蔽又要维持杀伤力，它必须具有可触发性。病毒的触发机制就是用来控制感染和破坏动作的频率的。病毒具有预定的触发条件，这些条件可能是时间、日期、文件类型或某些特定数据等。病毒运行时，触发机制检查预定条件是否满足，如果满足，启动感染或破坏动作，使病毒进行感染或攻击；如果不满足，使病毒继续潜伏。

3. 网络病毒的预防与检测

由于网络病毒通过网络传播，具有传播速度快、传染范围大、破坏性强等特点，因此建立网络系统病毒防护体系，采用有效的网络病毒预防措施和技术显得尤为重要。

（1）严格的管理　病毒预防的管理问题，涉及管理制度、行为规章和操作规程等。例如，机房或计算机网络系统要制定严格的管理制度；对接触计算机系统的人员进行选择和审查；对系统工作人员和资源进行访问权限划分；下载的文件要经过严格检查，接收邮件要使用专门的终端和账号，接收到的程序要严格限制执行等。通过建立安全管理制度，可减少或避免计算机病毒的入侵。

（2）成熟的技术　除了管理方面的措施外，采取有效的、成熟的技术措施防止计算机网络病毒的感染和蔓延也是十分重要的。针对病毒的特点，利用现有的技术和开发新的技术，使防病毒软件在与计算机病毒的抗争中不断得到完善，更好地发挥保护作用。

常用的技术手段有以下 4 种。

1）病毒免疫技术：对执行程序附加一段程序，这段附加的程序负责执行程序的完整性检验，发现问题时自动恢复原程序。

2）检验码技术：对系统内的有关程序代码按照一定的算法，计算出其特征参数并加以保存，执行程序代码时进行校验。

3）病毒行为规则判定技术：采用人工智能的方法，归纳出病毒的行为特征，进行比较。

4）计算机病毒防火墙：采用一种实时双向过滤技术，起到“双向过滤”的作用，具有对病毒过滤的实时性。对系统的所有操作实时监控，一方面将来自外部环境的病毒代码实时过滤掉，另一方面阻止病毒在本地系统扩散或向外部环境传播。

4. 网络病毒的清除

系统感染病毒后可采取以下措施进行紧急处理。

（1）隔离　当某计算机感染病毒后，可将其与其他计算机进行隔离，即避免相互复制和通信。当网络中某节点感染病毒后，网络管理员必须立即切断该节点与网络的连接，以避免病毒扩散到整个网络。

（2）查毒源　接到报警后，系统安全管理人员可使用相应的防病毒系统鉴别受感染的计算机和用户，检查那些经常引起病毒感染的节点和用户，并查找病毒的来源。

（3）报警　病毒感染点被隔离后，要立即向网络系统安全管理人员报警。

（4）采取应对方法和对策　网络系统安全管理人员要对病毒的破坏程度进行分析和检查，并根据需要决定采取有效的病毒清除方法和对策。如果被感染的大部分是系统文件和应用程序文件，且感染程度较深，可采取重装系统的方法来清除病毒；如果感染的是关键数据文件，或文件破坏较严重时，可请防病毒专家进行清除病毒和恢复数据的工作。

（5）修复前备份数据　在对被感染的病毒进行清除前，尽可能将重要的数据文件进行备份，以防在使用防毒软件或其他清除工具查杀病毒时，也将重要数据文件误杀。

（6）清除病毒　重要数据备份后，运行查杀病毒软件，并对相关系统进行扫描。发现有病毒，立即清除。如果可执行文件中的病毒不能清除，应将其删除，然后再安装相应的程序。

目前较流行的杀毒软件产品包括 360 安全卫士（杀毒软件）、金山毒霸、腾讯电脑管家、火绒安全软件、2345 安全卫士和小红伞等。

（7）重启和恢复　病毒被清除后，重新启动计算机，再次用防病毒软件检测系统是否还有病毒，并将被破坏的数据进行恢复。

6.4.5　习题

一、选择题

1. 计算机病毒实质上是（　　）。

A. 操作者的幻觉　B. 一类化学物质　C. 一些微生物　D. 一段程序

2. 计算机病毒破坏的主要对象是（　　）。

A. U 盘　B. 磁盘驱动器　C. CPU　D. 程序和数据

3. 以下关于病毒的描述中，正确的是（　　）。
A. 只要不上网，就不会感染病毒
B. 只要安装最好的杀毒软件，就不会感染病毒
C. 严禁在计算机上玩游戏也是预防病毒的一种手段
D. 所有的病毒都会导致计算机越来越慢，甚至可能使系统崩溃
4. 下列关于计算机病毒的叙述中，正确的是（　　）。
A. 计算机病毒只感染 . exe 或 . com 文件
B. 计算机病毒可以通过 U 盘、光盘或 Internet 进行传播
C. 计算机病毒是通过电力网进行传播的
D. 计算机病毒是由于 U 盘不清洁而造成的
5. 计算机感染病毒的可能途径之一是（　　）。
A. 从键盘上输入数据
B. 随意运行外来的、未经杀病毒软件严格审查的软件
C. 所使用的 U 盘表面不清洁
D. 电源不稳定
6. 下列关于计算机病毒的说法中，正确的是（　　）。
A. 计算机病毒是一种有损计算机操作人员自体健康的生物病毒
B. 计算机病毒发作后，将造成计算机硬件永久性的物理损坏
C. 计算机病毒是通过自我复制进行传染的，破坏计算机程序和数据的小程序
D. 计算机病毒是一种有逻辑错误的程序
7. 下列叙述中正确的是（　　）。
A. 反病毒软件通常是滞后于计算机新病毒的出现
B. 反病毒软件总是超前于病毒的出现，它可以查、杀任何各类的病毒
C. 感染过计算机病毒后的计算机具有对该病毒的免疫性
D. 计算机病毒会危害计算机用户的健康
8. 下列选项中，不属于计算机病毒特征的是（　　）。
A. 破坏性　　B. 潜伏性　　C. 传染性　　D. 免疫性
9. 下列选项中，可能会感染病毒的操作是（　　）。
A. 打开电子邮件　　B. 打开 Word 文档
C. 浏览网页　　D. 以上操作均可能
10. 下列选项中，（　　）现象说明有可能计算机被感染了病毒。
A. 磁盘文件数目无故增多
B. 计算机经常出现死机现象或不能正常启动
C. 显示器上出现一些莫名其妙的信息或异常现象
D. 以上均有可能
11. 下列不是计算机病毒的特点的是（　　）。
A. 破坏性　　B. 传染性　　C. 潜伏性　　D. 可预见性
12. 计算机病毒是一种（　　）。
A. 机器部件　　B. 计算机文件

C. 微生物“病原体” D. 程序

13. 下列关于计算机病毒的说法，正确的是（　　）。

A. 计算机病毒和感冒病毒一样，属于生物病毒

B. 计算机病毒不能潜伏和寄生

C. 计算机病毒是一种可执行的计算机程序

D. 计算机病毒不具传染性、危害性

14. 下列关于网络病毒的描述，错误的是（　　）。

A. 网络病毒不会对网络传输造成影响

B. 与单机病毒比较，网络加快了病毒传播的速度

C. 传播媒介是网络

D. 可通过电子邮件传播

15. 计算机病毒的主要危害有（　　）。

A. 损坏计算机的外观 B. 干扰计算机的正常运行

C. 影响操作者的健康 D. 使计算机腐烂

16. （　　）是计算机染上病毒的特征之一。

A. 机箱开始发霉 B. 计算机的灰尘很多

C. 文件长度增长 D. 螺丝钉松动

17. 计算机病毒是（　　）。

A. 机械故障 B. 电路故障 C. 破坏性程序 D. 磁盘霉变

18. 下列不是计算机病毒的发作现象的是（　　）。

A. 文件的字节数增加了 B. 计算机经常宕机

C. USB 接口坏了 D. 软件的运行速度变慢了

19. 有一种木马程序，其感染机制与 U 盘病毒的传播机制完全一样。其感染目标计算机后，会尽量隐藏自己的踪迹，其唯一的动作是扫描系统文件，发现对其可能有用的敏感文件就将其悄悄复制到 U 盘。一旦这个 U 盘插入到连接互联网的计算机，它就会将这些敏感文件自动发送到互联网上指定的计算机中，从而达到窃取文件的目的。该木马叫做（　　）。

A. 网游木马 B. 代理木马

C. 摆渡木马 D. 特洛伊木马

20. 下列关于计算机病毒的说法，错误的是（　　）。

A. 有些病毒仅能攻击某一种操作系统，如 Windows

B. 每种病毒都会给用户造成严重后果

C. 病毒一般附着在其他应用程序之后

D. 有些病毒能损坏计算机硬件

21. 某用户打开 Word 文档进行编辑时，总是发现计算机自动把该文档传送到另一台 FTP 服务器上，这可能是因为 Word 程序已被黑客植入（　　）。

A. 病毒 B. 特洛伊木马 C. 陷门 D. FTP 匿名服务

22. 为防止计算机病毒传染，应该做到（　　）。

A. 无病毒的 U 盘不要与来历不明的 U 盘放在一起

B. 长时间不用的 U 盘要经常格式化

C. 不要复制来历不明的 U 盘中的文件或程序

D. U 盘中不要存放可执行程序

23. 为了预防计算机病毒的感染，应当（ ）。

A. 经常让计算机晒太阳　B. 定期用高温对磁盘消毒

C. 对操作者定期体检　D. 用杀毒软件检查外来的软件

24. 计算机病毒是一段可运行的程序，它一般（ ）保存在磁盘中。

A. 作为一个文件　B. 作为一段数据

C. 不作为单独文件　D. 作为一段资料

25. 计算机系统感染病毒以后会（ ）。

A. 将立即不能正常运行　B. 可能在表面上仍然在正常运行

C. 将不能再重新启动　D. 会立即毁坏

26. 防止计算机病毒流行的最有效的方法是（ ）。

A. 因为计算机病毒纯粹是技术问题，只能不断提高反病毒技术

B. 从管理、技术、制度、法律等方面同时采取预防病毒的措施

C. 禁止一切学校、培训班讲授计算机病毒程序的编制技巧

D. 禁止出版有关计算机病毒知识的书籍、杂志、报纸

27. 当前的杀毒软件是根据已发现的病毒的行为特征研制出来的，能对付（ ）。

A. 在未来一年内产生的新病毒　B. 已知病毒和它的同类

C. 将要流行的各种病毒　D. 已经研制出的各种病毒

28. 目前，计算机病毒传播得最快的途径是（ ）。

A. 通过磁盘　B. 通过光盘　C. 通过网络　D. 通过盗版软件

二、填空题

1. 计算机病毒主要通过移动存储介质（如 U 盘）和________两大传播途径进行传播。

2. 计算机病毒的主要破坏对象是________。

3. 一个常见的网络安全策略模型是________模型，分别是指防护、检测、响应和恢复。

4. 是否具有________是判断一个程序是否为病毒的基本标志。

5. 计算机的安全缺陷通常分为两种：________的缺陷和________的缺陷。

6. 当前计算机病毒最快捷有效的传播途径是________。

7. 网络黑客（Hacker）是指利用计算机网络、计算机系统的缺陷和漏洞，采用计算机和网络技术，对计算机网络进行________的人。

8. 计算机病毒的主要特点是________、潜伏性、破坏性、隐蔽性。

9. 木马程序一般由两部分组成：________和________。

10. ________技术防止外部网络用户以非法手段通过外部网络进入内部网络，访问内部网络资源，从而保护内部网络设备。

11. 计算机病毒侵入系统后，一般不立即发作，而是有一定的________。

12. 按计算机病毒的表现（破坏）情况分类可分为：________和________。

三、判断题

1. 外来U盘、光盘必须用病毒检测程序确认没有病毒后才能使用。(　　)

2. 软件研制部门采用设计病毒的方式处罚非法盗版软件行为的做法并不违法。(　　)

3. 计算机病毒的特点之一是具有免疫性。(　　)

4. 计算机病毒是一种有逻辑错误的小程序。(　　)

5. 计算机杀病毒软件必须随着新病毒的出现而升级，提高查、杀病毒的能力。(　　)

6. 计算机病毒是人们编制软件时无意中制造的。(　　)

7. 计算机病毒不会对硬件造成物理性的破坏。(　　)

8. 网络病毒可以对网络传输造成影响。(　　)

9. 有些黑客仅仅是为了验证自己的能力而非法闯入，并不会对信息系统或网络系统造成破坏。(　　)

10. 防火墙主要防范来自外部网络的攻击。(　　)

11. 防火墙就是为了控制从网络外部访问本网络而编制的一种软件。(　　)

6.4.6 习题答案

一、选择题

1. D

2. D

解析：计算机病毒是人为制造的能潜伏、复制、传播和进行破坏的程序，不是操作者的幻觉或一类化学物质，也不是一些微生物，而是一段特殊的程序。它主要破坏计算机中的程序和数据。

3. C

解析：计算机病毒的传播途径很多，网络是一种，但不是唯一的一种；再好的杀毒软件都不能清除所有的病毒；病毒的发作情况都不一样。

4. B

解析：计算机病毒是人为制造的能潜伏、复制、传播和进行破坏的程序文件，不是硬件的故障，所以C、D选项都不正确。计算机病毒主要传染给可执行文件，如.exe或.com文件等，但也可以传染给其他类型的文件，如Word文档.doc文件等，所以A选项不正确。

5. B

解析：计算机感染病毒的两大途径为通过读/写磁盘感染和通过Internet感染。

6. C

解析：计算机病毒是编制或者在计算机中插入的破坏计算机功能或者破坏数据，影响计算机使用并且能够自我复制的一组计算机指令或者程序代码。

7. A

解析：计算机病毒是人为恶意编制的程序，目前新的病毒不断出现，不同类型的病毒的工作机制、传播途径不尽相同，所以反病毒技术的发展始终落后于计算机病毒的发展。杀毒软件也不能查杀所有的病毒，计算机感染过病毒并不具有免疫性。

8. D

解析：A、B、C项都是计算机病毒的基本特征，免疫性不是。

9. D

解析：上网、看邮件、打开 Word 文档等都可能感染病毒。

10. D

解析：计算机感染病毒的常见症状有磁盘文件数目无故增多、系统的内存空间明显变小、文件的日期/时间值被修改成新近的日期或时间（用户自己并没有修改）、可执行文件的长度明显增加、正常情况下可以运行的程序却突然因 RAM 区不足而不能装入、程序加载时间或程序执行时间比正常时间明显变长、计算机经常出现死机现象或不能正常启动、显示器上出现一些莫名其妙的信息或异常现象等。

11. D　12. D　13. C　14. A　15. B　16. C　17. C　18. C　19. C　20. B

21. B　22. C　23. D　24. C　25. B　26. B　27. B　28. C

二、填空题

1. 计算机网络　2. 程序和数据　3. PDRR　4. 传染性

5. 允许远程攻击，允许本地攻击　6. 网络（或计算机网络）

7. 非法侵入　8. 传染性　9. 服务器端程序，客户端程序

10. 防火墙　11. 潜伏期　12. 良性病毒，恶性病毒

三、判断题

1. 对。　2. 错。　3. 错。　4. 错。　5. 对。

6. 错，是有意制造的。

7. 错，有的计算机病毒会造成硬件破坏。　8. 对。　9. 对。　10. 对。

11. 错，有硬件型的防火墙。

6.5　综合测试题

一、选择题

1. 与通过邮局寄发信件应写明收信人的地址类似，使用因特网上的电子邮件系统的用户首先要有一个电子信箱，每个电子信箱应有一个唯一可识别的（　　）。

A. 电子邮件地址　B. 域名　C. IP 地址　D. MAC 地址

2. 电子邮件地址的统一格式为：收件人邮箱名@（　　）。

A. 收件人计算机 IP 地址　B. 邮箱所在的主机域名

C. 任意服务器域名　D. 域名服务器地址

3. 不是黑客的对网络上的计算机发起攻击的步骤是（　　）

A. 信息收集　B. 验证身份

C. 探测系统漏洞和安全弱点　D. 实施攻击

4. 域名服务 DNS 的主要作用是（　　）。

A. 将域名转换为 IP 地址的功能　B. 查询主机的 MAC 地址

C. 为主机自动命名　D. 合理分配 IP 地址

5. IP 地址是给每一个使用 TCP/IP 的计算机分配的一个唯一的 32 位地址，按每 8 位（1 个字节）分为 4 段，段与段之间用“．”隔开，每个段用（　　）表示。

A. 二进制　B. 八进制　C. 十进制　D. 十六进制

二、填空题

1. 定期对重要的数据和文件进行____________，是增强信息安全、减少计算机病毒传染和造成损失的有效措施。

2. 网卡是组成局域网的____________部件。将其插在微机的扩展槽上，实现与计算机总线的通信连接，解释并执行主机的控制命令，并实现物理层和数据链路层的功能。

3. 在计算机网络中，为网络提供共享资源并对这些资源进行管理的计算机一般称为____________。

4. 计算机网络中为数据交换而建立的规则、标准或约定的集合称为____________。

5. 按网络的使用者进行分类，计算机网络可以分为____________和____________两大类。

6. 一个子网的掩码的编排规则是用4个字节的点分二进制数来表示，其网络地址部分全置为____________，它的主机地址部分全置为____________。

7. 在计算机网络中，所谓的资源共享主要是指硬件、软件和____________资源。

8. 目前，局域网的传输介质主要有双绞线、____________和光纤。

9. 局域网的两种工作模式是____________和客户/服务器模式。

10. 网络安全策略PDRR模型最重要的部分就是____________。

三、判断题

1. 建立了电子邮件的链接后，单击此链接就会自动启动默认的邮件收发工具。(   )

2. 网络中的所有计算机在进行信息交换时，应使用统一的网络协议。(   )

3. FTP为Internet用户提供计算机之间文件传输服务。(   )

4. 发送电子邮件时，要求接收方一定要开机，否则要丢失邮件。(   )

5. 计算机网络最突出的优点是运行效率高、运算速度快。(   )

6. 计算机网络中，广域网的英文缩写是WAN。(   )

7. 妥善保管和备份重要的资料、档案、数据等，以防丢失泄密。(   )

8. 电子邮件的两个基本部分是信头和信体。(   )

9. 防火墙是控制从网络外部访问本网络的设备，通常位于内网的计算机之间。(   )

10. 网络病毒通过网络传播，具有传播速度快、传染范围大、破坏性强等特点。(   )

四、简答题

1. 什么是计算机网络？计算机网络的主要功能是什么？

2. 什么是IP地址？

3. 什么是DNS？

4. 请叙述网络拓扑结构的概念？典型的网络拓扑结构有哪几种？

5. 电子邮件的特点是什么？

6. 计算机网络的主要特点是资源共享，那么共享的资源是指什么？

7. 什么是局域网？

8. 什么是计算机网络安全？

9. 列举常见的网络安全的隐患？通常采取什么措施来避免出现这些安全隐患呢？

10. 什么是计算机病毒？其主要特点是什么？

11. 请列举至少6种网络设备。

12. 什么是网络协议？因特网采用什么网络协议？

13. 局域网有什么特点？

14. 什么是搜索引擎？

6.6 综合测试题答案

一、选择题

1. A　2. B　3. B　4. A　5. C

二、填空题

1. 备份	2. 接口	3. 服务器	4. 网络协议
5. 公用网，专用网	6. 1，0	7. 数据（或信息）	8. 同轴电缆
9. 对等模式	10. 防护		

三、判断题

1. 对。　2. 对。　3. 对。　4. 错，不会。　5. 错，是资源共享。　6. 对。　7. 对。

8. 错，位于内网与Internet的连接处（网络边界）。　9. 对。　10. 错。

四、简答题

1. 计算机网络就是利用通信设备和线路将地理位置不同的、功能独立的多个计算机系统互联起来，以功能完善的网络软件（即网络通信协议、信息交换方式及网络操作系统等）实现网络中资源共享和信息交换的系统。

计算机网络的功能主要体现在3个方面：信息交换、资源共享、分布式处理。

2. 在Internet的TCP/IP体系中，IP地址是给每一个使用TCP/IP的计算机分配的一个唯一的32位地址。IP地址是一个层次化的地址，既能表示主机的地址，也表现出这个主机所在网络的网络地址，如图6-10所示。通常将一个IP地址按每8位（1个字节）分为4段，段与段之间用“.”隔开。为了便于应用，IP地址的每个段用十进制表示。IP地址是每台计算机在计算机网络中的唯一标识。

3. DNS（Domain Name System）是计算机域名地址系统的缩写，通常由域名解析器和域名服务器组成的。域名解析器指把域名指向网站空间IP，即将域名解析成IP地址，让人们通过注册的域名可以方便地访问到网站的服务；域名服务器是指保存有该网络中所有主机的域名和对应的IP地址，具有将域名转换为IP地址功能的服务器。

4. 计算机网络的拓扑结构是研究网络中各节点之间连线（链路）的物理布局（只考虑节点的位置关系而不考虑节点间的距离和大小）。即将网络中的具体设备，如计算机、交换机等网络单元抽象为节点，而把网络中的传输介质抽象为线。这样从拓扑学的角度看计算机网络就变成了点和线组成的几何图形，这就是网络的拓扑结构。也就是说，网络拓扑结构是一个网络的通信链路和节点的几何排列或物理图形布局。

典型的网络拓扑结构分为总线型、环形、星形、树形、网形等几种类型。

5. 电子邮件具有发送速度快、信息多样化、收发方便、成本低廉等特点。

6. 计算机网络定义为“用通信线路互相连接起来，能够相互共享资源（硬件、软件和数据等），并且各自具备独立功能的计算机系统的集合”。所以，共享的资源除了软件、硬件和数据外，还包括连接计算机的通信信道。

7. 局域网是指传输距离有限，传输速率较高，以共享网络资源为主要目的的网络系统。局域网是共享介质的广播式分组交换网。在局域网中，所有计算机都连接到共享的传输介质上，任何计算机发出的数据包都会被其他计算机接收到。局域网可以通过数据通信网或专用的数据电路，与其他局域网、数据库或处理中心等相连接，构成一个大范围的信息处理系统。

8. 计算机网络安全的定义是：保护计算机与网络系统中的硬件、软件及数据不受偶然或者恶意原因而遭到破坏、更改、泄漏，保障系统连续可靠地正常运行，网络服务连续正常。计算机网络安全包括计算机安全和网络安全。

9. 常见危害网络安全的隐患有软件“漏洞”与“后门”、计算机病毒、黑客攻击等。常见的网络安全技术有防火墙技术、数据加密技术、反病毒技术等。

10. 计算机病毒是人为编制的具有破坏性作用的程序。计算机病毒感染计算机系统的文件，它破坏数据、显示特定的信息，或者干扰计算机的正常运行。

特点：传染性、潜伏性、破坏性、隐蔽性和可激活性。

11. 路由器、交换机、网络适配器、调制解调器、集线器、网桥、网关、服务器等。

12. 网络协议是为了进行网络中的数据交换而建立的规则、标准或约定。

因特网采用 TCP/IP（传输控制协议/因特网协议），所谓的 TCP/IP 实质上是相关的几十种通信协议的集合。

13. 局域网有以下几个特点：

1）覆盖较小的物理范围，一般在几十米到数千米。

2）有较高的通信带宽，数据传输率高。

3）拓扑结构简单，系统容易配置和管理。

4）数据传输可靠，误码率较低。

5）一般仅为一个单位或部门控制、管理和使用。

14. 搜索引擎是某些网站免费提供的用于查找信息的程序，是一种专门用于定位和访问 Web 网页信息、获取用户希望得到的资源的导航工具。目前，比较常见的搜索引擎有百度、新浪、搜狗、雅虎、谷歌等。

第7章 汉字输入法

7.1 汉字输入法概述

计算机中文信息处理技术需要解决的首要问题就是汉字的输入。计算机上使用的汉字输入法很多，大致可分为键盘输入法和非键盘输入法两大类。

7.1.1 键盘输入法

键盘输入法是通过输入汉字的输入码方式输入汉字。一般需要敲击1~4个键输入一个汉字，它的输入码主要有拼音码、区位码、纯形码、音形码和形音码等，用户需要会汉语拼音或记忆输入码才能使用。键盘输入法是目前最常用的汉字输入方法。

键盘输入法分为音码输入、形码输入、音形码输入、形音码输入和序号码输入。

1. 音码输入

音码输入是用汉语拼音作为汉字的输入编码，通过输入拼音字母实现汉字的输入。对于学习过汉语拼音的人来说，一般不需要专门的训练就可以掌握这种方法。目前，常用的音码输入有全拼、简拼和双拼等。

用拼音方法输入汉字的重码率高，需要在屏幕显示的同音字中进行选字，读不出音的生字也无法输入。不过，现在的许多音码输入法已趋于智能化，可以进行词组输入，大大减少了同音字，提高了输入的效率。但是，对于不会汉语拼音、普通话讲得不标准的人来说，使用音码输入汉字有一定的困难。

2. 形码输入

形码输入是按照汉字的字形进行汉字编码及输入的方法。利用汉字书写的基本顺序将汉字拆分成若干块，每一块用一个字母进行取码，整个汉字所得的码序列就是这个汉字的形码，如五笔字型码、郑码等。

利用形码输入汉字时，重码率低，速度快，只要能知道汉字的字形就能拆分汉字而完成汉字的输入。但是，这种方法需要记忆大量的字根键和汉字拆分规则，需要进行专门的学习。

3. 音形码输入

音形码输入是利用音码和形码各自的优点，兼顾汉字的音和形两个方面，一般以音为主，以形为辅，音形结合，取长补短，即使是字形也采用偏旁、部首读音的声母字符输入，不需要记忆键位，如自然码等。

由于音形码输入兼顾了音码、形码的优点，既降低了重码率，又不需要大量的记忆，因此具有使用简便、输入速度快、效率高等优点。

4. 形音码输入

形音码输入是利用形码和音码各自的优点，兼顾了汉字的形和音，以形为主，以音为辅，目的是利用“形托（象形）”和“音托（反切）”来减少编码中死记硬背的部分，以提高输入效率，故具有易学易记，输入速度快等特点。

5. 序号码输入

序号码输入是利用汉字的国标码作为输入码，用4个数字输入一个汉字或符号。序号码输入法的特点是无重码，但是需要大量记忆。常用的序号码有区位码等。

7.1.2 非键盘输入法

再好的键盘输入法都需要用户经过一段时间的练习才能达到令人满意的速度，至少用户的指法必须很熟练才行，对于非专业计算机使用者来说，多少会有些困难。所以，许多人希望不通过键盘，就能轻易地输入汉字，即采用非键盘输入法。

非键盘输入法是采用手写、听、听写、读听写等进行汉字输入的一种方式。根据其组合分为手写笔、语音识别、手写加语音识别、手写语音识别加OCR（光学字符识别）扫描阅读器。

非键盘输入法的特点是使用简单，但需要特殊设备，主要有以下几种类型。

1. 手写输入法

手写输入法是一种笔式环境下的手写中文识别输入法，符合人们用笔写字的习惯，只要在手写板上按平常的习惯写字，计算机就能将其识别显示出来。

手写输入系统一般由硬件和软件两部分构成。硬件部分主要包括电子手写笔和写字板，软件部分是汉字识别系统。

使用者只需用与主机相连的手写笔把汉字写在写字板上，写字板中内置的高精密的电子信号采集系统就会将汉字笔迹的信息转换为数字信息，然后传送给识别系统进行汉字识别。利用软件读取书写板上的信息，分析笔画特征，在识别字库中找到这个字，再把识别的汉字显示在编辑区中，通过“发送”功能将编辑区的文字传送到其他文档编辑软件中。汉字识别系统的作用是将硬件部分传送来的信息与事先存储好的大量汉字特征信息相比较，从而判断写的是什么汉字，并通过汉字系统在计算机的屏幕上显示出来。

手写输入系统的难点在于汉字笔迹的识别，因为每一个人书写的汉字笔迹都不一样，因此手写笔迹比较系统必须能允许一定的模糊偏差，才能有较高的识别率。现在相关企业开发了许多种手写输入系统，简称为“手写笔”系统。手写笔种类较多，有和冠（Wacom）、汉王（Hanvon）、蒙恬（Penpower）、友基（UGEE）等品牌。

2. 语音输入法

语音输入法的主要功能是用与主机相连的话筒读出汉字的语音，利用语音识别系统分析、辨识汉字或词组，把识别后的汉字显示在编辑区中，再通过“发送”功能将编辑区的文字传送到其他文档的编辑软件中。语音识别技术的原理是将人的语音转换成声音信号，经过特殊处理，与计算机中已存储的声音信号进行比较，然后反馈出识别的结果。

语音输入法的关键在于将人的语音转换成声音信号的准确性，以及与原有声音信息比较时的智能化程度。语音识别技术是人工智能的有机组成部分。这种输入的好处是不再用手去输入，只要能读出汉字的读音即可，但是受每个人汉字发音的限制，不可能都满足语音识别软件的要求，因此在实际应用中错误率较键盘输入高。特别是一些专业技术方面的语句，错误率较高。

语音识别以IBM推出的Via Voice为代表，国内则推出了天信语音识别系统、世音通语音识别系统等。

3. 光电扫描输入法

光电扫描输入法是利用计算机的外部设备——光电扫描仪，首先将印刷体的文本扫描成图像，再通过专用的光学字符识别（Optical Character Recognition，OCR）系统进行文字的识别，将汉字的图像转成文本形式，最后用“文件发送”或“导出”输出到其他文档编辑软件中。

光电扫描输入法要求先把要输入的文稿通过扫描仪转化为图形才能识别。所以，扫描仪是必需的，而且原稿的印刷质量越高，识别的准确率就越高，一般最好是印刷体的文字，如图书、杂志等。如果原稿的纸张较薄，那么有可能在扫描时纸张背面的图形、文字也透射过来，干扰最后的识别效果。因此，后期要做一些编辑修改工作。

OCR 软件种类较多，常用的有清华紫光 OCR 等。

7.1.3 汉字输入法的选择

1. 选择需要的输入法

从整体上讲，无论是键盘输入技术中的拼音输入法、五笔输入法，还是语音输入法，发展得都比较好，用户可以根据实际需要进行选择。例如，日常输入 2000 字符以下的可以选择搜狗拼音之类的拼音输入法；有大量录入需求的撰稿人、程序员之类的人员可以选择速录，如 RIME 等输入法，省时省事；学者类，有大量生僻字录入需求的，可以选择郑码之类的形码输入法。

一般来讲，选择输入法时需要注意下面几点。

1）容易学习。

2）学会了可广泛使用。

3）效率高且速度快。

4）将来系统能继续用。

如果用户对汉语拼音比较熟悉的话，可选择拼音输入法，例如，搜狗拼音输入法、智能 ABC 输入法、全拼输入法、双拼输入法等。拼音输入法相比其他类型的输入法有着天然的优势，因为现代每一个接受教育的中国人都学习过汉语拼音，能在短时间内快速掌握拼音输入法。但是拼音输入法的弱点就是汉字输入法编码时，单字重码率相当高，即使词组的重码率也很高，在一定程度上影响了输入速度。随着互联网的快速发展，特别是移动互联网终端，如手机和平板电脑的普及，许多基于搜索引擎技术的新一代拼音输入法成为了现今主流的汉字输入法，如搜狗输入法、谷歌拼音输入法、QQ 手机输入法、搜狗手机输入法等。

如果想提高输入速度，成为专业录入人员，推荐学习五笔字型输入法。目前，Windows 系统下流行的输入法有搜狗五笔输入法、QQ 五笔输入法等。

2. 选择五笔字型输入法的原因

五笔字型输入法是一种高效的汉字输入法，只使用 25 个字母键，在键盘上以汉字的笔画、字根为单位，向计算机输入汉字。五笔字型输入法之所以高效，主要是有一套严谨的方法和规则，使得它的“字”和“码”有着良好的唯一性。但是要真正掌握这些规则，并养成习惯，需要经过严格的训练。

作为众多汉字输入法的一种，五笔字型输入法以其编码短、重码少、效率高、输入快、字词兼容、操作直观等特点，在众多的汉字输入法中独树一帜，深受用户的好评。

五笔字型输入法有如下特点。

（1）重码最少的汉字输入法　它是适合专业人员使用的一种汉字输入法，主要不是解决“会不会”的问题，而是要解决“快不快”的问题。

五笔字型是一种按形来设计的编码方法，编码的唯一性好，平均每输入10000个汉字，才有1~2个字需要挑选。因此，它的效率特别高。

（2）不受读音方言限制　2005年11月8日发布的GB18030—2005字集的汉字有70244个，中等文化水平的人只认识其中的3000个字左右，将近90%不认识或受方言影响读不准的字，只能用“形码”输入。

（3）有效地克服同音字、同音词　数万个汉字只有400多个读音，在GB18030中，读LI、JI、BI、XI、YI音的字都多达数百个；由同音字构成的同音词如“事实、失事、逝世、誓师、…”，用“音码”无法辨别。然而用五笔字型输入时，由于字形不同，编码也不同，因此特别适合广大有方言的地区使用。

（4）输入效率高　经过标准指法训练，每分钟输入100个汉字是很平常的。一般速录员输入速度为200字/min，最新的五笔字型输入纪录为293字/min。

（5）字词兼容　用五笔字型输入法不仅能输入单字，还能输入词组。无论多复杂的汉字最多只敲击4个键。而且，字与词组之间不需要任何换档或附加操作（这一点与“五笔画”输入法不同），既符合汉字构词灵活、一句话中很难断词的特点，又能大幅度提高输入速度。

（6）越打越顺手　五笔字型输入法集文字学、计算机科学、信息论学等多学科的原理和方法于一身，字根组合的“相容性”使重码大幅减少，键位字根安排的“规律性”使得方案相对易学，而“谐调性”使得手指的击键负担趋于合理。

字根在键位上的组合符合“相容性”——使重码最少；键位安排符合“规律性”——使字根易记易学；而指法设计的“协调性”——使得各个手指的击键负担趋于合理，打起来顺手，越打越快。

3. 五笔字型的多个版本

五笔字型输入法最先是王永民先生在1983年8月发明的一种汉字输入法，因为发明人姓王，所以也称“王码五笔”。以王码五笔为标准，还推出了许多其他的五笔输入法，如智能五笔输入法、万能五笔输入法、搜狗五笔输入法等。如无特殊说明，本书中提及的五笔字型输入法指王码五笔输入法。目前，五笔字型共分为86版、98版、新世纪版三个定型版本。前两个版本是以推出的时间而定名的，86版为1986年推出的，98版为1998年推出的。新世纪版是按GB18030—2005大字集标准而定名的。它们之间的关系为：86版和98版是两套相互独立的版本，新世纪版是86版的大字集升级版，并加强了编码规范性。

86版是第一代的五笔字型，被广泛接受和使用。使用86版的人数最多，支持的软件也最多，但其编码规范有一定的缺陷。本书将采用86版为模型进行讲解。

98版是王码推出的第二代五笔字型，对编码规范做了改良，通过了国标鉴定，但由于86版先入为主，因此未能很好地推广，目前使用人数比86版少。

新世纪版是王码根据GBl8030—2005大字集标准推出的针对第一代五笔字型的加强型版本，对编码规范做了改良，通过了国标鉴定，但受86版和98版用户影响，目前其使用人数是最少的。

这三个版本无任何速度上的差别，速度主要取决于练习方法和练习强度。

7.2 键盘及指法

要操作计算机，首先要熟悉计算机的键盘，要想提高输入速度，也必须从键盘的熟练使用开始。键盘是人机交换信息的桥梁，只有正确了解键盘的结构、功能及指法后，才能熟练地使用计算机。我们了解了常用键的功能，然后再进行必要的指法训练，为后面的汉字输入打好基础。

7.2.1 键盘的分区和功能

早期使用的键盘有 83 键，不过这种键盘已很少见了。目前较常见的键盘是 101 键、102 键、104 键的键盘（都称为扩充键盘）。使用较多的键盘是 104 键，如图 7-1 所示。它比 101 键多了 3 个 Windows 环境中使用的键，下面以 104 键为例介绍键盘的功能。

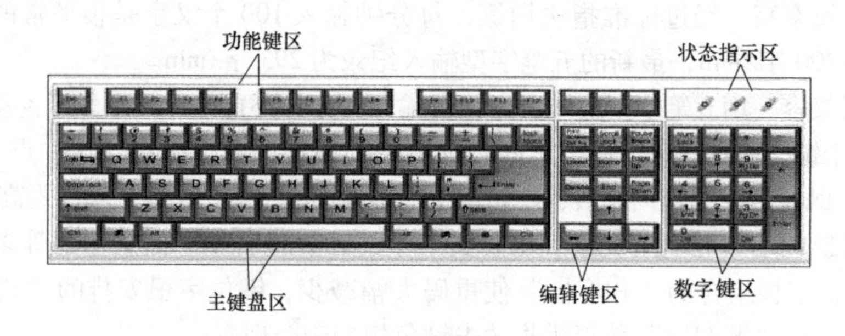

图 7-1　104 键的键盘布局

104 键键盘布局按功能分为 5 个区。

1. 主键盘区

主键盘区是键盘最常用的区域，其中包括以下几类键。

数字键：0 ~ 9 共 10 个数字，主键盘区上的数字键都为双字符键。

字母键：从 A ~ Z 共 26 个英文字母。

符号键：包括了一些常用的符号，如 > 、?、|、+ 等。

回车键（Enter）：在文档编辑状态，按下此键一般表示换行；在命令输入状态，按下此键会通知计算机接收命令。

大/小写切换键（CapsLock）：按下此键，键盘右上方指示灯亮，表示当前为大写字母输入状态，否则为小写字母输入状态。

空格键（Space）：键盘下方最长的按键，按一次表示输入一个空格。

上档键（Shift）：对双字符按键，直接按这些按键表示选择下档功能，按住 <Shift> 键不松开，同时按双字符键，表示选择双字符按键的上档功能。

退格键（←）：按一次，光标左移，可删除光标左边的一个字符。

控制键（Ctrl）：单独使用不起作用，需与其他按键组合使用。

转换键（Alt）：单独使用不起作用，需与其他按键组合使用。

2. 功能键区

功能键区位于键盘的最上方，由 Esc 和 F1 ~ F12 共 13 个按键组成。不同的应用软件对其有不同的定义。

3. 编辑键区

编辑键也叫屏幕编辑键，主要用于移动光标。

←：将光标左移一位。

↑：将光标上移一行。

↓：将光标下移一行。

→：将光标右移一位。

Delete：删除光标所在位置的一个字符，光标后字符前移一位。

Home：将光标移到行首。

End：将光标移到行尾。

PageUp：屏幕显示向前翻页（即显示屏幕前一页的信息）。

PageDown：屏幕显示向后翻页（即显示屏幕后一页的信息）。

PrintScreen：屏幕复制键。当与<Shift>键配合使用时，是把屏幕当前的显示信息输出到打印机。在Windows 7操作系统中，如不连接打印机，是复制当前屏幕内容到剪贴板，再粘贴到画图等程序中，可把当前屏幕内容抓成图片。如用<Alt + PrintScreen>组合键，与上不同的是截取当前窗口的图像而不是整个屏幕。

ScrollLock：屏幕滚动锁定键，其功能是使屏幕暂停（锁定）/继续显示信息。当锁定有效时，键盘中的ScrollLock指示灯亮，否则此指示灯灭。

Insert：（设定/取消）字符的插入状态，是一个反复键。

Pause/Break：暂停/中断键，可暂停屏幕显示。按一下此键，系统当时正在执行的操作暂停。当和<Ctrl>键配合使用时是中断键<Break>，其功能是强制中止当前程序运行。

4. 数字键区

键盘右侧的小键盘是数字键区，在数字键区上有11个双字符键（即上档键）是数字和小数点，下档键是光标移动符和编辑键符。这些键的使用要由数字锁定键（<NumLock>键，是一个反复键）来实现。当NumLock指示灯（位于<NumLock>键的上方，由<NumLock>键控制）不亮时，这些键处于光标控制状态，其用法与光标控制键用法相同。这时，如果想使用数字键区中的数字，则要由<Shift>键控制。当NumLock指示灯亮时，这些键则处于数字状态，连同数字键区中的“+”“-”“*”“/”键及<Enter>键，就可以进行数字输入，这样可以使操作人员用单手（只用右手）进行数值数据的输入，从而空出左手去翻动数据报表及单据，这对财会及银行工作人员是很方便的。

5. 状态指示区

键盘上的3个状态指示灯用来指示键盘右侧的小键盘是否开启；主键盘区的字母键是否是大写字母锁定状态；ScrollLock（滚动锁定键）是否按下。按下<Scroll Lock>键后，在Excel等软件中按上、下键滚动时，会锁定光标而滚动页面；如果放开此键，则按上、下键时，会滚动光标而不滚动页面。

6. 常用组合控制键

组合控制键由控制键<Ctrl>或<Alt>与其他键组合而成，其功能是对计算机产生特定的作用。

<Ctrl + Break>：中止计算机当前正在进行的操作（常用于中止计算机对命令或程序的

执行）；

< Ctrl + NumLock >：暂停当前的操作（常用于暂停屏幕的连续显示，以便于用户对屏幕的观察），按下任意键后继续执行；

< Ctrl + Alt + Del >：重新启动系统（常称为热启动）。

7.2.2 打字姿势

初学键盘输入时，首先必须注意的是击键的姿势，如果初学时姿势不当，就不能做到准确、快速地输入，也极易疲劳。正确的打字姿势要注意以下几点。

1）使计算机键盘和工作台的前沿对齐。腰挺直，头稍低，上身略向前倾，胸部距键盘约 20cm（约两拳宽），身体稍偏于键盘右方。

2）坐姿端正，重心落在座椅上，全身自然放松。双腿平行，小腿和大腿成直角，两脚自然踏地。

3）手臂自然下垂，肘部距身体约 10cm，手指轻放于规定的字键上，手腕自然伸直，腕部禁止撑靠在工作台或键盘上。人与键盘的距离可通过移动椅子或者键盘的位置，调节到人能保持正确的击键姿势为止。

4）显示器宜放在键盘的正后方，放置需输入的原稿前，先将键盘右移 5cm，再将原稿紧靠键盘左侧放置，以便阅读。

5）手指以手腕为轴略向上抬起，手指略为弯曲，自然下垂，形成勺状。左手食指轻放在 < F > 键上，中指、无名指、小拇指分别悬放在 < D >、< S >、< A > 键上；右手食指轻放在 < J > 键上，中指、无名指、小拇指分别悬放在 < K >、< L > 和 < ; > 键上，左右手的大拇指轻放在空格键上。

7.2.3 十指分工

一个手指不仅仅只管一个键位，手指的位置称为基本键位。打字时身子要坐正，双手轻松地放在键盘上，将五指放置于对应的初始键位。打字手型如图 7-2 所示。

图 7-2 打字手型

键盘操作是一项既复杂又具有一定难度的技术。要掌握这门技术以从事实际工作，首先要养成对这项工作的兴趣，而且要有坚强的意志，艰苦、系统地进行基本训练。从事键盘操作必须遵守两个原则。

1）两眼专注原稿，不允许看键盘。

2）精神高度集中，避免出现差错。

在操作键盘时，为提高字符输入速度，首要的问题是要学会让自己的 10 个手指都能准确地击键。当然，10 个手指的击键任务并不是随机的，而是有明确的分工，如图 7-3 所示。

1. 基本键位和原点键

基本键位是指打字键盘中间的<A>、<S>、<D>、<F>、<J>、<K>、<L>和<;>这8个键。将左手的小指、无名指、中指、食指和右手的食指、中指、无名指、小指的指端依次停留在这8个键位上，用以确定两手在键盘的位置和击键时相应手指的出发位置。两个大拇指自然地搭在空格键上。

原点键也称盲打定位键，指<F>和<J>这两个键。这两个键的键面上都有一个凸起的短横条，可用食指触摸相应的横条标记以使各手指归位。只要左、右手食指找到了<F>、<J>这两个键，其他手指马上就能找到自己的正确位置。

2. 各手指的职责

我们把键盘打字区上的键斜着划分成几部分，每个手指负责其中的一部分，如图7-3所示。

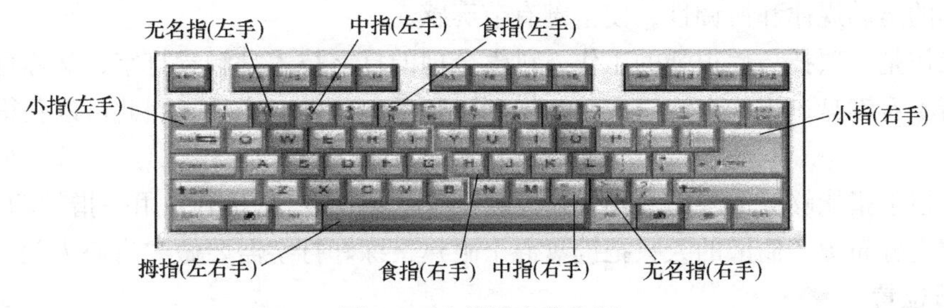

图7-3　十指键盘分布图

左手食指负责：<4>、<5>、<R>、<T>、<F>、<G>、<V>、<B>8个键。

左手中指负责：<3>、<E>、<D>、<C>4个键。

左手无名指负责：<2>、<W>、<S>、<X>4个键。

左手小指负责：<1>、<Q>、<A>、<Z>4个键和<`>、<Tab>、<Caps Lock>、<Shift>4个键。

右手食指负责：<6>、<7>、<Y>、<U>、<H>、<J>、<N>、<M>8个键。

右手中指负责：<8>、<I>、<K>、<,>4个键。

右手无名指负责：<9>、<O>、<L>、<.>4个键。

右手小指负责：<0>、<P>、<;>、</>4个键和<->、<=>、<\>、<Backspace>、<[>、<]>、<'>、<Enter>、<Shift>等键。

在击键时，各手指必须各司其职，不要随意乱击。

从图7-3中可以看出，小指负责的键比较多，<Shift>、<Alt>、<Ctrl>等常用的控制键分别由左、右手的小指负责，这些键很多时候需要按住不放，同时，另一只手再敲击其他键。两个大拇指专门负责空格键。

7.2.4　键盘操作的正确方法

1. 击键技巧

击键前，两手放松，食指、中指、无名指和小指均自然弯曲，依次轻放于各基本键位，两个大拇指停留在空格键上方，手掌与键面基本平行。

击键时，对应手指从基本键位出发迅速移向目标键（当目标键较远时允许小臂带动手掌做适度的轻微移动），当指尖在目标键上方2cm左右时，指关节瞬间发力，以第一指关节的指肚前端（切忌用指甲）击键，力度适中。每次只能击打一键。

击键后，手指应立即回归到基本键位，恢复击键前的手形。

2. 动作要领

计算机的键盘与打字机的键盘有所不同。前者三排字母键几乎处于同一平面上，而后者三排键高度相差很大。因此，操作计算机键盘时，主要的用力部位是指关节，而不是手腕。这是初学时的基本要求，待练到高级阶段，手指敏感度增强，才发展为指力与腕力相结合。

以指端垂直向键盘使用冲击力，要在瞬间发力，并立即反弹。能否体会和掌握这个要领是学习打字技能成败的关键。在敲击空格键时，也应注意瞬间发力，立即反弹，要体会和掌握手指动作的运动规律和协调性，使击键有节奏感。

键盘操作是一项技巧性很强的工作，科学合理的打字技术是触觉打字，又称盲打法，即打字时眼睛不看键盘，视线专注于文稿，做到眼到手起、得心应手，因此可以获得很高的工作效率。

如果十根手指能够分工合作，操作速度就会大大提升，千万不要用一指神功。“有心”的人背下键盘分布图，偷懒的人只把键盘混个眼熟，练好打字需要做“有心人”！

3. 字母位置

用<F>、<J>键定位各手指，在打字过程中要记住字母所在的键位，也可以先记住键位再打字，打字时尽量不看键盘。开始时可能比较慢，但只要通过练习，严格遵守操作要领，养成良好习惯，就能逐步掌握盲打的技术要领。

7.2.5 指法练习要领

1. 指法练习中的注意事项

在指法练习中，手形和击键方面可能出现以下一些常见错误。

1）不是击键而是按键，一直压到底，没有弹性，迟迟不起来。

2）腕部不灵活，不能与手指跳动配合，既影响手形，也不可能做到击键迅速、声音清脆。

3）击键时手指形态变形，翘起或向里钩。手形掌握不住是初学时常见的现象。

4）左手击键时，右手离开基本键，搁在键盘边框上。

5）将手腕搁在桌子上击键，打字必须悬腕，和书法练习有相近之处。

6）小指、无名指缺少力量，控制不住。

7）眼看键盘，打字动作没有节奏感。

2. 指法训练8要点

（1）“包产到户” 各手指要分工明确，各守岗位。这里，任何“助人为乐”或“互相帮助”都必然会造成指法混乱，最后严重影响速度的提高并使差错率升高。

（2）不看键盘，练习“盲打” 如果希望通过训练具备较好的技能，那么从一开始就一定要对自己严格要求，否则错误的打法一旦形成就难以改正。很可能一开始有些手指（如无名指）敲击起键来不够“听话”，有点别扭，但只要坚持练习，一定可以学好。

（3）手指回原点 每一手指到上下两排“执行任务”之后，只要时间允许，一定要习惯性地回到各自的原点位置（即中排的基准键位）。这样，再击打别的键时，一般来说，平均移动的距离比较短，便于提高输入速度。

（4）手指和手腕灵活运动 不要靠整个手臂的运动来找到键位。字根键盘只有3排键，每排间距2cm左右，这个距离是手腕不动，全靠手指运动即可控制的。

（5）按键轻重适度 按键不要过重，过重不但声音太响，而且容易疲劳。另外，手指跳动幅度较大时，击键与恢复都需要较长的时间，也是会影响输入速度的。当然，击键也不能太轻，太轻了，会导致击键不到位，反而使差错率升高。

（6）操作姿势要正确 操作者在机器前要坐端正，不要弯腰低头或趴在操作台上，也不要把手腕、手臂依托在键盘上。否则不但影响美观，更会影响速度。另外，座位高低要适度，以手臂与键盘盘面水平为宜，座位过低容易疲劳，过高则不便操作。一开始养成了不良姿势习惯，以后是很难改正过来的。

（7）步进式练习 一开始，要一个手指一个手指地练，例如左手食指负责<G>、<F>、<T>、<R>、<B>、<V>共6个键，可以自己设计一些练习，反复击打这6个键，以便使手指灵活，快速、准确地控制键位。然后，再做食指、中指的混合击键练习及双手对称手指混合击键练习。以后再逐渐发展到其他手指。

（8）集中反复练习 采用一篇200字左右的短文，先在字里行间用彩笔做上高频字、简码、词汇的标志，然后集中时间反复练习20~30遍，一天最多打两篇短文，切忌打一两遍就换文稿。这是在最短时间形成手指键位条件反射（习惯动作）的最为有效的办法。

熟悉键盘，做到只凭感觉就可以找到相应的键位，需要大量的上机练习。但这只是指法练习中的一个阶段。要想快速录入，还必须经过大量的实际输入训练。直到有一天，你能通过手的条件反射，熟练地在键盘上进行汉字录入，才算真正掌握了这门技术。

在保证正确率的同时要提高输入速度，前提是要有正确的指法。为了达到这个目的，需要进行大量的指法训练，通过训练，可以熟知每个基本键位及每个手指的分工，养成“盲打”习惯。

7.3 五笔字型输入法

在学习本节时，应深刻理解五笔字型输入法中对汉字笔画的处理和有关约定，以及汉字字型的分类特点及作用，特别应熟练掌握五笔字根的分布。一定要把核心内容字根总表掌握准确，它是五笔输入法中最重要的知识，所有拆字与输字都是依据这个表来完成的。建议大家在熟背字根表的基础上，多做拆字练习，并熟记词组和各级简码，尽量按打字的优先顺序（词组、一级简码、二级简码、三级简码、全码）来输入文字，以提高录入速度。

7.3.1 五笔字型输入法的基础知识

五笔字型输入法的基本思想是：先从汉字中选出100多种常见的字根，把它们分布在计算机的键盘上，作为输入汉字的基本单位；当要输入汉字时，把汉字拆分为这些字根的组合，按照汉字的书写顺序编码，通过键盘拼形输入。

1. 汉字的3个层次

由于汉字是方块字，数量众多，结构复杂，对汉字结构，不同的人有不同的观点。五笔字型输入法是根据汉字的字型信息进行编码，把汉字的结构分为3个层次：笔画、字根和单字。

（1）笔画　在书写汉字时，不间断地一次连续写成的一个线条叫作汉字的笔画。

根据笔画的这个定义，汉字的笔画只有5种：横、竖、撇、捺、折。为了便于应用和记忆，根据它们在书写汉字时的使用频度高低，依次用1、2、3、4、5给它们编码。

汉字也可以看作是由一系列笔画组成的。五笔画汉字输入法就是根据汉字的5种笔画对汉字进行编码，输入汉字时只要输入相应汉字的笔画编码即可。

（2）字根　汉字是由什么组成的呢？回答这个问题很简单，例如，人们常说“木子——李”“立早——章”“弓长——张”等，其含义是说“李”字是由“木”和“子”组成，“章”字由“立”和“早”组成。由此可以看出，一个方块汉字是由较小的块（如木、子、弓、长等）拼合而成，因此，把这些小方块看作是组成汉字的基本单位，称之为“字根”。

由若干个基本笔画复合联接交叉所组成的相对不变的结构叫做字根。这里所说的字根与平时人们习惯说的偏旁部首类似，但二者是不一样的。一般来说，大多数字根与平时说的偏旁部首是一样的，但是两者不完全一致。大多数五笔字型的字根是偏旁部首，但也有部分字根不是偏旁部首。同样，有相当多的偏旁部首是五笔字型中的字根，也有一部分不是，这一点一定要注意，很容易出错。平时说的弓长张，意思是说张字由“弓”和“长”组成，“弓”字是五笔字型基本字根，但“长”字就不是五笔字型基本字根，在五笔字型输入法中，“长”还需要再分解。

在五笔字型汉字输入技术中把字根看作是构成汉字的基本单位，将字根按一定的位置关系拼合起来就组成了汉字。五笔字型汉字输入法就是根据汉字的字根对汉字进行编码，输入汉字时只要输入相应汉字的对应字根编码即可。

（3）单字　字根是由笔画构成的，汉字是由一个或多个字根组成的。由此可以看出，笔画、字根和单字是汉字的3种层次结构。根据汉字的5种笔画设计出五笔画汉字输入法，根据汉字的基本字根设计出了五笔字型汉字输入法。

2. 汉字的五种笔画

在五笔字型输入法中，按照汉字笔画的定义，只考虑笔画的运笔方向，而不计其轻重长短，把笔画分为5种：横、竖、撇、捺、折。

为了便于记忆和应用，并根据它们使用概率的高低，依次用1、2、3、4、5作为代号，代表上述5种笔画。

特别要注意的是，不要把1个笔画切断为2个笔画。如“口”字的第2笔是“折”，在书写过程中没有停顿，不能把它切断为“一”和“丨”2个笔画。

实际上，汉字的笔画并非这么简单，除这5种笔画外，还有多达10多种的其他笔画。根据汉字的演变和发展，可以把这10多种都归结为上述5种。下面我们具体说明笔画的变体。

（1）横　在五笔字型中，“横”是指运笔方向从左到右的笔画。在“横”笔画内，把从左下到右上的“提笔”同样视为横。如“现”“场”“特”“扛”和“冲”，各字左部末笔都是“提”，而在五笔字型中将其视为“横”。

（2）竖　“竖”是指运笔方向从上到下的笔画。在“竖”这种笔画内，把竖左钩同样视为“竖”类。如“叮”“才”“划”“利”和“钊”等字中的最后一笔竖钩应归于“竖”类。

（3）撇 “撇”是指从右上到左下的笔画。在“撇”笔画内，将不同角度的撇都归于“撇”。如“毛”“人”“笔”和“徒”等字的第一笔均为“撇”。

（4）捺 “捺”是指从左上到右下的笔画。在“捺”笔画内，点的书写顺序也是从左上到右下，同样应归于“捺”。如“主”“学”“家”“寸”和“心”各字中的点，甚至包括“冗”中“冖”的左点都归为捺。

（5）折

“折”是指除了竖左钩外，运笔方向时出现带转折的笔画，“折”是5种笔画中最富变化的一种。如“飞”“习”“与”“专”“车”“以”“饭”和“乃”字中都有折的笔画。

注意：折笔画中的“竖右钩”与竖笔画变形中的“竖左钩”是不相同的两个笔画。

上述5种笔画的变形体不拘一格。有时竖笔画可能拉得长，撇笔画并不明显倾斜，折笔画则几乎包含了一切有折笔走向的笔画。在判断笔画属哪种类型时，要特别注意按运笔方向去判断。

成字字根指一些汉字既是字根也是汉字。掌握好基本笔画的定义可为输入成字字根和判断末笔字型交叉识别码打下良好的基础。笔画只是作为五笔字型分析的一个基础。在五笔字型中，是以字根为基本单位来进行编码的，而笔画只起辅助作用。

3. 汉字的3种字型

汉字是一种平面文字，同样几个字根，如果摆放的位置不同，就形成不同的汉字。如“叭”与“只”、“吧”与“邑”等。这些汉字它们所含字根相同，仅用字根无法区分它们，如果对它们不做相应的处理，在输入时就会产生重码，使输入速度降低。可见，字根的位置关系也是汉字的一种重要特征信息。把汉字各部分的位置关系类型叫作字型。

根据构成汉字的各个字根之间的位置关系，可以把成千上万的方块汉字分为3种字型：左右型、上下型、杂合型。经统计分析这3种类型中具有左右型特征的汉字数量最多，其次是上下型，最后是杂合型，按这个顺序依次用1、2、3给它们编号，见表7-1。

表7-1 汉字的3种字型结构

字型代号	字 型	例 字
1	左右	湘 结 到
2	上下	字 室 花 型
3	杂合	困 凶 这 司 乘 本 重 夫 且

左右型：指组成汉字的两个或多个字根中，从汉字的整体轮廓上看字根从左到右排列，其间有一定的距离。例如：汉、肝、们、理、胆、到、刑、湘、例等。

上下型：指组成汉字的两个或多个字根中，从汉字的整体轮廓上看字根从上到下排列，其间有一定的距离。例如：字、草、想、型、霜、霖、意、益、室、贪等。

杂合型：指组成汉字的两个或多个字根中，从汉字的整体轮廓上看字根间没有简单明确的左右型或上下型关系的汉字。例如：团、同、由、天、句、这等。

杂合型汉字主要包括5种情况。

（1）全包围型 组成汉字的一个字根全部包围了其余的字根，如国、团、因、困等字。

（2）半包围型 组成汉字的一个字根没有完全包围其他字根，如边、尼、司、这、区、唐、闲、病等字。

（3）交叉型　组成汉字的字根之间相交叉，如本、重、及、末等字。

（4）连笔型　如天、下、且等字。

（5）孤点型　如叉、主、为等字。

注意：凡键面字（其字本身就是一个基本字根），有单独编码方法，不必利用字型信息。

7.3.2　五笔字型的字根

汉字由字根组成，但是，对字根的种类、数量很难做出公认的统一规定。在五笔字型输入法中，字根的优选原则是：字根的组字能力要强，而且在日常汉语文字中出现次数多（使用频度高）。从汉字输入编码应用角度考虑，这些字根在数量上要适当（太多难记忆，也难于在小键盘上安装，太少会增加码长或增加重码）。五笔字型输入法经过大量统计和反复试用最后优选了130个基本字根。它们在键盘上的分布如图7-4所示。

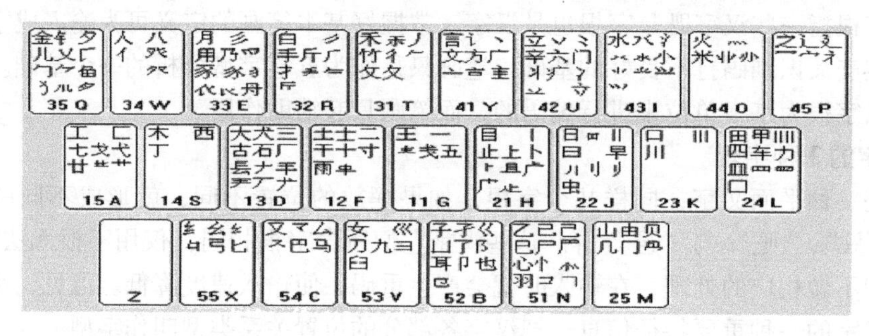

图7-4　五笔字型字根分布

在五笔字型输入法中把130个字根按起笔的笔画分为5类，每类又分5组，共计25组字根。把键盘上<A> ~ <Y>共25个字母分成5个区，每个区给一个编号称之为区号，每区内含有5个字母，给每个字母一个编号称之为位号。这样，每一个区对应一类基本字根，每个键位对应一组字根。

在给字根编码（也就是把字根分配到各个键位）时，充分地考虑了字根在形、音、义各方面因素，使字型、读音、含义相同或相近的字根放在同一个键位上，以便产生所需的联想，减轻记忆字根的负担，便于迅速熟练掌握。字根与键位安排特点可以总结为以下几点。

1）字根首笔笔画代号和所在区号一致。所有基本字根都符合这个规则。

2）字根的第2笔笔画号与位号一致。例如，王、戈、文、方、广等。这样的字根共有68个。其中，第1区有19个，第2区有12个，第3区有19个，第4区有15个，第5区有23个。

3）字根的笔画数与位号一致。如丶、冫、氵、灬分别在1、2、3、4位。这样的字根共有48个。其中，第1区有6个，第2区有11个，第3区有8个，第4区有11个，第5区有12个。

4）字根与字根或字根与键名字根形态相近的字根或读音相同的字根在同一个键位上。例如，①土、士、干；②大、犬；③田、甲、四；④之、辶；⑤已、巳、己、尸。这5组字根每组分别对应一个键，即同组字根在同一个键位上。这样的字根一共有121个。其中，第1区有20个，第2区有25个，第3区有27个，第4区有25个，第5区有24个。

5）位号从中间向两侧由小到大规则变化。所有字根均符合这个规则。

把25个键的口决整理一下，就是五笔的字根歌。

11　王旁青头戋五一
12　土士二干十寸雨
13　大犬三(⺷)古石厂
14　木丁西
15　工戈草头右框七
21　目具上止卜虎皮
22　日早两竖与虫依
23　口与川，字根稀
24　田甲方框四车力
25　山由贝，下框几
31　禾竹一撇双人立，反文条头共三一
32　白手看头三二斤
33　月(衫)乃用家衣底
34　人和八，三四里
35　金勺缺点无尾鱼，犬旁留乂儿一点夕，氏无七(妻)
41　言文方广在四一，高头一捺谁人去
42　立辛两点六门病(疒)
43　水旁兴头小倒立
44　火业头，四点米
45　之宝盖，摘礻(示)衤(衣)
51　已半巳满不出己，左框折尸心和羽
52　子耳了也框向上
53　女刀九臼山朝西
54　又巴马，丢矢矣(厶)
55　慈母无心弓和匕，幼无力(幺)

注意：25句口诀中每句的第1个字为键名字，字根本身就是一个汉字的为成字字根。键名字和成字字根有单独的输入方法。

这个字根歌，一定要反复诵读，直至滚瓜烂熟。背下来这首歌，五笔字型输入法可以说学会了一半。因为这首字根歌中，把每个区位号上的大部分字根都包含在里面了。只有把它记熟了，才能进行拆字和打字。

7.3.3　拆分汉字

五笔字型输入法是以汉字的结构特点为原理，用优化选择出的130种基本字根组合出成千上万的汉字。学习了五笔字型输入法的编码原理，记住了各键位的字根，最根本的目的就是为了能够进行汉字的拆分，并按照拆分好的字根在各键位上按顺序完成汉字的输入。本小节我们将学习如何将汉字拆分成五笔的字根。

1. 汉字字根间的结构关系

在五笔字型中，要将一个汉字正确拆分成几个字根，掌握字根之间的关系尤为重要。根据字根组成汉字时字根间的位置关系，可以分为单、散、连、交4种组成结构。

（1）单　单是指字根本身就是汉字，也就是我们说的键名字根和成字字根。这样的字根在全部字根中占很大比重，共有89个。熟记了字根口诀后，这些字就很容易掌握。由于这种汉字只有一个基本字根，所以不用再拆，编码方法有单独规定。按这些字的首笔画，它们可分为5类，见表7-2。

表7-2　单结构汉字

首　笔　画	单　字　数	单　　字
横	23	王五戋一土士二干十寸雨大犬三古石厂木丁西工戈七
竖	19	目上止卜日早虫口川田甲四皿车力山由贝几
撇	14	禾竹白手斤月用乃豕人八金夕儿
捺	13	言广文方立六辛门水小火米之
折	20	已巳己乙尸心羽子了耳也女刀九臼又巴马弓匕

（2）散　构成汉字的基本字根之间保持一定的距离。由于组成这种汉字的字根之间没有什么关联，各部分相对独立，因此拆分时只需简单地将那些字根孤立出来就行。例如：汉、字、培、训、地、则、他、们、是、说、拼、合等。

（3）连　五笔字型中字根间的相连关系特指以下两种情况。

1）单笔画与某基本字根相连。例如：自（丿连目）、产（立连丿）、乏（丿连之）等。单笔画与基本字根间有明显间距者不认为相连。例如：个、少、么、旦、幻、旧、孔、乞、鱼、札、轧等。

2）带点结构，认为相连。这样的汉字由两个字根组成：①字根是基本字根，②字根是点。无论这个点与基本字根是有接触还是没有接触都认为是相连。例如：勺、术、太、主、义等。在五笔字型中把这两种情况一律视为相连，该规定为确定字型的类别提供了方便。

注意：“足、充、首、左、页、美、易、麦”等字在五笔字型中并不认为是字根相连得到的，这些字的字根间通常在视觉上被认为都是相“连”的，但它们不符合五笔字型中“连”的定义。

（4）交　指两个或多个字根交叉套叠构成的汉字。例如：丰（三交丨）、果（日交木）、夷（一交弓交人）。这类汉字的字型都属于杂合型。

根据上面的分析，可归纳如下。

1）基本字根单独成字，在取码中对它有专门的规定，不需判断字型。

2）属于“散”的汉字，可以分为左右、上下型。

3）属于“连”与“交”的汉字，一律属于杂合型。

4）不分左右、上下的汉字，一律属于杂合型。

除此之外，结构较复杂的汉字由于其组成字根之间有相连、包含或嵌套的关系，因而没有很明显的界限，对初学者来说，难以拆分。对这样的汉字拆分时基本上是按书写顺序拆分成几个已知的最大字根，以“增加一笔就不能构成已知字根”这个原则来决定笔画的归属。

2. 拆分原则

拆分原则归结起来，可以说成：“书写顺序，取大优先，兼顾直观，能连不交，能散不连，截长补短。”

（1）书写顺序　五笔字型输入法法则规定：拆分“合体字”时，一定要按照正确的书写顺序进行，特别要记住“先写先拆，后写后拆”的原则。

“先写先拆，后写后拆”指的是按书写顺序，笔画在先则先拆，笔画在后则后拆。

例如：暂——车→斤→日　（√）

　　　暂——车→日→斤　（×）

另外，按书写顺序拆字，夷、数、森、新和中等几个汉字的拆分顺序为：

夷——只能拆成“一弓人”，而不能拆成“大弓”。

数——只能拆成“米女文”，而不能拆成“娄文”。

森——只能拆成“木木木”，而不能拆成“木林”。

新——只能拆成“立木斤”，而不能拆成“立斤木”。

中——只能拆成“口丨”，而不能拆成“丨口”。

（2）取大优先　“取大优先”也叫作“优先取大”。有两层意思：拆分汉字时，拆分出的字根数应最少；当有多种拆分方法时，应取前面字根大（笔画多）的那种。也就是说，按书写顺序拆分汉字时，应当以“再添加一笔画便不能成为字根”为限度，每次都拆取一个“尽可能大”的，即“尽可能笔画多”的字根。

例如：世——一→凵→乙　（×）

　　　世——廿→乙　（√）

显然，前者是错误的，因为其第 2 个字根“凵”，完全可以和第一个笔画“一”结合，形成一个“更大”的已知字根“廿”，即再添加一笔画还是字根，故这种方法是不对的。总之，“取大优先”俗称“尽量向前凑”，是一个在汉字拆分中经常用到的基本原则。至于什么才算“大”，“大”到什么程度才到“边”，答案很简单：字根表中笔画最多的字根就是“大”就是“边”。如果能“凑”成“大”的，就不要“退”下来依其“小”的。只要熟悉了字根总表，便不会出错了。

再看几个例子：“适”可以拆为“丿古辶”，还可以拆成“丿十口辶”。哪一种是正确的呢？根据“取大优先”的原则，拆出的字根要尽可能大，而第 2 种拆法中的“十”和“口”两个字根可以合成为一个字根“古”，所以第 1 种拆法是正确的。

（3）兼顾直观　拆分汉字时，为了照顾汉字字根的完整性，有时不得不暂且牺牲一下“书写顺序”和“取大优先”的原则，产生少数例外的情况。

如“国”字，按”书写顺序”应拆成“冂王丶一”，但这样析，便破坏了汉字构造的直观性，故只好违背“书写顺序”，拆为“口王、”了（况且这样拆符合字源）。

其实，“兼顾直观”和“取大优先”原则是相通的，都是取大字根，笔画不能重复或是截断。

（4）能连不交　当一个字既可拆成“相连”的几个部分，也可拆成“相交”的几个部分时，“相连”的拆法是正确的。因为一般来说，“连”比“交”更为“直观”。

例如：于——一→十　（√）

　　　于——二→丨　（×）

丑——乙→土 （√）

丑——刀→二 （×）

一个单笔画与字根连在一起，或一个孤立的点处在一个字根附近，这样的笔画结构叫作“连体结构”。“能连不交”的原则可以指导我们正确地对“连体结构”进行拆分。

（5）能散不连 字根与字根之间的关系影响汉字的字型（上下、左右、杂合）。如果几个字根都“交连”在一起，如“夷”“丙”“弗”等，便肯定是“杂合型”，属于3型字。

值得注意的是，有时一个汉字被拆成的几个部分都是“复笔字根”（都不是单笔画），它们之间的关系可能在“散”和“连”之间模棱两可，如“占”和“严”字。

占：拆成“卜口”。两者按“连”处理，便是杂合型（3型，错误）；两者按“散”处理，便是上下型（2型，正确）。

严：拆成“一业（头）厂”。三者按“连”处理，便是杂合型（3型，错误）；三者按“散”处理，便是上下型（2型，正确）。

当遇到这种既能“散”又能“连”的情况时，五笔字型输入法规定：只要不是单笔画，一律按“能散不连”来判别。

因此，以上两例中的“占”和“严”，都被认为是上下型字（2型）。

以上这些规定是为保证编码体系的严整性，即拆分的科学性和编码的唯一性。以上5项规则之中，用得最多的是前两项，只有极少数汉字用得上后3条规则。

除此之外，还有一条非常重要的规定。

（6）截长补短 凡是字根表中没有的汉字（即“表外字”或“键外字”），按照前面讲过的5项“拆分规则”拆成单个字根之后，按照键盘字根图，在键盘上找到这些字根，然后依次按键，把字拼合起来，从而完成“输入”。

但有时会遇到字根数多于4个的情况，如“攀”和“黼”字，它们可以拆分成：

攀——木→乂→乂→木→大→手（6个）

黼——丿→目→田→一→刂→木→日→一（8个）

对于此类汉字，五笔字型输入法规定，不管多么复杂的字，不管拆出多少个字根，只要输入它的4个字根，就能够得到一个唯一性很强的“编码”。具体规定为：

- 凡是超过4个的，就截；凡是不足4个的，就补。
- 将汉字拆分之后，字根总数多于4个的，叫作“多根字”。对于“多根字”，不管实际上可以拆出几字根，只按拆分顺序，取其第一、二、三以及最末一个字根，俗称“一二三末”，其余的字根全部截去。

在拆字过程中，需要注意以下事项：

一个笔画不能被割断用在两个字根中。例如：“里”不能拆成“田”和“土”两个字根，因为“土”中的“丨”被分割为上下两段。

拆字时应优先考虑书写顺序。

只有字根表外字才能够进行拆分，表内字是无须拆分的。

7.3.4 汉字的输入

在学习了汉字的基本笔画、基本结构，熟记了五笔字型输入的键盘分区划位、字根总表等知识以后，就可以开始学习五笔字型输入法中各种类型汉字的编码输入了。在五笔字型输入法中，汉字被分为不同的类型，分别使用不同的编码方式。要正确拆分汉字，就需要熟悉五笔字型输入中汉字的拆分原则。

1. 五笔字型的取码规则

首先，来了解一下五笔字型单字拆字取码的5项原则。

1）取码顺序：依照从左到右、从上到下、从外到内的书写顺序。

2）取码以130种基本字根为单位。

3）不足4个字根时，输完字根识别码后，补交叉识别码于尾部。此种情况下，码长为3或4键。

4）字根数为4或大于4时，按一、二、三、末字根顺序取4码

5）单体结构拆分取大优先。

这5项原则可以归纳为下面的“五笔字型编码口诀”。

五笔字型均直观，依照笔顺把码编；
键名汉字打四下，基本字根请照搬；
一二三末取四码，顺序拆分大优先；
不足四码要注意，交叉识别补后边。

2. 单字编码规则

（1）键名字编码规则　有25个键名汉字：王土大木工，目日口田山，禾白月人金，言立水火之，已子女又多。这25个字每字各占一键，它们的编码是把所在键的字母连写4次，输入它们时需连按所在键4下。

（2）非键名成字字根编码规则　在130个基本字根中，除25个键名字外，还有几十个字根本身也是汉字，称之为“成字字根”。键名和成字字根合称键面字。成字字根的编码公式为

键名码+首笔码+次笔码+末笔码

其中，键名码即所在键字母，按此键又称“报户口”。

首笔码、次笔码和末笔码不是按字根取码，而是按单笔画取码，横、竖、撇、捺、折5种单笔的单笔画取码，即各区第一字母。对应关系如下。

单笔画种类：横、竖、撇、捺、折
单笔画码　：G、H、T、Y、N

例如：五 gghg，雨 fghy，西 sghg，竹 ttgh。

成字字根仅为2笔时，只有3个字母编码，加一个空格键，公式为

键名码+首笔码+末笔码+空格键

例如：二 fgg ␣，卜 hhy ␣，乃 etn ␣，几 mtn ␣。

成字字根仅为1笔（也就是5个基本笔画）时，它们的编码比较特殊，要单独记忆，其编码为：一 ggll，丨 hhll，丿 ttll，丶 yyll，乙 nnll。

（3）键外字编码规则　上述（1）和（2）中的键面字总共有一百多个。键面字以外的汉字都是键外字，键外字是大量的。汉字输入编码主要是键外字的编码，含4个或4个以上字根的汉字，用4个字根码组成编码，不足4个字根的键外字需补一个字型识别码（交叉识别码）。公式为

不足4个字根：第1个字根码+第2个字根码（+第3个字根码）+交叉识别码

4个字根：　第1个字根码+第2个字根码+第3个字根码+第4个字根码

超过4个字根：第1个字根码+第2个字根码+第3个字根码+末字根码

（4）字型识别码（交叉识别码）　一个键外字其字根不足4笔时，依次输入字根码后，最后补一个识别码，识别码用末笔画的类型编号和字型编号组成。具体地说，识别代码为2位数字，第1位（十位）是末笔画类型编号（横1、竖2、撇3、捺4、折5），第2位（个位）是字型代码（左右型1，上下型2，杂合型3）。把识别码看成为一个键的区位码，就可得到相应的交叉识别（字母）码，见表7-3。

表7-3　末笔画、字型交叉识别码表

字型 末笔画	左右1	上下2	杂合3
横　1	11　G	12　F	13　D
竖　2	21　H	22　J	23　K
撇　3	31　T	32　R	33　E
捺　4	41　Y	42　U	43　I
折　5	51　N	52　B	53　V

加识别码后仍不足4码时，按空格键。加识别码的作用是减少重码，加快选字，在不用识别码时，旮、旭两个汉字重码，加识别码后就分开了。

关于末笔画有如下规定，这样规定可使取码简单、明确。

1）字根为“力、九、七”等时，一律认为末笔画为折。

2）“进、逞、远”等字，在书写时“辶”确实是末笔，但这样一来末笔都一样，识别码都相同，这就减少了识别信息量，识别码的作用得不到体现。因此，对这样的字约定以去掉“辶”部分后的末笔作为整个字的末笔来构造识别码。

例：进（23　K），逞（13　D），远（53　V）。

3）“我、戈、成”等字的末笔取撇“丿”。

关于字型有如下约定。

1）凡单笔画与字根相连者或带点结构都视为杂合型。

2）区分字型时，也遵循“能散不连”的原则。“矢、卡、严”都视为上下型。

3）内外型字属杂合型，如“困、同、匝”等。但“见”为上下型。

4）含两字根且相交者属杂合型，例如：东、串、电、本、无、农、里。

5）下含“辶”字为杂合型，例：进、逞、远、过。

6）以下各字为杂合型：司、床、厅、龙、尼、式、后、反、处、办、皮、习、死、疗、压。但相似的右、左、有、看、者、布、友、冬、灰等为上下型。

3. 简码编码规则

在五笔字型输入法中，标准输入码长为4位，为了简化输入，减少码长，提高输入速度，还设计了简码输入法。简码分一、二、三级，分别只需按1、2、3个字母键再按空格键就可输入简码汉字。显然，利用简码输入汉字速度更快。

一级简码字（高频字）共25个，对应于<Z>键以外的25个字母键，输入该字时按一下相应的字母键和一个空格键即可。

一	地	在	要	工
G	F	D	S	A
上	是	中	国	同
H	J	K	L	M
和	的	有	人	我
T	R	E	W	Q
主	产	不	为	这
Y	U	I	O	P
民	了	发	以	经
N	B	V	C	X

二级简码字共有589个（见表7-4）。二级简码字的简码取其全码的前两位，即只用前两个字根编码。输入这些字时，只要按相应的前两个字母键和一个空格键即可。

表7-4 二级简码对照表

	11				15	21				25	31				35	41				45	51				55
	G	F	D	S	A	H	J	K	L	M	T	R	E	W	Q	Y	U	I	O	P	N	B	V	C	X
11G	五	于	天	末	开	下	理	事	画	现	玫	珠	表	珍	列	玉	来	不	来		与	屯	妻	到	互
12F	十	寺	城	霜	域	直	进	吉	协	南	才	垢	圾	夫	无	坟	增	示	赤	过	志	地	雪	支	
13D	三	夺	大	厅	左	丰	百	右	历	面	帮	原	胡	春	克	太	磁	砂	灰	达	成	顾	肆	友	龙
14S	本	村	枯	林	械	相	查	可	楞	机	格	析	极	检	构	术	样	档	杰	棕	杨	李	要	权	楷
15A	七	革	基	苛	式	牙	划	或	功	贡	攻	匠	菜	共	区	芳	燕	东		芝	世	节	切	芭	药
21H	睛	睦		盯	虎	止	旧	占	卤	贞	睡		肯	具	餐	眩	瞳	步	眯	瞎	卢		眼	皮	此
22J	量	时	晨	果	虹	早	昌	蝇	曙	遇	昨	蝗	明	蛤	晚	景	暗	晃	显	晕	电	最	归	紧	昆
23K	呈	叶	顺	呆	呀	中	虽	吕	另	员	呼	听	吸	只	史	嘛	啼	吵		喧	叫	啊	哪	吧	哟
24L	车	轩	因	困		四	辊	加	男	轴	力	斩	胃	办	罗	罚	较			边	思		轨	轻	累
25M	同	财	央	朵	曲	由	则		崭	册	几	贩	骨	内	风	凡	赠	峭		迪	岂	邮		凤	
31T	生	行	知	条	长	处	得	各	务	向	笔	物	秀	答	称	入	科	秒	秋	管	秘	季	委	么	第
32R	后	持	拓	打	找	年	提	扣	押	抽	手	折	扔	失	换	扩	拉	朱	搂	近	所	报	扫	反	批
33E	且	肝		采	肛		胆	肿	肋	肌	用	遥	朋	脸	胸	及	胶	膛		爱	甩	服	妥	肥	脂
34W	全	会	估	休	代	个	介	保	佃	仙	作	伯	仍	从	你	信	们	偿	伙		亿	他	分	公	化
35Q	钱	针	然	钉	氏	外	旬	名	甸	负	儿	铁	角	欠	多	久	匀	乐	炙	锭	包	凶	争	色	
41Y	主	计	庆	订	度	让	刘	训	为	高	放	诉	衣	认	义	方	说	就	变	这	记	离	良	充	率
42U	闰	半	关	亲	并	站	间	部	曾	商	产	瓣	前	闪	交	六	立	冰	普	帝	决	闻	妆	冯	北
43I	汪	法	尖	洒	江	小	浊	澡	渐	没	少	泊	肖	兴	光	注	洋	水	淡	学	沁	池	当	汉	涨
44O	业	灶	类	灯	煤	粘	烛	炽	烟	灿	烽	煌	粗	粉	炮	米	料	炒	炎	迷	断	籽	娄	烃	
45P	定	守	害	宁	宽	寂	审	宫	军	宙	客	宾	家	空	宛	社	实	宵	灾	之	官	字	安		它
51N	怀	导	居		民	收	慢	避	惭	届	必	怕		愉	懈	心	习	悄	屡	忱	忆	敢	恨	怪	尼
52B	卫	际	承	阿	陈	耻	阳	职	阵	出	降	孤	阴	队	隐	防	联	孙	联	辽	也	子	限	取	陛
53V	姨	寻	姑	杂	毁		旭	如	舅		九		奶		婚	妨	嫌	录	灵	巡	刀	好	妇	妈	姆
54C		对	参		戏			台	劝	观	矣	牟	能	难	允	驻				驼	马	邓	艰	双	
55X	线	结	顷		红	引	旨	强	细	纲	张	绵	级	给	约	纺	弱	纱	继	综	纪	弛	绿	经	比

三级简码字有4400多个。三级简码字的简码取其全码的前3位，即只用前3个字根编

码。输入这些字时，只要按相应的前3个字母键和一个空格键，便可以输入这个汉字。

大部分需要交叉识别码的汉字都被编入二、三级简码中，利用简码输入可大量减少交叉识别码的使用。

4. 词组编码规则

在汉字输入方法中，以词组为单位的输入方法常可达到减少码长和提高输入效率的目的。在五笔字型输入方法中也设计了词组的输入方法，并给出开放式结构，以利于用户根据自己专业需要自行组织词库。五笔字型词语输入还有一个特点，即词语输入和单字输入统一，不加字或词的输入标记，也无须换档。

（1）二字词编码规则　第1字第1码+第1字第2码+第2字第1码+第2字第2码

例如：机器——木几口口——smkk

汉字——氵又宀子——icpb

（2）三字词编码规则　第1字第1码+第2字第1码+第3字第1码+第3字第2码

例如：计算机——言竹木几——ytsm

（3）四字词编码规则　第1字第1码+第2字第1码+第3字第1码+第4字第1码

例如：实践证明——宀口讠日——pkyj

（4）多字词编码规则　第1字第1码+第2字第1码+第3字第1码+末字第1码

例如：电子计算机——日子讠木——jbys

（5）帮助键<Z>键的使用　五笔字型字根键盘的5个区中，只使用了25个英文字母，<Z>键上没有任何字根。其实<Z>键在五笔字型输入法中有很重要的使用。当初学者忘记字根键位，或对某些汉字的字根拆分困难时，可以通过<Z>键提供帮助。

<Z>键作为帮助键，一切“未知”的字根都可以用<Z>键来表示。在一个汉字的字根输入中，不知道是第几个字根，也可以用<Z>键代替，系统将检索出那些符合已知字根代码的字，将汉字及其正确代码显示在提示行里。需要哪个字，就按一下这个字前的数字键，就可以将所需要的字从提示行中“调”到当前的光标位置上。

如果具有相同已知字根的汉字较多（多于5个），第1次提示行里没找到，按空格键，提示行出现后面的5个字可供选择。若还没有，再按空格键，直到出现响铃，表示这类字已出现完。同时，由于提示行中的每一个字后面都显示它的正确编码，初学者也可以从这里学到自己不会拆分的汉字的正确编码。

因此，<Z>键既是帮助键也是学习键。

7.4　搜狗拼音输入法

搜狗拼音输入法（简称搜狗输入法、搜狗拼音）是2006年6月由搜狐公司推出的一款Windows平台下的汉字拼音输入法。与整句输入风格的智能狂拼不同的是，搜狗拼音输入法偏向于词语输入特性，为中国国内现今主流汉字拼音输入法之一，奉行永久免费的原则。

7.4.1　主要特色

1. 网络新词

搜狐公司将网络新词作为搜狗拼音最大优势之一。鉴于搜狐公司同时开发搜索引擎的优势，搜狐声称在软件开发过程中分析了40亿网页，将字、词组按照使用频率重新排列。在官方首页上还有搜狐制作的同类产品首选字准确率对比。用户使用表明，搜狗拼音的这一设计的确在一定程度上加快了打字的速度。

快速更新：不同于许多输入法依靠升级来更新词库的办法，搜狗拼音采用不定时在线更新的办法。这减少了用户自己造词的时间。

2. 整合符号

许多输入法也做到了整合符号，如拼音加加。但搜狗拼音将许多符号表情也整合进词库，如输入“haha”得到“^_^”。另外，还有提供一些用户自定义的缩写，如输入“QQ”，则显示“我的QQ号是××××××”等。

笔画输入：输入时以“u”做引导可以“h”(横)、“s”(竖)、“p”(撇)、“n”(捺，也作“d”(点))、“t”(提)用笔画结构输入字符。值得一提的是，竖心的笔顺是点点竖(nns)，而不是竖点点。

3. 手写输入

搜狗拼音输入法支持扩展模块，联合开心逍遥笔增加手写输入功能。当用户按<u>键时，拼音输入区会出现“打开手写输入”的提示，或者查找候选字超过两页也会提示，单击可打开手写输入（如果用户未安装，单击会打开扩展功能管理器，可以单击安装按钮在线安装）。该功能可帮助用户快速输入生字，极大地优化了用户的输入体验。

4. 输入统计

搜狗拼音提供统计用户输入字数，打字速度的功能。但每次更新都会清零。

5. 个性输入

用户可以选择多种皮肤。最新版本按<i>键可开启快速换肤。

6. 细胞词库

细胞词库是搜狗首创的、开放共享的、可在线升级的细分化词库功能名称。细胞词库包括多个专业词库。通过选取合适的细胞词库，搜狗拼音输入法可以覆盖几乎所有的中文词汇。

7. 截图功能

可在选项设置中选择开启/禁用和安装/卸载。

7.4.2 搜狗拼音输入法的使用方法

1. 全拼输入

全拼输入是拼音输入法中最基本的输入方式。只要用<Ctrl+Shift>组合键切换到搜狗输入法，在输入窗口输入拼音，然后依次选择所需要的字或词即可。可以用默认的翻页键<逗号>或<句号>键来进行翻页。例如：“搜狗拼音”，输入“sougoupinyin”。

2. 简拼输入

搜狗输入法支持简拼全拼的混合输入，例如：输入“srf”“sruf”和“shrfa”都可以得到“输入法”。还有，简拼由于候选词过多，可以采用简拼和全拼混用的模式，这样能够兼顾最少输入字母和输入效率。例如：要想输入“指示精神”时，输入“zhishijs”“zsjingshen”“zsjingsh”和“zsjings”都可以。打字熟练的人会经常使用全拼和简拼混用的方式。

3. 双拼输入

双拼是用定义好的单字母代替较长的多字母韵母或声母来进行输入的一种方式。例如：如果 T = t、M = ian，输入两个字母“TM”就会输入拼音“tian”。使用双拼可以减少按键次数，但是需要记忆字母对应的键位，熟练之后效率会有一定提高。

如果使用双拼，在设置属性窗口把双拼选上。

特殊拼音的双拼输入规则有：对于单韵母字，需要在前面输入字母 o + 韵母。例如：输入 oa→a，输入 oo→o，输入 oe→e。

4. 辅助码

拆字辅助码可快速地定位到一个单字，使用方法如下。

例如：想输入一个汉字“娴”，但是非常靠后，找不到，那么输入“xian”，然后按下 < tab > 键，再输入“娴”的两部分“女”“闲”的首字母“nx”，就可以看到只剩下“娴”字了。输入的顺序为 xian + tab + nx。

独体字由于不能被拆成两部分，所以独体字是没有拆字辅助码的。

5. U 拆字方法

若不认识“窈”这个字，可以用 U 拆字方法将其拆分为“一个穴一个幼”，输入的顺序为“uxueyou”。

6. 偏旁读音

偏旁　名称　读音

一画

丶　点　dian

丨　竖　shu

乛　折　zhe

二画

冫　两点水儿　liang

冖　秃宝盖儿　tu

讠　言字旁儿　yan

刂　立刀旁儿　li

亻　单人旁儿　dan

卩　单耳旁儿　dan

阝　左耳刀儿　zuo

三画

辶　走之儿　zou

氵　三点水儿　san

忄　竖心旁　shu

艹　草字头　cao

宀　宝盖儿　bao

彡　三撇儿　san

丬　将字旁　jiang

扌　提手旁　ti

犭 反犬旁 quan
饣 食字旁 shi
纟 绞丝旁 jiao
彳 双人儿旁 chi
四画
礻 示字旁 shi
攵（夂）反文儿（折文儿） fan
牜 牛字旁 niu
五画以上
疒 病字旁 bing
衤 衣字旁 yi
钅 金字旁 jin
虍 虎字头儿 hu
罒 四字头儿 si
覀 西字头儿 xi
訁 言字旁 yan

7. 笔画筛选

笔画筛选用于输入单字时，用笔顺来快速定位该字。使用方法是：输入一个字或多个字后，按下<tab>键（<tab>键如果是翻页也不受影响），然后用“h”(横)、“s”(竖)、“p”(撇)、“n”(捺)、“z”(折) 依次输入第一个字的笔顺，直到找到该字为止。5个笔顺的规则同上面的笔画输入的规则。要退出笔画筛选模式，只需删掉已经输入的笔画辅助码即可。

例如：快速定位“珍”字，输入了“zhen”后，按<tab>键，然后输入珍的前两笔“hh”，就可定位该字。

8. V模式

（1）V模式中文数字（包括金额大写） V模式中文数字是一个功能组合，包括多种中文数字的功能。只能在全拼状态下使用。

1）中文数字金额大小写：输入“v424.52”，输出“肆佰贰拾肆元伍角贰分”。

2）罗马数字：输入99以内的数字，如输入“v12”，输出“Ⅻ”。

3）年份自动转换：输入“v2008.8.8”或“v2008-8-8”或“v2008/8/8”，输出“2008年8月8日”。

4）年份快捷输入：输入“v2006n12y25r”，输出“2006年12月25日”。

（2）V模式中计算 V模式计算功能，输入v然后输入你想计算的公式。例如：想计算1+1，输入v1+1，结果就自动计算出来了。

9. 插入时间

“插入当前日期时间”的功能可以方便地输入当前的系统日期、时间、星期。且还可以用插入函数自己构造动态的时间。例如在回信的模板中使用。此功能是用输入法内置的时间函数通过“自定义短语”功能来实现的。由于输入法的自定义短语默认不会覆盖用户已有的配置文件，所以要想使用下面的功能，需要恢复“自定义短语”的默认配置（也就是说，如果输入了 rq 而没有输出系统日期，请打开“选项卡”→“高级”→“自定义短语设置”→“恢复默认配置”即可)。注意：“恢复默认配置”将丢失已有的配置，请自行保存手动编辑。输入法内置的插入项有：

1）输入“rq”（日期的首字母)，输出系统日期“2014 年 3 月 11 日”。

2）输入“sj”（时间的首字母)，输出系统时间“2014 年 3 月 11 日 15:31:29”。

3）输入“xq”（星期的首字母)，输出系统星期“2014 年 3 月 11 日星期二”。

自定义短语中的内置时间函数的格式请见自定义短语默认配置中的说明。

7.4.3 常见问题

1. 怎样切换到搜狗输入法

将光标移到要输入的地方，单击使系统进入到输入状态，然后按 <Ctrl + Shift> 组合键切换输入法，直到搜狗拼音输入法出来即可。当系统仅有一个输入法或者搜狗输入法为默认的输入法时，按下 <Ctrl + 空格> 组合键即可切换出搜狗输入法。

由于大多数人只用一个输入法，为了方便、高效起见，可以把不用的输入法删除掉，只保留一个最常用的输入法即可。可以通过系统的“语言文字栏”右键菜单的“设置”命令把自己不用的输入法删除掉（这里的删除并不是卸载，以后还可以通过“添加”命令添上)。

2. 怎样进行翻页选字

搜狗拼音输入法默认的翻页键是逗号 <，> 键和句号 <。> 键，即输入拼音后，按 <。> 键进行向下翻页选字，相当于 <PageDown> 键，找到所选的字后，选择其相对应的数字键即可输入。推荐用这两个键翻页，因为用 <，> 和 <。> 键时手不用移开键盘主操作区，效率高，也不容易出错。

输入法默认的翻页键还有 < - > 键和 < = > 键”、<[> 键和 <]> 键。可以通过“设置属性”→“按键”→“翻页键”来进行设定。

3. 怎样使用简拼

搜狗输入法支持的是声母简拼和声母的首字母简拼。例如：想输入“张颖靓”时只要输入“zhyl”或者“zyl”即可。同时，搜狗输入法支持简拼和全拼的混合输入，例如：输入“srf”“sruf”“shrfa”都可以得到“输入法”。

注意：这里声母的首字母简拼的作用和模糊音中的“z，s，c”相同。但是，这是两回事，即使没有选择设置里的模糊音，同样可以用“zyl”输入“张颖靓”。有效的用声母首字母简拼可以提高输入效率，减少误打。例如：输入“指示精神”这几个字，如果输入传统的声母简拼，只能输入“zhshjsh”，输入多且多个 h 容易造成误打，而输入声母的首字母简拼“zsjs”，能很快得到想要的词。

4. 怎样进行中英文切换输入

输入法默认是按 <Shift> 键切换到英文输入状态，再按一下 <Shift> 键就会返回中文输入状态。单击状态栏上面的“中”字图标也可以进行切换。

除了按 <Shift> 键切换以外，搜狗输入法也支持回车输入英文和 V 模式输入英文。在输入较短的英文时使用能省去切换到英文状态下的麻烦。具体使用方法如下。

1）回车输入英文：输入英文，直接按 <Enter> 键即可。

2）V 模式输入英文：先输入“v”，然后再输入要输入的英文，可以包含“@”“+”

“*”“/”和“-”等符号，然后按空格键即可。

5. 怎样修改候选词的个数

可以通过状态栏的右键菜单里的“设置属性”→“皮肤设置”→“候选词个数”来修改，选择范围是3~9个。

输入法默认的是5个候选词，搜狗的首词命中率和传统的输入法相比已经有很大提高，第1页的5个候选词能够满足绝大多数的输入。推荐选用默认的5个候选词。如果候选词太多会造成查找时的困难，导致输入效率下降。

6. 怎样设置固定首字

搜狗可以使用户把某一拼音下的某一候选项固定在第1位，即固定首字功能。输入拼音，找到要固定在首位的候选项，光标悬浮在候选字词上之后，会出现固定首位的菜单项，也可以通过上面的自定义短语功能来进行修改。

7. 怎样快速输入人名

输入要输入的人名的拼音，如果搜狗输入法识别人名可能性很大，会在候选中有带“n”标记的候选，这就是人名智能组词给出的其中一个人名，并且输入框有“按逗号进入人名组词模式”的提示，若提供的人名选项不是想要的，此时可以按逗号进入人名组词模式，选择想要的人名。

搜狗拼音输入法的人名智能组词模式，并非搜集整个中国的人名库，而是用过智能分析，计算出合适的人名得出结果，可组出的人名逾10亿，正可谓“10亿中国人名，一次拼写成功!”

8. 怎样快速进行关键字搜索

搜狗拼音输入法在输入栏上提供搜索按钮，候选项悬浮菜单上也提供搜索选项，输入搜索关键字后，按上、下键选择您想要搜索的词条之后，单击搜索按钮，搜狗将立即提供搜索结果。

9. 怎样快速进行生僻字的输入

有没有遇到过类似于“靐、嫑、犇”这样的字？这些字看似简单但又很复杂，知道组成这个字的部分，却不知道文字的读音，只能通过笔画输入，可是笔画输入又较为烦琐，所以搜狗输入法提供便捷的拆分输入，化繁为简，可以轻易输入生僻的汉字，即直接输入生僻字的组成部分的拼音。

10. 怎样快速输入表情等特殊符号

是否喜欢经常输入类似于o（∩_∩）o... 这样的表情符号，而又倍感不便呢？搜狗输入法提供丰富的表情、特殊符号库以及字符画，不仅可以在候选区选择，还可以单击上方提示，进入表情符号输入专用面板，随意选择自己喜欢的表情、符号、字符画。

参 考 文 献

[1] 侯九阳. 大学计算机基础教程 [M]. 北京：清华大学出版社，2010.
[2] 陆晶，程玮. 大学计算机基础教程 [M]. 2 版. 北京：清华大学出版社，2014.
[3] 刘宗旭，聂俊航. 计算机应用基础 [M]. 北京：清华大学出版社，2010.
[4] 王庭之，黄海. 计算机应用基础 [M]. 北京：清华大学出版社，2010.
[5] 耿国华. 大学计算机应用基础 [M]. 2 版. 北京：清华大学出版社，2010.
[6] 陈婷. 大学计算机基础 [M]. 北京：清华大学出版社，2010.
[7] 侯殿有. 计算机文化基础 [M]. 2 版. 北京：清华大学出版社，2012.
[8] 宋伟. 电脑入门（Windows7 + Office 2010 + 上网冲浪）[M]. 北京：清华大学出版社，2013.
[9] 刘志强. 计算机应用基础教程 [M]. 北京：机械工业出版社，2018.
[10] 刘瑞新，江国学. 计算机应用基础（Windows7 + Office 2010）[M]. 北京：机械工业出版社，2016.
[11] 未来教育教学与研究中心. 全国计算机等级考试真题汇编与专用题库 [M]. 北京：人民邮电出版社，2018.
[12] 教育部考试中心. 全国计算机等级考试一级教程计算机基础及 MS Office 应用：2019 年版 [M]. 北京：高等教育出版社，2019.
[13] 李殿勋. 全国计算机等级考试教程·一级 MS Office（中文 Windows 7 + Office 2010 平台）[M]. 北京：电子工业出版社，2015.
[14] 时宁国，解亚萍，陆怀平. 计算机应用基础 [M]. 3 版. 北京：北京理工大学出版社. 2014.
[15] 教育部考试中心. MS Office 高级应用二级教程 [M]. 北京：高等教育出版社，2019.
[16] 虎奔教育教研中心. 计算机二级 MS Office 7 合一 [M]. 北京：清华大学出版社，2018.